21世纪高等院校创新教材

GAODENG SHUXUE

高等数学

（下册）

主　编◎杨秀前
副主编◎刘淑芹　莫绍弟　刘发正

中国人民大学出版社
· 北京 ·

前　言

本套教材根据教育部考研大纲与高等院校理工类本科专业对高等数学知识的要求，结合编者多年的教学实践与经验总结编写而成.

当今社会，数学已经渗透到各个学科领域，高等数学是高等院校理工类和经管类专业的重要必修课之一. 适应现代高等教育的发展，提高高等数学的教学质量是我们编写本套教材的宗旨.

在编写教材的过程中，我们根据多年的教学实践经验，分析当代大学生的认知特点，概念引入力求自然，理论分析做到深入浅出，循序渐进，对抽象的内容，尽量借助图形，采用直观语言加以描述，做到通俗易懂，减少初学者理解的难度.

本套教材在编写时参照了教育部考研大纲，例题和习题选用了一些历年考研真题，可以作为考研的复习参考书.

本套教材获得桂林理工大学的教材立项资助，在此表示由衷的感谢!

郭又铭、李婷婷、范金梅三位老师也参与了本套教材的编写与审核工作，在此表示感谢!

由于编者水平有限，教材中难免有不足之处，敬请读者批评指正.

编者

2019 年 3 月

目　录

第七章

微分方程

对自然界的深刻研究是数学最富饶的源泉.

——傅里叶

微积分研究的对象是函数关系，但在实际问题中，往往很难直接得到所研究的变量之间的函数关系，却比较容易建立起这些变量与它们的导数或微分之间的联系，从而得到一个关于未知函数的导数或微分的方程，即**微分方程**. 通过求解微分方程，同样可以找到指定未知量之间的函数关系. 因此，微分方程是数学联系实际并应用于实际的重要途径和桥梁，是各个学科进行科学研究的强有力工具.

微分方程是一门独立的数学学科，有完整的理论体系. 本章我们主要介绍微分方程的一些基本概念、几种常用的微分方程的求解方法及线性微分方程解的理论.

§7.1 微分方程的基本概念

在物理学、力学、经济管理科学等领域我们可以看到许多表述自然定律和运行机理的微分方程的例子.

例 1 设一物体的温度为 120℃，将其放置在空气温度为 25℃的环境中冷却. 根据冷却定律：物体温度的变化率与物体和当时空气温度之差成正比. 设物体的温度 T 与时间 t 的函数关系为 $T=T(t)$，则可建立起函数 $T=T(t)$ 满足的微分方程

$$\frac{\mathrm{d}T}{\mathrm{d}t}=-k(T-25). \tag{1.1}$$

其中 $k(k>0)$ 为比例常数. 这就是**物体冷却的数学模型**.

根据题意，$T=T(t)$ 还需满足条件

$$T\big|_{t=0}=120. \tag{1.2}$$

例 2 设一质量为 m 的物体只受重力的作用由静止开始自由垂直降落. 根据牛顿第二定律：物体所受的力 F 与物体的质量 m 和物体运动的加速度 α 的乘积成正比，即 $F=m\alpha$.

若取物体降落的铅垂线为 x 轴，其正向朝下，物体下落的起点为原点，并设开始下落的时间是$t=0$，物体下落的距离 x 与时间 t 的函数关系为 $x=x(t)$，则可建立起函数 $x(t)$ 满足的微分方程

$$\frac{d^2x}{dt^2}=g. \tag{1.3}$$

其中 g 为重力加速度常数. 这就是**自由落体运动的数学模型**.

根据题意，$x=x(t)$ 还需满足条件

$$x(0)=0,\ \left.\frac{dx}{dt}\right|_{t=0}=0. \tag{1.4}$$

一般，含有未知函数的导数或微分的方程称为**微分方程**. 微分方程中出现的未知函数的最高阶导数的阶数称为**微分方程的阶**. 我们把未知函数为一元函数的微分方程称为**常微分方程**，未知函数为多元函数的微分方程称为**偏微分方程**. 如例 1 中的微分方程（1.1）称为一阶常微分方程，例 2 中的微分方程（1.3）称为二阶常微分方程.

本章只讨论常微分方程. ***n* 阶常微分方程**的一般形式如下：

$$F(x,\ y,\ y',\ y'',\ \cdots,\ y^{(n)})=0, \tag{1.5}$$

其中 x 为自变量；$y=y(x)$ 为未知函数. 在方程（1.5）中 $y^{(n)}$ 必须出现.

如果方程（1.5）可表示为如下形式：

$$y^{(n)}+a_1(x)y^{(n-1)}+a_2(x)y^{(n-2)}+\cdots+a_{n-1}(x)y'+a_n(x)y=g(x), \tag{1.6}$$

则称方程（1.6）为 ***n* 阶线性常微分方程**. 其中，$a_1(x)$，$a_2(x)$，…，$a_n(x)$ 和 $g(x)$ 均为自变量 x 的函数.

我们把不能表示成形如式（1.6）的方程称为**非线性常微分方程**.

例 3 试指出下列方程是什么方程，并指出微分方程的阶数.

(1) $\frac{dy}{dx}=x^3+xy$；　　(2) $x^2\left(\frac{dy}{dx}\right)^5-5\frac{dy}{dx}+4x=0$；

(3) $x^2\frac{d^2y}{dx^2}-2\left(\frac{dy}{dx}\right)^3+5xy=0$；　　(4) $\cos(y'')+y\ln y=x+1$.

解 方程（1）是一阶线性微分方程，因方程中含有的$\frac{dy}{dx}$和 y 都是一次；

方程（2）是一阶非线性微分方程，因方程中含有$\frac{dy}{dx}$的平方项；

方程（3）是二阶非线性微分方程，因方程中含有$\frac{dy}{dx}$的三次方项；

方程（4）是二阶非线性微分方程，因方程中含有非线性函数 $\cos(y'')$ 和 $\ln y$.

在研究实际问题时，首先要建立属于该问题的微分方程，然后找出满足该微分方程的函数（即解微分方程），就是说，如果把某个函数代入微分方程能使方程成为恒等式，我们称这个函数为该**微分方程的解**.

例如，可以验证函数 (a)$T=25+95e^{-kt}$ 和 (b)$T=25+Ce^{-kt}$ 都是微分方程（1.1）的解，

其中 C 为任意常数；而函数（c）$x=\frac{1}{2}gt^2$ 和（d）$x=\frac{1}{2}gt^2+C_1t+C_2$ 都是微分方程(1.3) 的解，其中 C_1，C_2 为任意常数.

从上述例子可见，微分方程的解可能含有也可能不含有任意常数. 一般，微分方程的不含有任意常数的解称为微分方程的**特解**. 含有相互独立的任意常数，且任意常数的个数与微分方程的阶数相等的解称为微分方程的**通解**（**一般解**）. 所谓通解，意思是指当其中的任意常数取遍所有实数时，就可以得到微分方程的所有解（至多有个别例外）.

注：这里所说的相互独立的任意常数，是指它们不能通过合并而使得通解中的任意常数的个数减少.

确定了通解中任意常数的值后，所得到的解称为微分方程的特解. 为了得到特解而附加的条件称为微分方程的初始条件.

例如，上述（a）和（c）分别为微分方程（1.1）和（1.3）的特解，而（b）和（d）分别为微分方程（1.1）和（1.3）的通解.

例 4 验证函数 $y=(x^2+C)\sin x$（C 为任意常数）是方程

$$\frac{dy}{dx}-y\cot x-2x\sin x=0$$

的通解，并求满足初始条件 $y|_{x=\frac{\pi}{6}}=0$ 的特解.

解 要验证一个函数是否为方程的通解，只需将此函数代入方程，看是否恒等，再看函数式中所含的独立的任意常数的个数是否与方程的阶数相同. 将 $y=(x^2+C)\sin x$ 求一阶导数，得

$$\frac{dy}{dx}=2x\sin x+(x^2+C)\cos x.$$

把 y 和 $\frac{dy}{dx}$ 代入方程左边得

$$\frac{dy}{dx}-y\cot x-2x\sin x=2x\sin x+(x^2+C)\cos x-(x^2+C)\sin x\cot x-2x\sin x=0$$

因方程两边恒等，且 y 中含有一个任意常数，故 $y=(x^2+C)\sin x$ 是题设方程的通解.

将初始条件 $y|_{x=\frac{\pi}{6}}=0$ 代入通解 $y=(x^2+C)\sin x$ 中，得 $0=\frac{\pi^2}{36}+C$，所以 $C=-\frac{\pi^2}{36}$. 从而所求特解为

$$y=\left(x^2-\frac{\pi^2}{36}\right)\sin x.$$

习题 7-1

1. 指出下列微分方程的阶数：

(1) $x(y')^2-4y^2y'+3xy=0$； (2) $xy''+2(y')^3+x^2y=0$；

(3) $xy'''+5y'+6y=0$； (4) $(6x-7y)dx+(3x+2y)dy=0$.

2. 指出下列各题中的函数是否为所给微分方程的解：

(1) $xy'=2y$，$y=7x^2$；

(2) $y''+y=0$，$y=C_1\cos x+C_2\sin x$；

(3) $y''-\frac{1}{x}y'=x$，$y=C_1x^2+C_2+\frac{x^3}{3}$；

(4) $y''-(\lambda_1+\lambda_2)y'+\lambda_1\lambda_2 y=0$，$y=C_1 e^{\lambda_1 x}+C_2 e^{\lambda_2 x}$.

3. 已知 $y=C_1\sin(x-C_2)$（C_1，C_2 为任意常数）是某方程的通解，求满足初始条件 $y|_{x=\pi}=1$，$y'|_{x=\pi}=0$ 的特解.

4. 设曲线上点 $P(x, y)$ 处的法线与 x 轴的交点为 Q，且线段 PQ 被 y 轴平分，试写出曲线所满足的微分方程.

5. 求连续函数 $f(x)$，使它满足 $\int_0^1 f(tx)\,\mathrm{d}t = f(x) + x\sin x$.

§7.2 一阶微分方程

微分方程的类型是多种多样的，它们的解法也各不相同. 从本节开始我们将根据微分方程的不同类型，给出相应的解法. 本节我们将介绍几种特殊的一阶微分方程及其解法.

一、可分离变量的一阶微分方程

观察与分析:

(1) 求微分方程 $y'=2x$ 的通解. 为此把方程两边积分，得

$$y=x^2+C.$$

一般，方程 $y'=f(x)$ 的通解为 $y=\int f(x)\mathrm{d}x+C$（此处积分后不再加任意常数）.

(2) 求微分方程 $y'=2xy^2$ 的通解.

因为 y 是未知的，所以积分 $\int 2xy^2\mathrm{d}x$ 无法进行，方程两边直接积分不能求出通解. 为求通解可将方程变为

$$\frac{1}{y^2}\mathrm{d}y=2x\mathrm{d}x,$$

两边积分，得

$$-\frac{1}{y}=x^2+C，或 y=-\frac{1}{x^2+C},$$

可以验证函数 $y=-\frac{1}{x^2+C}$是原方程的通解.

设有一阶微分方程

$$\frac{\mathrm{d}y}{\mathrm{d}x}=F(x, y),$$

如果其右端函数能分解成 $F(x, y)=f(x)g(y)$，即有

$$\frac{dy}{dx}=f(x)g(y). \tag{2.1}$$

则称方程（2.1）为**可分离变量的微分方程**，其中 $f(x)$，$g(y)$ 都是连续函数. 根据这种方程的特点，我们可通过积分来求解.

设 $g(y)\neq 0$，用 $g(y)$ 除方程的两端，用 dx 乘以方程的两端，以使得未知函数与自变量置于等号的两边，得

$$\frac{1}{g(y)}dy=f(x)dx,$$

再在上述等式两边积分，即得

$$\int\frac{1}{g(y)}dy=\int f(x)dx.$$

如果 $g(y_0)=0$，则易知 $y=y_0$ 也是方程（2.1）的解.

上述求解可分离变量的微分方程的方法称为**分离变量法**.

例 1　求微分方程 $x\frac{dy}{dx}-y\ln y=0$ 的通解.

解　分离变量得 $\frac{dy}{y\ln y}=\frac{dx}{x}$，两端积分得 $\int\frac{dy}{y\ln y}=\int\frac{dx}{x}$，

得　　$\ln|\ln y|=\ln|x|+\ln|C_1|=\ln|C_1x|$.

即 $\ln y=\pm C_1x$，记 $C=\pm C_1$，则得到题设方程的通解 $\ln y=Cx$，即 $y=e^{Cx}$.

例 2　求微分方程 $dx-ydy=y^2dx-xydy$ 的通解.

解　先合并 dx 及 dy 的各项，得 $y(x-1)dy=(y^2-1)dx$.

设 $y^2-1\neq 0$，$x-1\neq 0$，分离变量得 $\frac{y}{y^2-1}dy=\frac{1}{x-1}dx$，两端积分得 $\frac{1}{2}\ln|y^2-1|=\ln|x-1|+\ln|C_1|$. 于是 $y^2-1=\pm C_1^2(x-1)^2$. 记 $C=\pm C_1^2$，则得到题设方程的通解 $y^2-1=C(x-1)^2$.

注：在用分离变量法解可分离变量的微分方程的过程中，我们在假定 $g(y)\neq 0$ 的前提下，用它除方程的两端，这样得到的通解不包含使 $g(y)=0$ 的特解. 但是，有时如果我们扩大任意常数 C 的取值范围，则其失去的解仍包含在通解中. 如在例 2 中，我们得到的通解中应该 $C\neq 0$，但这样方程就失去了特解 $y=\pm 1$，而如果允许 $C=0$，则 $y=\pm 1$ 仍包含在通解 $y^2-1=C(x-1)^2$ 中.

二、齐次方程

形如

$$\frac{dy}{dx}=f\left(\frac{y}{x}\right) \tag{2.2}$$

的一阶微分方程称为**齐次微分方程**，简称**齐次方程**.

齐次方程 (2.2) 通过变量替换 $u=\frac{y}{x}$ 或 $y=ux$，可化为可分离变量的方程来求解，其中 $u=u(x)$ 是新的未知函数，则有

$$\frac{dy}{dx}=u+x\frac{du}{dx},$$

将其代入式 (2.2)，得

$$u+x\frac{du}{dx}=f(u), \tag{2.3}$$

分离变量，得

$$\frac{du}{f(u)-u}=\frac{dx}{x}.$$

两边积分

$$\int\frac{du}{f(u)-u}=\int\frac{dx}{x}.$$

求出积分后，再将 $u=\frac{y}{x}$ 回代，便得到方程 (2.2) 的通解.

注：如果有 u_0，使得 $f(u_0)-u_0=0$，则显然 $u=u_0$ 也是方程 (2.3) 的解，从而 $y=u_0x$ 也是方程 (2.2) 的解；如果 $f(u)-u\equiv 0$，则方程 (2.2) 变成 $\frac{dy}{dx}=\frac{y}{x}$，这是一个可分离变量方程.

例 3 求解微分方程 $x\frac{dy}{dx}=y\ln\frac{y}{x}$ 的通解.

解 原方程可化为 $\frac{dy}{dx}=\frac{y}{x}\ln\frac{y}{x}$，令 $u=\frac{y}{x}$，即 $y=xu$，有 $\frac{dy}{dx}=u+x\frac{du}{dx}$，
则原方程化为 $u+x\frac{du}{dx}=u\ln u$，分离变量得 $\frac{du}{u(\ln u-1)}=\frac{dx}{x}$.
积分得 $\ln|\ln u-1|=\ln|x|+\ln C_1$，
即 $\ln u-1=\pm C_1x$，将 $u=\frac{y}{x}$ 代入，得 $\ln\frac{y}{x}=\pm C_1x+1$. 令 $C=C_1$，故原方程的通解为 $\ln\frac{y}{x}=Cx+1$.

例 4 求解微分方程 $y^2+x^2\frac{dy}{dx}=xy\frac{dy}{dx}$.

解 原方程变形为 $\frac{dy}{dx}=\frac{y^2}{xy-x^2}=\frac{\left(\frac{y}{x}\right)^2}{\frac{y}{x}-1}$,

令 $u=\frac{y}{x}$，则 $y=ux$，$\frac{dy}{dx}=u+x\frac{du}{dx}$，故原方程变为

$$u+x\frac{\mathrm{d}u}{\mathrm{d}x}=\frac{u^2}{u-1},$$

分离变量得

$$\left(1-\frac{1}{u}\right)\mathrm{d}u=\frac{\mathrm{d}x}{x}.$$

两边积分得 $u-\ln|u|+C=\ln|x|$ 或 $\ln|xu|=u+C$.

回代 $u=\frac{y}{x}$，便得所给方程的通解为

$$\ln|y|=\frac{y}{x}+C.$$

三、一阶线性微分方程

形如

$$\frac{\mathrm{d}y}{\mathrm{d}x}+P(x)y=Q(x) \tag{2.4}$$

的方程称为**一阶线性微分方程**. 其中函数 $P(x)$，$Q(x)$ 是某一区间 I 上的连续函数. 当 $Q(x)\equiv 0$ 时，方程（2.4）成为

$$\frac{\mathrm{d}y}{\mathrm{d}x}+P(x)y=0. \tag{2.5}$$

这个方程称为**一阶齐次线性方程**. 相应地，方程（2.4）称为**一阶非齐次线性方程**.

一阶齐次线性方程$\frac{\mathrm{d}y}{\mathrm{d}x}+P(x)y=0$是可分离变量方程. 分离变量后得

$$\frac{\mathrm{d}y}{y}=-P(x)\mathrm{d}x,$$

两边积分，得

$$\ln|y|=-\int P(x)\mathrm{d}x+C_1,$$

从而得

$$y=C\mathrm{e}^{-\int P(x)\mathrm{d}x}\,(C=\pm\,\mathrm{e}^{C_1}),$$

由此得到方程（2.5）的通解

$$y=C\mathrm{e}^{-\int P(x)\mathrm{d}x}. \tag{2.6}$$

其中 C 为任意常数.

下面再来讨论一阶非齐次线性微分方程（2.4）的通解.

将方程（2.4）变形为

$$\frac{\mathrm{d}y}{y}=\left[\frac{Q(x)}{y}-P(x)\right]\mathrm{d}x,$$

两边积分，得

$$\ln|y|=\int\frac{Q(x)}{y}\mathrm{d}x-\int P(x)\mathrm{d}x,$$

若记 $v(x)=\int\frac{Q(x)}{y}\mathrm{d}x$，则

$$\ln|y|=v(x)-\int P(x)\mathrm{d}x,$$

即

$$y=\pm\mathrm{e}^{v(x)}\mathrm{e}^{-\int P(x)\mathrm{d}x}\overset{\text{记为}}{=}u(x)\mathrm{e}^{-\int P(x)\mathrm{d}x}. \tag{2.7}$$

将这个解与齐次方程的通解 (2.6) 相比较，易见其表达形式一致，只需将式 (2.6) 中的常数 C 换为函数 $u(x)$. 由此我们引入求解一阶非齐次线性微分方程的**常数变易法**，即在求出对应齐次方程的通解 (2.6) 后，将通解中的常数 C 变易为待定函数 $u(x)$，得

$$y=u(x)\mathrm{e}^{-\int P(x)\mathrm{d}x},$$

把 $y=u(x)\mathrm{e}^{-\int P(x)\mathrm{d}x}$ 设想成非齐次线性方程的通解，代入非齐次线性方程 (2.4)，求得

$$u'(x)\mathrm{e}^{-\int P(x)\mathrm{d}x}-u(x)\mathrm{e}^{-\int P(x)\mathrm{d}x}P(x)+P(x)u(x)\mathrm{e}^{-\int P(x)\mathrm{d}x}=Q(x),$$

化简得

$$u'(x)=Q(x)\mathrm{e}^{\int P(x)\mathrm{d}x},$$

积分，得

$$u(x)=\int Q(x)\mathrm{e}^{\int P(x)\mathrm{d}x}\mathrm{d}x+C,$$

从而一阶非齐次线性方程(2.4)的通解为

$$y=\left[\int Q(x)\mathrm{e}^{\int P(x)\mathrm{d}x}\mathrm{d}x+C\right]\mathrm{e}^{-\int P(x)\mathrm{d}x}. \tag{2.8}$$

将求一阶非齐次线性方程$\frac{\mathrm{d}y}{\mathrm{d}x}+P(x)y=Q(x)$ 通解的方法总结如下：

方法一(常数变易法)：

(1) 求相应齐次线性方程$\frac{\mathrm{d}y}{\mathrm{d}x}+P(x)y=0$ 的通解

$$y=C\mathrm{e}^{-\int P(x)\mathrm{d}x},$$

(2) 将通解中的常数 C 变易为待定函数 $u(x)$ 得

$$y=u(x)\mathrm{e}^{-\int P(x)\mathrm{d}x},$$

(3)将上式代入非齐次线性方程$\frac{\mathrm{d}y}{\mathrm{d}x}+P(x)y=Q(x)$，求得

$$u(x)=\int Q(x)\mathrm{e}^{\int P(x)\mathrm{d}x}\mathrm{d}x+C,$$

从而得到通解：

$$y=\left[\int Q(x)\mathrm{e}^{\int P(x)\mathrm{d}x}\mathrm{d}x+C\right]\mathrm{e}^{-\int P(x)\mathrm{d}x}.$$

方法二(公式法)：

(1) 将一阶非齐次线性方程化为标准形式

$$\frac{\mathrm{d}y}{\mathrm{d}x}+P(x)y=Q(x),$$

并求出 $P(x)$ 和 $Q(x)$；

(2) 将 $P(x)$ 和 $Q(x)$ 代入通解公式

$$y=\left[\int Q(x)\mathrm{e}^{\int P(x)\mathrm{d}x}\mathrm{d}x+C\right]\mathrm{e}^{-\int P(x)\mathrm{d}x},$$

求出通解.

例 5 求方程$\frac{\mathrm{d}y}{\mathrm{d}x}+2xy=4x$ 的通解.

解 这是一个非齐次线性方程. 先求对应齐次方程的通解.

$$\frac{\mathrm{d}y}{\mathrm{d}x}+2xy=0\Rightarrow\frac{\mathrm{d}y}{y}=-2x\mathrm{d}x\Rightarrow\ln|y|=-x^2+C\Rightarrow y=C\mathrm{e}^{-x^2}.$$

用常数变易法,把 C 换成 $u(x)$，即令 $y=u\mathrm{e}^{-x^2}$，则有$\frac{\mathrm{d}y}{\mathrm{d}x}=u'\mathrm{e}^{-x^2}-2xu\mathrm{e}^{-x^2}$，代入所给非齐次方程，化简得

$$u'=4x\mathrm{e}^{x^2},$$

两边积分，得

$$u=2\mathrm{e}^{x^2}+C,$$

回代即得所求方程的通解为

$$y=(2\mathrm{e}^{x^2}+C)\mathrm{e}^{-x^2}=2+C\mathrm{e}^{-x^2}.$$

例 6 求方程 $y'+y\cos x=\mathrm{e}^{-\sin x}$的通解.

解 令 $P(x)=\cos x$，$Q(x)=\mathrm{e}^{-\sin x}$，于是所求通解为

$$\begin{aligned}y&=\mathrm{e}^{-\int\cos x\mathrm{d}x}\left(\int\mathrm{e}^{-\sin x}\cdot\mathrm{e}^{\int\cos x\mathrm{d}x}\mathrm{d}x+C\right)\\&=\mathrm{e}^{-\sin x}\left(\int\mathrm{e}^{-\sin x}\mathrm{e}^{\sin x}\mathrm{d}x+C\right)=\mathrm{e}^{-\sin x}(x+C).\end{aligned}$$

例 7 求下列微分方程满足所给初始条件的特解

$$x\ln x\mathrm{d}y+(y-\ln x)\mathrm{d}x=0,\ y|_{x=\mathrm{e}}=1.$$

解 将方程标准化为

$$y'+\frac{1}{x\ln x}y=\frac{1}{x},$$

于是 $P(x)=\frac{1}{x\ln x}$，$Q(x)=\frac{1}{x}$，代入公式得所求通解为

$$y=\left(\int\frac{1}{x}\mathrm{e}^{\int\frac{\mathrm{d}x}{x\ln x}}\mathrm{d}x+C\right)\mathrm{e}^{-\int\frac{\mathrm{d}x}{x\ln x}}=\left(\int\frac{1}{x}\mathrm{e}^{\ln\ln x}\mathrm{d}x+C\right)\mathrm{e}^{-\ln\ln x}=\frac{1}{\ln x}\left(\frac{1}{2}\ln^2x+C\right).$$

由初始条件$y|_{x=\mathrm{e}}=1$，得 $C=\frac{1}{2}$，故所求特解为 $y=\frac{1}{2}\left(\ln x+\frac{1}{\ln x}\right)$.

例 8 求方程 $y^3\mathrm{d}x+(2xy^2-1)\mathrm{d}y=0$ 的通解.

解 当将 y 看作 x 的函数时，方程变为

$$\frac{\mathrm{d}y}{\mathrm{d}x}=\frac{y^3}{1-2xy^2}.$$

这个方程不是一阶线性微分方程，不便求解. 如果将 x 看作 y 的函数，方程改写为

$$\frac{\mathrm{d}x}{\mathrm{d}y}+\frac{2}{y}x=\frac{1}{y^3},$$

则为一阶线性微分方程，于是对应的齐次方程为

$$\frac{\mathrm{d}x}{\mathrm{d}y}+\frac{2}{y}x=0.$$

分离变量，并积分得 $\int\frac{\mathrm{d}x}{x}=-\int\frac{2\mathrm{d}y}{y}$，即 $x=\frac{C_1}{y^2}$. 其中 C_1 为任意常数，利用常数变易法，设题设方程的通解为

$$x=u(y)\frac{1}{y^2},$$

代入原方程，得

$$u'(y)=\frac{1}{y},$$

积分得

$$u(y)=\ln|y|+C,$$

故原方程的通解为

$x=\frac{1}{y^2}(\ln|y|+C)$，其中 C 为任意常数.

习题 7-2

1. 求下列微分方程的通解：

(1) $x\mathrm{d}y-y\ln y\mathrm{d}x=0$；　(2) $x(y^2-1)\mathrm{d}x+y(x^2-1)\mathrm{d}y=0$；

(3) $xy\mathrm{d}x+\sqrt{1-x^2}\mathrm{d}y=0$；　(4) $x\mathrm{d}y+\mathrm{d}x=\mathrm{e}^y\mathrm{d}x$；

(5) $\tan x\frac{\mathrm{d}y}{\mathrm{d}x}=1+y$；　(6) $\frac{\mathrm{d}y}{\mathrm{d}x}=10^{x+y}$；

(7) $x^2y\mathrm{d}x=(1-y^2+x^2-x^2y^2)\mathrm{d}y$；　(8) $y'+\sin\frac{x+y}{2}=\sin\frac{x-y}{2}$.

2. 求下列齐次方程的通解：

(1) $xy'-y-\sqrt{y^2-x^2}=0$；　(2) $xy'-y\ln\frac{y}{x}=0$；

(3) $\left(x+y\cos\frac{y}{x}\right)\mathrm{d}x-x\cos\frac{y}{x}\mathrm{d}y=0$；　(4) $y'=\mathrm{e}^{\frac{y}{x}}+\frac{y}{x}$；

(5) $y(x^2-xy+y^2)\mathrm{d}x+x(x^2+xy+y^2)\mathrm{d}y=0$.

3. 求下列各初值问题的解：

(1) $\frac{x}{1+y}\mathrm{d}x-\frac{y}{1+x}\mathrm{d}y=0$，$y|_{x=0}=0$；　(2) $y'=\frac{x}{y}+\frac{y}{x}$，$y|_{x=-1}=2$.

4. 求下列微分方程的解：

(1) $\frac{\mathrm{d}y}{\mathrm{d}x}+2xy=4x$；　(2) $\frac{\mathrm{d}y}{\mathrm{d}x}-\frac{1}{x}y=2x^2$；

(3) $(x-2)\frac{\mathrm{d}y}{\mathrm{d}x}=y+2(x-2)^3$；　(4) $(x^2+1)y'+2xy=4x^2$；

(5) $(y^2-6x)y'+2y=0$；　(6) $y\mathrm{d}x+(1+y)x\mathrm{d}y=\mathrm{e}^y\mathrm{d}y$；

(7) $\frac{\mathrm{d}y}{\mathrm{d}x}=\frac{1}{x\cos y+\sin 2y}$；　(8) $(x-2xy-y^2)\frac{\mathrm{d}y}{\mathrm{d}x}+y^2=0$；

(9) $y'+f'(x)y=f(x)f'(x)$.

5. 求下列微分方程满足初始条件的特解：

(1) $\frac{\mathrm{d}y}{\mathrm{d}x}+3y=8$，$y|_{x=0}=2$；　(2) $\frac{\mathrm{d}y}{\mathrm{d}x}-y\tan x=\sec x$，$y|_{x=0}=0$.

6. 求一曲线的方程，该曲线通过原点，并且它在点 (x,y) 处的切线斜率等于 $2x+y$.

7. 设连续曲线 $y(x)$ 满足方程 $y(x)=\int_0^x y(t)\mathrm{d}t+\mathrm{e}^x$，求 $y(x)$.

§7.3　可降阶的二阶微分方程

对一般的二阶微分方程没有普遍的解法，本节讨论三种特殊形式的二阶微分方程，它们有的可以通过积分求得，有的经过适当的变量替换可降为一阶微分方程，然后求解一阶微分方程，再将变量回代，从而求得所给二阶微分方程的解.

一、$y''=f(x)$型

这是最简单的二阶微分方程，求解方法是逐次积分.

对方程 $y''=f(x)$ 两端积分，得

$$y'=\int f(x)\mathrm{d}x+C_1,$$

再次积分，得

$$y=\int\left[\int f(x)\mathrm{d}x+C_1\right]\mathrm{d}x+C_2.$$

注：这种类型的方程的解法可推广到 n 阶微分方程

$$y^{(n)}=f(x),$$

只要连续积分 n 次，就可得这个方程的含有 n 个任意常数的通解.

例 1 求方程 $y''=xe^x$ 满足 $y(0)=0, y'(0)=1$ 的特解.

解 $\because y''=xe^x$,

$$\therefore y'=\int xe^x\mathrm{d}x+C_1=(x-1)e^x+C_1, \tag{3.1}$$

$$y=\int[(x-1)e^x+C_1]\mathrm{d}x+C_2=(x-2)e^x+C_1x+C_2, \tag{3.2}$$

又 $\because y(0)=0,\ y'(0)=1,$

$\therefore C_1=2,\ C_2=2.$

从而原方程的特解为

$$y=(x-2)e^x+2x+2.$$

例 2 求方程 $xy^{(4)}-y^{(3)}=0$ 的通解.

解 设 $y^{(3)}=P(x)$，代入题设方程，得

$$xP'-P=0\ (P\neq 0),$$

解线性方程，得 $P=C_1x$（C_1 为任意常数），即 $y'''=C_1x$,

两端积分，得 $y''=\frac{1}{2}C_1x^2+C_2$，$y'=\frac{C_1}{6}x^3+C_2x+C_3$,

再积分得到所求题设方程的通解为

$$y=\frac{C_1}{24}x^4+\frac{C_2}{2}x^2+C_3x+C_4,\text{其中 } C_i\ (i=1,2,3,4)\text{ 为任意常数}.$$

通解可改写为 $y=d_1x^4+d_2x^2+d_3x+d_4$，其中 $d_i\ (i=1, 2, 3, 4)$ 为任意常数.

二、$y''=f(x, y')$ 型

这种方程的特点是不显含未知函数 y，求解的方法是：

令 $y'=p(x)$，则 $y''=p'(x)$，原方程化为以 $p(x)$ 为未知函数的一阶微分方程

$$p'=f(x, p),$$

设其通解为

$$p=\varphi(x, C_1),$$

然后再根据关系式 $y'=p(x)$ 又得到一个一阶微分方程

$$\frac{dy}{dx}=\varphi(x, C_1),$$

对它进行积分，即可得到原方程的通解

$$y=\int\varphi(x, C_1)dx+C_2.$$

例 3　求方程 $y''-\frac{2x}{1+x^2}y'=0$ 的通解.

解　这是一个不显含有未知函数 y 的方程. 令$\frac{dy}{dx}=p(x)$，则$\frac{d^2y}{dx^2}=\frac{dp}{dx}$，于是题设方程降阶为$(1+x^2)\frac{dp}{dx}-2xp=0$ 即$\frac{dp}{p}=\frac{2x}{1+x^2}dx$.

两边积分，得

$$\ln|p|=\ln(1+x^2)+\ln|C_1|,$$

即

$$p=C_1(1+x^2) \text{ 或 } \frac{dy}{dx}=C_1(1+x^2).$$

再积分得原方程的通解

$$y=C_1\left(x+\frac{x^3}{3}\right)+C_2.$$

三、$y''=f(y, y')$ 型

这种方程的特点是不显含自变量 x,求解的方法是：把 y 暂时看作自变量，并做变换 $y'=p(y)$，于是，由复合函数的求导法则有

$$y''=\frac{dp}{dx}=\frac{dp}{dy}\cdot\frac{dy}{dx}=p\frac{dp}{dy},$$

这样就将原方程就化为

$$p\frac{dp}{dy}=f(y, p).$$

这是一个关于变量 y，p 的一阶微分方程. 设它的通解为

$$y' = p = \varphi(y, C_1).$$

这是可分离变量的方程，对其积分即得到原方程的通解

$$\int \frac{\mathrm{d}y}{\varphi(y, C_1)} = x + C_2.$$

例 4 求方程 $yy'' - y'^2 = 0$ 的通解.

解 所给方程不显含自变量 x，设 $y' = p(y)$，则 $y'' = p\frac{\mathrm{d}p}{\mathrm{d}y}$，代入原方程得

$$y \cdot p\frac{\mathrm{d}p}{\mathrm{d}y} - p^2 = 0,$$

即

$$p\left(y \cdot \frac{\mathrm{d}p}{\mathrm{d}y} - p\right) = 0.$$

在 $y \neq 0$，$p \neq 0$ 时，由 $y \cdot \frac{\mathrm{d}p}{\mathrm{d}y} - p = 0$，可得

$$\frac{\mathrm{d}p}{p} = \frac{\mathrm{d}y}{y},$$

两边积分，得

$$\ln|p| = \ln|y| + \ln|C_1|,$$

即

$$p = C_1 y,$$

所以

$$\frac{\mathrm{d}y}{\mathrm{d}x} = C_1 y.$$

再分离变量并在两边积分，就得原方程的通解为

$$y = C_2 \mathrm{e}^{C_1 x}，其中 C_1，C_2 为任意常数.$$

上述通解实际上也包含了 $p=0$（即 $C_1=0$ 的情形）和 $y=0$（即 $C_2=0$ 的情形）这两个特解.

习题 7-3

1. 求下列微分方程的通解：

(1) $y'' = \frac{1}{1+x^2}$； (2) $y'' - y'^2 = 1$； (3) $y'' - y' = x$；

(4) $y \cdot y'' + 2y'^2 = 0$； (5) $y'' - y'^3 - y' = 0$.

2. 求微分方程 $y'' = \frac{3}{2}y^2$ 满足初始条件 $y|_{x=0} = 1$，$y'|_{x=0} = 1$ 的特解.

3. 试求 $y''=x$ 的经过点 $M(0,1)$ 且在此点与直线 $x-2y+2=0$ 相切的积分曲线.

4. 已知某曲线在第一象限内且过原点，其上任一点 M 的切线为 MT（与 x 轴交于 T 点），点 M 与点 M 在 x 轴上的投影 P 连成线段 MP，x 轴所形成的三角形 MPT 的面积与曲边三角形 OMP 的面积之比恒为常数 $k\left(k>\dfrac{1}{2}\right)$，又已知点 M 处的导数总为正，试求该曲线的方程.

§7.4 二阶线性微分方程解的结构

二阶线性微分方程的一般形式是

$$\frac{d^2y}{dx^2}+P(x)\frac{dy}{dx}+Q(x)y=f(x),\tag{4.1}$$

其中 $P(x)$，$Q(x)$ 及 $f(x)$ 是自变量 x 的已知函数，函数 $f(x)$ 称为方程（4.1）的**自由项**. 当 $f(x)=0$ 时，方程（4.1）变为

$$\frac{d^2y}{dx^2}+P(x)\frac{dy}{dx}+Q(x)y=0,\tag{4.2}$$

这个方程称为**二阶齐次线性微分方程**，相应地，方程（4.1）称为**二阶非齐次线性微分方程**.

本节所讨论的二阶线性微分方程的解的一些性质还可以推广到 n 阶线性微分方程

$$y^{(n)}+P_1(x)y^{(n-1)}+P_2(x)y^{(n-2)}+\cdots+P_{n-1}(x)y'+P_n(x)y=f(x).$$

对于二阶齐次线性微分方程，有下述两个定理.

定理 1 如果函数 $y_1(x)$ 与 $y_2(x)$ 是方程（4.2）的两个解，则

$$y=C_1y_1(x)+C_2y_2(x)\tag{4.3}$$

也是方程（4.2）的解，其中 C_1，C_2 是任意常数.

证明 因为 y_1 与 y_2 是方程 $y''+P(x)y'+Q(x)y=0$ 的解，所以有

$$y_1''+P(x)y_1'+Q(x)y_1=0 \text{ 与 } y_2''+P(x)y_2'+Q(x)y_2=0,$$

从而

$$\begin{aligned}&(C_1y_1+C_2y_2)''+P(x)(C_1y_1+C_2y_2)'+Q(x)(C_1y_1+C_2y_2)\\=&C_1[y_1''+P(x)y_1'+Q(x)y_1]+C_2[y_2''+P(x)y_2'+Q(x)y_2]\\=&0+0=0.\end{aligned}$$

这就证明了 $y=C_1y_1(x)+C_2y_2(x)$ 也是方程 $y''+P(x)y'+Q(x)y=0$ 的解.

齐次线性方程的这个性质表明它的解符合**叠加原理**.

将齐次线性方程（4.2）的两个解 y_1 与 y_2 按式（4.3）叠加起来虽然仍是该方程的解，并且形式上也含有两个任意常数 C_1 与 C_2，但它却不一定是方程（4.2）的通解. 例如，设 $y_1(x)$ 是方程（4.2）的一个解，则 $y_2(x)=2y_1(x)$ 也是方程（4.2）的解，这时 $y=C_1y_1(x)+C_2y_2(x)$ 即 $(C_1+2C_2)y_1(x)$ 可以写成 $Cy_1(x)$，其中 $C=C_1+2C_2$，显然不是方程（4.2）的通解. 为了

解决这个问题，我们引入一个新的概念，即函数的线性相关与线性无关的概念.

定义 设 $y_1(x)$，$y_2(x)$，…，$y_n(x)$ 为定义在区间 I 上的 n 个函数. 如果存在 n 个不全为零的常数 k_1，k_2，…，k_n 使得当 $x\in I$ 时有恒等式

$$k_1y_1(x)+k_2y_2(x)+\cdots+k_ny_n\equiv 0$$

成立，那么称这 n 个函数在区间 I 上**线性相关**；否则称为**线性无关**.

例如，1，$\cos^2x$，$\sin^2x$ 在整个数轴上是线性相关的. 因为当 $k_1=1$，$k_2=k_3=-1$ 时就恒有 $1-\cos^2x-\sin^2x=0$. 而函数 1，x，x^2 在任何区间 (a, b) 内都是线性无关的.

根据定义可知，在区间 I 内两个函数是否线性相关，只要看它们的比是否为常数，如果比为常数，那么它们就线性相关，否则就线性无关.

例如，函数 $y_1(x)=e^{2x}$，$y_2(x)=3e^{2x}$ 是两个线性相关的函数，因为

$$\frac{y_2(x)}{y_1(x)}=\frac{3e^{2x}}{e^{2x}}=3.$$

而 $y_1(x)=\cos 2x$，$y_2(x)=\sin 2x$ 是两个线性无关的函数，因为

$$\frac{y_2(x)}{y_1(x)}=\frac{\sin 2x}{\cos 2x}=\tan 2x\neq\text{常数}.$$

有了函数线性无关的概念后，我们就可进一步得出下面的定理：

定理 2 如果 $y_1(x)$ 与 $y_2(x)$ 是方程 (4.2) 的两个线性无关的特解，则

$$y=C_1y_1(x)+C_2y_2(x)$$

就是方程 (4.2) 的通解，其中 C_1，C_2 是任意常数.

证明 由定理 1 知，$y=C_1y_1(x)+C_2y_2(x)$ 是方程 (4.2) 的解，因为函数 $y_1(x)$ 与 $y_2(x)$ 线性无关，所以其中两个任意常数 C_1 与 C_2 不能合并，即它们是相互独立的.

所以 $y=C_1y_1(x)+C_2y_2(x)$ 是方程 (4.2) 的通解.

例如，对于方程 $y''-3y'+2y=0$，容易验证 $y_1=e^x$ 与 $y_2=e^{2x}$ 是它的两个特解，又

$$\frac{y_2}{y_1}=\frac{e^{2x}}{e^x}=e^x\neq\text{常数},$$

所以 e^x 与 e^{2x} 在 $(-\infty, +\infty)$ 内是线性无关的，所以方程 $y''-3y'+2y=0$ 的通解为

$$y=C_1e^x+C_2e^{2x}.$$

在一阶线性微分方程的讨论中，我们已经看到，一阶非齐次线性微分方程的通解可以表示为对应齐次方程的通解与一个非齐次方程的特解的和. 实际上，不仅一阶非齐次线性微分方程的通解具有这样的结构，而且二阶甚至更高阶的非齐次线性微分方程的通解也具有这样的结构.

定理 3 设 y^* 是方程 (4.1) 的一个特解，而 Y 是其对应的齐次方程 (4.2) 的通解，则

$$y=Y+y^* \tag{4.4}$$

就是二阶非齐次线性微分方程 (4.1) 的通解.

证明 把式(4.4)代入方程(4.1)的左端，得

$$
\begin{aligned}
&[Y(x)+y^*(x)]''+P(x)[Y(x)+y^*(x)]'+Q(x)[Y(x)+y^*(x)]\\
&=[Y''+P(x)Y'+Q(x)Y]+[y^{*\prime\prime}+P(x)y^{*\prime}+Q(x)y^*]\\
&=0+f(x).
\end{aligned}
$$

即 $y=Y+y^*$ 是方程(4.1)的解. 由于对应齐次方程的通解 $Y=C_1y_1(x)+C_2y_2(x)$ 含有两个相互独立的任意常数 C_1 与 C_2，所以 $y=Y+y^*$ 是方程(4.1)的通解.

例如，方程 $y''-3y'+2y=x$ 是二阶非齐次线性微分方程，已知对应的齐次方程 $y''-3y'+2y=0$ 的通解为 $y=C_1e^x+C_2e^{2x}$. 容易验证 $y=\frac{1}{2}x+\frac{3}{4}$ 是该方程的一个特解，故

$$y=C_1e^x+C_2e^{2x}+\frac{1}{2}x+\frac{3}{4}$$

是所给方程的通解.

定理 4 设 y_1^* 与 y_2^* 分别是方程

$$y''+P(x)y'+Q(x)y=f_1(x) \text{ 与 } y''+P(x)y'+Q(x)y=f_2(x)$$

的特解，则 $y_1^*+y_2^*$ 是方程

$$y''+P(x)y'+Q(x)y=f_1(x)+f_2(x) \tag{4.5}$$

的特解.

证明 将 $y_1^*+y_2^*$ 代入方程(4.5)左端，得

$$
\begin{aligned}
&[y_1^*+y_2^*]''+P(x)[y_1^*+y_2^*]'+Q(x)[y_1^*+y_2^*]\\
&=[y_1^{*\prime\prime}+P(x)y_1^{*\prime}+Q(x)y_1^*]+[y_2^{*\prime\prime}+P(x)y_2^{*\prime}+Q(x)y_2^*]\\
&=f_1(x)+f_2(x).
\end{aligned}
$$

这个定理通常称为非齐次线性微分方程的解的**叠加原理**.

定理 5 设 y_1+iy_2 是方程

$$y''+P(x)y'+Q(x)y=f_1(x)+if_2(x) \tag{4.6}$$

的解，其中 $P(x)$，$Q(x)$，$f_1(x)$，$f_2(x)$ 为实值函数，i 为纯虚数. 则 y_1 与 y_2 分别是方程

$$y''+P(x)y'+Q(x)y=f_1(x) \text{ 与 } y''+P(x)y'+Q(x)y=f_2(x)$$

的解.

证明 由定理的假设，有

$$(y_1+iy_2)''+P(x)(y_1+iy_2)'+Q(x)(y_1+iy_2)=f_1(x)+if_2(x),$$

即 $[y_1''+P(x)y_1'+Q(x)y_1]+i[y_2''+P(x)y_2'+Q(x)y_2]=f_1(x)+if_2(x)$.

由于恒等式两边实部与虚部分别相等，所以

$$
\begin{aligned}
&y_1''+P(x)y_1'+Q(x)y_1=f_1(x),\\
&y_2''+P(x)y_2'+Q(x)y_2=f_2(x).
\end{aligned}
$$

从而证得结论.

例 1 已知 $y_1=xe^x+e^{2x}$，$y_2=xe^x-e^{-x}$，$y_3=xe^x+e^{2x}-e^{-x}$是某二阶非齐次线性微分方程的三个特解. 求此方程的通解.

解 由题设知，$e^{2x}=y_3-y_2$，$e^{-x}=y_1-y_3$ 是相应齐次线性方程的两个线性无关的解，且 $y_1=xe^x+e^{2x}$是非齐次线性方程的一个特解，故所求方程的通解为

$$y=C_0e^{2x}+C_2e^{-x}+xe^x+e^{2x}=C_1e^{2x}+C_2e^{-x}+xe^x,$$

其中 $C_1=1+C_0$.

习题 7-4

1. 判断下列各组函数是否线性相关：

(1) $2x^2$，$3x^3$； (2) $\cos 5x$，$\sin 5x$； (3) $\ln 3x$，$x\ln 3x$； (4) e^{ax}，$e^{bx}\ (a\neq b)$.

2. 验证 $y_1=e^x$，$y_2=xe^x$ 都是方程 $y''-2y'+y=0$ 的解，并写出该方程的通解.

3. 已知 $y_1=3$，$y_2=3+x^2$，$y_3=3+x^2+e^x$ 都是微分方程

$$(x^2-2x)y''-(x^2-2)y'+(2x-2)y=6x-6$$

的解，求此方程的通解.

§7.5 二阶常系数齐次线性微分方程

根据二阶线性微分方程解的结构，二阶线性微分方程的求解问题，关键在于如何求得二阶齐次方程的通解和非齐次方程的一个特解. 本节和下一节讨论二阶线性微分方程的一种特殊类型，即**二阶常系数线性微分方程**及其解法. 本节先讨论二阶常系数齐次线性微分方程及其解法.

一、二阶常系数齐次线性微分方程及其解法

设给定二阶常系数齐次线性微分方程为

$$y''+py'+qy=0, \tag{5.1}$$

其中 p，q 均为常数，根据§7.4 的定理 2，要求方程 (5.1) 的通解，只要求出其任意两个线性无关的特解 y_1，y_2 就可以了，下面讨论这两个特解的求法.

先来分析方程 (5.1) 可能具有什么形式的特解. 从方程的形式上看，它的特点是 y''，y'与 y 各乘以常数因子后相加等于零，如果能找到一个函数 y，其 y''，y'与 y 之间只相差一个常数，这样的函数就有可能是方程 (5.1) 的特解. 易知在初等函数中，指数函数 e^{rx} 符合上述要求，于是，令 $y=e^{rx}$ 来尝试求解，其中 r 为待定常数. 将 $y=e^{rx}$，$y'=re^{rx}$，$y''=r^2e^{rx}$ 代入方程 (5.1)，得

$$(r^2+pr+q)e^{rx}=0,$$

因为 $e^{rx}\neq 0$，故有

$$r^2+pr+q=0. \tag{5.2}$$

由此可见，如果 r 是二次方程 $r^2+pr+q=0$ 的根，则 $y=e^{rx}$ 就是方程（5.1）的特解. 这样，齐次方程（5.1）的求解问题就转化为二次方程（5.2）的求根问题，称方程（5.2）为微分方程（5.1）的特征方程，并称特征方程的两个根 r_1，r_2 为特征根. 根据初等代数的知识可知，特征根有三种可能情况，下面分别讨论之.

1. 特征方程（5.2）有两个不相等的实根 r_1，r_2

此时 $p^2-4q>0$，e^{r_1x}，e^{r_2x}是方程（5.1）的两个特解，因为$\frac{e^{r_1x}}{e^{r_2x}}=e^{(r_1-r_2)x}\neq$常数，所以 e^{r_1x}，e^{r_2x}为线性无关函数. 由二阶线性齐次方程解的结构定理知，齐次方程（5.1）的通解为

$$y=C_1e^{r_1x}+C_2e^{r_2x}，\text{其中 } C_1，C_2 \text{ 为任意常数}. \tag{5.3}$$

2. 特征方程（5.2）有两个相等的实根 $r_1=r_2$

此时 $p^2-4q=0$，特征根 $r_1=r_2=-\frac{p}{2}$，这样只能得到方程（5.1）的一个特解 $y_1=e^{r_1x}$. 因此，我们还要设法找出另一个特解 y_2，并使得$\frac{y_2}{y_1}$不是常数，设$\frac{y_2}{y_1}=u(x)$，则 $y_2=u(x)e^{r_1x}$，其中 $u=u(x)$ 为待定函数. 将 y_2 求导得

$$y_2'=(u'+r_1u)e^{r_1x},$$
$$y_2''=(r_1^2u+2r_1u'+u'')e^{r_1x}.$$

将 y_2，y_2'，y_2''的表达式代入方程（5.1）得

$$(r_1^2u+2r_1u'+u'')e^{r_1x}+p(u'+r_1u)e^{r_1x}+que^{r_1x}=0.$$

方程两端消去非零因子 e^{r_1x}，合并整理得

$$u''+(2r_1+p)u'+(r_1^2+pr_1+q)u=0.$$

因为 r_1 是特征方程（5.2）的二重根，所以，上述关于函数 u 的方程的第 2 项和第 3 项中的系数均等于零，于是上式成为 $u''=0$，取这个方程的最简单的一个解 $u(x)=x$，就得到方程（5.1）的另一个解 $y_2=xe^{r_1x}$，且 y_1，y_2 线性无关，从而得到方程（5.1）的通解为

$$y=(C_1+C_2x)e^{r_1x}，\text{其中 } C_1，C_2 \text{ 为任意常数}. \tag{5.4}$$

3. 特征方程(5.2)有一对共轭复数根 $r_1=\alpha+i\beta$，$r_2=\alpha-i\beta$

此时 $p^2-4q<0$，方程（5.1）有两个特解

$$y_1=e^{(\alpha+i\beta)x}，y_2=e^{(\alpha-i\beta)x}，$$

所以，方程（5.1）的通解为

$$y=C_1e^{(\alpha+i\beta)x}+C_2e^{(\alpha-i\beta)x}.$$

由于这种复数形式的解在应用上不方便，在实际问题中，常常需要实数形式的通解，为此可借助欧拉公式 $e^{i\theta}=\cos\theta+i\sin\theta$，把 y_1，y_2 改写为

$$y_1 = e^{\alpha x} e^{i\beta x} = e^{\alpha x}(\cos\beta x + i\sin\beta x),$$
$$y_2 = e^{\alpha x} e^{-i\beta x} = e^{\alpha x}(\cos\beta x - i\sin\beta x).$$

令 $\bar{y}_1 = \frac{1}{2}(y_1 + y_2) = e^{\alpha x}\cos\beta x$，$\bar{y}_2 = \frac{1}{2i}(y_1 - y_2) = e^{\alpha x}\sin\beta x$，则由 § 7.4 的定理 1 知，$\bar{y}_1$，$\bar{y}_2$ 还是方程 (5.1) 的两个特解，从而方程 (5.1) 的通解可表示为

$$y = e^{\alpha x}(C_1\cos\beta x + C_2\sin\beta x), \tag{5.5}$$

其中 C_1，C_2 为任意常数.

综上所述，求二阶常系数齐次线性微分方程

$$y'' + py' + qy = 0$$

的通解的步骤如下：

第一步，写出特征方程

$$r^2 + pr + q = 0;$$

第二步，求出特征根 r_1，r_2；

第三步，根据特征根 r_1，r_2 的不同情况，按表 7－1 写出微分方程的通解：

表 7－1　　二阶常系数齐次线性微分方程的通解

特征方程 $r^2 + pr + q = 0$ 的根	微分方程 $y'' + py' + qy = 0$ 的通解
$r_1 \neq r_2$ 且为实根	$y = C_1 e^{r_1 x} + C_2 e^{r_2 x}$
$r_1 = r_2$	$y = C_1 e^{r_1 x} + C_2 x e^{r_2 x}$
$r_{1,2} = \alpha \pm \beta i$	$y = e^{\alpha x}(C_1\cos\beta x + C_2\sin\beta x)$

这种根据二阶常系数齐次线性方程的特征方程的根直接确定其通解的方法称为**特征方程法**.

例 1　求方程 $y'' + y' - 2y = 0$ 的通解.

解　所给微分方程的特征方程为

$$r^2 + r - 2 = 0,$$

解得两个不相等的实根 $r_1 = -2$，$r_2 = 1$，因此所求通解为

$$y = C_1 e^{-2x} + C_2 e^x.$$

例 2　求方程 $y'' + 10y' + 25y = 0$ 的通解.

解　所给微分方程的特征方程为

$$r^2 + 10r + 25 = 0,$$

解得 $r_1 = r_2 = -5$，故所求通解为

$$y = (C_1 + C_2 x)e^{-5x}.$$

例 3　求方程 $y'' + 4y' + 8y = 0$ 的通解.

解　所给微分方程的特征方程为

$$r^2+4r+8=0,$$

解得 $r_{1,2}=-2\pm 2\mathrm{i}$，故所求通解为

$$y=\mathrm{e}^{-2x}(C_1\cos 2x+C_2\sin 2x).$$

二、n 阶常系数齐次线性微分方程的解法

n 阶常系数齐次线性微分方程的一般形式为

$$y^{(n)}+p_1y^{(n-1)}+\cdots+p_{n-1}y'+p_ny=0, \tag{5.6}$$

其特征方程为

$$r^n+p_1r^{n-1}+\cdots+p_{n-1}r+p_n=0. \tag{5.7}$$

根据特征方程的根，可按表 7－2 直接写出其对应的微分方程的解：

表 7－2　　n 阶常系数齐次线性微分方程的解法

特征方程的根	通解中的对应项
是 k 重实根 r	$(C_0+C_1x+\cdots+C_{k-1}x^{k-1})\mathrm{e}^{rx}$
是 k 重共轭复根 $r_{1,2}=\alpha\pm\beta\mathrm{i}$	$[(C_0+C_1x+\cdots+C_{k-1}x^{k-1})\cos\beta x+(d_0+d_1x+\cdots+d_{k-1}x^{k-1})\sin\beta x]\mathrm{e}^{\alpha x}$

注：n 次代数方程有 n 个根（重根按重数计算），而特征方程的每一个根都对应着通解中的一项，且每一项各含一个任意常数，这样就得到 n 阶常系数齐次线性微分方程的通解为

$$y=C_1y_1+C_2y_2+\cdots+C_ny_n.$$

例 4　求方程 $y^{(4)}-y=0$ 的通解.

解　特征方程为 $r^4-1=0$，即 $(r^2-1)(r^2+1)=0$，特征根是 $r_{1,2}=\pm 1$ 和 $r_{3,4}=\pm\mathrm{i}$，因此所给微分方程的通解为

$$y=C_1\mathrm{e}^x+C_2\mathrm{e}^{-x}+C_3\cos x+C_4\sin x.$$

例 5　已知一个四阶常系数齐次线性微分方程的四个线性无关的特解为

$$y_1=\mathrm{e}^{-2x},\ y_2=x\mathrm{e}^{-2x},\ y_3=\cos x,\ y_4=2\sin x,$$

求这个四阶微分方程及其通解.

解　由 y_1 与 y_2 可知，它们对应的特征根为二重根 $r_1=r_2=-2$，由 y_3 与 y_4 可知，它们对应的特征根为一对共轭复根 $r_{3,4}=\pm\mathrm{i}$.

所以特征方程为 $(r+2)^2(r^2+1)=0$，即 $r^4+4r^3+5r^2+4r+4=0$，
它所对应的微分方程为

$$y^{(4)}+4y^{(3)}+5y''+4y'+4y=0,$$

其通解为

$$y=(C_1+C_2x)\mathrm{e}^{-2x}+C_3\cos x+C_4\sin x.$$

习题 7-5

1. 求下列微分方程的通解：

(1) $y''-y'-2y=0$；

(2) $y''-4y'=0$；

(3) $y''+y=0$；

(4) $y''+6y'+13y=0$；

(5) $4\frac{d^2x}{dt^2}-20\frac{dx}{dt}+25x=0$；

(6) $y''-4y'+5y=0$；

(7) $y^{(4)}+5y''-36y=0$；

(8) $y'''-4y''+y'+6y=0$；

(9) $y^{(5)}+2y'''+y'=0$.

2. 求下列微分方程满足所给初始条件的特解：

(1) $y''-4y'+3y=0$，$y|_{x=0}=6$，$y'|_{x=0}=10$；

(2) $y''+25y=0$，$y|_{x=0}=2$，$y'|_{x=0}=5$.

3. 求微分方程 $yy''-(y')^2=y^2\ln y$ 的通解.

§7.6 二阶常系数非齐次线性微分方程

二阶常系数非齐次线性微分方程的一般形式为

$$y''+py'+qy=f(x). \tag{6.1}$$

根据线性微分方程的解的结构定理可知，要求方程 (6.1) 的通解，只要求出它的一个特解和其对应的齐次方程的通解，两个解相加就得到了方程 (6.1) 的通解. 上一节我们已经解决了求其对应齐次方程的通解的方法，因此，本节要解决的问题是如何求得方程 (6.1) 的一个特解 y^*.

方程 (6.1) 的特解的形式与右端的自由项 $f(x)$ 有关，如果要对 $f(x)$ 的一般情形来求方程 (6.1) 的特解仍是非常困难的，这里只就 $f(x)$ 的两种常见的情形进行讨论.

(1) $f(x)=P_m(x)e^{\lambda x}$，其中 λ 是常数，$P_m(x)$ 是 x 的一个 m 次多项式：

$$P_m(x)=a_0x^m+a_1x^{m-1}+\cdots+a_{m-1}x+a_m.$$

(2) $f(x)=P_m(x)e^{\lambda x}\cos\omega x$ 或 $P_m(x)e^{\lambda x}\sin\omega x$，其中 λ，ω 是常数，$P_m(x)$ 是 x 的一个 m 次多项式.

下面分别介绍 $f(x)$ 为上述两种情形时 y^* 的求法.

一、$f(x)=P_m(x)e^{\lambda x}$ 型

要求方程 (6.1) 的一个特解 y^* 就是要求一个满足方程 (6.1) 的函数，在 $f(x)=P_m(x)e^{\lambda x}$ 的情况下，方程 (6.1) 的右端是多项式 $P_m(x)$ 与指数函数 $e^{\lambda x}$ 的乘积，而多项式与指数函数乘积的导数仍是同类型的函数，因此，我们可以猜想方程 (6.1) 具有如下形式的特解：

$$y^*=Q(x)e^{\lambda x},$$

其中 $Q(x)$ 为某个多项式.

再进一步考虑如何选取多项式 $Q(x)$，使 $y^*=Q(x)e^{\lambda x}$ 满足方程（6.1），为此，将

$$y^*=Q(x)e^{\lambda x}$$
$$y^{*\prime}=[\lambda Q(x)+Q'(x)]e^{\lambda x}$$
$$y^{*\prime\prime}=[\lambda^2 Q(x)+2\lambda Q'(x)+Q''(x)]e^{\lambda x}$$

代入方程（6.1），并消去因子 $e^{\lambda x}$ 得等式

$$Q''(x)+(2\lambda+p)Q'(x)+(\lambda^2+p\lambda+q)Q(x)=P_m(x). \tag{6.2}$$

根据 λ 是否为方程（6.1）的特征方程

$$r^2+pr+q=0 \tag{6.3}$$

的特征根，有下列三种情况：

（1）如果 λ 不是特征方程 $r^2+pr+q=0$ 的根，则 $\lambda^2+p\lambda+q\neq 0$. 由于 $P_m(x)$ 是 x 的一个 m 次多项式，要使等式（6.2）成立，$Q(x)$ 必为另一个 m 次多项式，设为

$$Q_m(x)=b_0x^m+b_1x^{m-1}+\cdots+b_{m-1}x+b_m,$$

将其代入式(6.2)，比较等式两端 x 的同次幂的系数，就得到以 b_0，b_1，…，b_m 为未知数的 $m+1$ 个方程的联立方程组，从而可确定出这些待定系数 $b_i(i=0,1,2,\cdots,m)$，于是得到所求特解

$$y^*=Q_m(x)e^{\lambda x}.$$

（2）如果 λ 是特征方程 $r^2+pr+q=0$ 的单根，则 $\lambda^2+p\lambda+q=0$，但 $2\lambda+p\neq 0$，等式（6.2）化为

$$Q''(x)+(2\lambda+p)Q'(x)=P_m(x) \tag{6.4}$$

则 $Q'(x)$ 必须是 m 次多项式，从而 $Q(x)$ 必为 $m+1$ 次多项式，故可设 $Q(x)=xQ_m(x)$，将其代入式(6.4)，可确定 $Q_m(x)$ 的待定系数 b_0，b_1，…，b_m，于是得到所求特解

$$y^*=xQ_m(x)e^{\lambda x}.$$

（3）如果 λ 是特征方程 $r^2+pr+q=0$ 的二重根，则 $\lambda^2+p\lambda+q=0$，$2\lambda+p=0$，等式（6.2）化为

$$Q''(x)=P_m(x), \tag{6.5}$$

则 $Q''(x)$ 必须是 m 次多项式，从而 $Q(x)$ 必为 $m+2$ 次多项式，故可设 $Q(x)=x^2Q_m(x)$，将其代入式(6.5)，可确定 $Q_m(x)$ 的待定系数，于是，所求特解为:

$$y^*=x^2Q_m(x)e^{\lambda x}.$$

综上所述，当 $f(x)=P_m(x)e^{\lambda x}$ 时，二阶常系数非齐次线性微分方程（6.1）具有形如

$$y^*=x^kQ_m(x)e^{\lambda x} \tag{6.6}$$

的特解，其中 $Q_m(x)$ 是与 $P_m(x)$ 同次（m 次）的多项式，而 k 按 λ 不是特征方程的根、是特征方程的单根或是特征方程的重根依次取 0、1 或 2.

上述结论可推广到 n 阶常系数非齐次线性微分方程，但要注意式(6.6) 中的 k 是特征方程的根 λ 的重数（即若 λ 不是特征方程的根，k 取 0；若 λ 是特征方程的 s 重根，k 取为 s).

例 1 下列方程具有什么样形式的特解？

(1)$2y''+y'-y=2e^x$；　　(2) $2y''+5y'=5x^2-2x-1$；

(3)$y''+2y'+y=3xe^{-x}$.

解 (1)因 $\lambda=1$ 不是特征方程 $2r^2+r-1=0$ 的根，故方程具有形如 $y^*=Ae^x$ 的特解；

(2)因 $\lambda=0$ 是特征方程 $2r^2+5r=0$ 的单根，故方程具有形如 $y^*=x(Ax^2+Bx+C)$的特解；

(3)因 $\lambda=-1$ 是特征方程 $r^2+2r+1=0$ 的二重根，所以方程具有形如 $y^*=x^2(Ax+B)e^{-x}$的特解.

例 2 求方程 $y''+5y'+4y=3-2x$ 的一个特解.

解 题设方程右端的自由项为 $f(x)=P_m(x)e^{\lambda x}$ 型，其中 $P_m(x)=3-2x$，$\lambda=0$. 对应的齐次方程的特征方程为 $r^2+5r+4=0$，特征根为 $r_1=-1$，$r_2=-4$.

由于 $\lambda=0$ 不是特征方程的根，所以设特解为 $y^*=ax+b$. 把它代入题设方程，得

$$4ax+5a+4b=-2x+3,$$

比较系数得

$$\begin{cases} a=-\dfrac{1}{2} \\ b=\dfrac{11}{8} \end{cases},$$

于是，所求特解为

$$y^*=-\frac{1}{2}x+\frac{11}{8}.$$

例 3 求方程 $y''-6y'+9y=(x+1)e^{2x}$的通解.

解 由 $r^2-6r+9=0$，得 $r_{1,2}=3$，故对应的齐次方程的通解为 $Y=e^{3x}(C_1+C_2x)$，因 $\lambda=2$ 不是特征方程的根，故可设特解为

$$y^*=(ax+b)e^{2x}.$$

代入方程并消去 e^{2x}，得 $ax+b-2a=x+1$，得 $a=1$，$b=3$，于是，求得题设方程的一个特解

$$y^*=(x+3)e^{2x}.$$

从而，所求题设方程的通解为

$$y=e^{3x}(C_1+C_2x)+(x+3)e^{2x}.$$

例 4 求方程 $y'''+3y''+3y'+y=e^x$ 的通解.

解 对应的齐次方程的特征方程为 $r^3+3r^2+3r+1=0$，特征根 $r_1=r_2=r_3=-1$. 所求齐次方程的通解为

$$Y=(C_1+C_2x+C_3x^2)e^{-x}.$$

由于 $\lambda=1$ 不是特征方程的根，因此方程的特解形式可设为 $y^*=b_0e^x$，代入题设方程解得 $b_0=\frac{1}{8}$，故所求方程的通解为

$$y=Y+y^*=(C_1+C_2x+C_3x^2)e^{-x}+\frac{1}{8}e^x.$$

二、$f(x)=[P_m(x)\cos\omega x+Q_n(x)\sin\omega x]e^{\lambda x}$ 型

应用欧拉公式得

$$\cos\theta=\frac{1}{2}(e^{i\theta}+e^{-i\theta}),\ \sin\theta=\frac{1}{2i}(e^{i\theta}-e^{-i\theta}).$$

把 $f(x)$ 表示成复变指数函数的形式，得

$$\begin{aligned}f(x)&=\left[P_m(x)\frac{e^{i\omega x}+e^{-i\omega x}}{2}+Q_n(x)\frac{e^{i\omega x}-e^{-i\omega x}}{2i}\right]e^{\lambda x}\\&=\left[\frac{P_m(x)}{2}+\frac{Q_n(x)}{2i}\right]e^{(\lambda+i\omega)x}+\left[\frac{P_m(x)}{2}-\frac{Q_n(x)}{2i}\right]e^{(\lambda-i\omega)x}\\&=P(x)e^{(\lambda+i\omega)x}+\overline{P}(x)e^{(\lambda-i\omega)x},\end{aligned}$$

其中

$$P(x)=\frac{P_m(x)}{2}+\frac{Q_n(x)}{2i}=\frac{P_m(x)}{2}-\frac{Q_n(x)}{2}i,$$
$$\overline{P}(x)=\frac{P_m(x)}{2}-\frac{Q_n(x)}{2i}=\frac{P_m(x)}{2}+\frac{Q_n(x)}{2}i$$

是成共轭 l 次多项式，而 $l=\max\{m,n\}$.

应用上一步的结果，对于方程 $y''+py'+qy=P(x)e^{(\lambda+i\omega)x}$，可求出一个特解 $y_1^*=x^kR_l(x)e^{(\lambda+i\omega)x}$，其中 $R_l(x)$ 为 l 次多项式，k 按 $\lambda+i\omega$ 不是特征方程的根或是特征方程的单根依次取 0 或 1. 由于 $\overline{P}(x)e^{(\lambda-i\omega)x}$ 与 $P(x)e^{(\lambda+i\omega)x}$ 成共轭，所以与 y_1^* 成共轭的 $y_2^*=x^k\overline{R}_l(x)e^{(\lambda-i\omega)x}$ 也必然是方程

$$y''+py'+qy=\overline{P}(x)e^{(\lambda-i\omega)x}$$

的特解. 这里 $\overline{R}_l(x)$ 表示与 $R_l(x)$ 成共轭的 l 次多项式. 于是，根据§7.4 定理 4，方程 (6.1) 具有形如

$$y^*=x^kR_l(x)e^{(\lambda+i\omega)x}+x^k\overline{R}_l(x)e^{(\lambda-i\omega)x}$$

的特解. 上式可写为

$$y^*=x^k[R_l(x)e^{(\lambda+i\omega)x}+\overline{R}_l(x)e^{(\lambda-i\omega)x}]$$

$$=x^k e^{\lambda x}[R_l(x)(\cos\omega x+\mathrm{i}\sin\omega x)+\bar{R}_l(x)(\cos\omega x-\mathrm{i}\sin\omega x)].$$

由于括号内的两项是互成共轭的，相加后无虚部，所以可以写成实函数的形式

$$y^*=x^k e^{\lambda x}[R_l^{(1)}(x)\cos\omega x+R_l^{(2)}(x)\sin\omega x].$$

综上所述，我们得到如下结论：

如果 $f(x)=[P_m(x)\cos\omega x+Q_n(x)\sin\omega x]e^{\lambda x}$，则二阶常系数非齐次线性微分方程(6.1)的特解可设为

$$y^*=x^k e^{\lambda x}[R_l^{(1)}(x)\cos\omega x+R_l^{(2)}(x)\sin\omega x]. \tag{6.7}$$

其中 $R_l^{(1)}(x)$，$R_l^{(2)}(x)$ 为 l 次多项式，$l=\max\{m, n\}$，而 k 按 $\lambda+\mathrm{i}\omega$(或 $\lambda-\mathrm{i}\omega$) 不是特征方程的根或是特征方程的单根依次取 0 或 1.

上述结论可推广到 n 阶常系数非齐次线性微分方程，但要注意式(6.7) 中的 k 是特征方程含根 $\lambda+\mathrm{i}\omega$(或 $\lambda-\mathrm{i}\omega$) 的重复次数.

例 5 求方程 $y''+y=x\cos 2x$ 的通解.

解 对应齐次方程的特征方程的特征根为 $r_{1,2}=\pm\mathrm{i}$，故对应齐次方程的通解为 $Y=C_1\cos x+C_2\sin x$.

因为 $\lambda=0$，$\omega=2$，$\lambda+\mathrm{i}\omega=2\mathrm{i}$ 不是特征方程的根，故设特解为

$$y^*=(Ax+B)\cos 2x+(Cx+d)\sin 2x,$$

求导得

$$(y^*)'=(2Cx+A+2d)\cos 2x+(-2Ax-2B+C)\sin 2x,$$
$$(y^*)''=(-4Ax-4B+4C)\cos 2x+(-4Cx-4A-4d)\sin 2x.$$

代入原方程得

$$(-3Ax-3B+4C)\cos 2x+(-3Cx-4A-3d)\sin 2x=x\cos 2x.$$

比较系数得

$$-3A=1,\ -3C=0,\ -3B+4C=0,\ -4A-3d=0,$$

所以得 $A=-\frac{1}{3}$，$B=0$，$C=0$，$d=\frac{4}{9}$.

从而得到所求非齐次方程的一个特解：

$$y^*=-\frac{1}{3}x\cos 2x+\frac{4}{9}\sin 2x.$$

故所求非齐次方程的通解为

$$y=C_1\cos x+C_2\sin x-\frac{1}{3}x\cos 2x+\frac{4}{9}\sin 2x.$$

例 6 求以 $y=(C_1+C_2x)e^{2x}+x^2e^x$(其中 C_1，C_2 为任意常数)为通解的线性微分方程.

解 因 $y=(C_1+C_2x)e^{2x}+x^2e^x$，由解的结构知所求方程为二阶常系数非齐次线性微

分方程，对应的齐次线性方程有两个特解 e^{2x}，xe^{2x}，故有二重特征根 $r_1=r_2=2$，于是特征方程为

$$(r-2)^2=0,\text{ 即 } r^2-4r+4=0,$$

对应的齐次线性方程为

$$y''-4y'+4y=0.$$

令所求方程为 $y''-4y'+4y=f(x)$，因 x^2e^x 为其特解，故

$$f(x)=(x^2e^x)''-4(x^2e^x)'+4x^2e^x=(x^2-4x+2)e^x,$$

从而所求方程为 $y''-4y'+4y=(x^2-4x+2)e^x$.

习题 7－6

1. 下列微分方程具有何种形式的特解？

(1) $y''+4y'-5y=x$； (2) $y''+4y'=x$； (3) $y''+y=2e^x$；

(4) $y''+y=x^2e^x$； (5) $y''-6y'+9y=e^x\cos x$； (6) $y''+y=e^x+\cos x$.

2. 求下列各题所给微分方程的通解：

(1) $y''+y'+2y=x^2-3$； (2) $y''+a^2y=e^x$；

(3) $y''+3y'+2y=3xe^{-x}$； (4) $y''+y=\sin 2x$；

(5) $y''+y=3\sin x$.

3. 求下列微分方程满足所给初始条件的特解：

(1) $y''-3y'+2y=5$，$y|_{x=0}=1$，$y'|_{x=0}=2$；

(2) $y''-y=4xe^x$，$y|_{x=0}=0$，$y'|_{x=0}=1$.

4. 设二阶常系数线性微分方程 $y''+\alpha y'+\beta y=\gamma e^x$ 的一个特解为 $y=e^{2x}+(1+x)e^x$，试确定 α，β，γ，并求该方程的通解.

总习题七

1. 求下列微分方程的通解：

(1) $(xy^2+x)dx+(y-x^2y)dy=0$； (2) $(e^{x+y}-e^x)dx+(e^{x+y}+e^y)dy=0$；

(3) $\dfrac{dy}{dx}=-\dfrac{4x+3y}{x+y}$； (4) $(1+2e^{\frac{x}{y}})dx+2e^{\frac{x}{y}}\left(1-\dfrac{x}{y}\right)dy=0$.

2. 求下列初值问题的解：

(1) $\cos y dx+(1+e^{-x})\sin y dy=0$，$y|_{x=0}=\dfrac{\pi}{4}$；

(2) $(x^2+2xy-y^2)dx+(y^2+2xy-x^2)dy=0$，$y|_{x=1}=1$.

3. 求下列微分方程的解：

(1) $y'+y\tan x=\sin 2x$； (2) $xy'\ln x+y=ax(\ln x+1)$.

4. 求下列微分方程满足初始条件的特解：

(1) $\frac{dy}{dx}+y\cot x=5e^{\cos x}$，$y|_{x=\frac{\pi}{2}}=-4$；

(2) $xy'+(1-x)y=e^{2x}(0<x<+\infty)$，$\lim\limits_{x\to0^+}y(x)=1$.

5. 已知一曲线通过点（e, 1），且在曲线上任一点（x, y）处的法线的斜率等于 $\frac{-x\ln x}{x+y\ln x}$，求该曲线的方程.

6. 求下列微分方程的通解：

(1) $y''=2(y')^2\cot y$；　　(2) $yy''-(y')^2=0$

7. 求下列微分方程满足初始条件的特解：

(1) $y''-3y'-4y=0$，$y|_{x=0}=0$，$y'|_{x=0}=-5$；

(2) $y''-4y'+13y=0$，$y|_{x=0}=0$，$y'|_{x=0}=3$.

8. 求下列微分方程的通解：

(1) $2y''+5y'=5x^2-2x-1$；　　(2) $y''+3y'+2y=3xe^{-x}$；

(3) $y''-3y'+2y=2e^{-x}\cos x+e^{2x}(4x+5)$.

9. 设 $\varphi(x)$ 连续，且 $\varphi(x)=e^x+\int_0^x t\varphi(t)dt-x\int_0^x\varphi(t)dt$，求 $\varphi(x)$.

10. 求微分方程 $y''-2y'+y=xe^x-e^x$ 满足初始条件 $y(1)=y'(1)=1$ 的特解.

11. 设方程 $y''+p(x)y'+q(x)y=f(x)$ 的三个解为

$$y_1=x,\ y_2=e^x,\ y_3=e^{2x},$$

求此方程满足初始条件 $y(0)=1$，$y'(0)=3$ 的解.

12. 当 $\Delta x\to0$ 时，α 是比 Δx 高阶的无穷小量，函数 $y(x)$ 在任意点处的增量 $\Delta y=\frac{y\Delta x}{x^2+x+1}+\alpha$，且 $y(0)=\pi$，则 $y(1)=$__________.

13. 设 $p(x)$，$q(x)$，$f(x)$ 均是 x 的已知的连续函数，$y_1(x)$，$y_2(x)$，$y_3(x)$ 是非齐次线性微分方程 $y''+p(x)y'+q(x)y=f(x)$ 的 3 个线性无关的解，C_1 与 C_2 是两个任意常数，则该方程的通解为

(A) $(C_1+C_2)y_1+(C_2-C_1)y_2+(1-C_2)y_3$；

(B) $C_1y_1+(C_2-C_1)y_2+(1-C_2)y_3$；

(C) $(C_1+C_2)y_1+(C_2-C_1)y_2+(C_1-C_2)y_3$；

(D) $C_1y_1+(C_2-C_1)y_2+(C_1-C_2)y_3$.

第八章

向量代数与空间解析几何

在平面解析几何中，通过坐标法把平面上的点与一对有次序的数对应起来，把平面上的图形和方程对应起来，从而可以用代数方法来研究几何问题. 空间解析几何也是按照类似的方法建立起来的.

正像平面解析几何的知识对学习一元函数微积分是不可缺少的一样，空间解析几何的知识对学习多元函数微积分也是必要的.

本章先引进向量的概念，根据向量的线性运算建立空间坐标系，然后利用坐标讨论向量的运算，并介绍空间解析几何的有关内容.

§8.1　向量及其线性运算

一、向量的概念

客观世界中有这样一类量，它们既有大小又有方向，例如位移、速度、加速度、力、力矩等等，这一类量叫作向量(或矢量).

在数学上，常用一条有方向的线段，即有向线段来表示向量. 有向线段的长度表示向量的大小，有向线段的方向表示向量的方向.

以 A 为起点，B 为终点的有向线段所表示的向量记作$\overrightarrow{AB}$(见图 8-1). 有时也表示为黑体字母 $\boldsymbol{a}$，$\boldsymbol{b}$，$\boldsymbol{c}$ 或者书写时在字母上面加箭头如$\vec{a}$，$\vec{b}$，$\vec{c}$ 等.

图 8-1

在实际问题中，有些向量与其起点有关(例如质点运动的速度与该质点的位置有关，一个力与该力的作用点的位置有关)，有些向量与其起点无关. 由于一切向量的共性是它们都有大小和方向，因此在数学上我们只研究与起点无关的向量，并称这种向量为**自由向量**(以后简称向量)，即只考虑向量的大小和方向，而不论它的起点在什么地方. 当遇到与起点有关的向量时，可在一般原则下做特别处理.

由于我们只讨论自由向量，所以如果两个向量 $\boldsymbol{a}$ 和 $\boldsymbol{b}$ 大小相等，且方向相同，我们就说向量 $\boldsymbol{a}$ 和 $\boldsymbol{b}$ 是**相等的**，记作 $\boldsymbol{a}=\boldsymbol{b}$. 这就是说，经过平行移动后完全重合的向量是相等的.

向量的大小叫作向量的**模**. 向量$\overrightarrow{AB}$，$\boldsymbol{a}$ 和$\vec{a}$ 的模依次记作$|\overrightarrow{AB}|$，$|\boldsymbol{a}|$和$|\vec{a}|$.

模等于 1 的向量叫作**单位向量**. 模等于零的向量叫作**零向量**，记作 **0**，或者 $\vec{0}$，零向量的起点与终点重合，它的方向可以看作是任意的.

两个非零向量如果它们的方向相同或相反，就称这两个向量**平行**. 向量 $\boldsymbol{a}$ 与 $\boldsymbol{b}$ 平行，记作 $\boldsymbol{a}/\!/\boldsymbol{b}$. 零向量被认为与任何向量都平行.

当把两个平行向量的起点放在同一点时，它们的终点和公共的起点在一条直线上. 因此，两向量平行又称两向量**共线**.

类似还有共面的概念. 设有 $k(k\geqslant 3)$ 个向量，当把它们的起点放在同一点时，如果 k 个终点和公共起点在一个平面上，就称这 k 个向量**共面**.

二、向量的线性运算

1. 向量的加法

设有向量 $\boldsymbol{a}$ 与 $\boldsymbol{b}$，任取一点 A，作 $\boldsymbol{AB}=\boldsymbol{a}$，再以 B 为起点，作 $\boldsymbol{BC}=\boldsymbol{b}$，连接 A 和 C，则 $\boldsymbol{AC}=\boldsymbol{c}$，称为 $\boldsymbol{a}$ 与 $\boldsymbol{b}$ 的和，记作 $\boldsymbol{c}=\boldsymbol{a}+\boldsymbol{b}$. 上述作出两向量之和的方法叫作向量相加的**三角形法则**（见图 8-2）. 力学上有求合力的平行四边形法则，仿此，我们也有向量相加的**平行四边形法则**，这就是：当向量 $\boldsymbol{a}$ 与 $\boldsymbol{b}$ 不平行时，平移向量使 $\boldsymbol{a}$ 与 $\boldsymbol{b}$ 的起点重合，以 $\boldsymbol{a}$，$\boldsymbol{b}$ 为邻边作一平行四边形，从公共起点到对角的向量等于向量 $\boldsymbol{a}$ 与 $\boldsymbol{b}$ 的和 $\boldsymbol{a}+\boldsymbol{b}$（见图 8-3）.

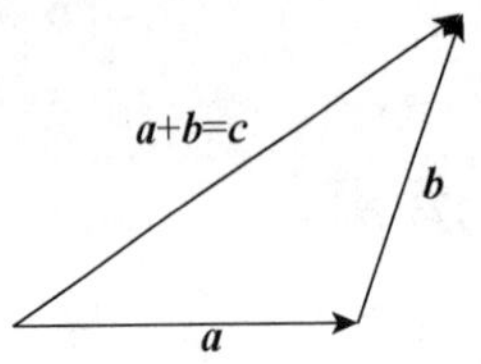

图 8-2

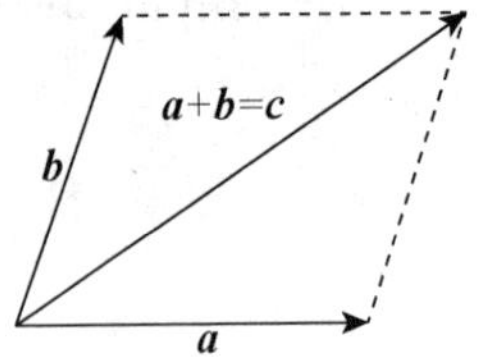

图 8-3

向量的加法符合下列运算规律：

(1) 交换律 $\boldsymbol{a}+\boldsymbol{b}=\boldsymbol{b}+\boldsymbol{a}$；

(2) 结合律 $(\boldsymbol{a}+\boldsymbol{b})+\boldsymbol{c}=\boldsymbol{a}+(\boldsymbol{b}+\boldsymbol{c})$（见图 8-4）.

推广：任意有限个向量 $\vec{a}_1$，$\vec{a}_2$，…，$\vec{a}_n$ 的和可记为 $\vec{a}_1+\vec{a}_2+\cdots+\vec{a}_n$.

由向量的三角形求和法则推广到**多边形法则**，以前一向量的终点作为后一向量的起点，相继作出 n 个向量 $\vec{a}_1$，$\vec{a}_2$，…，$\vec{a}_n$，再以第一个向量的起点为起点，最后一个向量的终点为终点作一向量，这个向量就是这 n 个向量的和（见图 8-5），即

$$\vec{s}=\vec{a}_1+\vec{a}_2+\cdots+\vec{a}_n.$$

2. 向量的减法

设 $\boldsymbol{a}$ 为一向量，与 $\boldsymbol{a}$ 的模相同、方向相反的向量叫作 $\boldsymbol{a}$ 的**负向量**，记作 $-\boldsymbol{a}$. 由此我们规定两个向量 $\boldsymbol{b}$ 与 $\boldsymbol{a}$ 的差，即把向量 $-\boldsymbol{a}$ 加到向量 $\boldsymbol{b}$ 上（见图 8-6）.

$$\boldsymbol{b}-\boldsymbol{a}\overset{\Delta}{=\!=}\boldsymbol{b}+(-\boldsymbol{a})$$

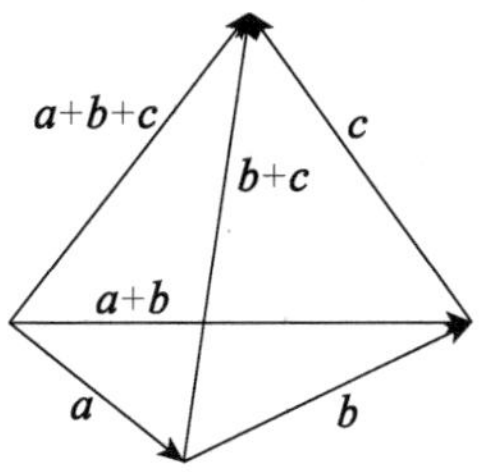

图 8－4

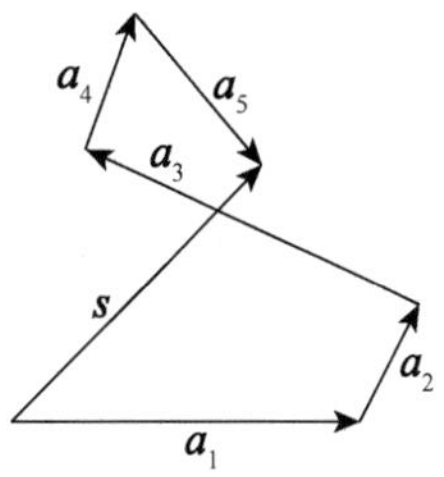

图 8－5

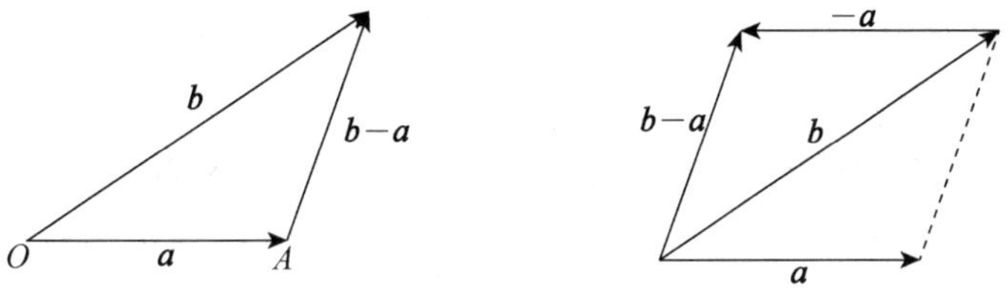

图 8－6

显然，任给向量 $\boldsymbol{AB}$ 及点 O，有：

$$\boldsymbol{AB}=\boldsymbol{AO}+\boldsymbol{OB}=\boldsymbol{OB}-\boldsymbol{OA}.$$

由三角形两边之和大于第三边，得到三角形原理：

$$|\boldsymbol{a}+\boldsymbol{b}|\leqslant|\boldsymbol{a}|+|\boldsymbol{b}| \text{ 及 } |\boldsymbol{a}-\boldsymbol{b}|\leqslant|\boldsymbol{a}|+|\boldsymbol{b}|,$$

其中等号在 $\boldsymbol{a}$ 与 $\boldsymbol{b}$ 同向或反向时成立.

3. 向量与数的乘法

向量 $\boldsymbol{a}$ 与实数 λ 的乘积记作 $\lambda\boldsymbol{a}$，规定 $\lambda\boldsymbol{a}$ 是一个向量，它的模为

$$|\lambda\boldsymbol{a}|=|\lambda|\cdot|\boldsymbol{a}|,$$

其方向当 $\lambda>0$ 时与 $\boldsymbol{a}$ 相同，当 $\lambda<0$ 时与 $\boldsymbol{a}$ 相反.

当 $\lambda=0$ 时，$|\lambda\boldsymbol{a}|=0$，即 $\lambda\boldsymbol{a}$ 为零向量，这时它的方向可以是任意的.

特别地，当 $\lambda=\pm1$ 时，有

$$1\boldsymbol{a}=\boldsymbol{a},\ (-1)\boldsymbol{a}=-\boldsymbol{a}.$$

向量与数的乘积符合下列运算规律：

(1) 结合律：$\lambda(\mu\boldsymbol{a})=\mu(\lambda\boldsymbol{a})=(\lambda\mu)\boldsymbol{a}$.

这是因为由向量与数的乘积的规定可知，$\lambda(\mu\boldsymbol{a})$，$\mu(\lambda\boldsymbol{a})$ 与 $(\lambda\mu)\boldsymbol{a}$ 都是平行的向量，它们的方向相同，而且模也相等.

(2) 分配律：$(\lambda+\mu)\boldsymbol{a}=\lambda\boldsymbol{a}+\mu\boldsymbol{a}$；$\lambda(\boldsymbol{a}+\boldsymbol{b})=\lambda\boldsymbol{a}+\lambda\boldsymbol{b}$.

这个规律同样可以按向量与数的乘积的规定来证明，证明从略.

向量的加减及数乘统称为向量的**线性运算**.

例 1　在平行四边形 $ABCD$ 中，设 $\overrightarrow{AB}=\boldsymbol{a}$，$\overrightarrow{AD}=\boldsymbol{b}$. 试用 $\boldsymbol{a}$ 和 $\boldsymbol{b}$ 表示向量 $\overrightarrow{MA}$，$\overrightarrow{MB}$，$\overrightarrow{MC}$，$\overrightarrow{MD}$，其中 M 是平行四边形对角线的交点（见图 8－7）.

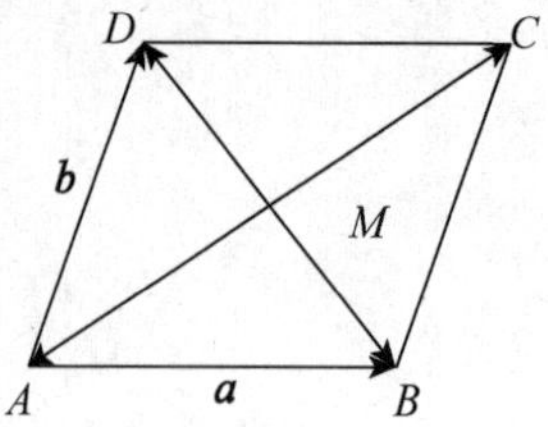

图 8－7

解 由于平行四边形的对角线互相平分，所以 $\boldsymbol{a}+\boldsymbol{b}=\overrightarrow{AC}=2\overrightarrow{AM}=-2\overrightarrow{MA}$，于是 $\overrightarrow{MA}=-\frac{1}{2}(\boldsymbol{a}+\boldsymbol{b})$；$\overrightarrow{MC}=-\overrightarrow{MA}=\frac{1}{2}(\boldsymbol{a}+\boldsymbol{b})$.

因为 $-\boldsymbol{a}+\boldsymbol{b}=\overrightarrow{BD}=2\overrightarrow{MD}$，所以 $\overrightarrow{MD}=\frac{1}{2}(\boldsymbol{b}-\boldsymbol{a})$；$\overrightarrow{MB}=-\overrightarrow{MD}=\frac{1}{2}(\boldsymbol{a}-\boldsymbol{b})$.

向量 $\boldsymbol{a}$ 的单位向量设为 $\boldsymbol{e}_a$，表示与非零向量 $\boldsymbol{a}$ 同方向的单位向量，那么按照向量与数的乘积的规定，知

$$\boldsymbol{e}_a=\boldsymbol{a}/|\boldsymbol{a}|.$$

于是 $\boldsymbol{a}=|\boldsymbol{a}|\boldsymbol{e}_a$.

4. 两向量平行的充分必要条件

定理 1 设向量 $\boldsymbol{a}\neq\boldsymbol{0}$，那么，向量 $\boldsymbol{b}$ 平行于 $\boldsymbol{a}$ 的充分必要条件是：存在唯一的实数 λ，使 $\boldsymbol{b}=\lambda\boldsymbol{a}$.

证明 条件的充分性是显然的，下面证明条件的必要性.

设 $\boldsymbol{b}/\!/\boldsymbol{a}$. 取 $|\lambda|=\frac{|\boldsymbol{b}|}{|\boldsymbol{a}|}$，当 $\boldsymbol{b}$ 与 $\boldsymbol{a}$ 同向时 λ 取正值，当 $\boldsymbol{b}$ 与 $\boldsymbol{a}$ 反向时 λ 取负值，即 $\boldsymbol{b}=\lambda\boldsymbol{a}$. 这是因为此时 $\boldsymbol{b}$ 与 $\lambda\boldsymbol{a}$ 同向，且

$$|\lambda\boldsymbol{a}|=|\lambda||\boldsymbol{a}|=\frac{|\boldsymbol{b}|}{|\boldsymbol{a}|}|\boldsymbol{a}|=|\boldsymbol{b}|.$$

再证明数 λ 的唯一性. 设 $\boldsymbol{b}=\lambda\boldsymbol{a}$，又设 $\boldsymbol{b}=\mu\boldsymbol{a}$，两式相减，便得

$$(\lambda-\mu)\boldsymbol{a}=\boldsymbol{0}，即 |\lambda-\mu||\boldsymbol{a}|=0.$$

因 $|\boldsymbol{a}|\neq0$，故 $|\lambda-\mu|=0$，即 $\lambda=\mu$.

定理证毕.

定理 1 是建立数轴的理论依据，给定一个点及一个单位向量就确定了一条数轴. 设点 O 及单位向量 $\boldsymbol{i}$ 确定了数轴 Ox，对于轴上任一点 P，对应一个向量 $\overrightarrow{OP}$，由 $\overrightarrow{OP}/\!/\boldsymbol{i}$，根据定理 1，必有唯一的实数 x，使 $\overrightarrow{OP}=x\boldsymbol{i}$（实数 x 叫作轴上有向线段 $\overrightarrow{OP}$ 的值），并知 $\overrightarrow{OP}$ 与实数 x 一一对应. 于是

$$点\ P \leftrightarrow 向量\ \overrightarrow{OP}=x\boldsymbol{i} \leftrightarrow 实数\ x,$$

从而轴上的点 P 与实数 x 有一一对应的关系. 据此，定义实数 x 为轴上点 P 的坐标.

由此可知，轴上点 P 的坐标为 x 的充分必要条件是

$\overrightarrow{OP}=x\boldsymbol{i}$.

三、空间直角坐标系

为了确定平面上任意一点的位置，我们建立了平面直角坐标系. 现在为了确定空间上任意一点的位置，我们类似地引进空间直角坐标系.

过空间一个定点 O，作三条相互垂直的数轴，三轴的单位向量依次为 $\boldsymbol{i}$，$\boldsymbol{j}$，$\boldsymbol{k}$. 这三条数轴分别叫作 x 轴（**横轴**）、y 轴（**纵轴**）、z 轴（**竖轴**）. 如图 8－8 所示，它们的正方向符合**右手规则**. 即伸出右手，当右手的四个手指从 x 轴的正向转向 y 轴正向握住 z 轴时，大拇指的指向就是 z 轴的正向. 这样就构成了**空间直角坐标系** $Oxyz$ 或 $[O; \boldsymbol{i}, \boldsymbol{j}, \boldsymbol{k}]$.

在空间直角坐标系中，每两个坐标轴确定的平面称为**坐标平面**. 各坐标面分别为 xOy 面、yOz 面、zOx 面. 三个坐标面把空间分成八个部分，含有三个正半轴的卦限叫作第一卦限，它位于 xOy 面的上方. 在 xOy 面的上方，按逆时针方向排列着第二卦限、第三卦限和第四卦限. 在 xOy 面的下方，与第一卦限对应的是第五卦限，按逆时针方向还排列着第六卦限、第七卦限和第八卦限. 八个卦限分别用字母Ⅰ，Ⅱ，Ⅲ，Ⅳ，Ⅴ，Ⅵ，Ⅶ，Ⅷ表示（见图 8－9）.

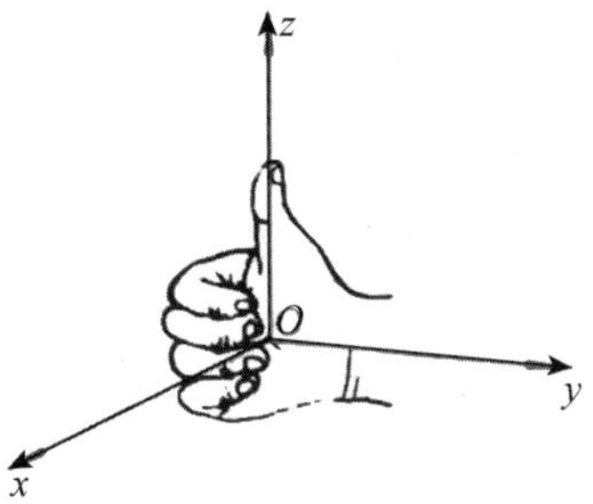

图 8－8

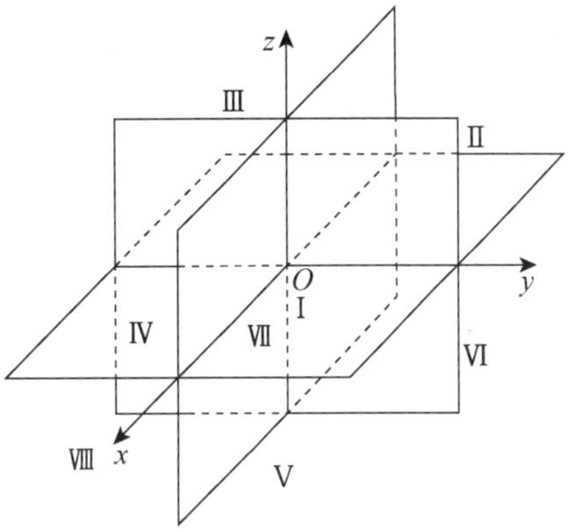

图 8－9

任给向量 $\boldsymbol{r}$，对应有点 M，使 $\overrightarrow{OM}=\boldsymbol{r}$. 以 OM 为对角线、三条坐标轴为棱作长方体，如图 8－10 所示，有

$$\boldsymbol{r}=\overrightarrow{OM}=\overrightarrow{OP}+\overrightarrow{PN}+\overrightarrow{NM}=\overrightarrow{OP}+\overrightarrow{OQ}+\overrightarrow{OR},$$

设 $\overrightarrow{OP}=x\boldsymbol{i}$，$\overrightarrow{OQ}=y\boldsymbol{j}$，$\overrightarrow{OR}=z\boldsymbol{k}$，则

$$\boldsymbol{r}=\overrightarrow{OM}=x\boldsymbol{i}+y\boldsymbol{j}+z\boldsymbol{k}.$$

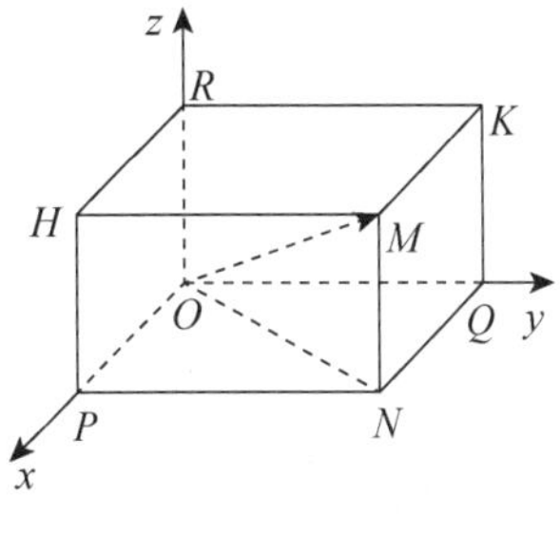

图 8－10

上式称为向量 $\boldsymbol{r}$ 的坐标分解式，$x\boldsymbol{i}$，$y\boldsymbol{j}$，$z\boldsymbol{k}$ 称为向量 $\boldsymbol{r}$ 沿三个坐标轴方向的分向量. 显然，给定向量 $\boldsymbol{r}$，就确定了点 M 及 $\overrightarrow{OP}=x\boldsymbol{i}$，$\overrightarrow{OQ}=y\boldsymbol{j}$，$\overrightarrow{OR}=z\boldsymbol{k}$ 三个分向量，进而确定了 x，y，z 三个有序数；反之，给定三个有序数 x，y，z，也就确定了向量 $\boldsymbol{r}$ 与点 M. 于是点 M、向量 $\boldsymbol{r}$ 与三个有序数 x，y，z 之间有一

一对应的关系

$$M \leftrightarrow \boldsymbol{r}=\overrightarrow{OM}=x\boldsymbol{i}+y\boldsymbol{j}+z\boldsymbol{k} \leftrightarrow (x,y,z).$$

据此，定义有序数 x，y，z，称其为向量 $\boldsymbol{r}$ 在坐标系 $Oxyz$ 中的坐标，记作 $\boldsymbol{r}=(x, y, z)$；有序数 x，y，z 也称为点 M 在坐标系 $Oxyz$ 中的坐标，记为 $M(x, y, z)$.

向量 $\boldsymbol{r}=\overrightarrow{OM}$ 称为点 M 关于原点 O 的向径. 上述定义表明，一个点与该点的向径有相同的坐标. 记号 (x, y, z) 既表示点 M，又表示向量 $\overrightarrow{OM}$. x，y，z 分别称为点 M 的**横坐标、纵坐标、竖坐标.**

坐标面上和坐标轴上的点，其坐标各有一定的特征. 例如：点 M 在 yOz 面上，则 $x=0$；同样，在 zOx 面上的点，则 $y=0$；在 xOy 面上的点，则 $z=0$. 如果点 M 在 x 轴上，则 $y=z=0$；同样，在 y 轴上，有 $z=x=0$；在 z 轴上，有 $x=y=0$. 如果点 M 为原点，则 $x=y=z=0$.

四、利用坐标做向量的运算

利用向量的坐标，可得向量的加法、减法以及向量与数的乘法的运算如下：设 $\boldsymbol{a}=(a_x, a_y, a_z)$，$\boldsymbol{b}=(b_x, b_y, b_z)$，即

$$\boldsymbol{a}=a_x\boldsymbol{i}+a_y\boldsymbol{j}+a_z\boldsymbol{k},\ \boldsymbol{b}=b_x\boldsymbol{i}+b_y\boldsymbol{j}+b_z\boldsymbol{k},$$

利用向量加法的交换律与结合律以及向量与数的乘法的结合律与分配律，有

$$\begin{aligned}\boldsymbol{a}+\boldsymbol{b} &=(a_x\boldsymbol{i}+a_y\boldsymbol{j}+a_z\boldsymbol{k})+(b_x\boldsymbol{i}+b_y\boldsymbol{j}+b_z\boldsymbol{k})\\ &=(a_x+b_x)\boldsymbol{i}+(a_y+b_y)\boldsymbol{j}+(a_z+b_z)\boldsymbol{k}\\ &=(a_x+b_x,\ a_y+b_y,\ a_z+b_z).\\ \boldsymbol{a}-\boldsymbol{b} &=(a_x\boldsymbol{i}+a_y\boldsymbol{j}+a_z\boldsymbol{k})-(b_x\boldsymbol{i}+b_y\boldsymbol{j}+b_z\boldsymbol{k})\\ &=(a_x-b_x)\boldsymbol{i}+(a_y-b_y)\boldsymbol{j}+(a_z-b_z)\boldsymbol{k}\\ &=(a_x-b_x,\ a_y-b_y,\ a_z-b_z).\end{aligned}$$

$$\lambda\boldsymbol{a}=\lambda(a_x\boldsymbol{i}+a_y\boldsymbol{j}+a_z\boldsymbol{k})=(\lambda a_x)\boldsymbol{i}+(\lambda a_y)\boldsymbol{j}+(\lambda a_z)\boldsymbol{k}=(\lambda a_x,\ \lambda a_y,\ \lambda a_z).$$

由此可见，对向量进行加、减及与数相乘运算，只需对向量的各个坐标分别进行相应的数量运算就行了.

定理 1 指出，当向量 $\boldsymbol{a}\neq\boldsymbol{0}$ 时，向量 $\boldsymbol{b}$ 平行于 $\boldsymbol{a}$ 相当于存在唯一的实数 λ，使 $\boldsymbol{b}=\lambda\boldsymbol{a}$，即 $(b_x, b_y, b_z)=\lambda(a_x, a_y, a_z)$，于是 $\dfrac{a_x}{b_x}=\dfrac{a_y}{b_y}=\dfrac{a_z}{b_z}$.

例 2 求解以向量为未知元的线性方程组 $\begin{cases}5\boldsymbol{x}-3\boldsymbol{y}=\boldsymbol{a}\\ 3\boldsymbol{x}-2\boldsymbol{y}=\boldsymbol{b}\end{cases}$，其中 $\boldsymbol{a}=(2, 1, 2)$，$\boldsymbol{b}=(-1, 1, -2)$.

解 如同解二元一次线性方程组，可得 $\boldsymbol{x}=2\boldsymbol{a}-3\boldsymbol{b}$，$\boldsymbol{y}=3\boldsymbol{a}-5\boldsymbol{b}$.

以 $\boldsymbol{a}$，$\boldsymbol{b}$ 的坐标表示式代入，即得

$$\boldsymbol{x}=2(2, 1, 2)-3(-1, 1, -2)=(7, -1, 10),$$

$\boldsymbol{y}=3(2,1,2)-5(-1,1,-2)=(11,-2,16).$

例 3　已知两点 $A(x_1, y_1, z_1)$ 和 $B(x_2, y_2, z_2)$ 以及实数 $\lambda\neq-1$，在直线 AB 上求一点 M（见图 8-11），使 $\overrightarrow{AM}=\lambda\overrightarrow{MB}$.

解　由于 $\overrightarrow{AM}=\overrightarrow{OM}-\overrightarrow{OA}$，$\overrightarrow{MB}=\overrightarrow{OB}-\overrightarrow{OM}$，

因此　$\overrightarrow{OM}-\overrightarrow{OA}=\lambda(\overrightarrow{OB}-\overrightarrow{OM})$，

从而　$\overrightarrow{OM}=\dfrac{1}{1+\lambda}(\overrightarrow{OA}+\lambda\overrightarrow{OB})=\left(\dfrac{x_1+\lambda x_2}{1+\lambda}, \dfrac{y_1+\lambda y_2}{1+\lambda}, \dfrac{z_1+\lambda z_2}{1+\lambda}\right).$

这就是点 M 的坐标.

另解　设所求点为 $M(x, y, z)$，则

$$\overrightarrow{AM}=(x-x_1, y-y_1, z-z_1),$$

$$\overrightarrow{MB}=(x_2-x, y_2-y, z_2-z).$$

依题意有 $\overrightarrow{AM}=\lambda\overrightarrow{MB}$，即

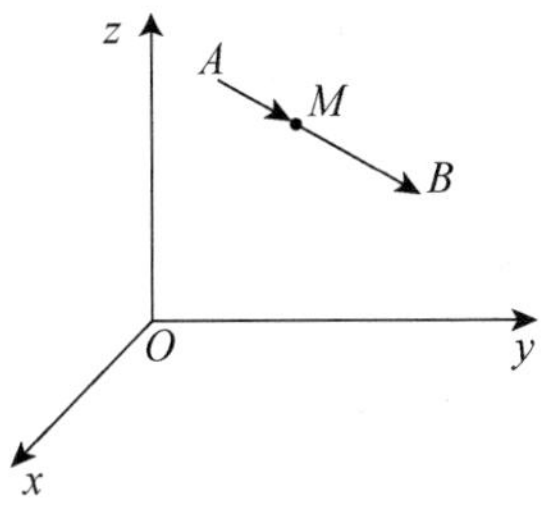

图 8-11

$$(x-x_1, y-y_1, z-z_1)=\lambda(x_2-x, y_2-y, z_2-z),$$
$$(x, y, z)-(x_1, y_1, z_1)=\lambda(x_2, y_2, z_2)-\lambda(x, y, z),$$
$$(x, y, z)=\frac{1}{1+\lambda}(x_1+\lambda x_2, y_1+\lambda y_2, z_1+\lambda z_2),$$
$$x=\frac{x_1+\lambda x_2}{1+\lambda},\ y=\frac{y_1+\lambda y_2}{1+\lambda},\ z=\frac{z_1+\lambda z_2}{1+\lambda}.$$

点 M 叫作有向线段 $\overrightarrow{AB}$ 的定比分点. 当 $\lambda=1$ 时，点 M 是有向线段 $\overrightarrow{AB}$ 的中点，其坐标为

$$x=\frac{x_1+x_2}{2},\ y=\frac{y_1+y_2}{2},\ z=\frac{z_1+z_2}{2}.$$

通过本例，我们应注意以下两点：(1) 由于点 M 与向量 $\overrightarrow{OM}$ 有相同的坐标，因此，求点 M 的坐标就是求 $\overrightarrow{OM}$ 的坐标. (2) 记号 (x, y, z) 既可表示点 M，又可表示向量 $\overrightarrow{OM}$，在几何中点与向量是两个不同的概念，不可混淆. 因此，在看到记号 (x, y, z) 时，须从上下文去认清它到底表示点还是表示向量. 当 (x, y, z) 表示向量时，可对它进行运算；当 (x, y, z) 表示点时，就不能进行运算.

五、向量的模、方向角、投影

1. 向量的模

设向量 $\boldsymbol{r}=(x, y, z)$，作 $\boldsymbol{OM}=\boldsymbol{r}$，如图 8-10 所示，有

$$\boldsymbol{r}=\overrightarrow{OM}=\overrightarrow{OP}+\overrightarrow{PN}+\overrightarrow{NM}=\overrightarrow{OP}+\overrightarrow{OQ}+\overrightarrow{OR},$$

按勾股定理可得

$$|\boldsymbol{r}|=|OM|=\sqrt{|OP|^2+|OQ|^2+|OR|^2},$$

由$\overrightarrow{OP}=x\boldsymbol{i}$，$\overrightarrow{OQ}=y\boldsymbol{j}$，$\overrightarrow{OR}=z\boldsymbol{k}$，
有

$$|OP|=|x|,\ |OQ|=|y|,\ |OR|=|z|,$$

于是得向量的模的坐标表示式

$$|\boldsymbol{r}|=\sqrt{x^2+y^2+z^2}.$$

2. 两点间的距离公式

设有点$A(x_1, y_1, z_1)$，$B(x_2, y_2, z_2)$，则

$$\overrightarrow{AB}=\overrightarrow{OB}-\overrightarrow{OA}=(x_2, y_2, z_2)-(x_1, y_1, z_1),$$

于是点A与点B间的距离为

$$|AB|=|\overrightarrow{AB}|=\sqrt{(x_2-x_1)^2+(y_2-y_1)^2+(z_2-z_1)^2}.$$

例 4 求证以$M_1(4, 3, 1)$，$M_2(7, 1, 2)$，$M_3(5, 2, 3)$三点为顶点的三角形是一个等腰三角形.

解 因为

$$|M_1M_2|^2=(7-4)^2+(1-3)^2+(2-1)^2=14,$$
$$|M_2M_3|^2=(5-7)^2+(2-1)^2+(3-2)^2=6,$$
$$|M_1M_3|^2=(5-4)^2+(2-3)^2+(3-1)^2=6,$$

所以$|M_2M_3|=|M_1M_3|$，即$\Delta M_1M_2M_3$为等腰三角形.

例 5 在z轴上求与两点$A(-4, 1, 7)$和$B(3, 5, -2)$等距离的点.

解 设所求的点为$M(0, 0, z)$，依题意有$|MA|^2=|MB|^2$，
即

$$(0+4)^2+(0-1)^2+(z-7)^2=(3-0)^2+(5-0)^2+(-2-z)^2,$$

解之得$z=\frac{14}{9}$，所以，所求的点为$M\left(0, 0, \frac{14}{9}\right)$.

例 6 已知两点$A(4, 0, 5)$和$B(7, 1, 3)$，求与$\overrightarrow{AB}$方向相同的单位向量$\boldsymbol{e}$.

解 因为 $\overrightarrow{AB}=(7, 1, 3)-(4, 0, 5)=(3, 1, -2)$，

$$|\overrightarrow{AB}|=\sqrt{3^2+1^2+(-2)^2}=\sqrt{14},$$

所以

$$\boldsymbol{e}=\frac{\overrightarrow{AB}}{|\overrightarrow{AB}|}=\frac{1}{\sqrt{14}}(3, 1, -2).$$

3. 向量的方向角

设有非零向量$\boldsymbol{a}$，$\boldsymbol{b}$，任取一点O，作$\boldsymbol{OA}=\boldsymbol{a}$，$\boldsymbol{OB}=\boldsymbol{b}$，称不超过$\pi$的角$\varphi=\angle AOB$为向

量 $\boldsymbol{a}$，$\boldsymbol{b}$ 的夹角，记作 $(\widehat{\boldsymbol{a},\boldsymbol{b}})$ 或 $(\widehat{\boldsymbol{b},\boldsymbol{a}})$，如图 8－12 所示. 如果向量 $\boldsymbol{a}$ 与 $\boldsymbol{b}$ 中有一个是零向量，规定它们的夹角可以在 0 与 π 之间任意取值.

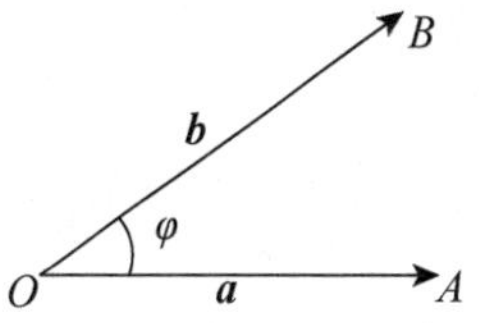

图 8－12

类似地，可以规定向量与一轴的夹角或空间两轴的夹角. 非零向量 $\boldsymbol{r}$ 与三条坐标轴的夹角 α，β，γ 称为向量 $\boldsymbol{r}$ 的**方向角**.

4. 向量的方向余弦

设 $\boldsymbol{r}=(x, y, z)$，如图 8－13 所示，可得

$$x=|\boldsymbol{r}|\cos\alpha,\ y=|\boldsymbol{r}|\cos\beta,\ z=|\boldsymbol{r}|\cos\gamma.$$

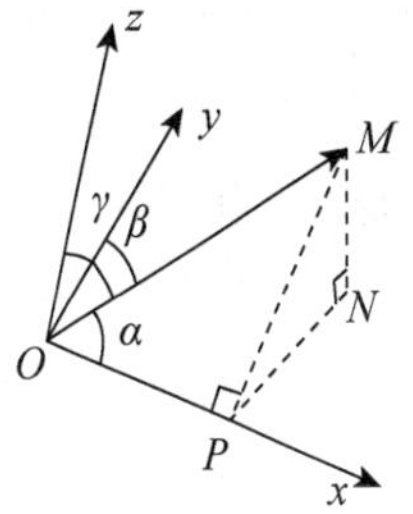

图 8－13

即有

$$\cos\alpha=\frac{x}{|\boldsymbol{r}|},\ \cos\beta=\frac{y}{|\boldsymbol{r}|},\ \cos\gamma=\frac{z}{|\boldsymbol{r}|}.$$

$\cos\alpha$，$\cos\beta$，$\cos\gamma$ 称为向量 $\boldsymbol{r}$ 的方向余弦.

从而

$$(\cos\alpha,\ \cos\beta,\ \cos\gamma)=\frac{\boldsymbol{r}}{|\boldsymbol{r}|}=\boldsymbol{e}_r.$$

上式表明，以向量 $\boldsymbol{r}$ 的方向余弦为坐标的向量就是与 $\boldsymbol{r}$ 同方向的单位向量 $\boldsymbol{e}_r$. 因此

$$\cos^2\alpha+\cos^2\beta+\cos^2\gamma=1.$$

例 7 已知两点 $M_1(2, 2, \sqrt{2})$ 和 $M_2(1, 3, 0)$，求向量 $\overrightarrow{M_1M_2}$ 的模、方向余弦和方向角.

解 $\overrightarrow{M_1M_2}=(1-2,\ 3-2,\ 0-\sqrt{2})=(-1,\ 1,\ -\sqrt{2}).$

$$|\overrightarrow{M_1M_2}|=\sqrt{(-1)^2+1^2+(-\sqrt{2})^2}=2.$$

$$\cos\alpha=-\frac{1}{2},\ \cos\beta=\frac{1}{2},\ \cos\gamma=-\frac{\sqrt{2}}{2}.$$

$$\alpha=\frac{2\pi}{3},\ \beta=\frac{\pi}{3},\ \gamma=\frac{3\pi}{4}.$$

例 8 设点 A 位于第Ⅰ卦限，向量 $\overrightarrow{OA}$ 与 x 轴、y 轴的夹角依次为 $\frac{\pi}{3}$ 和 $\frac{\pi}{4}$，且 $|\overrightarrow{OA}|=6$，求点 A 的坐标.

解 $\alpha=\frac{\pi}{3}$，$\beta=\frac{\pi}{4}$，由 $\cos^2\alpha+\cos^2\beta+\cos^2\gamma=1$，得

$$\cos^2\gamma=\frac{1}{4},$$

又由点 A 在第Ⅰ卦限，知

$$\cos\gamma=\frac{1}{2}.$$

于是

$$\overrightarrow{OA}=|\overrightarrow{OA}|e_{OA}=6\left(\frac{1}{2},\frac{1}{\sqrt{2}},\frac{1}{2}\right)=(3,3\sqrt{2},3).$$

此为点 A 的坐标.

5. 向量在轴上的投影

设点 O 及单位向量 $\boldsymbol{e}$ 确定 u 轴（见图 8-14）. 任给向量 $\boldsymbol{r}$，作$\overrightarrow{OM}=\boldsymbol{r}$，再过点 M 作与 u 轴垂直的平面交 u 轴于点 M'(点 M' 叫作点 M 在 u 轴上的投影)，则向量$\overrightarrow{OM'}$称为向量 $\boldsymbol{r}$ 在 u 轴上的分向量. 设$\overrightarrow{OM'}=\lambda\boldsymbol{e}$，则数 λ 称为向量 $\boldsymbol{r}$ 在 u 轴上的投影，记作 $\mathrm{Prj}_u\boldsymbol{r}$ 或 $(\boldsymbol{r})_u$.

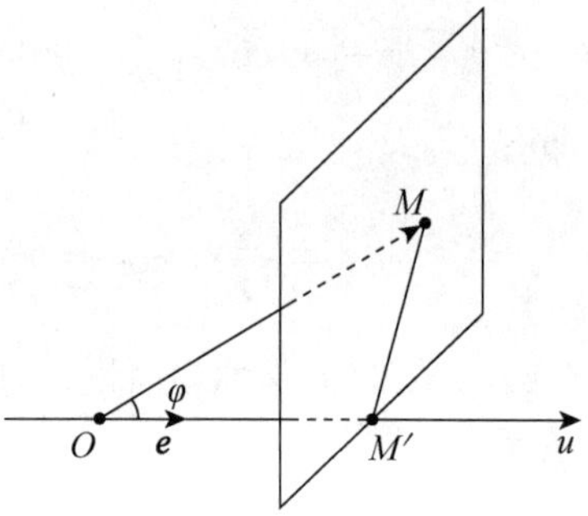

图 8-14

按此定义，向量 $\boldsymbol{a}$ 在直角坐标系 $Oxyz$ 中的坐标 a_x，a_y，a_z 就是 $\boldsymbol{a}$ 在三条坐标轴上的投影，即

$$a_x=\mathrm{Prj}_x\boldsymbol{a}，a_y=\mathrm{Prj}_y\boldsymbol{a}，a_z=\mathrm{Prj}_z\boldsymbol{a}.$$

或

$$a_x=(\boldsymbol{a})_x，a_y=(\boldsymbol{a})_y，a_z=(\boldsymbol{a})_z.$$

向量的投影具有与向量坐标相同的性质：

性质 1 $(\boldsymbol{a})_u=|\boldsymbol{a}|\cos\varphi$ (即 $\mathrm{Prj}_u\boldsymbol{a}=|\boldsymbol{a}|\cos\varphi$)，其中 φ 为向量 $\boldsymbol{a}$ 与 u 轴的夹角.

性质 2 $(\boldsymbol{a}+\boldsymbol{b})_u=(\boldsymbol{a})_u+(\boldsymbol{b})_u$(即 $\mathrm{Prj}_u(\boldsymbol{a}+\boldsymbol{b})=\mathrm{Prj}_u\boldsymbol{a}+\mathrm{Prj}_u\boldsymbol{b}$)；

$$\mathrm{Prj}_u(\boldsymbol{a}_1+\boldsymbol{a}_2+\cdots+\boldsymbol{a}_n)=\mathrm{Prj}_u\boldsymbol{a}_1+\mathrm{Prj}_u\boldsymbol{a}_2+\cdots+\mathrm{Prj}_u\boldsymbol{a}_n.$$

性质 3 $(\lambda\boldsymbol{a})_u=\lambda(\boldsymbol{a})_u$(即 $\mathrm{Prj}_u(\lambda\boldsymbol{a})=\lambda\mathrm{Prj}_u\boldsymbol{a}$).

例 9 设向量 $\boldsymbol{a}=(4,-3,2)$，又轴 u 的正向与三条坐标轴的正向构成相等锐角，试求：(1) 向量 $\boldsymbol{a}$ 在 u 轴上的投影；(2) 向量 $\boldsymbol{a}$ 与 u 轴的夹角 θ.

解 设 $\boldsymbol{e}_u$ 的方向余弦为 $\cos\alpha$，$\cos\beta$，$\cos\gamma$，

则由题意有 $0<\alpha=\beta=\gamma<\frac{\pi}{2}$. 由 $\cos^2\alpha+\cos^2\beta+\cos^2\gamma=1$，得

$$\cos\alpha=\cos\beta=\cos\gamma=\frac{\sqrt{3}}{3}.$$

$$\boldsymbol{e}_u=\frac{\sqrt{3}}{3}\boldsymbol{i}+\frac{\sqrt{3}}{3}\boldsymbol{j}+\frac{\sqrt{3}}{3}\boldsymbol{k}.$$

又因为 $\boldsymbol{a}=4\boldsymbol{i}-3\boldsymbol{j}+2\boldsymbol{k}$，有

$$\begin{aligned}\mathrm{Prj}_u\boldsymbol{a}&=\mathrm{Prj}_u(4\boldsymbol{i})+\mathrm{Prj}_u(-3\boldsymbol{j})+\mathrm{Prj}_u(2\boldsymbol{k})=4\mathrm{Prj}_u\boldsymbol{i}-3\mathrm{Prj}_u\boldsymbol{j}+2\mathrm{Prj}_u\boldsymbol{k}\\&=4\cdot\frac{\sqrt{3}}{3}-3\cdot\frac{\sqrt{3}}{3}+2\cdot\frac{\sqrt{3}}{3}=\sqrt{3}.\end{aligned}$$

由于 $\mathrm{Prj}_u\boldsymbol{a}=|\boldsymbol{a}|\cos\theta=\sqrt{29}\cos\theta=\sqrt{3}$，得

$$\theta=\arccos\frac{\sqrt{3}}{\sqrt{29}}.$$

例 10　设立方体（见图 8－15）的一条对角线为$\overrightarrow{OM}$，一条棱为$\overrightarrow{OA}$，且$|\overrightarrow{OA}|=a$，求$\overrightarrow{OA}$在$\overrightarrow{OM}$上的投影 $\mathrm{Prj}_{\overrightarrow{OM}}\overrightarrow{OA}$.

解　设 $\varphi=\angle MOA$，则

$$\cos\varphi=\frac{|\overrightarrow{OA}|}{|\overrightarrow{OM}|}=\frac{1}{\sqrt{3}}.$$

于是

$$\mathrm{Prj}_{\overrightarrow{OM}}\overrightarrow{OA}=|\overrightarrow{OA}|\cdot\cos\varphi=\frac{a}{\sqrt{3}}.$$

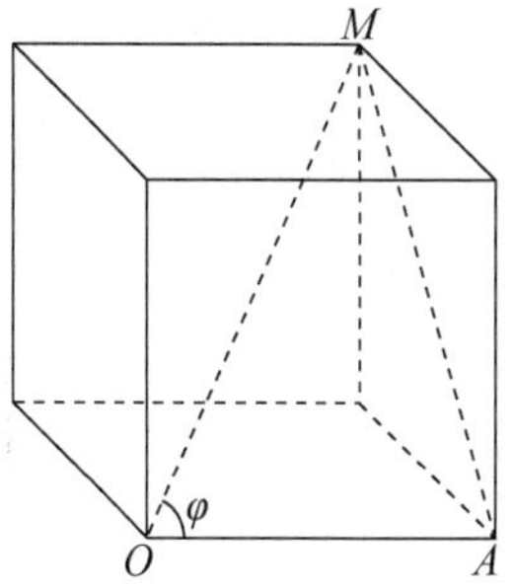

图 8－15

习题 8－1

1. 求点 $A(a, b, c)$ 关于各坐标轴、各坐标面、坐标原点的对称点的坐标.

2. 已知两点 $M_1(0, 1, 2)$ 和 $M_2(1, -1, 0)$，求平行于向量$\overrightarrow{M_1M_2}$的单位向量.

3. 已知单位向量 $\vec{a}$ 与 x 轴正向夹角为$\frac{\pi}{3}$，与其 xOy 面上的投影向量夹角为$\frac{\pi}{4}$，试求向量 $\vec{a}$.

4. 如果平面上一个四边形的对角线互相平分，试用向量证明它是平行四边形.

5. 在空间直角坐标系中，指出下列各点在哪个卦限：

$$A(1, -2, 3),\ B(2, 3, -4),\ C(2, -3, -4),\ D(-2, -3, 1).$$

6. 在坐标面上和坐标轴上的点的坐标各有什么特征？指出下列各点的位置.

$$A(3, 4, 0),\ B(0, 4, 3),\ C(3, 0, 0),\ D(0, -1, 0).$$

7. 自点 $P_0(x_0, y_0, z_0)$ 分别作各坐标面和各坐标轴的垂线，写出各垂足的坐标.

8. 过点 $P_0(x_0, y_0, z_0)$ 分别作平行于 z 轴的直线和平行于 xOy 面的平面，问它们在上面的点的坐标各有什么特点.

9. 一边长为 a 的正方体放置在 xOy 面上，其底面的中心在坐标原点，底面的顶点在 x 轴和 y 轴上，求它各顶点的坐标.

10. 求点 $M(4, -3, 5)$ 到各坐标轴的距离.

11. 在 yOz 面上，求与三点 $A(3, 1, 2)$，$B(4, -2, -2)$ 和 $C(0, 5, -1)$ 等距离的点.

12. 试证明以三点 $A(4, 1, 9)$，$B(10, -1, 6)$ 和 $C(2, 4, 3)$ 为顶点的三角形是等腰直角三角形.

§8.2 数量积 向量积* 混合积

一、两向量的数量积

1. 数量积的物理背景

设一物体在常力 $\vec{F}$ 作用下沿直线从点 M_1 移动到点 M_2，以 $\vec{s}$ 表示位移$\overrightarrow{M_1M_2}$. 由物理学知识知道，力 $\vec{F}$ 所做的功为

$$W=|\vec{F}||\vec{s}|\cos\theta,$$

其中 θ 为 $\vec{F}$ 与 $\vec{s}$ 的夹角.

2. 数量积的定义

对于两个向量 $\boldsymbol{a}$ 和 $\boldsymbol{b}$，它们的模 $|\boldsymbol{a}|$，$|\boldsymbol{b}|$ 及它们的夹角 θ 的余弦的乘积称为向量 $\boldsymbol{a}$ 和 $\boldsymbol{b}$ 的**数量积**，记作 $\boldsymbol{a}\cdot\boldsymbol{b}$（见图 8-16)，即

$$\boldsymbol{a}\cdot\boldsymbol{b}=|\boldsymbol{a}||\boldsymbol{b}|\cos\theta.$$

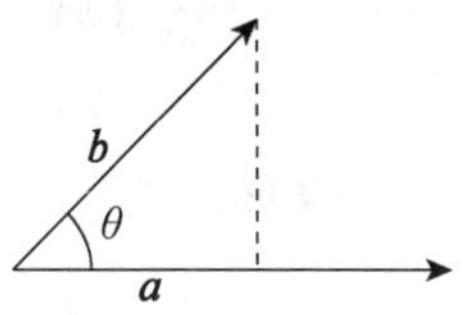

图 8-16

3. 数量积与投影

由于 $|\boldsymbol{b}|\cos\theta=|\boldsymbol{b}|\cos(\widehat{\boldsymbol{a},\boldsymbol{b}})$，当 $\boldsymbol{a}\neq\boldsymbol{0}$ 时，$|\boldsymbol{b}|\cos(\widehat{\boldsymbol{a},\boldsymbol{b}})$ 是向量 $\boldsymbol{b}$ 在向量 $\boldsymbol{a}$ 的方向上的投影，于是 $\boldsymbol{a}\cdot\boldsymbol{b}=|\boldsymbol{a}|\mathrm{Prj}_{\boldsymbol{a}}\boldsymbol{b}$.

同理，当 $\boldsymbol{b}\neq\boldsymbol{0}$ 时，$\boldsymbol{a}\cdot\boldsymbol{b}=|\boldsymbol{b}|\mathrm{Prj}_{\boldsymbol{b}}\boldsymbol{a}$.

4. 数量积的性质

(1) $\boldsymbol{a}\cdot\boldsymbol{a}=|\boldsymbol{a}|^2$.

(2) 对于两个非零向量 $\boldsymbol{a}$ 和 $\boldsymbol{b}$，如果 $\boldsymbol{a}\cdot\boldsymbol{b}=0$，则 $\boldsymbol{a}\perp\boldsymbol{b}$. 反之，如果 $\boldsymbol{a}\perp\boldsymbol{b}$，则 $\boldsymbol{a}\cdot\boldsymbol{b}=0$.

如果认为零向量与任何向量都垂直，则 $\boldsymbol{a}\perp\boldsymbol{b}\Leftrightarrow\boldsymbol{a}\cdot\boldsymbol{b}=0$.

5. 数量积的运算律

(1) 交换律：$\boldsymbol{a}\cdot\boldsymbol{b}=\boldsymbol{b}\cdot\boldsymbol{a}$.

证 根据定义有

$$\boldsymbol{a}\cdot\boldsymbol{b}=|\boldsymbol{a}||\boldsymbol{b}|\cos\theta,\ \boldsymbol{b}\cdot\boldsymbol{a}=|\boldsymbol{a}||\boldsymbol{b}|\cos\theta,$$

所以

$$\boldsymbol{a}\cdot\boldsymbol{b}=\boldsymbol{b}\cdot\boldsymbol{a}.$$

(2) 分配律：$(\boldsymbol{a}+\boldsymbol{b})\cdot\boldsymbol{c}=\boldsymbol{a}\cdot\boldsymbol{c}+\boldsymbol{b}\cdot\boldsymbol{c}$.

证 当 $\boldsymbol{c}=\boldsymbol{0}$ 时，上式显然成立；当 $\boldsymbol{c}\neq\boldsymbol{0}$ 时，有

$$\begin{aligned}(\boldsymbol{a}+\boldsymbol{b})\cdot\boldsymbol{c}&=|\boldsymbol{c}|\mathrm{Prj}_{\boldsymbol{c}}(\boldsymbol{a}+\boldsymbol{b})=|\boldsymbol{c}|(\mathrm{Prj}_{\boldsymbol{c}}\boldsymbol{a}+\mathrm{Prj}_{\boldsymbol{c}}\boldsymbol{b})\\&=|\boldsymbol{c}|\mathrm{Prj}_{\boldsymbol{c}}\boldsymbol{a}+|\boldsymbol{c}|\mathrm{Prj}_{\boldsymbol{c}}\boldsymbol{b}=\boldsymbol{a}\cdot\boldsymbol{c}+\boldsymbol{b}\cdot\boldsymbol{c}.\end{aligned}$$

(3) 结合律：

$$(\lambda\boldsymbol{a})\cdot\boldsymbol{b}=\lambda(\boldsymbol{a}\cdot\boldsymbol{b})=\boldsymbol{a}\cdot(\lambda\boldsymbol{b}),$$

$(\lambda \boldsymbol{a}) \cdot (\mu \boldsymbol{b}) = \lambda[\boldsymbol{a} \cdot (\mu \boldsymbol{b})] = \lambda[\mu(\boldsymbol{a} \cdot \boldsymbol{b})] = \lambda\mu(\boldsymbol{a} \cdot \boldsymbol{b})$.

证　当 $\boldsymbol{b}=\boldsymbol{0}$ 时，结论成立.

当 $\boldsymbol{b}\neq\boldsymbol{0}$ 时，

$$(\lambda \boldsymbol{a}) \cdot \boldsymbol{b} = |\boldsymbol{b}| \mathrm{Prj}_{b}(\lambda \boldsymbol{a}) = |\boldsymbol{b}| \cdot \lambda \mathrm{Prj}_{b}\boldsymbol{a} = \lambda |\boldsymbol{b}| \mathrm{Prj}_{|b|}\boldsymbol{a}$$
$$= \lambda(\boldsymbol{a} \cdot \boldsymbol{b}) = \boldsymbol{a} \cdot (\lambda \boldsymbol{b}).$$

$$(\lambda \boldsymbol{a}) \cdot (\mu \boldsymbol{b}) = \lambda[\boldsymbol{a} \cdot (\mu \boldsymbol{b})] = \lambda[\mu(\boldsymbol{a} \cdot \boldsymbol{b})] = \lambda\mu(\boldsymbol{a} \cdot \boldsymbol{b}).$$

例 1　试用向量证明三角形的余弦定理.

证　设在$\triangle ABC$ 中，$\angle BCA=\theta$（见图 8－17），

$$|\overrightarrow{BC}| = a, |\overrightarrow{CA}| = b, |\overrightarrow{AB}| = c,$$

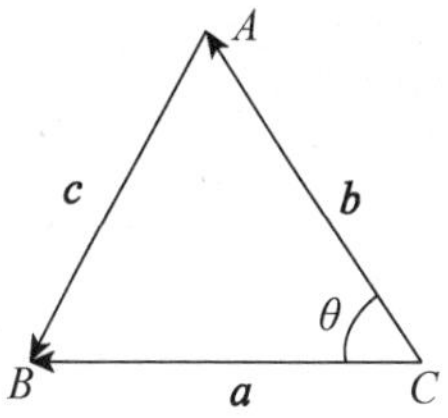

图 8－17

要证

$$c^2 = a^2 + b^2 - 2ab\cos\theta.$$

记$\overrightarrow{CB}=\boldsymbol{a}$，$\overrightarrow{CA}=\boldsymbol{b}$，$\overrightarrow{AB}=\boldsymbol{c}$，则有

$$\boldsymbol{c} = \boldsymbol{a} - \boldsymbol{b},$$

从而

$$|\boldsymbol{c}|^2 = \boldsymbol{c} \cdot \boldsymbol{c} = (\boldsymbol{a}-\boldsymbol{b})(\boldsymbol{a}-\boldsymbol{b}) = \boldsymbol{a} \cdot \boldsymbol{a} + \boldsymbol{b} \cdot \boldsymbol{b} - 2\boldsymbol{a} \cdot \boldsymbol{b}$$
$$= |\boldsymbol{a}|^2 + |\boldsymbol{b}|^2 - 2|\boldsymbol{a}||\boldsymbol{b}|\cos(\widehat{\boldsymbol{a}, \boldsymbol{b}}),$$

即得

$$c^2 = a^2 + b^2 - 2ab\cos\theta.$$

6. 数量积的坐标表达式

设 $\boldsymbol{a}=(a_x, a_y, a_z)$，$\boldsymbol{b}=(b_x, b_y, b_z)$，则有

$$\boldsymbol{a} \cdot \boldsymbol{b} = a_x b_x + a_y b_y + a_z b_z.$$

证　按数量积的运算规律可得

$$\boldsymbol{a} \cdot \boldsymbol{b} = (a_x\boldsymbol{i} + a_y\boldsymbol{j} + a_z\boldsymbol{k})(b_x\boldsymbol{i} + b_y\boldsymbol{j} + b_z\boldsymbol{k})$$
$$= a_x b_x \boldsymbol{i} \cdot \boldsymbol{i} + a_y b_y \boldsymbol{j} \cdot \boldsymbol{j} + a_z b_z \boldsymbol{k} \cdot \boldsymbol{k} + a_x b_y \boldsymbol{i} \cdot \boldsymbol{j} + a_x b_z \boldsymbol{i} \cdot \boldsymbol{k} + a_y b_x \boldsymbol{j} \cdot \boldsymbol{i}$$
$$+ a_y b_z \boldsymbol{j} \cdot \boldsymbol{k} + a_z b_x \boldsymbol{k} \cdot \boldsymbol{i} + a_z b_y \boldsymbol{k} \cdot \boldsymbol{j}$$
$$= a_x b_x + a_y b_y + a_z b_z.$$

7. 两向量夹角的余弦的坐标表示

设 $\theta=(\widehat{\boldsymbol{a}, \boldsymbol{b}})$，则当 $\boldsymbol{a}\neq\boldsymbol{0}$，$\boldsymbol{b}\neq\boldsymbol{0}$时，由 $\boldsymbol{a} \cdot \boldsymbol{b} = |\boldsymbol{a}||\boldsymbol{b}|\cos\theta$，得

$$\cos\theta = \frac{\boldsymbol{a} \cdot \boldsymbol{b}}{|\boldsymbol{a}||\boldsymbol{b}|} = \frac{a_x b_x + a_y b_y + a_z b_z}{\sqrt{a_x^2 + a_y^2 + a_z^2}\sqrt{b_x^2 + b_y^2 + b_z^2}}.$$

例 2　已知三点 $M(1, 1, 1)$，$A(2, 2, 1)$和 $B(2, 1, 2)$，求$\angle AMB$.

解 从 M 到 A 的向量记为 $\boldsymbol{a}$，从 M 到 B 的向量记为 $\boldsymbol{b}$，则 $\angle AMB$ 就是向量 $\boldsymbol{a}$ 与 $\boldsymbol{b}$ 的夹角.

$$\boldsymbol{a}=(1,1,0),\ \boldsymbol{b}=(1,0,1).$$

因为

$$\boldsymbol{a}\cdot\boldsymbol{b}=1\times1+1\times0+0\times1=1,$$
$$|\boldsymbol{a}|=\sqrt{1^2+1^2+0^2}=\sqrt{2},$$
$$|\boldsymbol{b}|=\sqrt{1^2+0^2+1^2}=\sqrt{2},$$

所以

$$\cos\angle AMB=\frac{\boldsymbol{a}\cdot\boldsymbol{b}}{|\boldsymbol{a}||\boldsymbol{b}|}=\frac{1}{\sqrt{2}\cdot\sqrt{2}}=\frac{1}{2}.$$

从而

$$\angle AMB=\frac{\pi}{3}.$$

例 3 设液体流过平面 S 上面积为 A 的一个区域，液体在这区域上各点处的流速均为常向量 $\boldsymbol{v}$. 设 $\boldsymbol{n}$ 为垂直于 S 的单位向量（见图 8－18(a)），计算单位时间内经过这区域流向 $\boldsymbol{n}$ 所指一侧的液体的质量 P（液体的密度为 ρ）.

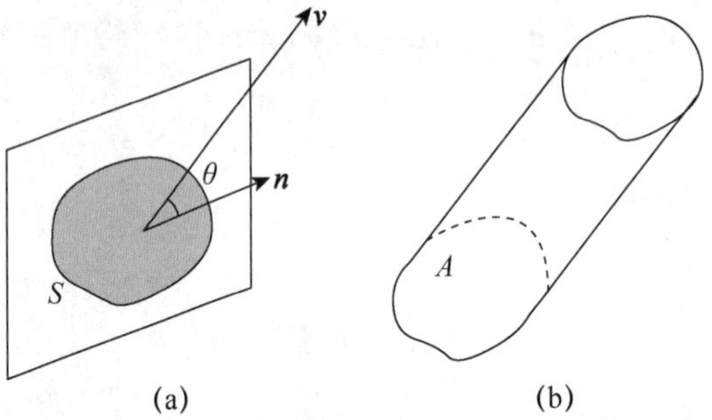

图 8－18

解 单位时间内流过这区域的液体组成一个底面积为 A、斜高为 $|\boldsymbol{v}|$ 的斜柱体（见图 8－18(b)）. 这一柱体的斜高与底面的垂线的夹角就是 $\boldsymbol{v}$ 与 $\boldsymbol{n}$ 的夹角 θ，所以这斜柱体的高为 $|\boldsymbol{v}|\cos\theta$，体积为

$$A|\boldsymbol{v}|\cos\theta=A\boldsymbol{v}\cdot\boldsymbol{n}.$$

从而，单位时间内经过这区域流向 $\boldsymbol{n}$ 所指一侧的液体的质量为

$$P=\rho A\boldsymbol{v}\cdot\boldsymbol{n}.$$

二、两向量的向量积

1. 向量积的物理背景

在研究物体转动问题时，不但要考虑这物体所受的力，还要分析这些力所产生的力矩.

下面就举一个简单的例子来说明表达力矩的方法.

设 O 为一根杠杆 L 的支点. 有一个力 $\vec{F}$ 作用于这根杠杆上 P 点处，$\vec{F}$ 与 $\overrightarrow{OP}$ 的夹角为 θ（见图 8－19）.

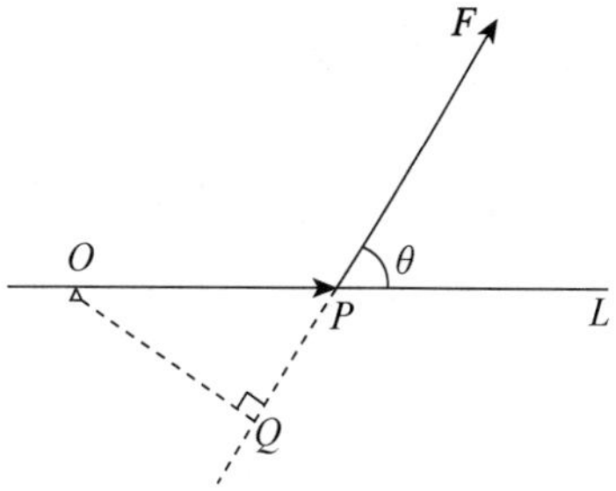

图 8－19

由力学规定，力 $\vec{F}$ 对支点 O 的力矩是一向量 $\vec{M}$，它的模

$$|\vec{M}|=|\overrightarrow{OP}||\vec{F}|\sin\theta,$$

而 $\vec{M}$ 的方向垂直于 $\overrightarrow{OP}$ 与 $\vec{F}$ 所决定的平面，$\vec{M}$ 的指向是按右手规则从 $\overrightarrow{OP}$ 以不超过 π 的角转向 $\vec{F}$ 来确定的.

这种由两个已知向量按上面的规则来确定另一个向量的情况，在其他力学和物理问题中也会遇到. 于是从中抽象出两个向量的向量积的概念.

设向量 $\boldsymbol{c}$ 是由两个向量 $\boldsymbol{a}$ 与 $\boldsymbol{b}$ 按下列方式定出：

（1）$\boldsymbol{c}$ 的模 $|\boldsymbol{c}|=|\boldsymbol{a}||\boldsymbol{b}|\sin\theta$，其中 θ 为 $\boldsymbol{a}$ 与 $\boldsymbol{b}$ 间的夹角；

（2）$\boldsymbol{c}$ 的方向垂直于 $\boldsymbol{a}$ 与 $\boldsymbol{b}$ 所决定的平面，$\boldsymbol{c}$ 的指向按右手规则从 $\boldsymbol{a}$ 转向 $\boldsymbol{b}$ 来确定（见图 8－20）.

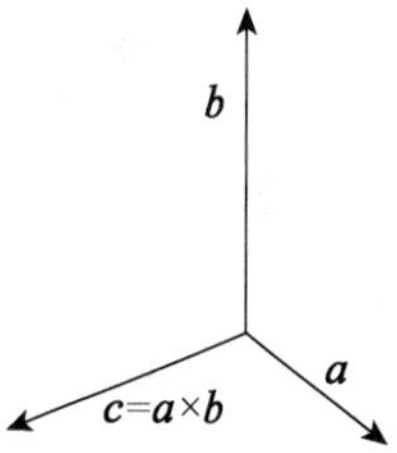

图 8－20

那么，向量 $\boldsymbol{c}$ 叫作向量 $\boldsymbol{a}$ 与 $\boldsymbol{b}$ 的**向量积**，记作 $\boldsymbol{a}\times\boldsymbol{b}$，即

$$\boldsymbol{c}=\boldsymbol{a}\times\boldsymbol{b}.$$

根据向量积的定义，力矩 $\vec{M}$ 等于 $\overrightarrow{OP}$ 与 $\vec{F}$ 的向量积，即

$$\vec{M}=\overrightarrow{OP}\times\vec{F}.$$

2. 向量积的性质

由向量积的定义可以推得：

（1）$\boldsymbol{a}\times\boldsymbol{a}=\boldsymbol{0}$.

（2）对于两个非零向量 $\boldsymbol{a}$，$\boldsymbol{b}$，如果 $\boldsymbol{a}\times\boldsymbol{b}=\boldsymbol{0}$，则 $\boldsymbol{a}/\!/\boldsymbol{b}$；反之，如果 $\boldsymbol{a}/\!/\boldsymbol{b}$，则 $\boldsymbol{a}\times\boldsymbol{b}=\boldsymbol{0}$.

如果认为零向量与任何向量都平行，则 $\boldsymbol{a}/\!/\boldsymbol{b}\Leftrightarrow\boldsymbol{a}\times\boldsymbol{b}=\boldsymbol{0}$.

向量积的几何意义是 $|\boldsymbol{a}\times\boldsymbol{b}|$ 为以 $\boldsymbol{a}$，$\boldsymbol{b}$ 为边的平行四边形的面积.

3. 向量积的运算律

（1）　$\boldsymbol{a}\times\boldsymbol{b}=-\boldsymbol{b}\times\boldsymbol{a}$.

这是因为按右手规则从 $\boldsymbol{b}$ 转向 $\boldsymbol{a}$ 定出的方向与按右手规则从 $\boldsymbol{a}$ 转向 $\boldsymbol{b}$ 定出的方向相反. 它表明交换律对向量积不成立.

（2）分配律：$(\boldsymbol{a}+\boldsymbol{b})\times\boldsymbol{c}=\boldsymbol{a}\times\boldsymbol{c}+\boldsymbol{b}\times\boldsymbol{c}$.

（3）$(\lambda\boldsymbol{a})\times\boldsymbol{b}=\boldsymbol{a}\times(\lambda\boldsymbol{b})=\lambda(\boldsymbol{a}\times\boldsymbol{b})$　（λ 为常数）.

这两个规律这里不予证明.

下面来推导向量积的坐标表达式.

4. 向量积的坐标表达式

设 $\boldsymbol{a}=(a_x, a_y, a_z)$，$\boldsymbol{b}=(b_x, b_y, b_z)$，则有

$$a\times b=\begin{vmatrix} i & j & k \\ a_x & a_y & a_z \\ b_x & b_y & b_z \end{vmatrix}$$

证 按向量积的运算规律可得

$$\begin{aligned}a\times b&=(a_x i+a_y j+a_z k)\times(b_x i+b_y j+b_z k)\\&=a_xb_x i\times i+a_yb_y j\times j+a_zb_z k\times k+a_xb_y i\times j+a_xb_z i\times k+a_yb_x j\times i\\&\quad+a_yb_z j\times k+a_zb_x k\times i+a_zb_y k\times j\end{aligned}$$

由于 $i\times i=j\times j=k\times k=0$，$i\times j=k$，$j\times k=i$，$k\times i=j$，所以

$$a\times b=(a_yb_z-a_zb_y)i+(a_zb_x-a_xb_z)j+(a_xb_y-a_yb_x)k.$$

为了帮助记忆，利用三阶行列式符号，上式可写成

$$a\times b=\begin{vmatrix} a_y & a_z \\ b_y & b_z \end{vmatrix}i-\begin{vmatrix} a_x & a_z \\ b_x & b_z \end{vmatrix}j+\begin{vmatrix} a_x & a_y \\ b_x & b_y \end{vmatrix}k=\begin{vmatrix} i & j & k \\ a_x & a_y & a_z \\ b_x & b_y & b_z \end{vmatrix}.$$

例 4 设 $a=(2,1,-1)$，$b=(1,-1,2)$，计算 $a\times b$.

解 $$a\times b=\begin{vmatrix} i & j & k \\ 2 & 1 & -1 \\ 1 & -1 & 2 \end{vmatrix}=\begin{vmatrix} 1 & -1 \\ -1 & 2 \end{vmatrix}i-\begin{vmatrix} 2 & -1 \\ 1 & 2 \end{vmatrix}j+\begin{vmatrix} 2 & 1 \\ 1 & -1 \end{vmatrix}k=i-5j-3k.$$

例 5 已知三角形 ABC 的顶点分别是 $A(1,2,3)$，$B(3,4,5)$，$C(2,4,7)$，求三角形 ABC 的面积.

解 根据向量积的定义，可知三角形 ABC 的面积

$$S_{\triangle ABC}=\frac{1}{2}|\overrightarrow{AB}||\overrightarrow{AC}|\sin\angle A=\frac{1}{2}|\overrightarrow{AB}\times\overrightarrow{AC}|.$$

由于 $\overrightarrow{AB}=(2,2,2)$，$\overrightarrow{AC}=(1,2,4)$，因此

$$\overrightarrow{AB}\times\overrightarrow{AC}=\begin{vmatrix} i & j & k \\ 2 & 2 & 2 \\ 1 & 2 & 4 \end{vmatrix}=4i-6j+2k.$$

于是

$$S_{\triangle ABC}=\frac{1}{2}|4i-6j+2k|=\frac{1}{2}\sqrt{4^2+(-6)^2+2^2}=\sqrt{14}.$$

例 6 设刚体以等角速度 ω 绕 l 轴旋转，计算刚体上一点 M 的线速度.

解 刚体绕 l 轴旋转时，我们可以用在 l 轴上的一个向量 ω 表示角速度，它的大小等于角速度的大小，它的方向由右手规则定出：即以右手握住 l 轴，当右手的四个手指的转向与刚体的旋转方向一致时，大拇指的指向就是 ω 的方向（见图 8-21）.

设点 M 到旋转轴 l 的距离为 a，再在 l 轴上任取一点 O 作向量 $\boldsymbol{r}=\overrightarrow{OM}$，并以 θ 表示 $\boldsymbol{\omega}$ 与 $\boldsymbol{r}$ 的夹角，那么

$$a=|\boldsymbol{r}|\sin\theta.$$

设线速度为 $\boldsymbol{v}$，那么由物理学上线速度与角速度间的关系可知，$\boldsymbol{v}$ 的大小为

$$|\boldsymbol{v}|=|\boldsymbol{\omega}|a=|\boldsymbol{\omega}||\boldsymbol{r}|\sin\theta.$$

$\boldsymbol{v}$ 的方向垂直于通过 M 点与 l 轴的平面，即 $\boldsymbol{v}$ 垂直于 $\boldsymbol{\omega}$ 与 $\boldsymbol{r}$，又 $\boldsymbol{v}$ 的指向是使 $\boldsymbol{\omega}$，$\boldsymbol{r}$，$\boldsymbol{v}$ 符合右手规则. 因此有

$$\boldsymbol{v}=\boldsymbol{\omega}\times\boldsymbol{r}.$$

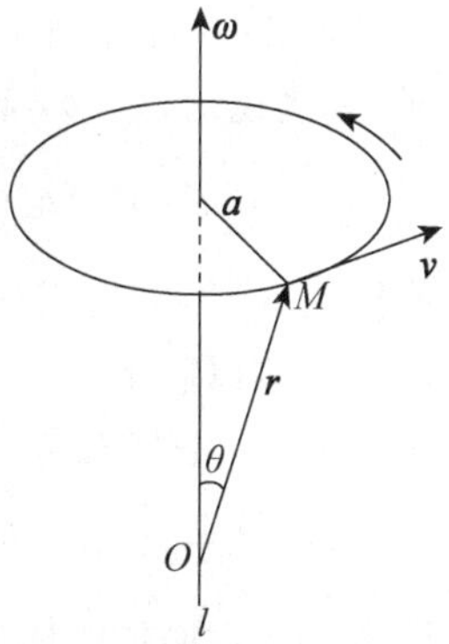

图 8－21

*三、向量的混合积

设已知三个向量 $\boldsymbol{a}$，$\boldsymbol{b}$ 和 $\boldsymbol{c}$. 先作两向量 $\boldsymbol{a}$ 和 $\boldsymbol{b}$ 的向量积 $\boldsymbol{a}\times\boldsymbol{b}$，把所得到的向量与第三个向量 $\boldsymbol{c}$ 再作数量积 $(\boldsymbol{a}\times\boldsymbol{b})\cdot\boldsymbol{c}$，这样得到的数量叫作三向量 $\boldsymbol{a}$，$\boldsymbol{b}$，$\boldsymbol{c}$ 的混合积，记作 $[\boldsymbol{abc}]$.

下面我们来推出三向量的混合积的坐标表达式.

设 $\boldsymbol{a}=(a_x, a_y, a_z)$，$\boldsymbol{b}=(b_x, b_y, b_z)$，$\boldsymbol{c}=(c_x, c_y, c_z)$，因为

$$\boldsymbol{a}\times\boldsymbol{b}=\begin{vmatrix}\boldsymbol{i} & \boldsymbol{j} & \boldsymbol{k}\\ a_x & a_y & a_z\\ b_x & b_y & b_z\end{vmatrix}=\begin{vmatrix}a_y & a_z\\ b_y & b_z\end{vmatrix}\boldsymbol{i}-\begin{vmatrix}a_x & a_z\\ b_x & b_z\end{vmatrix}\boldsymbol{j}+\begin{vmatrix}a_x & a_y\\ b_x & b_y\end{vmatrix}\boldsymbol{k},$$

再按两向量的数量积的坐标表达式，便得

$$\begin{aligned}[\boldsymbol{abc}]&=(\boldsymbol{a}\times\boldsymbol{b})\cdot\boldsymbol{c}\\ &=c_x\begin{vmatrix}a_y & a_z\\ b_y & b_z\end{vmatrix}-c_y\begin{vmatrix}a_x & a_z\\ b_x & b_z\end{vmatrix}+c_z\begin{vmatrix}a_x & a_y\\ b_x & b_y\end{vmatrix}=\begin{vmatrix}a_x & a_y & a_z\\ b_x & b_y & b_z\\ c_x & c_y & c_z\end{vmatrix}.\end{aligned}$$

向量的混合积有下述几何意义：

向量的混合积 $[\boldsymbol{abc}]=(\boldsymbol{a}\times\boldsymbol{b})\cdot\boldsymbol{c}$ 是这样一个数，它的绝对值表示以向量 $\boldsymbol{a}$，$\boldsymbol{b}$，$\boldsymbol{c}$ 为棱的平行六面体的体积. 如果向量 $\boldsymbol{a}$，$\boldsymbol{b}$，$\boldsymbol{c}$ 组成右手系(即 $\boldsymbol{c}$ 的指向按右手规则从 $\boldsymbol{a}$ 转向 $\boldsymbol{b}$ 来确定)，那么混合积的符号是正的；如果 $\boldsymbol{a}$，$\boldsymbol{b}$，$\boldsymbol{c}$ 组成左手系(即 $\boldsymbol{c}$ 的指向按左手规则从 $\boldsymbol{a}$ 转向 $\boldsymbol{b}$ 来确定)，那么混合积的符号是负的.

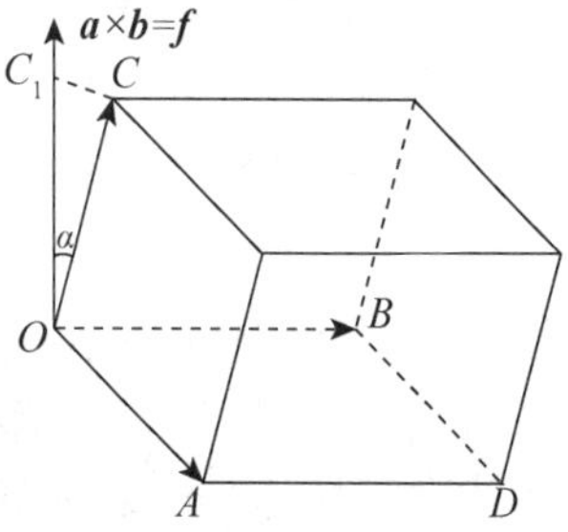

图 8－22

事实上，设 $\overrightarrow{OA}=\boldsymbol{a}$，$\overrightarrow{OB}=\boldsymbol{b}$，$\overrightarrow{OC}=\boldsymbol{c}$. 按向量积的定义，向量积 $\boldsymbol{a}\times\boldsymbol{b}=\boldsymbol{f}$ 是一个向量，它的模在数值上等于以向量 $\boldsymbol{a}$ 和 $\boldsymbol{b}$ 为边所作平行四边形 $OADB$ 的面积，它的方向垂直于这个平行四边形的平面，且当 $\boldsymbol{a}$，$\boldsymbol{b}$，$\boldsymbol{c}$ 组成右手系时，向量 $\boldsymbol{f}$ 与向量 $\boldsymbol{c}$ 朝着该平面的同侧（见图 8－22）；当 $\boldsymbol{a}$，$\boldsymbol{b}$，$\boldsymbol{c}$ 组成左手系时，向量

$\boldsymbol{f}$ 与向量 $\boldsymbol{c}$ 朝着该平面的异侧. 所以，如设 $\boldsymbol{f}$ 与 $\boldsymbol{c}$ 的夹角为 α，那么当 $\boldsymbol{a}$，$\boldsymbol{b}$，$\boldsymbol{c}$ 组成右手系时，α 为锐角；当 $\boldsymbol{a}$，$\boldsymbol{b}$，$\boldsymbol{c}$ 组成左手系时，α 为钝角. 由于

$$[\boldsymbol{abc}]=(\boldsymbol{a}\times\boldsymbol{b})\cdot\boldsymbol{c}=|\boldsymbol{a}\times\boldsymbol{b}||\boldsymbol{c}|\cos\alpha,$$

所以当 $\boldsymbol{a}$，$\boldsymbol{b}$，$\boldsymbol{c}$ 组成右手系时，$[\boldsymbol{abc}]$ 为正；当 $\boldsymbol{a}$，$\boldsymbol{b}$，$\boldsymbol{c}$ 组成左手系时，$[\boldsymbol{abc}]$ 为负.

因为以向量 $\boldsymbol{a}$，$\boldsymbol{b}$，$\boldsymbol{c}$ 为棱的平行六面体的底（平行四边形 $OADB$）的面积 S 在数值上等于 $|\boldsymbol{a}\times\boldsymbol{b}|$，它的高等于向量 $\boldsymbol{c}$ 在向量 $\boldsymbol{f}$ 上的投影的绝对值，即

$$h=|\mathrm{Prj}_{\boldsymbol{f}}\boldsymbol{c}|=|\boldsymbol{c}||\cos\alpha|,$$

所以平行六面体的体积

$$V=Sh=|\boldsymbol{a}\times\boldsymbol{b}||\boldsymbol{c}||\cos\alpha|=|[\boldsymbol{abc}]|.$$

由上述混合积的几何意义可知，若混合积 $[\boldsymbol{abc}]\neq 0$，则能以 $\boldsymbol{a}$，$\boldsymbol{b}$，$\boldsymbol{c}$ 三向量为棱构成平行六面体，从而 $\boldsymbol{a}$，$\boldsymbol{b}$，$\boldsymbol{c}$ 三向量不共面；反之，若 $\boldsymbol{a}$，$\boldsymbol{b}$，$\boldsymbol{c}$ 三向量不共面，则必能以 $\boldsymbol{a}$，$\boldsymbol{b}$，$\boldsymbol{c}$ 为棱构成平行六面体，从而$[\boldsymbol{abc}]\neq 0$，于是有下述结论：

三向量 $\boldsymbol{a}$，$\boldsymbol{b}$，$\boldsymbol{c}$ 共面的充分必要条件是它们的混合积 $[\boldsymbol{abc}]=0$，即

$$\begin{vmatrix} a_x & a_y & a_z \\ b_x & b_y & b_z \\ c_x & c_y & c_z \end{vmatrix}=0.$$

例 7 已知不在一平面上的四点 $A(x_1, y_1, z_1)$，$B(x_2, y_2, z_2)$，$C(x_3, y_3, z_3)$，$D(x_4, y_4, z_4)$，求四面体 $ABCD$ 的体积.

解 由立体几何知道，四面体的体积 V 等于以向量$\overrightarrow{AB}$，$\overrightarrow{AC}$和$\overrightarrow{AD}$为棱的平行六面体的体积的六分之一，因而

$$V=\frac{1}{6}|[\overrightarrow{AB}\overrightarrow{AC}\overrightarrow{AD}]|.$$

由于

$$\overrightarrow{AB}=(x_2-x_1, y_2-y_1, z_2-z_1),$$
$$\overrightarrow{AC}=(x_3-x_1, y_3-y_1, z_3-z_1),$$
$$\overrightarrow{AD}=(x_4-x_1, y_4-y_1, z_4-z_1),$$

所以

$$V=\pm\frac{1}{6}\begin{vmatrix} x_2-x_1 & y_2-y_1 & z_2-z_1 \\ x_3-x_1 & y_3-y_1 & z_3-z_1 \\ x_4-x_1 & y_4-y_1 & z_4-z_1 \end{vmatrix},$$

上式中符号的选择必须和行列式的符号一致.

例 8 已知 $A(1, 2, 0)$，$B(2, 3, 1)$，$C(4, 2, 2)$，$M(x, y, z)$ 四点共面，求点 M 的坐标 x，y，z 所满足的关系式.

解　A, B, C, M 四点共面相当于 $\overrightarrow{AM}$, $\overrightarrow{AB}$, $\overrightarrow{AC}$ 三向量共面，这里 $\overrightarrow{AM}=(x-1, y-2, z)$，$\overrightarrow{AB}=(1, 1, 1)$，$\overrightarrow{AC}=(3, 0, 2)$. 按三向量共面的充分必要条件，可得

$$\begin{vmatrix} x-1 & y-2 & z \\ 1 & 1 & 1 \\ 3 & 0 & 2 \end{vmatrix}=0,$$

即

$$2x+y-3z-4=0.$$

这就是点 M 的坐标所满足的关系式.

习题 8-2

1. 设 $\boldsymbol{a}=3\boldsymbol{i}-\boldsymbol{j}-2\boldsymbol{k}$，$\boldsymbol{b}=\boldsymbol{i}+2\boldsymbol{j}-\boldsymbol{k}$. 求：

(1) $\boldsymbol{a}\cdot\boldsymbol{b}$ 和 $\boldsymbol{a}\times\boldsymbol{b}$；(2) $(-2\boldsymbol{a})\cdot 3\boldsymbol{b}$ 及 $\boldsymbol{a}\times 2\boldsymbol{b}$；(3) $\boldsymbol{a}$，$\boldsymbol{b}$ 的夹角的余弦.

2. 设 $\boldsymbol{a}$，$\boldsymbol{b}$，$\boldsymbol{c}$ 为单位向量，且满足 $\boldsymbol{a}+\boldsymbol{b}+\boldsymbol{c}=0$，求 $\boldsymbol{a}\cdot\boldsymbol{b}+\boldsymbol{b}\cdot\boldsymbol{c}+\boldsymbol{c}\cdot\boldsymbol{a}$.

3. 设 $(\vec{a}\times\vec{b})\cdot\vec{c}=2$，求 $[(\vec{a}+\vec{b})\times(\vec{b}+\vec{c})]\cdot(\vec{c}+\vec{a})$.

4. 已知 $M_1(1, -1, 2)$，$M_2(3, 3, 1)$ 和 $M_3(3, 1, 3)$. 求与 $\overrightarrow{M_1M_2}$，$\overrightarrow{M_2M_3}$ 同时垂直的单位向量.

5. 设质量为 100 千克的物体从点 $M_1(3, 1, 8)$ 沿直线移动到点 $M_2(1, 4, 2)$，计算重力所做的功（坐标系长度单位为米，重力方向为 z 轴负方向）.

6. 在杠杆上支点 O 的一侧与点 O 的距离为 x_1 的点 P_1 处，有一与 $\overrightarrow{OP_1}$ 成角 θ_1 的力 $\boldsymbol{F}_1$ 作用着；在 O 的另一侧与点 O 的距离为 x_2 的点 P_2 处，有一与 $\overrightarrow{OP_2}$ 成角 θ_2 的力 $\boldsymbol{F}_2$ 作用着（见图 8-23）. 问：θ_1，θ_2，x_1，x_2，$|\boldsymbol{F}_1|$，$|\boldsymbol{F}_2|$ 符合怎样的条件才能使杠杆保持平衡？

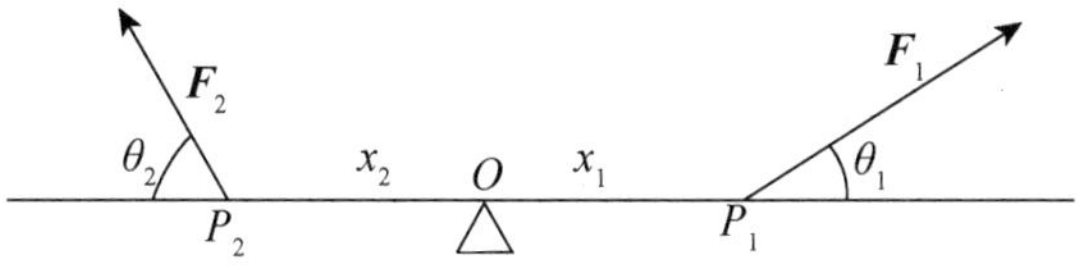

图 8-23

7. 求向量 $\boldsymbol{a}=(4, -3, 4)$ 在向量 $\boldsymbol{b}=(2, 2, 1)$ 上的投影.

8. 设 $\boldsymbol{a}=(3, 5, -2)$，$\boldsymbol{b}=(2, 1, 4)$，问：$\lambda$ 与 μ 有怎样的关系才能使得 $\lambda\boldsymbol{a}+\mu\boldsymbol{b}$ 与 z 轴垂直？

9. 试用向量证明直径所对的圆周角是直角.

10. 已知向量 $\boldsymbol{a}=2\boldsymbol{i}-3\boldsymbol{j}+\boldsymbol{k}$，$\boldsymbol{b}=\boldsymbol{i}-\boldsymbol{j}+3\boldsymbol{k}$ 和 $\boldsymbol{c}=\boldsymbol{i}-2\boldsymbol{j}$，计算：

(1) $(\boldsymbol{a}\cdot\boldsymbol{b})\boldsymbol{c}-(\boldsymbol{a}\cdot\boldsymbol{c})\boldsymbol{b}$；(2) $(\boldsymbol{a}+\boldsymbol{b})\times(\boldsymbol{b}+\boldsymbol{c})$；(3) $(\boldsymbol{a}\times\boldsymbol{b})\cdot\boldsymbol{c}$.

11. 已知 $\overrightarrow{OA}=\boldsymbol{i}+3\boldsymbol{k}$，$\overrightarrow{OB}=\boldsymbol{j}+3\boldsymbol{k}$，求 $\triangle OAB$ 的面积.

12. 设 $|\vec{a}|=4$，$|\vec{b}|=3$，$(\widehat{\vec{a}, \vec{b}})=\dfrac{\pi}{6}$，求以 $\vec{a}+2\vec{b}$ 和 $\vec{a}-3\vec{b}$ 为边的平行四边形的面积.

13. 已知 $\boldsymbol{a}=(a_x, a_y, a_z)$，$\boldsymbol{b}=(b_x, b_y, b_z)$，$\boldsymbol{c}=(c_x, c_y, c_z)$，试利用行列式的性质证明：

$$(\boldsymbol{a}\times\boldsymbol{b})\cdot\boldsymbol{c}=(\boldsymbol{b}\times\boldsymbol{c})\cdot\boldsymbol{a}=(\boldsymbol{c}\times\boldsymbol{a})\cdot\boldsymbol{b}$$

14. 试用向量证明不等式：

$$\sqrt{a_1^2+a_2^2+a_3^2}\sqrt{b_1^2+b_2^2+b_3^2}\geqslant|a_1b_1+a_2b_2+a_3b_3|$$

其中 a_1，a_2，a_3，b_1，b_2，b_3 为任意实数. 并指出符号成立的条件.

15. 利用向量积证明三角形的正弦定理.

§8.3 平面及其方程

一、曲面方程与空间曲线方程的概念

因为平面与空间直线分别是曲面与空间曲线的特例，所以在讨论平面与空间直线以前，先引入有关曲面方程与空间曲线的概念.

像在平面解析几何中把平面曲线当作动点的轨迹一样，在空间解析几何中，任何曲面都可以看作点的几何轨迹.

若曲面 S 与三元方程

$$F(x, y, z)=0$$

有下述关系：

(1) 曲面 S 上任意一点的坐标都满足方程 $F(x, y, z)=0$；

(2) 坐标满足方程 $F(x, y, z)=0$ 的点都在曲面 S 上.

则方程 $F(x, y, z)=0$ 就叫作**曲面 S 的方程**，而曲面 S 就叫作**方程 $F(x, y, z)=0$ 的图形**，如图 8-24 所示.

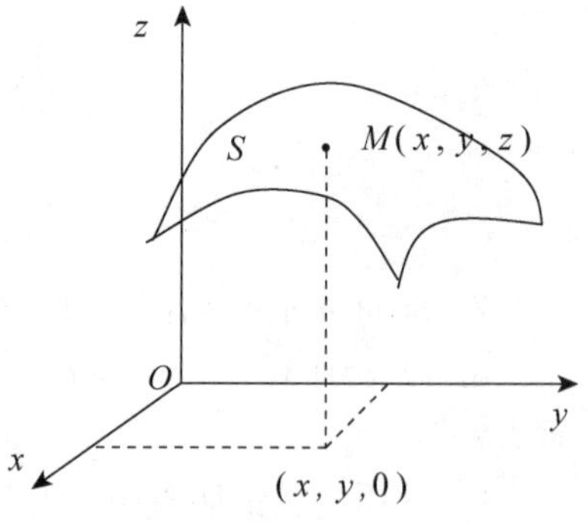

图 8-24

空间曲线可以看作两个曲面的交线. 设

$$F(x, y, z)=0 \text{ 和 } G(x, y, z)=0$$

是两个曲面方程，它们的交线为 C. 因为曲线 C 上的任何点的坐标应同时满足这两个方程，所以应满足方程组

$$\begin{cases}F(x, y, z)=0\\G(x, y, z)=0\end{cases}.$$

反过来，如果点 M 不在曲线 C 上，那么它不可能同时在两个曲面上，所以它的坐标不满足方程组.

因此，曲线 C 可以用上述方程组来表示. 上述方程组叫作**空间曲线 C 的一般方程.**

在本节和下一节里，我们将以向量为工具，在空间直角坐标系中讨论最简单的曲面和曲线——平面和直线.

二、平面的点法式方程

如果一非零向量垂直于一平面，则这向量就叫作该平面的**法线向量**. 容易知道，平面上的任一向量均与该平面的法线向量垂直.

因为过空间一点可以作而且只能作一平面垂直于已知直线，所以当平面 Π 上一点 $M_0(x_0, y_0, z_0)$ 和它的一个法线向量 $\boldsymbol{n}=(A, B, C)$ 为已知时，平面 Π 的位置就完全确定了. 下面我们来建立平面 Π 的方程.

设 $M(x, y, z)$ 是平面 Π 上的任一点（见图 8 - 25）. 那么向量 $\overrightarrow{M_0M}$ 必与平面 Π 的法线向量 $\boldsymbol{n}$ 垂直，即它们的数量积等于零：

$$\boldsymbol{n}\cdot\overrightarrow{M_0M}=0.$$

由于

$$\boldsymbol{n}=(A, B, C), \overrightarrow{M_0M}=(x-x_0, y-y_0, z-z_0),$$

所以

$$A(x-x_0)+B(y-y_0)+C(z-z_0)=0$$

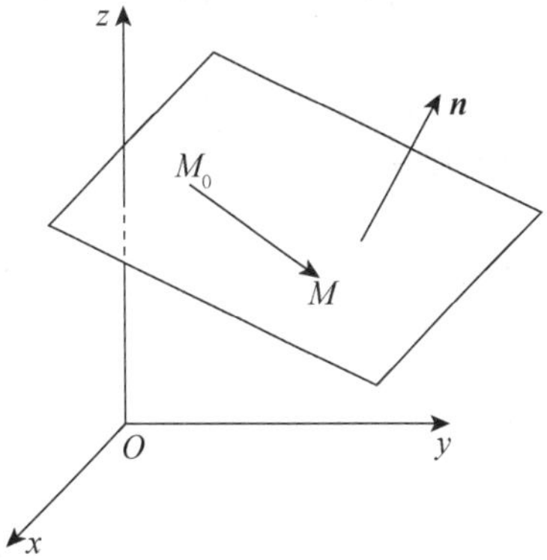

图 8 - 25

这就是平面 Π 上任一点 M 的坐标 x, y, z 所满足的方程.

反过来，如果 $M(x, y, z)$ 不在平面 Π 上，那么向量 $\overrightarrow{M_0M}$ 与法线向量 $\boldsymbol{n}$ 不垂直，从而 $\boldsymbol{n}\cdot\overrightarrow{M_0M}\neq0$，即不在平面 Π 上的点 M 的坐标 x, y, z 不满足此方程.

由此可知，方程 $A(x-x_0)+B(y-y_0)+C(z-z_0)=0$ 就是平面 Π 的方程. 而平面 Π 就是平面方程的图形. 由于方程 $A(x-x_0)+B(y-y_0)+C(z-z_0)=0$ 是由平面 Π 上的一点 $M_0(x_0, y_0, z_0)$ 及平面的一个法线向量 $\boldsymbol{n}=(A, B, C)$ 确定的，所以此方程叫作**平面的点法式方程**.

例 1 求过点 $(2, -3, 0)$ 且以 $\boldsymbol{n}=(1, -2, 3)$ 为法线向量的平面的方程.

解 根据平面的点法式方程，得所求平面的方程为 $(x-2)-2(y+3)+3z=0$，即 $x-2y+3z-8=0$.

例 2 求过三点 $M_1(2, -1, 4)$, $M_2(-1, 3, -2)$ 和 $M_3(0, 2, 3)$ 的平面的方程.

解 我们可以用 $\overrightarrow{M_1M_2}\times\overrightarrow{M_1M_3}$ 作为平面的法线向量 $\boldsymbol{n}$. 因为 $\overrightarrow{M_1M_2}=(-3, 4, -6)$, $\overrightarrow{M_1M_3}=(-2, 3, -1)$，所以

$$\boldsymbol{n}=\overrightarrow{M_1M_2}\times\overrightarrow{M_1M_3}=\begin{vmatrix}\boldsymbol{i} & \boldsymbol{j} & \boldsymbol{k}\\ -3 & 4 & -6\\ -2 & 3 & -1\end{vmatrix}=14\boldsymbol{i}+9\boldsymbol{j}-\boldsymbol{k}.$$

根据平面的点法式方程，得所求平面的方程为

$$14(x-2)+9(y+1)-(z-4)=0,$$

即 $14x+9y-z-15=0.$

三、平面的一般方程

由于平面的点法式方程是 x, y, z 的一次方程，而任一平面都可以用它上面的一点及它的法线向量来确定，所以任一平面都可以用三元一次方程来表示.

反过来，设有三元一次方程

$$Ax+By+Cz+D=0.$$

我们任取满足该方程的一组数 x_0, y_0, z_0, 即

$$Ax_0+By_0+Cz_0+D=0.$$

把上述两等式相减，得

$$A(x-x_0)+B(y-y_0)+C(z-z_0)=0,$$

这正是通过点 $M_0(x_0, y_0, z_0)$ 以 $\boldsymbol{n}=(A, B, C)$ 为法线向量的平面方程. 由于方程

$$Ax+By+Cz+D=0$$

与方程

$$A(x-x_0)+B(y-y_0)+C(z-z_0)=0$$

同解，所以任一三元一次方程 $Ax+By+Cz+D=0$ 的图形总是一个平面. 方程 $Ax+By+Cz+D=0$ 称为平面的一般方程，其中 x, y, z 的系数就是该平面的一个法线向量 $\boldsymbol{n}$ 的坐标，即

$$\boldsymbol{n}=(A, B, C).$$

例如，方程 $3x-4y+z-9=0$ 表示一个平面，$\boldsymbol{n}=(3, -4, 1)$ 是该平面的一个法线向量.

讨论：考察下列特殊的平面方程，指出法线向量与坐标面、坐标轴的关系，平面通过的特殊点或线.

a) $D=0$, 平面 $Ax+By+Cz=0$ 经过原点；

b) $A=0$, 平面 $By+Cz+D=0$ 平行于 x 轴，法线向量垂直于 x 轴；

c) $B=0$, 平面 $Ax+Cz+D=0$ 平行于 y 轴，法线向量垂直于 y 轴；

d) $C=0$, 平面 $Ax+By+D=0$ 平行于 z 轴，法线向量垂直于 z 轴；

e) $A=B=0$, 平面 $Cz+D=0$ 平行于 xOy 平面，法线向量垂直于 x 轴和 y 轴；

f) $A=C=0$, 平面 $By+D=0$ 平行于 xOz 平面，法线向量垂直于 x 轴和 z 轴；

g) $B=C=0$, 平面 $Ax+D=0$ 平行于 yOz 平面，法线向量垂直于 y 轴和 z 轴.

例 3 求通过 x 轴和点 $(4, -3, -1)$ 的平面的方程.

解 平面通过 x 轴，一方面表明它的法线向量垂直于 x 轴，即 $A=0$；另一方面表明它必通过原点，即 $D=0$. 因此可设该平面的方程为

$$By+Cz=0.$$

又因为该平面通过点 $(4,-3,-1)$，所以有

$$-3B-C=0,$$

或 $$C=-3B.$$

将其代入所设方程并除以 $B(B\neq0)$，便得所求的平面方程为

$$y-3z=0.$$

例 4 设一平面与 x，y，z 轴的交点依次为 $P(a,0,0)$，$Q(0,b,0)$，$R(0,0,c)$ 三点（见图 8－26），求该平面的方程（其中 $a\neq0$，$b\neq0$，$c\neq0$）.

解 设所求平面的方程为

$$Ax+By+Cz+D=0.$$

因为点 $P(a,0,0)$，$Q(0,b,0)$，$R(0,0,c)$ 都在该平面上，所以点 P，Q，R 的坐标都满足所设方程，即有

$$\begin{cases}aA+D=0\\ bB+D=0,\\ cC+D=0\end{cases}$$

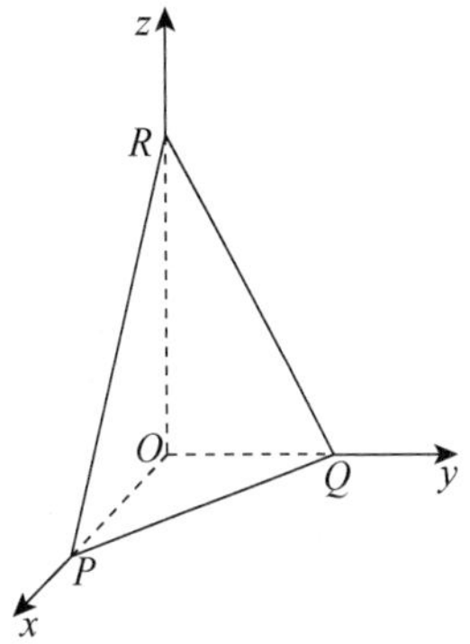

图 8－26

由此得 $A=-\dfrac{D}{a}$，$B=-\dfrac{D}{b}$，$C=-\dfrac{D}{c}$.

将其代入所设方程，得

$$-\frac{D}{a}x-\frac{D}{b}y-\frac{D}{c}z+D=0,$$

即 $$\frac{x}{a}+\frac{y}{b}+\frac{z}{c}=1.$$

上述方程叫作**平面的截距式方程**，而 a，b，c 依次叫作平面在 x，y，z 轴上的**截距**.

四、两平面的夹角

1. 两平面的夹角

两平面的法线向量的夹角（通常指锐角）称为**两平面的夹角**.

设平面 Π_1 和 Π_2 的法线向量分别为 $\boldsymbol{n}_1=(A_1,B_1,C_1)$ 和 $\boldsymbol{n}_2=(A_2,B_2,C_2)$，那么平面 Π_1 和 Π_2 的夹角 θ（见图 8－27）应是 $(\widehat{\boldsymbol{n}_1,\boldsymbol{n}_2})$ 和 $(\widehat{-\boldsymbol{n}_1,\boldsymbol{n}_2})=\pi-(\widehat{\boldsymbol{n}_1,\boldsymbol{n}_2})$ 两者中的锐角，因此，$\cos\theta=|\cos(\widehat{\boldsymbol{n}_1,\boldsymbol{n}_2})|$. 按两向量夹角余弦的坐标表达式，平面 Π_1 和 Π_2 的夹角 θ 可由

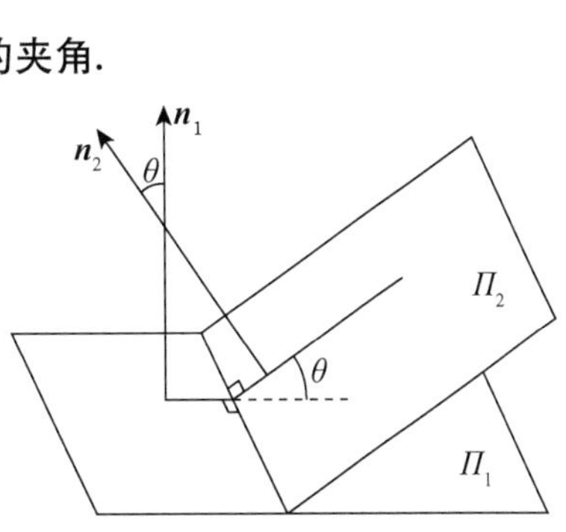

图 8－27

$$\cos\theta=|\cos(\widehat{\boldsymbol{n}_1,\boldsymbol{n}_2})|=\frac{|A_1A_2+B_1B_2+C_1C_2|}{\sqrt{A_1^2+B_1^2+C_1^2}\cdot\sqrt{A_2^2+B_2^2+C_2^2}}$$

来确定.

从两向量垂直、平行的充分必要条件立即推得下列结论：

平面Π_1和Π_2垂直相当于$A_1A_2+B_1B_2+C_1C_2=0$；

平面Π_1和Π_2平行或重合相当于$\dfrac{A_1}{A_2}=\dfrac{B_1}{B_2}=\dfrac{C_1}{C_2}$.

例 5 求两平面$x-y+2z-6=0$和$2x+y+z-5=0$的夹角.

解 $\boldsymbol{n}_1=(A_1, B_1, C_1)=(1, -1, 2)$，$\boldsymbol{n}_2=(A_2, B_2, C_2)=(2, 1, 1)$，

$$\cos\theta=\frac{|A_1A_2+B_1B_2+C_1C_2|}{\sqrt{A_1^2+B_1^2+C_1^2}\cdot\sqrt{A_2^2+B_2^2+C_2^2}}=\frac{|1\times2+(-1)\times1+2\times1|}{\sqrt{1^2+(-1)^2+2^2}\cdot\sqrt{2^2+1^2+1^2}}=\frac{1}{2},$$

所以，所求夹角为$\theta=\dfrac{\pi}{3}$.

例 6 一平面通过两点$M_1(1, 1, 1)$和$M_2(0, 1, -1)$且垂直于平面$x+y+z=0$，求它的方程.

解 从点M_1到点M_2的向量$\boldsymbol{n}_1=(-1, 0, -2)$，平面$x+y+z=0$的法线向量为$\boldsymbol{n}_2=(1, 1, 1)$. 设所求平面的法线向量$\boldsymbol{n}$可取为$\boldsymbol{n}_1\times\boldsymbol{n}_2$. 因为

$$\boldsymbol{n}=\boldsymbol{n}_1\times\boldsymbol{n}_2=\begin{vmatrix}\boldsymbol{i} & \boldsymbol{j} & \boldsymbol{k}\\ -1 & 0 & -2\\ 1 & 1 & 1\end{vmatrix}=2\boldsymbol{i}-\boldsymbol{j}-\boldsymbol{k},$$

所以所求平面方程为

$$2(x-1)-(y-1)-(z-1)=0,$$

即

$$2x-y-z=0.$$

2. 点到平面的距离

例 7 设$P_0(x_0, y_0, z_0)$是平面$Ax+By+Cz+d=0$外一点，求P_0到该平面的距离（见图 8-28）.

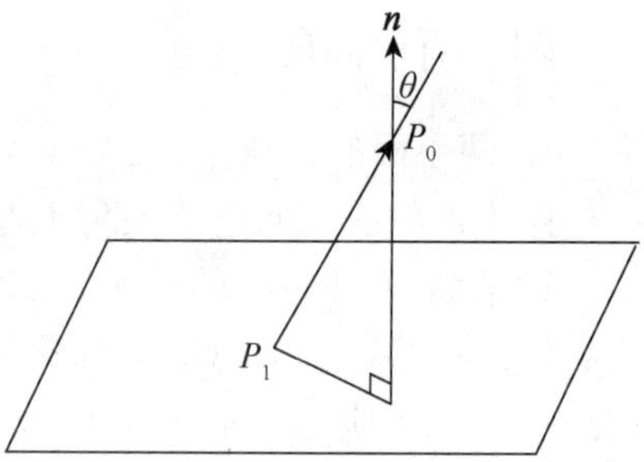

图 8-28

解 在平面上任取一点$P_1(x_1, y_1, z_1)$，并作一法向量$\boldsymbol{n}=(A, B, C)$. 考虑到$\overrightarrow{P_1P_0}$与$\boldsymbol{n}$的夹角也可能是钝角，则所求距离

$$d=|\mathrm{Prj}_{\boldsymbol{n}}\overrightarrow{P_1P_0}|.$$

又设$\boldsymbol{e}_n$为与$\boldsymbol{n}$方向一致的单位向量，则有

$$\mathrm{Prj}_{\boldsymbol{n}}\overrightarrow{P_1P_0}=\overrightarrow{P_1P_0}\cdot\boldsymbol{e}_n,$$

而

$$\boldsymbol{e}_n=\left(\frac{A}{\sqrt{A^2+B^2+C^2}}, \frac{B}{\sqrt{A^2+B^2+C^2}}, \frac{C}{\sqrt{A^2+B^2+C^2}}\right),$$

$$\overrightarrow{P_1P_0}=(x_0-x_1,y_0-y_1,z_0-z_1),$$

得

$$d=|\overrightarrow{P_1P_0}\cdot \boldsymbol{e}_n|=\frac{|A(x_0-x_1)+B(y_0-y_1)+C(z_0-z_1)|}{\sqrt{A^2+B^2+C^2}}$$

$$=\frac{|Ax_0+By_0+Cz_0-(Ax_1+By_1+Cz_1)|}{\sqrt{A^2+B^2+C^2}}.$$

由于 $Ax_1+By_1+Cz_1+D=0$，所以

$$\mathrm{Prj}_{\boldsymbol{n}}\overrightarrow{P_1P_0}=\frac{Ax_0+By_0+Cz_0+D}{\sqrt{A^2+B^2+C^2}},$$

即

$$d=\frac{|Ax_0+By_0+Cz_0+D|}{\sqrt{A^2+B^2+C^2}}.$$

例 8 求点 (2，1，1) 到平面 $x+y-z+1=0$ 的距离.

解 $d=\dfrac{|1\times2+1\times1-1\times1+1|}{\sqrt{1^2+1^2+(-1)^2}}=\sqrt{3}$.

习题 8-3

1. 求过点 (3，0，−1) 且与平面 $3x-7y+5z-12=0$ 平行的平面方程.

2. 求过点 $M_0(2,9,-6)$ 且与连接坐标原点及点 M_0 的线段 OM_0 垂直的平面方程.

3. 求过 $M_1(1,1,-1)$，$M_2(-2,-2,2)$ 和 $M_3(1,-1,2)$ 三点的平面方程.

4. 指出下列各平面的特殊位置，并画出各平面：

(1) $x=0$； (2) $3y-1=0$；

(3) $2x-3y-6=0$； (4) $x-\sqrt{3}y=0$；

(5) $y+z=1$； (6) $x-2z=0$；

(7) $6x+5y-z=0$.

5. 求平面 $2x-2y+z+5=0$ 与各坐标面的夹角的余弦.

6. 一平面过点 (1,0,−1) 且平行于向量 $\boldsymbol{a}=(2,1,1)$ 和 $\boldsymbol{b}=(1,-1,0)$，试求此平面方程.

7. 求三平面 $x+3y+z=1$，$2x-y-z=0$，$-x+2y+2z=3$ 的交点.

8. 分别按下列条件求平面方程：

(1) 平行于 xOz 面且经过点 (2，−5，3)；

(2) 通过 z 轴和点 (−3，1，−2)；

(3) 平行于 x 轴且经过两点 (4，0，−2) 和 (5，1，7).

9. 求点 (1，2，1) 到平面 $x+2y+2z=10$ 的距离.

10. 设一平面经过原点及点 (6，−3，2)，且与平面 $4x-y+2z=8$ 垂直，求此平面方程.

§8.4 空间直线及其方程

一、空间直线的方程

1. 空间直线的一般方程

空间直线 L 可以看作两个平面 Π_1 和 Π_2 的交线(见图 8-29).

如果两个相交平面 Π_1 和 Π_2 的方程分别为 $A_1x+B_1y+C_1z+D_1=0$ 和 $A_2x+B_2y+C_2z+D_2=0$，那么直线 L 上的任一点的坐标应同时满足这两个平面的方程，即应满足方程组

$$\begin{cases}A_1x+B_1y+C_1z+D_1=0\\A_2x+B_2y+C_2z+D_2=0\end{cases}. \tag{4.1}$$

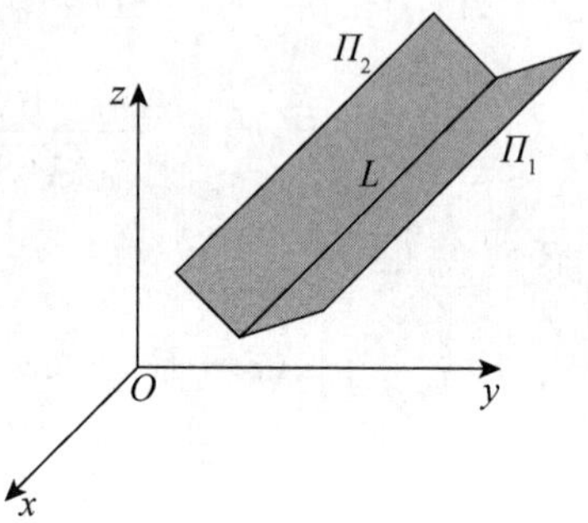

图 8-29

反过来，如果点 M 不在直线 L 上，那么它不可能同时在平面 Π_1 和 Π_2 上，所以它的坐标不满足方程组(4.1). 因此，直线 L 可以用上述方程组来表示. 上述方程组叫作空间直线的**一般方程**.

通过空间一直线 L 的平面有无限多个，只要在这无限多个平面中任意选取两个，把它们的方程联立起来，所得的方程组就表示空间直线 L.

2. 空间直线的对称式方程与参数方程

如果一个非零向量平行于一条已知直线，这个向量就叫作这条直线的**方向向量**. 容易知道，直线上任一向量都平行于该直线的方向向量.

由于过空间一点可作而且只能作一条直线平行于一已知直线，所以当直线 L 上一点 $M_0(x_0, y_0, z_0)$ 和它的一方向向量 $\boldsymbol{s}=(m, n, p)$ 为已知时，直线 L 的位置就完全确定了 (见图 8-30). 下面我们来建立这条直线的方程.

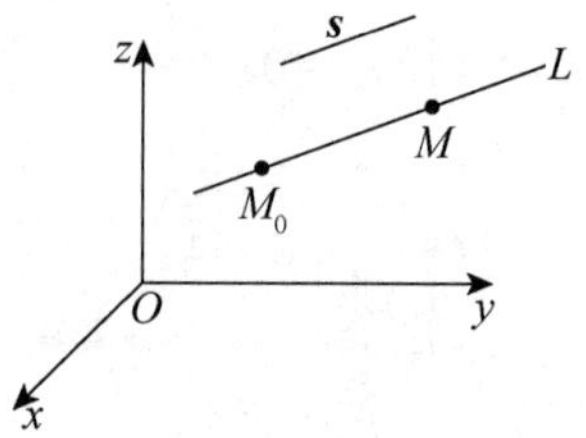

图 8-30

已知直线 L 通过点 $M_0(x_0, y_0, z_0)$，且 L 的方向向量为 $\boldsymbol{s}=(m, n, p)$，求直线 L 的方程.

设点 $M(x, y, z)$ 为直线 L 上的任一点，那么

$$(x-x_0, y-y_0, z-z_0)\parallel \boldsymbol{s},$$

从而有

$$\frac{x-x_0}{m}=\frac{y-y_0}{n}=\frac{z-z_0}{p}. \tag{4.2}$$

这就是直线 L 的方程，叫作直线的**对称式方程**或**点向式方程**.

注: 当 m, n, p 中有一个为零，例如 $m=0$，而 $n, p\neq 0$ 时，该方程组应理解为

$$\begin{cases} x=x_0 \\ \dfrac{y-y_0}{n}=\dfrac{z-z_0}{p} \end{cases}.$$

当 m，n，p 中有两个为零，例如 $m=n=0$，而 $p\neq 0$ 时，该方程组应理解为

$$\begin{cases} x-x_0=0 \\ y-y_0=0 \end{cases}.$$

直线的任一方向向量 $\boldsymbol{s}$ 的坐标 m，n，p 叫作该直线的一组**方向数**，而向量 $\boldsymbol{s}$ 的方向余弦叫作该直线的**方向余弦**.

由直线的对称式方程容易导出直线的参数方程.

设 $\dfrac{x-x_0}{m}=\dfrac{y-y_0}{n}=\dfrac{z-z_0}{p}=t$，得方程组

$$\begin{cases} x=x_0+mt \\ y=y_0+nt \\ z=z_0+pt \end{cases}. \tag{4.3}$$

此方程组就是直线的**参数方程**.

例 1 用对称式方程及参数方程表示直线 $\begin{cases} x+y+z=-1 \\ 2x-y+3z=4 \end{cases}.$

解 先求直线上的一点. 取 $x=1$，有

$$\begin{cases} y+z=-2 \\ -y+3z=2 \end{cases}.$$

解此方程组，得 $y=-2$，$z=0$，即 $(1, -2, 0)$ 就是直线上的一点.

再求该直线的方向向量 $\boldsymbol{s}$. 以平面 $x+y+z=-1$ 和 $2x-y+3z=4$ 的法线向量的向量积作为直线的方向向量 $\boldsymbol{s}$，

$$\boldsymbol{s}=\begin{vmatrix} \boldsymbol{i} & \boldsymbol{j} & \boldsymbol{k} \\ 1 & 1 & 1 \\ 2 & -1 & 3 \end{vmatrix}=4\boldsymbol{i}-\boldsymbol{j}-3\boldsymbol{k}.$$

因此，所给直线的对称式方程为

$$\frac{x-1}{4}=\frac{y+2}{-1}=\frac{z}{-3}.$$

令 $\dfrac{x-1}{4}=\dfrac{y+2}{-1}=\dfrac{z}{-3}=t$，得所给直线的参数方程为

$$\begin{cases} x=1+4t \\ y=-2-t \\ z=-3t \end{cases}.$$

二、两直线的夹角

两直线的方向向量的夹角（通常指锐角）叫作两直线的夹角.

设直线 L_1 和 L_2 的方向向量分别为 $\boldsymbol{s}_1=(m_1, n_1, p_1)$ 和 $\boldsymbol{s}_2=(m_2, n_2, p_2)$，那么 L_1 和 L_2 的夹角 φ 就是 $(\widehat{\boldsymbol{s}_1, \boldsymbol{s}_2})$ 和 $(\widehat{-\boldsymbol{s}_1, \boldsymbol{s}_2})=\pi-(\widehat{\boldsymbol{s}_1, \boldsymbol{s}_2})$ 两者中的锐角，因此 $\cos\varphi=|\cos(\widehat{\boldsymbol{s}_1, \boldsymbol{s}_2})|$. 根据两向量的夹角的余弦公式，直线 L_1 和 L_2 的夹角 φ 可由

$$\cos\varphi=|\cos(\widehat{\boldsymbol{s}_1, \boldsymbol{s}_2})|=\frac{|m_1m_2+n_1n_2+p_1p_2|}{\sqrt{m_1^2+n_1^2+p_1^2}\cdot\sqrt{m_2^2+n_2^2+p_2^2}} \tag{4.4}$$

来确定.

从两向量垂直、平行的充分必要条件立即推得下列结论：

设有两直线 L_1：$\dfrac{x-x_1}{m_1}=\dfrac{y-y_1}{n_1}=\dfrac{z-z_1}{p_1}$，$L_2$：$\dfrac{x-x_2}{m_2}=\dfrac{y-y_2}{n_2}=\dfrac{z-z_2}{p_2}$，则

$$L_1\perp L_2 \Leftrightarrow m_1m_2+n_1n_2+p_1p_2=0;$$

$$L_1 /\!/ L_2 \Leftrightarrow \frac{m_1}{m_2}=\frac{n_1}{n_2}=\frac{p_1}{p_2}.$$

例 2 求直线 L_1：$\dfrac{x-1}{1}=\dfrac{y}{-4}=\dfrac{z+3}{1}$和 L_2：$\dfrac{x}{2}=\dfrac{y+2}{-2}=\dfrac{z}{-1}$的夹角.

解 两直线的方向向量分别为 $\boldsymbol{s}_1=(1, -4, 1)$ 和 $\boldsymbol{s}_2=(2, -2, -1)$. 设两直线的夹角为 φ，则

$$\cos\varphi=\frac{|1\times2+(-4)\times(-2)+1\times(-1)|}{\sqrt{1^2+(-4)^2+1^2}\cdot\sqrt{2^2+(-2)^2+(-1)^2}}=\frac{1}{\sqrt{2}}=\frac{\sqrt{2}}{2},$$

所以 $\varphi=\dfrac{\pi}{4}$.

三、直线与平面的夹角

当直线与平面不垂直时，直线和它在平面上的投影直线的夹角 φ，称为直线与平面的夹角（见图 8-31）；当直线与平面垂直时，规定直线与平面的夹角为$\dfrac{\pi}{2}$.

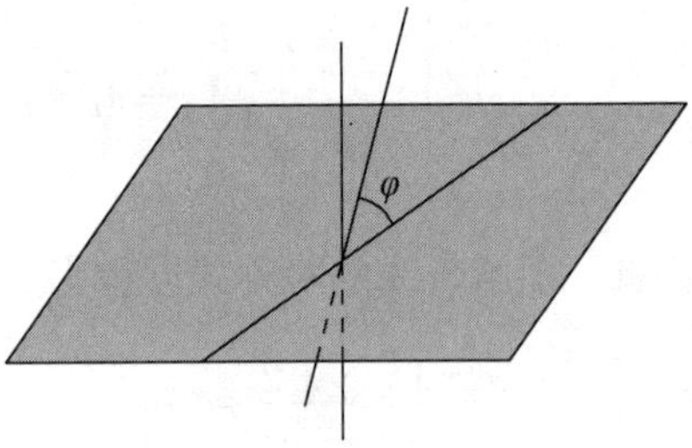

图 8-31

设直线的方向向量 $\boldsymbol{s}=(m, n, p)$，平面的法线向量为 $\boldsymbol{n}=(A, B, C)$，直线与平面的夹角为 φ，那么 $\varphi=\left|\dfrac{\pi}{2}-(\widehat{\boldsymbol{s}, \boldsymbol{n}})\right|$，因此 $\sin\varphi=|\cos(\widehat{\boldsymbol{s}, \boldsymbol{n}})|$. 按两向量夹角余弦的坐标表达式，有

$$\sin\varphi=\frac{|Am+Bn+Cp|}{\sqrt{A^2+B^2+C^2}\cdot\sqrt{m^2+n^2+p^2}}. \tag{4.5}$$

因为直线与平面垂直相当于直线的方向向量与平面的法线向量平行，所以，直线与平

面垂直相当于

$$\frac{A}{m}=\frac{B}{n}=\frac{C}{p}. \tag{4.6}$$

因为直线与平面平行或直线在平面上相当于直线的方向向量与平面的法线向量垂直，所以，直线与平面平行或直线在平面上相当于

$$Am+Bn+Cp=0. \tag{4.7}$$

设直线 L 的方向向量为 (m, n, p)，平面 Π 的法线向量为 $\boldsymbol{n}=(A, B, C)$，则

$$L\perp\Pi\Leftrightarrow\frac{A}{m}=\frac{B}{n}=\frac{C}{p};$$

$$L/\!/\Pi\Leftrightarrow Am+Bn+Cp=0.$$

例 3　求过点 $(1, -2, 4)$ 且与平面 $2x-3y+z-4=0$ 垂直的直线的方程.

解　平面的法线向量 $(2, -3, 1)$ 可以作为所求直线的方向向量. 由此可得所求直线的方程为

$$\frac{x-1}{2}=\frac{y+2}{-3}=\frac{z-4}{1}.$$

四、杂例

例 4　求与两平面 $x-4z=3$ 和 $2x-y-5z=1$ 的交线平行且过点 $(-3, 2, 5)$ 的直线方程.

解　平面 $x-4z=3$ 和 $2x-y-5z=1$ 的交线的方向向量就是所求直线的方向向量 $\boldsymbol{s}$，因为

$$\boldsymbol{s}=\boldsymbol{n}_1\times\boldsymbol{n}_2=\begin{vmatrix}\boldsymbol{i} & \boldsymbol{j} & \boldsymbol{k}\\ 1 & 0 & -4\\ 2 & -1 & -5\end{vmatrix}=-(4\boldsymbol{i}+3\boldsymbol{j}+\boldsymbol{k}),$$

所以所求直线的方程为

$$\frac{x+3}{4}=\frac{y-2}{3}=\frac{z-5}{1}.$$

例 5　求直线 $\frac{x-2}{1}=\frac{y-3}{1}=\frac{z-4}{2}$ 与平面 $2x+y+z-6=0$ 的交点.

解　所给直线的参数方程为

$$x=2+t,\ y=3+t,\ z=4+2t,$$

代入平面方程中，得

$$2(2+t)+(3+t)+(4+2t)-6=0.$$

解上面方程，得 $t=-1$. 将 $t=-1$ 代入直线的参数方程，得所求交点的坐标为

$x=1$, $y=2$, $z=2$.

例 6 求过点 (2, 1, 3) 且与直线$\frac{x+1}{3}=\frac{y-1}{2}=\frac{z}{-1}$垂直相交的直线方程.

解 **方法一** 过点 (2, 1, 3) 作平面垂直于已知直线，则此平面的方程为

$$3(x-2)+2(y-1)-(z-3)=0.$$

求已知直线与该平面的交点，将直线的参数方程

$$x=-1+3t,\ y=1+2t,\ z=-t$$

代入平面方程得 $t=\frac{3}{7}$. 从而得交点$\left(\frac{2}{7}, \frac{13}{7}, -\frac{3}{7}\right)$，于是所求直线的方向向量为

$$\boldsymbol{s}=\left(\frac{2}{7}-2,\frac{13}{7}-1,-\frac{3}{7}-3\right)=-\frac{6}{7}(2,-1,4),$$

故所求直线的方程为

$$\frac{x-2}{2}=\frac{y-1}{-1}=\frac{z-3}{4}.$$

方法二 设所求直线的参数方程为 $x=mt+2$, $y=nt+1$, $z=pt+3$，由于所求直线与已知直线垂直，从而有

$$(m,n,p)\perp(3,2,-1),$$

所以

$$3m+2n-p=0.$$

又由于所求直线与已知直线相交，故由两直线的参数方程有

$$x=3t-1=mt+2,\ y=2t+1=nt+1,\ z=-t=pt+3.$$

所以 $(m-3)t=-3$, $(n-2)t=0$, $(p+1)t=-3$. 显然 $t\neq0$，从而解得

$$m=-4,n=2,p=-8,t=\frac{3}{7}.$$

故有所求直线的参数方程为 $x=-4t+2$, $y=2t+1$, $z=-8t+3$，或者所求直线的方程为$\frac{x-2}{2}=\frac{y-1}{-1}=\frac{z-3}{4}$.

例 7 一直线通过点 $A(1, 2, 1)$ 且垂直于直线 L_1：$\frac{x-1}{3}=\frac{y}{2}=\frac{z+1}{1}$，又和直线 L_2：$\frac{x}{2}=\frac{y}{1}=\frac{z}{-1}$相交，求该直线方程.

解 设所求直线的方向向量为 $\vec{s}$，由题设知 $\vec{s}$ 既垂直于直线 L_1，又垂直于过点 A 和直线 L_2 所作的平面 Π 的法线向量 $\vec{n}$. 已知直线 L_1 的方向向量为 $\vec{s}_1=(3, 2, 1)$，直线 L_2 的方向向量为 $\vec{s}_2=(2, 1, -1)$，取直线 L_2 上一点 $M(0, 0, 0)$，$\overrightarrow{MA}=(1, 2, 1)$，所以过点 A 和

直线 L_2 的平面 Π 上法线向量为

$$\vec{n}=\begin{vmatrix}\vec{i} & \vec{j} & \vec{k}\\ 2 & 1 & -1\\ 1 & 2 & 1\end{vmatrix}=3(\vec{i}-\vec{j}+\vec{k}),$$

则所求直线方向向量为

$$\vec{s}=\vec{s}_1\times\vec{n}=\begin{vmatrix}\vec{i} & \vec{j} & \vec{k}\\ 3 & 2 & 1\\ 1 & -1 & 1\end{vmatrix}=3\vec{i}-2\vec{j}-5\vec{k},$$

因此所求直线方程为 $\frac{x-1}{3}=\frac{y-2}{-2}=\frac{z-1}{-5}$.

例 8　设一平面垂直于平面 $z=0$ 并通过从点（1，−1，1）到直线 $\begin{cases}y-z+1=0\\ x=0\end{cases}$ 的垂线，并求此平面的方程.

解　先求直线的方向向量 $\vec{s}=\begin{vmatrix}\vec{i} & \vec{j} & \vec{k}\\ 0 & 1 & -1\\ 1 & 0 & 0\end{vmatrix}=-\vec{j}-\vec{k}$，即 $\vec{s}=(0,-1,-1)$，

则过点（1，−1，1）且与直线 $\begin{cases}y-z+1=0\\ x=0\end{cases}$ 垂直的平面方程为

$$-(y+1)-(z-1)=0\quad 即\ y+z=0.$$

则直线 $\begin{cases}y-z+1=0\\ x=0\end{cases}$ 与平面 $y+z=0$ 的交点为 $\left(0,-\frac{1}{2},\frac{1}{2}\right)$.

设所求平面为 Π：$Ax+By+Cz+D=0$，则平面 Π 过点（1，−1，1）和交点 $\left(0,-\frac{1}{2},\frac{1}{2}\right)$，

则有 $\begin{cases}C=0\\ A-B+C+D=0\\ -\frac{1}{2}B+\frac{1}{2}C+D=0\end{cases}$，可得 $\begin{cases}A=D\\ B=2D\\ C=0\end{cases}$，

故所求平面方程为 $x+2y+1=0$.

有时利用平面束的方程解题比较方便，现在我们来介绍它的方程.

设直线 L 的一般方程为

$$\begin{cases}A_1x+B_1y+C_1z+D_1=0\\ A_2x+B_2y+C_2z+D_2=0\end{cases},\tag{4.8}$$

其中系数 A_1，B_1，C_1 与 A_2，B_2，C_2 不成比例. 考虑三元一次方程

$$A_1x+B_1y+C_1z+D_1+\lambda(A_2x+B_2y+C_2z+D_2)=0,$$

即

$$(A_1+\lambda A_2)x+(B_1+\lambda B_2)y+(C_1+\lambda C_2)z+D_1+\lambda D_2=0,$$

其中 λ 为任意常数. 因为系数 A_1，B_1，C_1 与 A_2，B_2，C_2 不成比例，所以对于任何一个 λ 值，上述方程的系数不全为零，从而它表示一个平面. 对于不同的 λ 值，所对应的平面也不同，而且这些平面都通过直线 L，也就是说，这个方程表示通过直线 L 的一族平面. 另外，任何通过直线 L 的平面（$A_2x+B_2y+C_2z+D_2=0$ 除外）也一定包含在上述通过 L 的平面族中.

通过定直线的所有平面的全体称为**平面束**.

方程 $A_1x+B_1y+C_1z+D_1+\lambda(A_2x+B_2y+C_2z+D_2)=0$ 就是通过直线 L 的平面束方程.

例 9 求直线 $\begin{cases}x+y-z-1=0\\x-y+z+1=0\end{cases}$ 在平面 $x+y+z=0$ 上的投影直线方程.

解 设经过直线 $L\begin{cases}x+y-z-1=0\\x-y+z+1=0\end{cases}$ 的平面束方程为

$$(x+y-z-1)+\lambda(x-y+z+1)=0,$$

即

$$(1+\lambda)x+(1-\lambda)y+(-1+\lambda)z+(-1+\lambda)=0,$$

由于此平面与已知平面垂直，所以

$$(1+\lambda)+(1-\lambda)+(-1+\lambda)=0,$$

即有

$$\lambda=-1.$$

代入平面束方程得投影平面的方程为

$$y-z-1=0,$$

从而得投影直线 l 的方程

$$\begin{cases}y-z-1=0\\x+y+z=0\end{cases}.$$

习题 8-4

1. 求过点 (4，−1，3) 且平行于直线 $\frac{x-3}{2}=\frac{y}{1}=\frac{z-1}{5}$ 的直线方程.
2. 求过两点 $M_1(3,-2,1)$ 和 $M_2(-1,0,2)$ 的直线方程.
3. 用对称式方程及参数方程表示直线

$$\begin{cases}x-y+z=1\\2x+y+z=4\end{cases}.$$

4. 求过点 $M(1, 2, -1)$，且与直线 $L\begin{cases}x=-t+2\\y=3t-4\\z=t-1\end{cases}$ 垂直的平面方程.

5. 求直线 $\begin{cases}5x-3y+3z-9=0\\3x-2y+z-1=0\end{cases}$ 与直线 $\begin{cases}2x+2y-z+23=0\\3x+8y+z-18=0\end{cases}$ 的夹角的余弦.

6. 证明直线 $\begin{cases}x+2y-z=7\\-2x+y+z=7\end{cases}$ 与直线 $\begin{cases}3x+6y-3z=8\\2x-y-z=0\end{cases}$ 平行.

7. 求过点（0，2，4）且与两平面 $x+2z=1$ 和 $y-3z=2$ 平行的直线方程.

8. 求过点（3，1，−2）且通过直线 $\frac{x-4}{5}=\frac{y+3}{2}=\frac{z}{1}$ 的平面方程.

9. 求直线 $\begin{cases}x+y+3z=0\\x-y-z=0\end{cases}$ 与平面 $x-y-z+1=0$ 的夹角.

10. 试确定下列各组中的直线和平面间的关系：

(1) $\frac{x+3}{-2}=\frac{y+4}{-7}=\frac{z}{3}$ 和 $4x-2y-2z=3$；

(2) $\frac{x}{3}=\frac{y}{-2}=\frac{z}{7}$ 和 $3x-2y+7z=8$；

(3) $\frac{x-2}{3}=\frac{y+2}{1}=\frac{z-3}{-4}$ 和 $x+y+z=3$.

11. 求与直线 $\begin{cases}x=1\\y=-1+t\\z=2+t\end{cases}$ 及 $\frac{x+1}{1}=\frac{y+2}{2}=\frac{z+1}{1}$ 都平行且过原点的平面方程.

12. 已知两条直线方程 L_1：$\frac{x-1}{1}=\frac{y-2}{0}=\frac{z-3}{-1}$，$L_2$：$\frac{x+2}{2}=\frac{y-1}{1}=\frac{z}{1}$，求过 L_1 且平行于 L_2 的平面方程.

13. 求点（−1，2，0）在平面 $x+2y-z+1=0$ 上的投影.

14. 求点 $P(3, -1, 2)$ 到直线 $\begin{cases}x+y-z+1=0\\2x-y+z-4=0\end{cases}$ 的距离.

15. 设 M_0 是直线 L 外一点，M 是直线 L 上任意一点，且直线的方向向量为 $\boldsymbol{s}$，试证：点 M_0 到直线 L 的距离

$$d=\frac{|\overrightarrow{M_0M}\times\boldsymbol{s}|}{|\boldsymbol{s}|}.$$

16. 已知点 $A(1, 0, 0)$ 及点 $B(0, 2, 1)$，试在 z 轴上求点 C 使 $\triangle ABC$ 的面积最小.

17. 求直线 $\begin{cases}2x-4y+z=0\\3x-y-2z-9=0\end{cases}$ 在平面 $4x-y+z=1$ 上的投影直线的方程.

18. 求与已知直线 L_1：$\frac{x+3}{2}=\frac{y-5}{3}=\frac{z-1}{1}$ 及 L_2：$\frac{x-10}{5}=\frac{y+7}{4}=\frac{z}{1}$ 相交且和直线 L_3：$\frac{x+2}{8}=\frac{y-1}{7}=\frac{z-3}{1}$ 平行的直线 L.

19. 求过直线$\begin{cases}3x-2y+2=0\\x-2y-z+6=0\end{cases}$且与点 (1, 2, 1) 的距离为 1 的平面方程.

20. 求两直线 L_1：$\dfrac{x-1}{0}=\dfrac{y}{1}=\dfrac{z}{1}$和 L_2：$\dfrac{x}{2}=\dfrac{y}{-1}=\dfrac{z+2}{0}$的公垂线 L 的方程.

§8.5　曲面及其方程

一、曲面方程的概念

回忆曲面方程的定义：如果曲面 S 与三元方程

$$F(x, y, z)=0 \tag{5.1}$$

满足：

(1) 曲面 S 上任一点的坐标都满足方程 (5.1)；

(2) 不在曲面 S 上的点的坐标都不满足方程 (5.1)，

那么，方程 (5.1) 叫作曲面 S 的方程，而曲面 S 叫作方程 (5.1) 的图形(见图 8－32).

例 1　建立球心在点 $M_0(x_0, y_0, z_0)$，半径为 R 的球面方程 (见图 8－33).

解　设点 $M(x, y, z)$ 是球面上的任意一点，则 $|\overrightarrow{M_0M}|=R$.

于是

$$(x-x_0)^2+(y-y_0)^2+(z-z_0)^2=R^2.$$

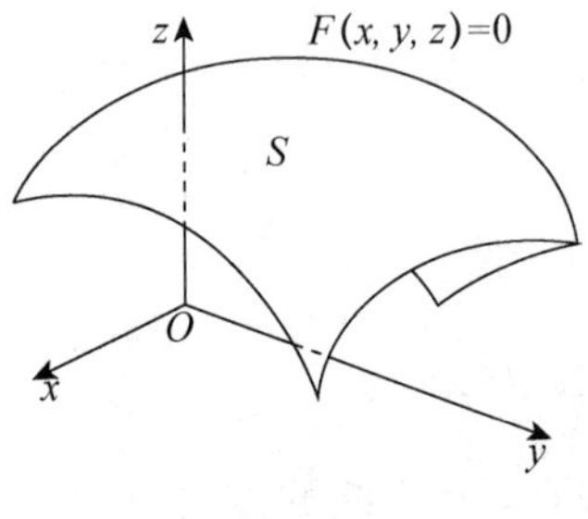

图 8－32

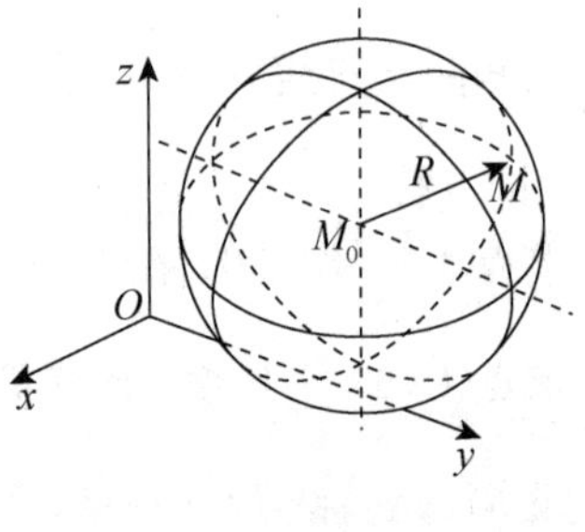

图 8－33

例 2　设有点 $A(1, 2, 3)$ 和 $B(2, -1, 4)$，求线段 AB 的垂直平分面的方程.

解　设点 $M(x, y, z)$在平分面上，则$|AM|=|BM|$，因此

$$(x-1)^2+(y-2)^2+(z-3)^2=(x-2)^2+(y+1)^2+(z-4)^2.$$

于是

$$2x-6y+2z-7=0.$$

例 3　方程 $x^2+y^2+z^2-2x+4y=0$ 表示怎样的曲面?

解　将方程配方，得

$$(x-1)^2+(y+2)^2+z^2=5.$$

方程表示球心在 (1，−2，0)，半径为$\sqrt{5}$的球面.

由此，空间解析几何中关于曲面的讨论，有下列两个基本问题：

(1) 已知一曲面作为点的几何轨迹时，建立该曲面的方程；

(2) 已知坐标 x，y 和 z 间的一个方程时，研究该方程所表示的曲面的形状.

例 1、例 2 为问题 (1)，例 3 为问题 (2).

二、旋转曲面

一条平面曲线绕其平面上的一条直线旋转一周所成的曲面叫作**旋转曲面**（见图 8－34），这条定直线叫作旋转曲面的**轴**.

设在 yOz 面上有一已知曲线 C，它的方程为 $f(y, z)=0$，将其绕 z 轴旋转一周，得到一曲面，其方程求法如下：

设 $M_1(0, y_1, z_1)$ 为曲线 C 上的任一点，则有

$$f(y_1, z_1)=0 \tag{5.2}$$

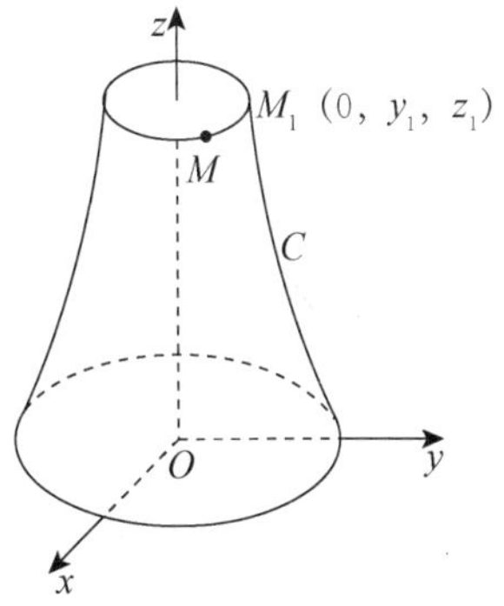

图 8－34

当曲线 C 绕 z 轴旋转时，点 M_1 也绕 z 轴旋转到另一点 $M(x, y, z)$，此时 $z=z_1$ 保持不变，且点 M 到旋转轴的距离 $d=\sqrt{x^2+y^2}=|y_1|$，将 $z=z_1$，$y_1=\pm\sqrt{x^2+y^2}$ 代入式 (5.2) 中，有

$$f(\pm\sqrt{x^2+y^2}, z)=0$$

这就是所求曲面的方程.

同理，曲线 C 绕 y 轴旋转的旋转曲面方程为 $f(y, \pm\sqrt{x^2+z^2})=0$.

类似地有：

曲线 C：$f(x, y)=0$，

绕 x 轴旋转的旋转曲面方程为 $f(x, \pm\sqrt{y^2+z^2})=0$；

绕 y 轴旋转的旋转曲面方程为 $f(\pm\sqrt{x^2+z^2}, y)=0$.

曲线 C：$f(x, z)=0$，

绕 x 轴旋转的旋转曲面方程为 $f(x, \pm\sqrt{y^2+z^2})=0$；

绕 z 轴旋转的旋转曲面方程为 $f(\pm\sqrt{x^2+y^2}, z)=0$.

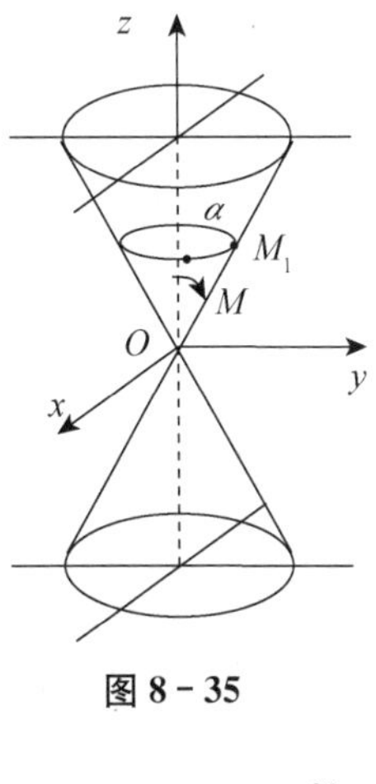

图 8－35

例 4　直线 L 绕另一条与 L 相交的直线旋转一周，所得旋转曲面叫作**圆锥面**（见图 8－35）. 两直线的交点叫作圆锥面的顶点，两直线的夹角 ($0<\alpha<\pi/2$) 叫作圆锥面的半顶角. 试建立顶点在坐标原点 O，旋转轴为 z 轴，半顶角为 α 的圆锥面的方程.

解　在 yOz 平面上，直线 L 的方程为 $z=y\cot\alpha$. 因此旋转曲面的方程为 $z=\pm\sqrt{x^2+y^2}\cot\alpha$ 或者 $z^2=a^2(x^2+y^2)$. 其中，$a=\cot\alpha$.

例 5 将 xOz 坐标面上的双曲线$\frac{x^2}{a^2}-\frac{z^2}{c^2}=1$ 分别绕 x 轴和 z 轴旋转一周，求所生成的旋转曲面的方程.

解 绕 z 轴旋转生成旋转单叶双曲面（见图 8－36）：$\frac{x^2+y^2}{a^2}-\frac{z^2}{c^2}=1$，

绕 x 轴旋转生成旋转双叶双曲面（见图 8－37）：$\frac{x^2}{a^2}-\frac{y^2+z^2}{c^2}=1$.

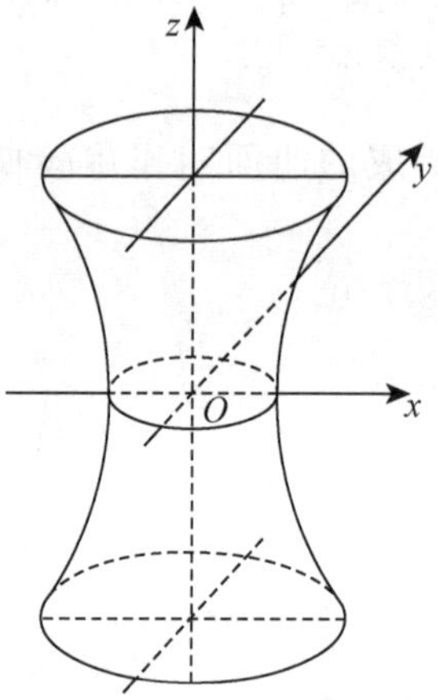

图 8－36

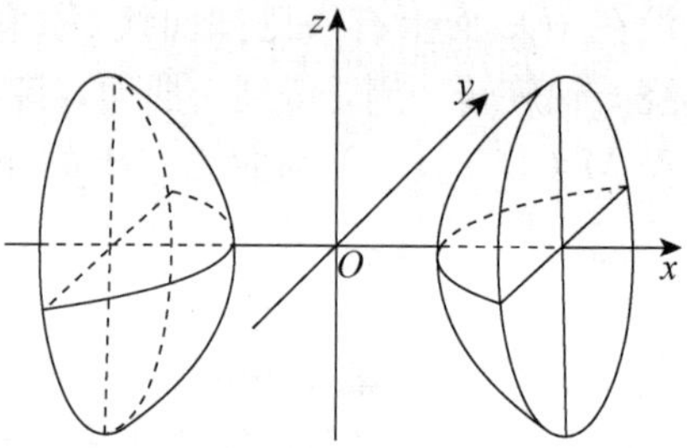

图 8－37

三、柱面

平行于定直线并沿定曲线 C 移动的直线 L 形成的轨迹叫作**柱面**. 定曲线 C 叫作柱面的**准线**，动直线 L 叫作柱面的**母线**.

例 6 方程 $x^2+y^2=R^2$ 表示的曲面叫作**圆柱面**.

解 方程 $x^2+y^2=R^2$ 在 xOy 面上表示圆心在原点 O、半径为 R 的圆. 在空间直角坐标系中，该方程不含竖坐标 z，即不管空间点的竖坐标 z 怎样，只要它的横坐标 x 和纵坐标 y 能满足这方程，那么这些点就在该曲面上. 这就是说，凡是通过 xOy 面内圆 $x^2+y^2=R^2$ 上一点 $M(x, y, 0)$，且平行于 z 轴的直线 L 都在该曲面上，因此，该曲面可以看成由平行于 z 轴的直线 L 沿 xOy 面上的圆 $x^2+y^2=R^2$ 移动而形成的. 该曲面叫作圆柱面(见图 8－38).

准线是 xOy 平面上的圆 $x^2+y^2=R^2$，母线是平行于 z 轴的直线.

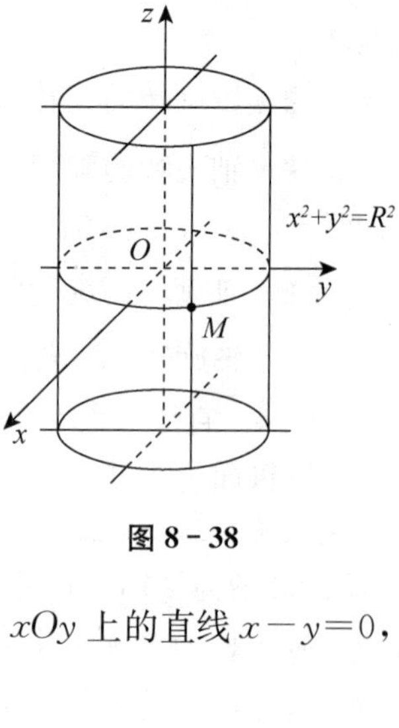

图 8－38

例 7 方程 $y^2=2x$ 表示的曲面叫作**抛物柱面**(见图 8－39).

解 准线是 xOy 平面上的抛物线 $y^2=2x$，母线是平行于 z 轴的直线.

又如，方程 $x-y=0$ 表示母线平行于 z 轴的柱面，其准线是 xOy 上的直线 $x-y=0$，所以它是通过 z 轴的平面（见图 8－40）.

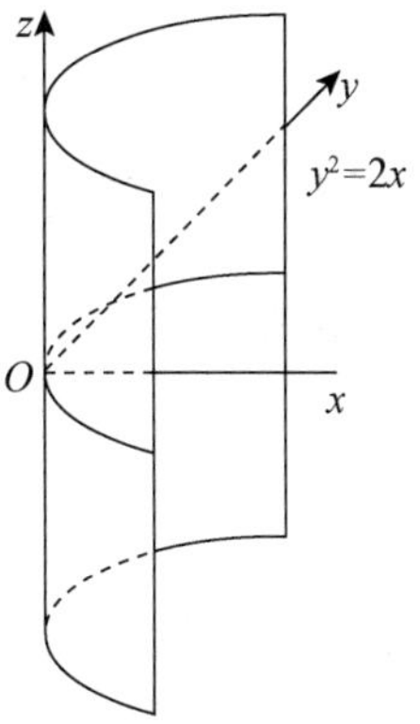

图 8-39

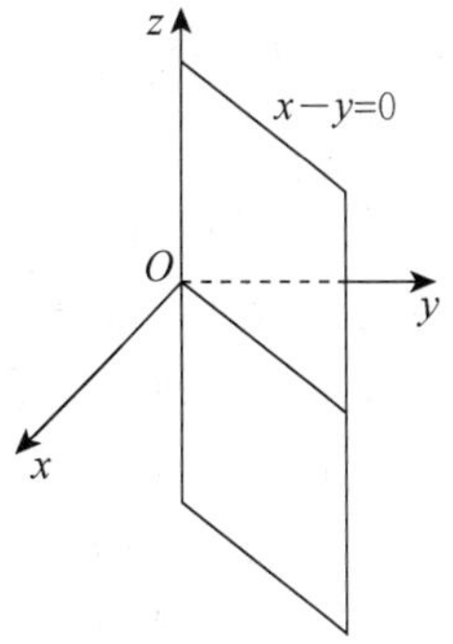

图 8-40

一般，在空间直角坐标系下，$F(x, y)=0$ 在空间直角坐标系中表示母线平行于 z 轴的柱面，其准线是 xOy 面上的曲线 C：$F(x, y)=0$（见图 8-41）.

类似可知，$G(x, z)=0$ 表示母线平行于 y 轴的柱面，其准线是 xOz 面上的曲线 C：$G(x, z)=0$. $H(y, z)=0$ 表示母线平行于 x 轴的柱面，其准线是 yOz 面上的曲线 C：$H(y, z)=0$.

方程 $x-z=0$ 表示母线平行于 y 轴的柱面，其准线为 xOz 平面上的直线 $x-z=0$（见图 8-42）.

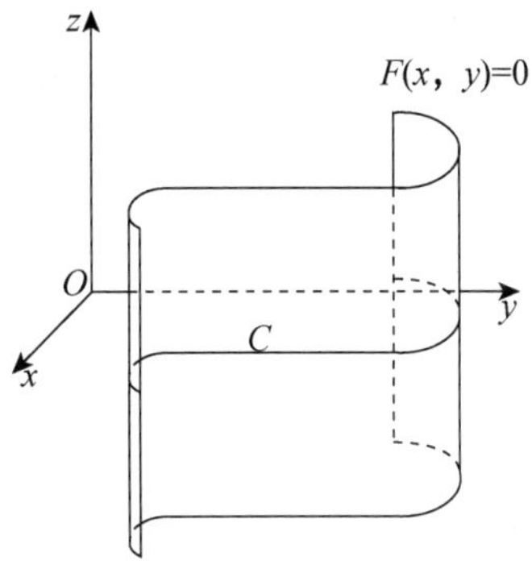

图 8-41

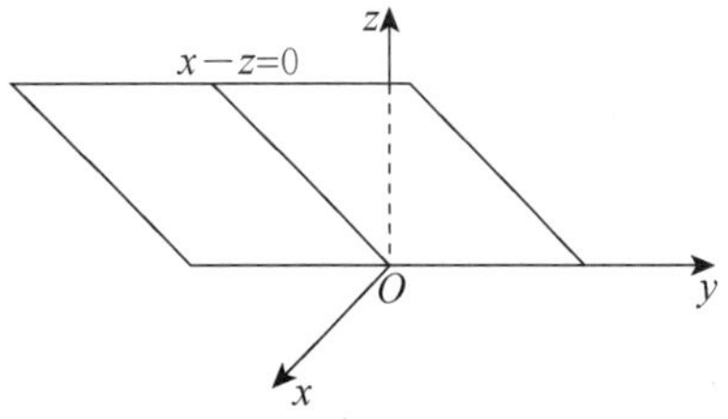

图 8-42

四、二次曲面

二次曲面：三元二次方程 $F(x, y, z)=0$ 所表示的曲面叫作**二次曲面**.

二次曲面共九种. 我们利用**截痕法**以了解二次曲面的形状.

1. 椭圆锥面

$$\frac{x^2}{a^2}+\frac{y^2}{b^2}=z^2.$$

以平面 $z=t$ 截曲面：

当 $t=0$ 时，得一点 (0, 0, 0).

当 $t\neq 0$ 时，得平面 $z=t$ 上椭圆：$\frac{x^2}{(at)^2}+\frac{y^2}{(bt)^2}=1$.

当 $|t|$ 从大到小变为 0 时，椭圆从大到小收缩为一点，其图形如图 8－43 所示.

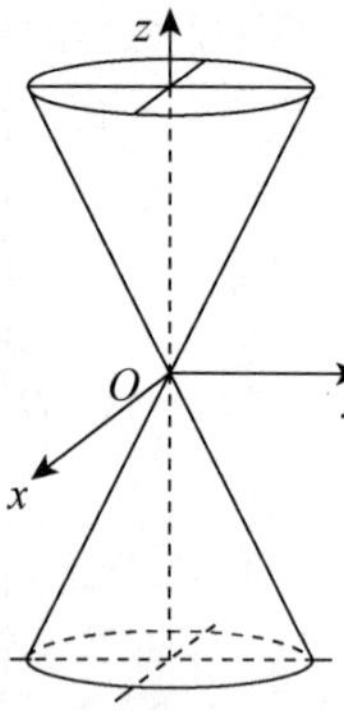

图 8－43

平面 $z=t$ 与曲面 $F(x, y, z)=0$ 的交线称为**截痕**. 通过截痕的变化了解曲面形状的方法称为**截痕法**.

下面用**伸缩变形法**讨论曲面的形状.

平面 xOy 上的图形的伸缩变形：

将平面上的点 $M(x, y)$ 变为点 $M'(x, \lambda y)$，此时点 $M(x, y)$ 的轨迹 C 变为点 $M'(x, \lambda y)$ 的轨迹 C'，称将图形 C 沿 y 轴方向伸长 λ 倍或缩小为原来的 $\frac{1}{\lambda}$ 变成图形 C'.

下面讨论 C 与 C' 的方程关系：C 的方程为 $F(x, y)=0$，点 $M(x_1, y_1)\in C$，将 $M(x_1, y_1)$ 变为 $M'(x_2, y_2)$，此时 $x_2=x_1$，$y_2=\lambda y_1$，即 $x_1=x_2, y_1=\frac{y_2}{\lambda}$. 由 $M(x_1, y_1)\in C$，故 $F(x_1, y_1)=0$，即有 $F\left(x_2, \frac{y_2}{\lambda}\right)=0$，因此 $M'(x_2, y_2)$ 的轨迹 C' 的方程为 $F\left(x, \frac{y}{\lambda}\right)=0$. 例如将圆 $x^2+y^2=a^2$ 沿 y 轴方向伸长 $\frac{b}{a}$ 倍或缩小为原来的 $\frac{a}{b}$，则圆的方程变为 $\frac{x^2}{a^2}+\frac{y^2}{b^2}=1$（见图 8－44），即图形由圆变为椭圆.

将圆锥面 $\frac{x^2+y^2}{a^2}=z^2$ 沿 y 轴方向伸长 $\frac{b}{a}$ 倍或缩小为原来的 $\frac{a}{b}$，则圆锥面变为椭圆锥面：$\frac{x^2}{a^2}+\frac{y^2}{b^2}=z^2$（见图 8－43）.

2. 椭球面

$$\frac{x^2}{a^2}+\frac{y^2}{b^2}+\frac{z^2}{c^2}=1.$$

将 xOz 平面上的椭圆 $\frac{x^2}{a^2}+\frac{z^2}{c^2}=1$ 绕 z 轴旋转得**旋转椭球面** $\frac{x^2+y^2}{a^2}+\frac{z^2}{c^2}=1$，再将旋转椭球面沿 y 轴方向伸长 $\frac{b}{a}$ 倍或缩小为原来的 $\frac{a}{b}$，得**椭球面** $\frac{x^2}{a^2}+\frac{y^2}{b^2}+\frac{z^2}{c^2}=1$（见图 8－45）.

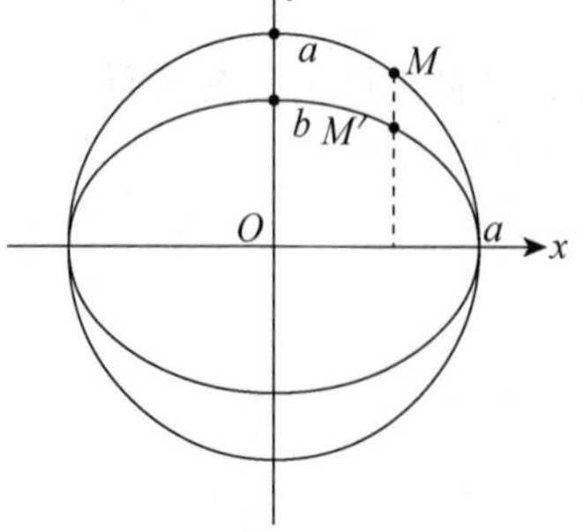

图 8－44

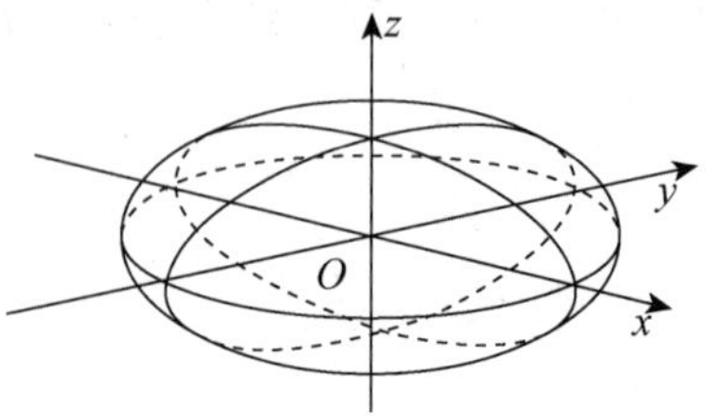

图 8－45

当 $a=b=c$ 时，椭球面为**球面** $x^2+y^2+z^2=a^2$.

3. 单叶双曲面

$$\frac{x^2}{a^2}+\frac{y^2}{b^2}-\frac{z^2}{c^2}=1.$$

将 xOz 平面上的双曲线$\frac{x^2}{a^2}-\frac{z^2}{c^2}=1$ 绕 z 轴旋转得**旋转单叶双曲面**$\frac{x^2+y^2}{a^2}-\frac{z^2}{c^2}=1$，再将旋转单叶双曲面沿 y 轴方向伸长$\frac{b}{a}$倍或缩小为原来的$\frac{a}{b}$，得**单叶双曲面**$\frac{x^2}{a^2}+\frac{y^2}{b^2}-\frac{z^2}{c^2}=1$（见图 8-36）.

4. 双叶双曲面

$$\frac{x^2}{a^2}-\frac{y^2}{b^2}-\frac{z^2}{c^2}=1.$$

将 xOz 平面上的双曲线$\frac{x^2}{a^2}-\frac{z^2}{c^2}=1$ 绕 x 轴旋转得**旋转双叶双曲面**$\frac{x^2}{a^2}-\frac{y^2+z^2}{c^2}=1$，再将旋转双叶双曲面沿 y 轴方向伸长$\frac{b}{c}$倍或缩小为原来的$\frac{c}{b}$，得**双叶双曲面**$\frac{x^2}{a^2}-\frac{y^2}{b^2}-\frac{z^2}{c^2}=1$（见图 8-37）.

5. 椭圆抛物面

$$\frac{x^2}{a^2}+\frac{y^2}{b^2}=z.$$

将 xOz 平面上的抛物线$\frac{x^2}{a^2}=z$ 绕 z 轴旋转得**旋转抛物面**$\frac{x^2+y^2}{a^2}=z$，再将旋转抛物面沿 y 轴方向伸长$\frac{b}{a}$倍或缩小为原来的$\frac{a}{b}$，得**椭圆抛物面**$\frac{x^2}{a^2}+\frac{y^2}{b^2}=z$（见图 8-46）.

6. 双曲抛物面（马鞍面）

$$-\frac{x^2}{a^2}+\frac{y^2}{b^2}=z.$$

用截痕法分析：

用平面 $x=t$ 截曲面，截痕 l 为平面 $x=t$ 上的抛物线$\frac{y^2}{b^2}=z+\frac{t^2}{a^2}$，此抛物线开口朝上，顶点坐标为 $x=t$，$y=0$ $z=-\frac{t^2}{a^2}$.

用平面 $y=t$ 截曲面，截痕 l 为平面 $y=t$ 上的抛物线$-\frac{x^2}{a^2}=z-\frac{t^2}{b^2}$，此抛物线开口朝下，顶点坐标为 $x=0$，$y=t$，$z=\frac{t^2}{b^2}$.

用平面 $z=t$ 截曲面，截痕 l 为平面 $z=t$ 上的双曲线$-\frac{x^2}{a^2}+\frac{y^2}{b^2}=t$（见图 8-47）.

还有三种二次曲面是以三种二次曲线为准线的柱面.

椭圆柱面 $\frac{x^2}{a^2}+\frac{y^2}{b^2}=1$，**双曲柱面** $\frac{x^2}{a^2}-\frac{y^2}{b^2}=1$，**抛物柱面** $x^2=ay$.

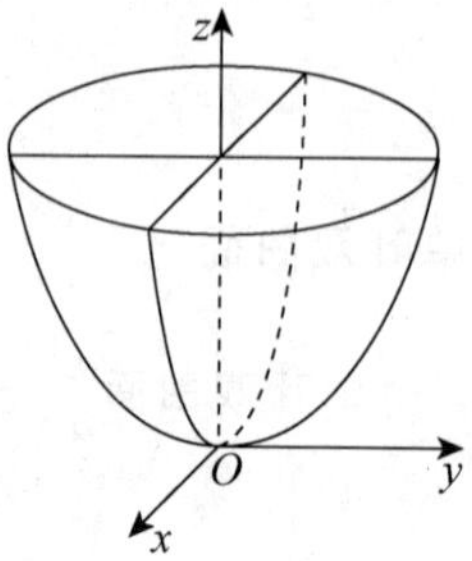

图 8-46

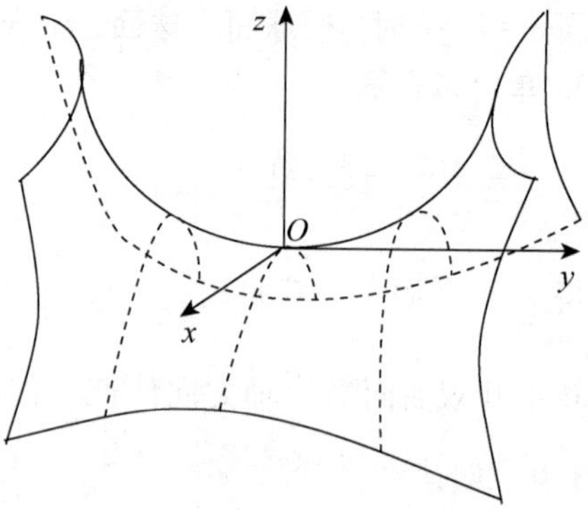

图 8-47

习题 8-5

1. 一球面过原点及 $A(4, 0, 0)$，$B(1, 3, 0)$和 $C(0, 0, -4)$ 三点，求球面的方程及球心的坐标和半径.

2. 建立以点 $(1, 3, -2)$ 为球心，且通过坐标原点的球面方程.

3. 方程 $x^2+y^2+z^2-2x+4y+2z=0$ 表示什么曲面?

4. 求与坐标原点 O 及点 $(2, 3, 4)$ 的距离之比为 $1:2$ 的点的全体所组成的曲面的方程. 它表示怎样的曲面?

5. 将 xOz 坐标面上的抛物线 $z^2=5x$ 绕 x 轴旋转一周，求所生成的旋转曲面的方程.

6. 将 xOz 坐标面上的圆 $x^2+z^2=9$ 绕 z 轴旋转一周，求所生成的旋转曲面的方程.

7. 将 xOy 坐标面上的双曲线 $4x^2-9y^2=36$ 分别绕 x 轴及 y 轴旋转一周，求所生成的旋转曲面的方程.

8. 画出下列各方程所表示的曲面：

(1) $\left(x-\frac{a}{2}\right)^2+y^2=\left(\frac{a}{2}\right)^2$； (2) $-\frac{x^2}{4}+\frac{y^2}{9}=1$；

(3) $\frac{x^2}{9}+\frac{z^2}{4}=1$； (4) $y^2-z=0$；

(5) $z=2-x^2$.

9. 指出下列方程在平面解析几何和空间解析几何中分别表示什么图形：

(1) $x=2$； (2) $y=x+1$；

(3) $x^2+y^2=4$； (4) $x^2-y^2=1$.

10. 说明下列旋转曲面是怎样形成的：

(1) $\frac{x^2}{4}+\frac{y^2}{9}+\frac{z^2}{9}=1$； (2) $x^2-\frac{y^2}{4}+z^2=1$；

(3) $x^2-y^2-z^2=1$； (4) $(z-a)^2=x^2+y^2$.

11. 画出下列方程所表示的曲面：

(1) $4x^2+y^2-z^2=4$； (2) $x^2-y^2-4z^2=4$；

(3) $\frac{z}{3}=\frac{x^2}{4}+\frac{y^2}{9}$.

12. 画出下列各曲面所围立体的图形：

(1) $z=0$，$z=3$，$x-y=0$，$x-\sqrt{3}y=0$，$x^2+y^2=1$（在第一卦限内）；

(2) $x=0$，$y=0$，$z=0$，$x^2+y^2=R^2$，$y^2+z^2=R^2$（在第一卦限内）.

§8.6　空间曲线及其方程

一、空间曲线的一般方程

空间曲线可以看作两个曲面的交线. 设

$$F(x, y, z)=0 \text{ 和 } G(x, y, z)=0$$

是两个曲面方程，它们的交线为 C. 因为曲线 C 上的任何点的坐标应同时满足这两个方程，所以应满足方程组

$$\begin{cases}F(x, y, z)=0\\G(x, y, z)=0\end{cases}. \tag{6.1}$$

反过来，如果点 M 不在曲线 C 上，那么它不可能同时在两个曲面上，所以它的坐标不满足方程组.

因此，曲线 C 可以用上述方程组来表示. 上述方程组叫作**空间曲线 C 的一般方程**.

例 1　方程组 $\begin{cases}x^2+y^2=1\\2x+3z=6\end{cases}$ 表示怎样的曲线？

解　方程组中第一个方程表示母线平行于 z 轴的圆柱面，其准线是 xOy 面上的圆，圆心在原点 O，半径为 1. 方程组中第二个方程表示一个母线平行于 y 轴的柱面，由于它的准线是 zOx 面上的直线，因此它是一个平面. 方程组就表示上述平面与圆柱面的交线，如图 8－48 所示.

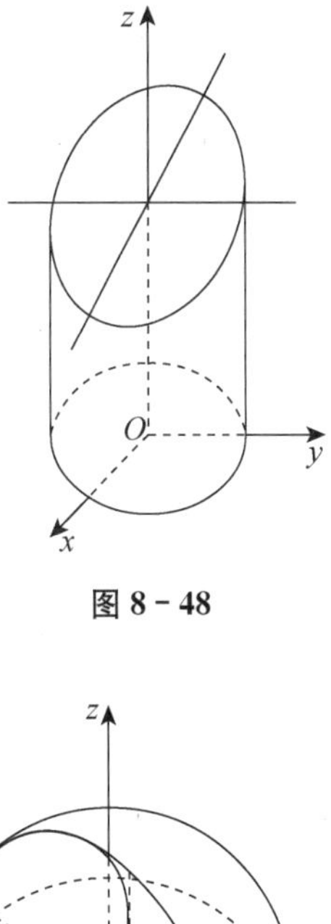

图 8－48

例 2　讨论方程组 $\begin{cases}z=\sqrt{a^2-x^2-y^2}\\\left(x-\dfrac{a}{2}\right)^2+y^2=\left(\dfrac{a}{2}\right)^2\end{cases}$ 表示的曲线.

解　方程组中第一个方程表示球心在坐标原点 O，半径为 a 的上半球面. 第二个方程表示母线平行于 z 轴的圆柱面，它的准线是 xOy 面上的圆，该圆的圆心在点 $\left(\dfrac{a}{2}, 0\right)$，半径为 $\dfrac{a}{2}$. 方程组表示上述半球面与圆柱面的交线，如图 8－49 所示.

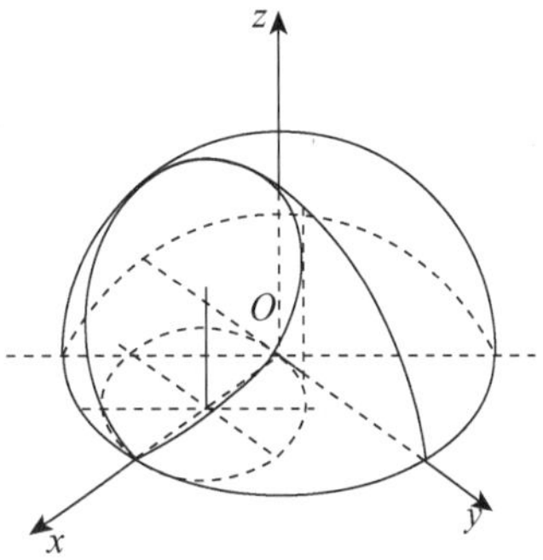

图 8－49

二、空间曲线的参数方程

空间曲线 C 的方程除了一般方程之外，也可以用参数形

式表示，只要将 C 上动点的坐标 x，y，z 表示为参数 t 的函数：

$$\begin{cases}x=x(t)\\y=y(t).\\z=z(t)\end{cases} \tag{6.2}$$

当给定 $t=t_1$ 时，就得到 C 上的一个点 (x_1, y_1, z_1)，随着 t 的变化便得曲线 C 上的全部点. 方程组 (6.2) 叫作**空间曲线的参数方程**.

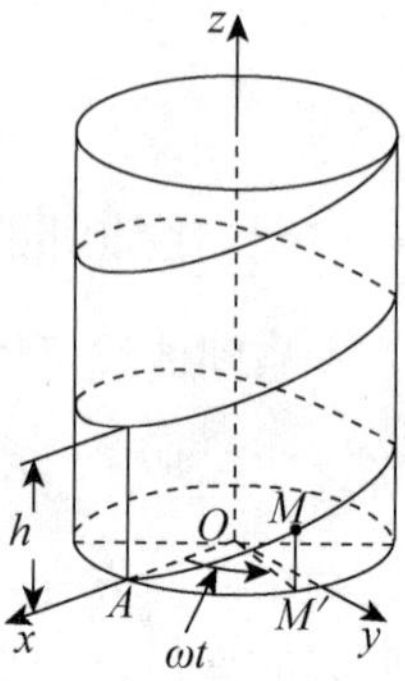

图 8-50

例 3 如果空间一点 M 在圆柱面 $x^2+y^2=a^2$ 上以角速度 ω 绕 z 轴旋转，同时又以线速度 v 沿平行于 z 轴的正方向上升（其中 ω，v 都是常数)，那么点 M 构成的图形叫作螺旋线. 试建立其参数方程.

解 取时间 t 为参数. 设当 $t=0$ 时，动点位于 x 轴上的一点 $A(a, 0, 0)$处. 经过时间 t，动点由 A 运动到$M(x, y, z)$（见图 8-50). 记 M 在 xOy 面上的投影为 M'，M'的坐标为$(x, y, 0)$. 由于动点在圆柱面上以角速度 ω 绕 z 轴旋转，所以经过时间 t，$\angle AOM'=\omega t$. 从而

$$x=|OM'|\cos\angle AOM'=a\cos\omega t,$$
$$y=|OM'|\sin\angle AOM'=a\sin\omega t,$$

由于动点同时以线速度 v 沿平行于 z 轴的正方向上升，所以

$$z=MM'=vt.$$

因此螺旋线的参数方程为

$$\begin{cases}x=a\cos\omega t\\y=a\sin\omega t.\\z=vt\end{cases}$$

也可以用其他变量作参数. 例如令 $\theta=\omega t$，则螺旋线的参数方程可写为

$$\begin{cases}x=a\cos\theta\\y=a\sin\theta,\\z=b\theta\end{cases}$$

其中 $b=\dfrac{v}{\omega}$，而参数为 θ.

螺旋线的性质：当 θ 从 θ_0 变到 $\theta_0+\alpha$，z 由 $b\theta_0$ 变到 $b\theta_0+b\alpha$，即当 OM'转过角 α 时，M 上升了高度 $b\alpha$. 特别当 OM'转过一周时，M 上升高度 $h=2\pi b$，此高度称为**螺距**.

*三、曲面的参数方程

曲面的参数方程通常是含两个参数的方程，形如

$$\begin{cases}x=x(s, t)\\y=y(s, t).\\z=z(s, t)\end{cases}$$

例如空间曲线 Γ

$$\begin{cases}x=\varphi(t)\\ y=\psi(t)\\ z=\omega(t)\end{cases},\ \alpha\leqslant t\leqslant\beta,$$

绕 z 轴旋转，所得旋转曲面的方程为

$$\begin{cases}x=\sqrt{[\varphi(t)]^2+[\psi(t)]^2}\cos\theta\\ y=\sqrt{[\varphi(t)]^2+[\psi(t)]^2}\sin\theta\\ z=\omega(t)\end{cases},\ \alpha\leqslant t\leqslant\beta,\ 0\leqslant\theta\leqslant 2\pi. \tag{6.3}$$

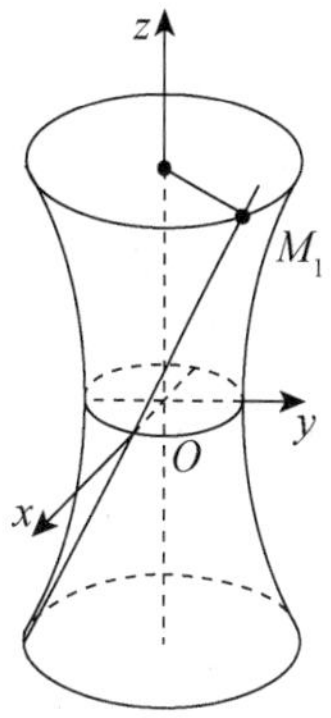

图 8-51

这是因为，固定一个 t，得 Γ 上一点 $M_1(\varphi(t),\psi(t),\omega(t))$，点 M_1 绕 z 轴旋转，得空间的一个圆，该圆在平面 $z=\omega(t)$ 上，其半径为点 M_1 到 z 轴的距离 $\sqrt{[\varphi(t)]^2+[\psi(t)]^2}$，因此，固定 t 的方程（6.3）就是该圆的参数方程. 再令 t 在 $[\alpha,\beta]$ 内变动，方程（6.3）便是旋转曲面的方程.

例如直线

$$\begin{cases}x=1\\ y=t\\ z=2t\end{cases}$$

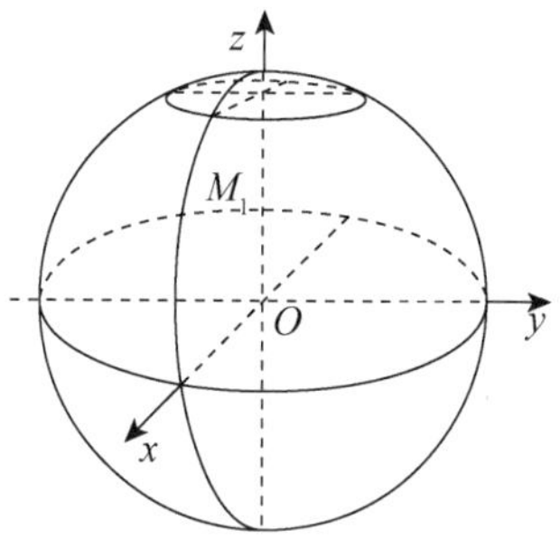

图 8-52

绕 z 轴旋转所得旋转曲面的方程为

$$\begin{cases}x=\sqrt{1+t^2}\cos\theta\\ y=\sqrt{1+t^2}\sin\theta\\ z=2t\end{cases}.$$

$\left(\text{上式消去 } t \text{ 和 } \theta\text{，得曲面的直角坐标方程为 } x^2+y^2=1+\frac{z^2}{4}.\right)$

又如球面 $x^2+y^2+z^2=a^2$ 可看成 zOx 面上的半圆周

$$\begin{cases}x=a\sin\phi\\ y=0\\ z=a\cos\phi\end{cases},\ 0\leqslant\phi\leqslant\pi$$

绕 z 轴旋转所得，故球面方程为

$$\begin{cases}x=a\sin\phi\cos\theta\\ y=a\sin\phi\sin\theta\\ z=a\cos\phi\end{cases},\ 0\leqslant\phi\leqslant\pi,\ 0\leqslant\theta\leqslant 2\pi.$$

四、空间曲线在坐标面上的投影

以曲线 C 为准线、母线平行于 z 轴的柱面叫作曲线 C 关于 xOy 面的投影柱面，投影柱面与 xOy 面的交线叫作空间曲线 C 在 xOy 面上的**投影曲线**，或简称**投影**(类似地可以定义

曲线 C 在其他坐标面上的投影).

设空间曲线 C 的一般方程为

$$\begin{cases}F(x, y, z)=0\\G(x, y, z)=0\end{cases}.$$

设方程组消去变量 z 后所得的方程

$$H(x, y)=0,$$

这就是曲线 C 关于 xOy 面的**投影柱面**.

这是因为：一方面，方程 $H(x, y)=0$ 表示一个母线平行于 z 轴的柱面；另一方面，方程 $H(x, y)=0$ 是由方程组消去变量 z 后所得的方程，因此当 x，y，z 满足方程组时，前两个数 x，y 必定满足方程 $H(x, y)=0$，这就说明曲线 C 上所有的点都在方程 $H(x, y)=0$ 所表示的曲面上，即曲线 C 在方程 $H(x, y)=0$ 表示的柱面上. 所以方程 $H(x, y)=0$ 表示的柱面就是曲线 C 关于 xOy 面的投影柱面.

曲线 C 在 xOy 面上的投影曲线的方程为：

$$\begin{cases}H(x, y)=0\\z=0\end{cases}.$$

讨论： 曲线 C 关于 yOz 面和 zOx 面的投影柱面的方程是什么？曲线 C 在 yOz 面和 zOx 面上的投影曲线的方程是什么？

例 4 已知两球面的方程为 $x^2+y^2+z^2=1$ 和 $x^2+(y-1)^2+(z-1)^2=1$，求它们的交线 C 在 xOy 面上的投影方程.

解 先将方程 $x^2+(y-1)^2+(z-1)^2=1$ 化为 $x^2+y^2+z^2-2y-2z=-1$，然后与方程 $x^2+y^2+z^2=1$ 相减得

$$y+z=1.$$

将 $z=1-y$ 代入 $x^2+y^2+z^2=1$ 得

$$x^2+2y^2-2y=0.$$

这就是交线 C 关于 xOy 面的投影柱面方程. 两球面的交线 C 在 xOy 面上的投影方程为

$$\begin{cases}x^2+2y^2-2y=0\\z=0\end{cases}.$$

例 5 求由上半球面 $z=\sqrt{4-x^2-y^2}$ 和锥面 $z=\sqrt{3(x^2+y^2)}$ 所围成立体在 xOy 面上的投影.

解 由方程 $z=\sqrt{4-x^2-y^2}$ 和 $z=\sqrt{3(x^2+y^2)}$ 消去 z 得到 $x^2+y^2=1$. 这是一个母线平行于 z 轴的圆柱面，容易看出，这恰好是半球面与锥面的交线 C 关于 xOy 面的投影柱面(见图 8－53)，因此交线 C 在 xOy 面上的投影曲线为

$$\begin{cases}x^2+y^2=1\\z=0\end{cases}.$$

这是 xOy 面上的一个圆，于是所求立体在 xOy 面上的投影，就是该圆在 xOy 面上所围的部分：$x^2+y^2\leqslant 1$.

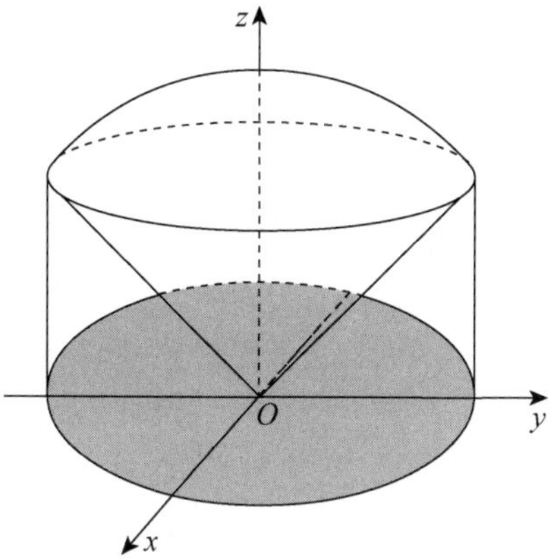

图 8-53

习题 8-6

1. 画出下列曲线在第一卦限内的图形：

(1) $\begin{cases}x=1\\y=2\end{cases}$；　　(2) $\begin{cases}z=\sqrt{4-x^2-y^2}\\x-y=0\end{cases}$；

(3) $\begin{cases}x^2+y^2=a^2\\x^2+z^2=a^2\end{cases}$.

2. 指出下列方程组在平面解析几何中与在空间解析几何中分别表示什么图形：

(1) $\begin{cases}y=5x+1\\y=2x-3\end{cases}$；　　(2) $\begin{cases}\dfrac{x^2}{4}+\dfrac{y^2}{9}=1\\y=3\end{cases}$.

3. 分别求母线平行于 x 轴及 y 轴而且通过曲线 $\begin{cases}2x^2+y^2+z^2=16\\x^2+z^2-y^2=0\end{cases}$ 的柱面方程.

4. 求球面 $x^2+y^2+z^2=9$ 与平面 $x+z=1$ 的交线在 xOy 面上的投影的方程.

5. 将下列曲线的一般方程化为参数方程：

(1) $\begin{cases}x^2+y^2+z^2=9\\y=x\end{cases}$；　　(2) $\begin{cases}(x-1)^2+y^2+(z+1)^2=4\\z=0\end{cases}$.

6. 求螺旋线 $\begin{cases}x=a\cos\theta\\y=a\sin\theta\\z=b\theta\end{cases}$ 在三个坐标面上的投影曲线的直角坐标方程.

7. 求上半球 $0\leqslant z\leqslant\sqrt{a^2-x^2-y^2}$ 与圆柱体 $x^2+y^2\leqslant ax\ (a>0)$ 的公共部分在 xOy 面和 xOz 面上的投影.

8. 求旋转抛物面 $z=x^2+y^2\ (0\leqslant z\leqslant 4)$ 在三个坐标面上的投影.

9. 求曲线 $\begin{cases}z=2-x^2-y^2\\z=(x-1)^2+(y+1)^2\end{cases}$ 在三个坐标面上的投影的曲线方程.

总习题八

1. 下列两题中给出了四个结论，从中选出一个正确的结论：

(1) 设直线 L 的方程为 $\begin{cases}x-y+z=1\\2x+y+z=4\end{cases}$，则 L 的参数方程为（　　）.

(A) $\begin{cases}x=1-2t\\y=1+t\\z=1+3t\end{cases}$；　(B) $\begin{cases}x=1-2t\\y=-1+t\\z=1+3t\end{cases}$；

(C) $\begin{cases}x=1-2t\\y=1-t\\z=1+3t\end{cases}$；　(D) $\begin{cases}x=1-2t\\y=-1-t\\z=1+3t\end{cases}$.

(2) 下列结论中，错误的是（　　）.

(A) $z+2x^2+y^2=0$ 表示椭圆抛物面；　(B) $x^2+2y^2=1+3z^2$ 表示双叶双曲面；

(C) $x^2+y^2-(z-1)^2=0$ 表示圆锥面；　(D) $y^2=5x$ 表示抛物柱面.

(3) 设直线 L 为 $\begin{cases}x+3y+2z+1=0\\2x-y-10z+3=0\end{cases}$，平面 Π 为 $4x-2y+z-2=0$，则（　　）.

(A) L 与 Π 平行；　(B) L 在 Π 上；

(C) L 与 Π 垂直；　(D) L 与 Π 斜交.

(4) 若向量满足 $|\vec{a}-\vec{b}|=|\vec{a}+\vec{b}|$，则必有（　　）.

(A) $\vec{a}=0$ 或 $\vec{b}=0$；　(B) $|\vec{a}|=|\vec{b}|$；

(C) $\vec{a}-\vec{b}=0$；　(D) $\vec{a}\times\vec{b}=0$.

2. 求点 (2, 1, 0) 到平面 $3x+4y+5z=0$ 的距离.

3. 在 y 轴上求与点 $A(1, -3, 7)$ 和点 $B(5, 7, -5)$ 等距离的点.

4. 已知 $\triangle ABC$ 的顶点为 $A(3, 2, -1)$，$B(5, -4, 7)$ 和 $C(-1, 1, 2)$，求从顶点 C 所引中线的长度.

5. 设 $\triangle ABC$ 的三边 $\overrightarrow{BC}=\boldsymbol{a}$，$\overrightarrow{CA}=\boldsymbol{b}$，$\overrightarrow{AB}=\boldsymbol{c}$，三边中点依次为 D，E，F，试用向量 $\boldsymbol{a}$，$\boldsymbol{b}$，$\boldsymbol{c}$ 表示 $\overrightarrow{AD}$，$\overrightarrow{BE}$，$\overrightarrow{CF}$，并证明

$$\overrightarrow{AD}+\overrightarrow{BE}+\overrightarrow{CF}=0.$$

6. 试用向量证明三角形两边中点的连线平行于第三边，且其长度等于第三边长度的一半.

7. 设 $|\boldsymbol{a}+\boldsymbol{b}|=|\boldsymbol{a}-\boldsymbol{b}|$，$\boldsymbol{a}=(3, -5, 8)$，$\boldsymbol{b}=(-1, 1, z)$，求 z.

8. 设 $|\vec{a}|=\sqrt{3}$，$|\vec{b}|=1$，$(\vec{a}\,\hat{,}\,\vec{b})=\dfrac{\pi}{6}$，求向量 $\vec{a}+\vec{b}$ 与 $\vec{a}-\vec{b}$ 的夹角.

9. 设 $\boldsymbol{a}+3\boldsymbol{b}\perp 7\boldsymbol{a}-5\boldsymbol{b}$，$\boldsymbol{a}-4\boldsymbol{b}\perp 7\boldsymbol{a}-2\boldsymbol{b}$，求 $(\boldsymbol{a}\,\hat{,}\,\boldsymbol{b})$.

10. 设 $\boldsymbol{a}=(2, -1, -2)$，$\boldsymbol{b}=(1, 1, z)$，问：$z$ 为何值时 $(\boldsymbol{a}\,\hat{,}\,\boldsymbol{b})$ 最小？求出此最小值.

11. 设 $|\vec{a}|=4$，$|\vec{b}|=3$，$(\vec{a}\,\hat{,}\,\vec{b})=\dfrac{\pi}{6}$，求以 $\vec{a}+2\vec{b}$ 和 $\vec{a}-3\vec{b}$ 为边的平行四边形的面积.

12. 设 $\boldsymbol{a}=(2,\ -3,\ 1)$，$\boldsymbol{b}=(1,\ -2,\ 3)$，$\boldsymbol{c}=(2,\ 1,\ 2)$，向量 $\boldsymbol{r}$ 满足 $\boldsymbol{r}\perp\boldsymbol{a}$，$\boldsymbol{r}\perp\boldsymbol{b}$，$\mathrm{Prj}_{\boldsymbol{c}}\boldsymbol{r}=14$，求 $\boldsymbol{r}$.

13. 设 $\boldsymbol{a}=(-1,\ 3,\ 2)$，$\boldsymbol{b}=(2,\ -3,\ -4)$，$\boldsymbol{c}=(-3,\ 12,\ 6)$，证明三向量 $\boldsymbol{a}$，$\boldsymbol{b}$，$\boldsymbol{c}$ 共面，并用 $\boldsymbol{a}$ 和 $\boldsymbol{b}$ 表示 $\boldsymbol{c}$.

14. 已知动点 $M(x,\ y,\ z)$ 到 xOy 平面的距离与点 M 到点 $(1,\ -1,\ 2)$ 的距离相等，求点 M 的轨迹方程.

15. 指出下列旋转曲面的一条母线和旋转轴：

(1) $z=2(x^2+y^2)$；　　(2) $\frac{x^2}{36}+\frac{y^2}{9}+\frac{z^2}{36}=1$；

(3) $z^2=3(x^2+y^2)$；　　(4) $x^2-\frac{y^2}{4}-\frac{z^2}{4}=1$.

16. 求通过点 $A(3,\ 0,\ 0)$ 和 $B(0,\ 0,\ 1)$ 且与 xOy 面成 $\frac{\pi}{3}$ 角的平面的方程.

17. 设一平面垂直于平面 $z=0$，并通过从点 $(1,\ -1,\ 1)$ 到直线 $\begin{cases}y-z+1=0\\x=0\end{cases}$ 的垂线，求此平面的方程.

18. 求过点 $(-1,\ 0,\ 4)$ 且平行于平面 $3x-4y+z-10=0$，又与直线 $\frac{x+1}{1}=\frac{y-3}{1}=\frac{z}{2}$ 相交的直线的方程.

19. 已知点 $A(1,\ 0,\ 0)$ 及点 $B(0,\ 2,\ 1)$，试在 z 轴上求一点 C，使 $\triangle ABC$ 的面积最小.

20. 一直线 l 平行于平面 $3x+2y-z+6=0$，且与直线 $\frac{x-9}{2}=\frac{y+2}{4}=z$ 垂直，求直线 l 的方向余弦.

21. 求曲线 $\begin{cases}z=2-x^2-y^2\\z=(x-1)^2+(y-1)^2\end{cases}$ 在三个坐标面上的投影曲线的方程.

22. 求锥面 $z=\sqrt{x^2+y^2}$ 与柱面 $z^2=2x$ 所围立体在三个坐标面上的投影.

23. 求：

(1) 直线 L：$\frac{x-1}{1}=\frac{y}{1}=\frac{z-1}{-1}$ 在平面 Π：$x-y+2z-1=0$ 上的投影直线 L_0 的方程.

(2) 直线 L_0 绕 y 轴旋转一周而成的曲面方程.

24. 在平面 Π：$x+y+z+1=0$ 内作直线 L，通过已知直线 L_1：$\begin{cases}y+z+1=0\\x+2z=0\end{cases}$ 与平面 Π 的交点，并且垂直于 L_1，求直线 L 的方程.

25. 画出下列各曲面所围立体的图形：

(1) 抛物柱面 $2y^2=x$，平面 $z=0$ 及 $\frac{x}{4}+\frac{y}{2}+\frac{z}{2}=1$；

(2) 抛物柱面 $x^2=1-z$，平面 $y=0$，$z=0$ 及 $x+y=1$；

(3) 圆锥面 $z=\sqrt{x^2+y^2}$ 及旋转抛物面 $z=2-x^2-y^2$；

(4) 旋转抛物面 $x^2+y^2=z$，柱面 $y^2=x$，平面 $z=0$ 及 $x=1$.

第九章

多元函数微分学

我们前面讨论的函数都是只有一个自变量，这种函数称为一元函数. 但在很多实际问题中，往往要考虑到多个变量之间的关系，反映到数学上，就是要考虑到一个变量与多个变量的依赖关系，由此就提出了多元函数的微积分问题. 本章将在一元函数微分学的基础上，学习多元函数的微分学，讨论中以二元函数为主，因为二元函数相关理论大多有比较直观的解释，易于理解，而且这些理论大多能自然推广到二元以上的多元函数.

§9.1 多元函数的基本概念

一、平面区域的概念

设 $P_0(x_0, y_0)$ 为直角坐标平面上的一点，δ 为一正数，与点 $P_0(x_0, y_0)$ 距离小于 δ 的点 $P(x, y)$ 的全体，称为点 P_0 的 δ 邻域，记为 $U(P_0, \delta)$，即

$$U(P_0, \delta)=\{P \mid |PP_0|<\delta\},$$

也就是

$$U(P_0, \delta)=\{(x, y) \mid \sqrt{(x-x_0)^2+(y-y_0)^2}<\delta\}.$$

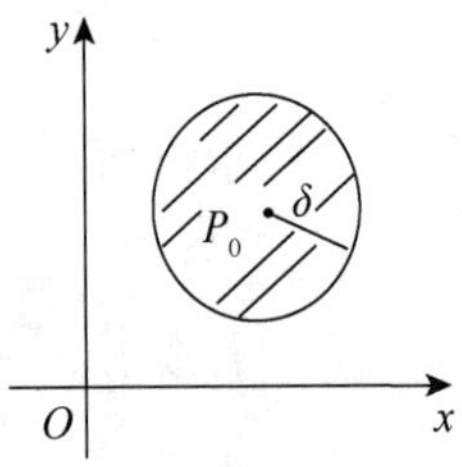

图 9-1

在几何上就是直角坐标平面上以 $P_0(x_0, y_0)$ 为圆心，以 $\delta(\delta>0)$ 为半径的圆的内部（见图 9-1）. 如果不需要强调邻域的半径 δ，用 $U(P_0)$ 表示 P_0 的某个邻域. 点 P_0 的去心邻域记作 $\mathring{U}(P_0)$.

下面利用邻域来描述平面上点和点集之间的关系.

设 E 为平面上的一个点集，P 为平面上的一个点，则点 P 与点集 E 之间必有以下三种关系之一：

(1) **内点**：如果存在点 P 的某一邻域 $U(P)$，使得 $U(P)\subset E$，那么称 P 为 E 的内点.

(2) **外点**：如果存在点 P 的某一邻域 $U(P)$，使得 $U(P)\cap E=\varnothing$，那么称 P 为 E 的外点.

(3) **边界点**：如果点 P 的任一邻域内既有属于 E 的点也有不属于 E 的点，那么称 P 为 E 的边界点.

E 的边界点的全体称为 E 的**边界**，记作∂E.

由上述定义可知，点集 E 的内点必定属于 E，E 的外点必定不属于 E，而 E 的边界点可能属于 E，也可能不属于 E.

如果按点 P 的附近是否有无穷多个点来分类，则有：

(1) **聚点**：如果对于任意给定的正数 δ，点 P 的去心邻域 $\mathring{U}(P, \delta)$ 内总有 E 中的点，那么称 P 为 E 的聚点.

(2) **孤立点**：设点 $P\in E$，如果点 P 的某个去心邻域 $\mathring{U}(P, \delta)$ 使得 $\mathring{U}(P, \delta)\cap E=\varnothing$，则称 P 为 E 的孤立点.

由定义可知：点集 E 的聚点 P 本身可以属于 E，也可以不属于 E. 根据点集所属点的特征，可进一步定义一些重要的平面点集.

(1) **开集**：如果点集 E 的任意一点均为 E 的内点，则称 E 为开集.

(2) **闭集**：如果点集 E 的边界 $\partial E\subset E$，那么称 E 为闭集.

(3) **连通集**：如果点集 E 内的任何两点都可以用折线连接起来，且该折线上的点都属于 E，则称 E 为连通集.

(4) **区域(或开区域)**：连通的开集称为区域或开区域.

(5) **闭区域**：开区域连同它的边界一起称为闭区域.

(6) **有界集**：对于点集 E，如果存在某一正数 δ，使得 $E\subset U(O, \delta)$，O 为坐标的原点，则称 E 为有界集.

(7) **无界集**：一个点集如果不是有界集，就称它为无界集.

例如，点集 $\{(x, y)\mid 1<x^2+y^2<4\}$ 是一区域，且是一个有界区域；点集 $\{(x, y)\mid 1\leqslant x^2+y^2\leqslant 4\}$ 是一闭区域，且是一有界区域；点集 $\{(x, y)\mid x+y>0\}$ 是一无界区域.

二、二元函数的概念

定义 1　设 D 为平面上的一个非空点集，如果对于 D 内的任一点 (x, y)，按照某种法则，f 都有唯一确定的实数 z 与之对应，则称 f 为 D 上的二元函数，它在 (x, y) 处的函数值记为 $f(x, y)$，即 $z=f(x, y)$，其中 x，y 称为自变量，z 称为因变量. 点集 D 称为该函数的定义域，数集 $\{z\mid z=f(x, y), (x, y)\in D\}$ 称为该函数的值域.

类似地，可定义三元及三元以上的函数. 当 $n\geqslant 2$ 时，n 元函数统称为多元函数.

例 1　求下列二元函数的定义域：

(1) $z=\ln(x-y)$；　　　　(2) $f(x, y)=\dfrac{\arcsin(2-x^2-y^2)}{\sqrt{x-y^2}}$.

解　(1) 要使表达式有意义，必须 $x-y>0$，所以定义域为 $D=\{(x, y)\mid x>y\}$.

(2) 要使表达式有意义，必须

$$\begin{cases}|2-x^2-y^2|\leqslant 1\\ x-y^2>0\end{cases}，即 \begin{cases}1\leqslant x^2+y^2\leqslant 3\\ x>y^2\end{cases}，$$

故所求的定义域为 $D=\{(x, y)\mid 1\leqslant x^2+y^2\leqslant 3, x>y^2\}$.

下面讨论二元函数的几何意义. 设 $z=f(x, y)$ 是定义在区域 D 上的一个二元函数，

点集 $S=\{(x, y, z)|z=f(x, y), (x, y)\in D\}$ 称为二元函数的图形，二元函数$z=f(x, y)$ 的图形是空间的一张曲面，它在 xOy 面上的投影就是其定义域D，见图 9-2.

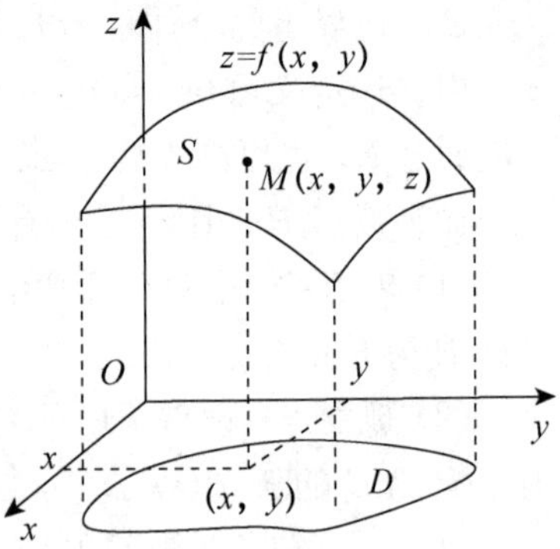

图 9-2

三、二元函数的极限

与一元函数的极限概念类似，如果在 $P(x, y)\to P_0(x_0, y_0)$ 的过程中，对应的函数值 $z=f(x, y)$ 无限接近于一个确定的常数A，则称A是函数 $f(x, y)$ 当 $(x, y)\to(x_0, y_0)$ 时的极限.

定义 2 设二元函数 $z=f(x, y)$ 在 $P_0(x_0, y_0)$ 的某个去心邻域内有定义，如果存在常数A，对于任意给定的正数ε，总存在正数δ，使得满足 $0<|PP_0|=\sqrt{(x-x_0)^2+(y-y_0)^2}<\delta$ 的一切 $P(x, y)$，都有

$$|f(P)-A|=|f(x, y)-A|<\varepsilon$$

成立，则称常数A为函数$f(x, y)$ 当$(x, y)\to(x_0, y_0)$ 时的极限，记作

$$\lim_{(x, y)\to(x_0, y_0)} f(x, y)=A,$$

或$\lim\limits_{\substack{x\to x_0\\ y\to y_0}} f(x, y)=A$ 或 $f(x, y)\to A$ (当$(x, y)\to(x_0, y_0)$)，

也记作

$$\lim_{P\to P_0} f(P)=A \text{ 或 } f(P)\to A \text{ (当 } P\to P).$$

上述定义的极限也称为二重极限.

例 2 设 $f(x, y)=(x^2+y^2)\sin\dfrac{1}{x^2+y^2}$，用定义证明：$\lim\limits_{(x, y)\to(0, 0)} f(x, y)=0$.

证 因为

$$|f(x, y)-0|=\left|(x^2+y^2)\sin\frac{1}{x^2+y^2}-0\right|=|x^2+y^2|\cdot\left|\sin\frac{1}{x^2+y^2}\right|\leqslant x^2+y^2,$$

可知$\forall\varepsilon>0$，取$\delta=\sqrt{\varepsilon}$，则当

$$0<\sqrt{(x-0)^2+(y-0)^2}<\delta$$

时，总有

$$|f(x, y)-0|<\varepsilon,$$

因此$\lim\limits_{(x, y)\to(0, 0)} f(x, y)=0$.

注意：(1) 二元函数的极限存在，要求 $P(x, y)\to P_0(x_0, y_0)$ 的方式、方向、路径都是

任意的（见图 9－3）.

（2）如果当 P 以两种不同方式趋于 P_0 时，函数 $f(x, y)$ 趋于不同的值，则函数的极限不存在.

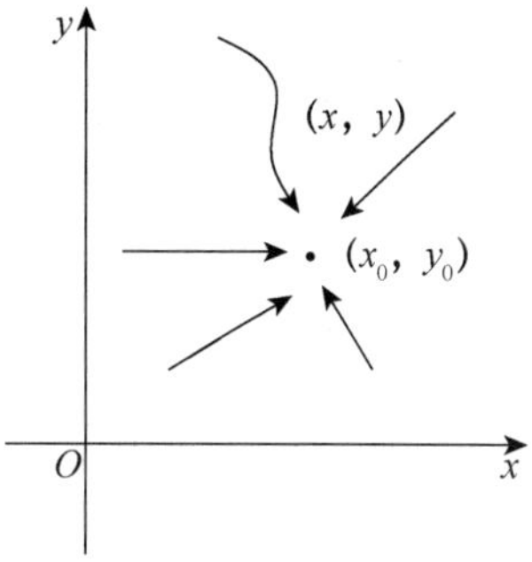

图 9－3

例 3 讨论：函数 $f(x, y)=\begin{cases}\dfrac{xy}{x^2+y^2}, & x^2+y^2\neq 0\\ 0, & x^2+y^2=0\end{cases}$ 在点 $(0, 0)$ 有无极限？

解 当点 $P(x, y)$ 沿 x 轴趋于点 $(0, 0)$ 时，有

$$\lim_{(x, y)\to(0, 0)} f(x, y)=\lim_{\substack{x\to 0\\ y=0}} f(x, 0)=\lim_{x\to 0} 0=0,$$

当点 $P(x, y)$ 沿 y 轴趋于点 $(0, 0)$ 时，有

$$\lim_{(x, y)\to(0, 0)} f(x, y)=\lim_{\substack{x=0\\ y\to 0}} f(0, y)=\lim_{y\to 0} 0=0,$$

当点 $P(x, y)$ 沿直线 $y=kx$ 趋于点 $(0, 0)$ 时，有

$$\lim_{\substack{(x, y)\to(0, 0)\\ y=kx}} \frac{xy}{x^2+y^2}=\lim_{x\to 0}\frac{kx^2}{x^2+k^2x^2}=\frac{k}{1+k^2}.$$

该值随着 k 的变化而变化，故函数 $f(x, y)$ 在 $(0, 0)$ 处无极限.

例 4 证明 $\lim\limits_{\substack{x\to 0\\ y\to 0}}\dfrac{x^2y}{x^4+y^2}$ 不存在.

证 取 $y=kx^2$（k 为常数），则

$$\lim_{\substack{x\to 0\\ y\to 0}}\frac{x^2y}{x^4+y^2}=\lim_{\substack{x\to 0\\ y=kx^2}}\frac{x^2kx^2}{x^4+k^2x^4}=\frac{k}{1+k^2}.$$

该值随着 k 的变化而变化，所以极限不存在.

多元函数的极限运算法则与一元函数的情况类似. 常用下列方法求多元函数的极限：

方法一： 通过换元将多元函数转化为一元函数求极限；

方法二： 先进行放大缩小，然后使用夹逼准则求极限.

例 5 求下列二元函数的极限：

（1）$\lim\limits_{(x, y)\to(0, 2)}\dfrac{\sin(xy)}{x}$；

解
$$\lim_{(x, y)\to(0, 2)}\frac{\sin(xy)}{x}=\lim_{(x, y)\to(0, 2)}\frac{\sin(xy)}{xy}\cdot y$$
$$=\lim_{(x, y)\to(0, 2)}\frac{\sin(xy)}{xy}\cdot\lim_{(x, y)\to(0, 2)} y=1\times 2=2.$$

（2）$\lim\limits_{(x, y)\to(0, 0)}\dfrac{\sqrt{xy+1}-1}{xy}$；

解
$$\lim_{(x, y)\to(0, 0)}\frac{\sqrt{xy+1}-1}{xy}=\lim_{(x, y)\to(0, 0)}\frac{xy+1-1}{xy(\sqrt{xy+1}+1)}=\lim_{(x, y)\to(0, 0)}\frac{1}{\sqrt{xy+1}+1}=\frac{1}{2}.$$

(3) $\lim\limits_{(x,y)\to(0,0)}\dfrac{\sqrt{x^2+y^2}-\sin\sqrt{x^2+y^2}}{\sqrt{(x^2+y^2)^3}}$;

解 $\lim\limits_{(x,y)\to(0,0)}\dfrac{\sqrt{x^2+y^2}-\sin\sqrt{x^2+y^2}}{\sqrt{(x^2+y^2)^3}}\xlongequal{u=\sqrt{x^2+y^2}}\lim\limits_{u\to0}\dfrac{u-\sin u}{u^3}$

$$=\lim_{u\to0}\frac{1-\cos u}{3u^2}=\lim_{u\to0}\frac{\frac{1}{2}u^2}{3u^2}=\frac{1}{6}.$$

(4) $\lim\limits_{\substack{x\to+\infty\\y\to+\infty}}\dfrac{x+y}{x^2+y^2}$;

解 $\because 0\leqslant\dfrac{x+y}{x^2+y^2}\leqslant\dfrac{x+y}{2xy}=\dfrac{1}{2y}+\dfrac{1}{2x}\to0$,

$$\therefore \lim_{\substack{x\to+\infty\\y\to+\infty}}\frac{x+y}{x^2+y^2}=0.$$

(5) $\lim\limits_{\substack{x\to+\infty\\y\to+\infty}}\left(\dfrac{xy}{x^2+y^2}\right)^x$.

解 $\because 0\leqslant\left(\dfrac{xy}{x^2+y^2}\right)^x\leqslant\left(\dfrac{xy}{2xy}\right)^x=\left(\dfrac{1}{2}\right)^x\to0$,

$$\therefore \lim_{\substack{x\to+\infty\\y\to+\infty}}\left(\frac{xy}{x^2+y^2}\right)^x=0.$$

四、二元函数的连续性

定义 3 设二元函数 $z=f(x,y)$ 在 $P_0(x_0,y_0)$ 的某一个邻域内有定义，如果

$$\lim_{(x,y)\to(x_0,y_0)}f(x,y)=f(x_0,y_0),$$

则称函数 $z=f(x,y)$ 在点 $P_0(x_0,y_0)$ 处连续. $P_0(x_0,y_0)$ 为函数 $f(x,y)$ 的连续点.

如果函数 $f(x,y)$ 在点 $P_0(x_0,y_0)$ 处不连续，则称 $f(x,y)$ 在点 $P_0(x_0,y_0)$ 处间断，也称 $P_0(x_0,y_0)$ 为函数 $f(x,y)$ 的间断点.

从例 3 可知，极限 $\lim\limits_{\substack{x\to0\\y\to0}}\dfrac{xy}{x^2+y^2}$ 不存在，所以无论怎样定义函数 $f(x,y)=\dfrac{xy}{x^2+y^2}$ 在 $(0,0)$ 处的值，$f(x,y)$ 在点 $(0,0)$ 处都不连续，即 $f(x,y)$ 在点 $(0,0)$ 处间断.

例 6 讨论二元函数

$$f(x,y)=\begin{cases}\dfrac{x^3+y^3}{x^2+y^2}, & (x,y)\neq(0,0)\\ 0, & (x,y)=(0,0)\end{cases}$$

在点 $(0,0)$ 处的连续性.

解 令 $x=\rho\cos\theta$，$y=\rho\sin\theta$，则

$$\lim_{(x,y)\to(0,0)}f(x,y)=\lim_{\rho\to0}\rho(\sin^3\theta+\cos^3\theta)=0=f(0,0),$$

所以函数在点 $(0,0)$ 处连续.

如果函数 $f(x, y)$ 在区域 D 的任意一点都连续，那么就称函数 $f(x, y)$ 在 D 内连续，或者称 $f(x, y)$ 是 D 内的连续函数.

二元函数的连续性概念可相应地推广到 n 元函数上去.

与一元初等函数类似，多元初等函数是指可用一个式子表示的多元函数，这个式子是由常数及具有不同自变量的一元基本初等函数经过有限次的四则运算和复合运算而得到的.

一切多元初等函数在其定义区域内都是连续的. 所谓定义区域，是指包含在定义域内的区域或闭区域.

由多元连续函数的连续性可知，如果要求它在点 P_0 处的极限，而该点又在此函数的定义区域内，则此极限值就是函数在该点的函数值，即 $\lim\limits_{P\to P_0} f(P)=f(P_0)$.

例 7 求 $\lim\limits_{(x, y)\to(1, 2)} \dfrac{x+y}{xy}$.

解 函数 $f(x, y)=\dfrac{x+y}{xy}$ 是初等函数，它的定义域为

$$D=\{(x, y) \mid x\neq 0, y\neq 0\}.$$

$P_0(1, 2)$ 为 D 内的一个点，故

$$\lim_{(x, y)\to(1, 2)} f(x, y)=f(1, 2)=\frac{3}{2}.$$

例 8 求 $\lim\limits_{(x, y)\to(0, 1)}\left[\ln(y-x)+\dfrac{y}{\sqrt{1-x^2}}\right]$.

解 $$\lim_{(x, y)\to(0, 1)}\left[\ln(y-x)+\frac{y}{\sqrt{1-x^2}}\right]=\ln(1-0)+\frac{1}{\sqrt{1-0^2}}=1.$$

对在有界闭区域上连续的多元函数，有以下定理成立：

定理 1（最大值和最小值定理） 在有界闭区域 D 上的多元连续函数，在 D 上至少能取得它的最大值和最小值.

定理 2（有界性定理） 在有界闭区域 D 上的多元连续函数在 D 上一定有界.

定理 3（介值定理） 在有界闭区域 D 上的多元连续函数必取得介于最大值和最小值之间的任何值.

习题 9-1

1. 判定下列平面点集中哪些是开集、闭集、区域、有界集、无界集：

(1) $\{(x, y) \mid x\neq 0, y\neq 0\}$；　　(2) $\{(x, y) \mid 1<x^2+y^2\leqslant 4\}$；

(3) $\{(x, y) \mid y>x^2\}$；

(4) $\{(x, y) \mid x^2+(y-1)^2\geqslant 1\}\cap\{(x, y) \mid x^2+(y-2)^2\leqslant 4\}$.

2. 求下列函数的定义域：

(1) $z=\ln(y^2-2x+1)$；　　(2) $z=\dfrac{1}{\sqrt{x+y}}+\dfrac{1}{\sqrt{x-y}}$；

(3) $z=\sqrt{x-\sqrt{y}}$;　　(4) $z=\ln(y-x)+\frac{\sqrt{x}}{\sqrt{1-x^2-y^2}}$;

(5) $u=\arccos\frac{z}{\sqrt{x^2+y^2}}$.

3. 求下列各极限:

(1) $\lim\limits_{(x,y)\to(0,1)}\frac{1-xy}{x^2+y^2}$;　　(2) $\lim\limits_{(x,y)\to(1,0)}\frac{\ln(x+e^y)}{\sqrt{x^2+y^2}}$;

(3) $\lim\limits_{(x,y)\to(0,0)}\frac{2-\sqrt{xy+4}}{xy}$;　　(4) $\lim\limits_{(x,y)\to(0,0)}\frac{xy}{\sqrt{2-e^{xy}}-1}$;

(5) $\lim\limits_{(x,y)\to(2,0)}\frac{\tan(xy)}{y}$;　　(6) $\lim\limits_{(x,y)\to(0,0)}\frac{1-\cos(x^2+y^2)}{(x^2+y^2)e^{x^2+y^2}}$.

4. 证明下列极限不存在:

(1) $\lim\limits_{(x,y)\to(0,0)}\frac{x+y}{x-y}$;　　(2) $\lim\limits_{(x,y)\to(0,0)}\frac{x^2y^2}{x^2y^2+(x-y)^2}$.

5. 函数 $z=\frac{y^2+2x}{y^2-2x}$在何处是间断的?

6. 证明 $\lim\limits_{(x,y)\to(0,0)}\frac{xy}{\sqrt{x^2+y^2}}=0$.

§9.2　偏导数

一、偏导数的定义及其计算法

对于二元函数 $z=f(x,y)$，如果只有自变量 x 变化，而自变量 y 固定，这时它就是 x 的一元函数，该函数对 x 的导数，就称为二元函数 $z=f(x,y)$ 对于 x 的偏导数.

定义　设函数 $z=f(x,y)$ 在点 (x_0,y_0) 的某一邻域内有定义，当 y 固定在 y_0，而 x 在 x_0 处有增量 Δx 时，相应地函数有增量

$$f(x_0+\Delta x,y_0)-f(x_0,y_0),$$

如果极限

$$\lim_{\Delta x\to 0}\frac{f(x_0+\Delta x,y_0)-f(x_0,y_0)}{\Delta x}$$

存在，则称此极限为函数 $z=f(x,y)$ 在点 (x_0,y_0) 处对 x 的偏导数，记作

$$\left.\frac{\partial z}{\partial x}\right|_{\substack{x=x_0\\y=y_0}},\ \left.\frac{\partial f}{\partial x}\right|_{\substack{x=x_0\\y=y_0}},\ \left.z_x\right|_{\substack{x=x_0\\y=y_0}},\ 或\ f_x(x_0,y_0).$$

例如，有

$$f_x(x_0,y_0)=\lim_{\Delta x\to 0}\frac{f(x_0+\Delta x,y_0)-f(x_0,y_0)}{\Delta x}.$$

类似地，函数 $z=f(x, y)$ 在点 (x_0, y_0) 处对 y 的偏导数定义为

$$\lim_{\Delta y\to 0}\frac{f(x_0, y_0+\Delta y)-f(x_0, y_0)}{\Delta y},$$

记作 $\left.\frac{\partial z}{\partial y}\right|_{\substack{x=x_0\\ y=y_0}}$，$\left.\frac{\partial f}{\partial y}\right|_{\substack{x=x_0\\ y=y_0}}$，$z_y\big|_{\substack{x=x_0\\ y=y_0}}$，或 $f_y(x_0, y_0)$.

如果函数 $z=f(x, y)$ 在区域 D 内每一点 (x, y) 处对 x 的偏导数都存在，那么这个偏导数就是 x，y 的函数，把它称为函数 $z=f(x, y)$ 对自变量 x 的偏导函数，记作

$$\frac{\partial z}{\partial x}, \frac{\partial f}{\partial x}, z_x, \text{或 } f_x(x, y).$$

即
$$f_x(x, y)=\lim_{\Delta x\to 0}\frac{f(x+\Delta x, y)-f(x, y)}{\Delta x}.$$

类似地，可定义函数 $z=f(x, y)$ 对 y 的偏导函数，记为

$$\frac{\partial z}{\partial y}, \frac{\partial f}{\partial y}, z_y, \text{或 } f_y(x, y).$$

即
$$f_y(x, y)=\lim_{\Delta y\to 0}\frac{f(x, y+\Delta y)-f(x, y)}{\Delta y}.$$

有时偏导数 z_x，f_x，z_y，f_y 也记成 z'_x，f'_x，z'_y，f'_y，下面高阶偏导数的记号也可以有类似的情形.

求$\frac{\partial f}{\partial x}$时，只要把 y 暂时看作常量而对 x 求导数；求$\frac{\partial f}{\partial y}$时，只要把 x 暂时看作常量而对 y 求导数.

偏导数的概念还可推广到二元以上的函数. 例如三元函数 $u=f(x, y, z)$ 在点 (x, y, z) 处对 x 的偏导数定义为

$$f_x(x, y, z)=\lim_{\Delta x\to 0}\frac{f(x+\Delta x, y, z)-f(x, y, z)}{\Delta x},$$

其中 (x, y, z) 是函数 $u=f(x, y, z)$ 的定义域的内点. 对它们的求解也仍旧是一元函数的微分法问题.

例 1　求 $z=x^2+3xy+y^2$ 在点 $(1, 2)$ 处的偏导数.

解　$\frac{\partial z}{\partial x}=2x+3y$，$\frac{\partial z}{\partial y}=3x+2y$，

$$\left.\frac{\partial z}{\partial x}\right|_{\substack{x=1\\ y=2}}=2\times1+3\times2=8, \left.\frac{\partial z}{\partial y}\right|_{\substack{x=1\\ y=2}}=3\times1+2\times2=7.$$

例 2　求 $z=x^2\sin2y$ 的偏导数.

解　$\frac{\partial z}{\partial x}=2x\sin2y$，$\frac{\partial z}{\partial y}=2x^2\cos2y$.

例 3　求 $z=e^{x^2y}$ 的偏导数.

解　$\frac{\partial z}{\partial x}=2xye^{x^2y}$，$\frac{\partial z}{\partial y}=x^2e^{x^2y}$.

例 4 设 $z=x^y(x>0, x\neq1)$，求证：$\dfrac{x}{y}\dfrac{\partial z}{\partial x}+\dfrac{1}{\ln x}\dfrac{\partial z}{\partial y}=2z$.

证 $\because \dfrac{\partial z}{\partial x}=yx^{y-1}$，$\dfrac{\partial z}{\partial y}=x^y\ln x$.

$\therefore \dfrac{x}{y}\dfrac{\partial z}{\partial x}+\dfrac{1}{\ln x}\dfrac{\partial z}{\partial y}=\dfrac{x}{y}yx^{y-1}+\dfrac{1}{\ln x}x^y\ln x=x^y+x^y=2z$.

例 5 求 $r=\sqrt{x^2+y^2+z^2}$ 的偏导数.

解 $\dfrac{\partial r}{\partial x}=\dfrac{x}{\sqrt{x^2+y^2+z^2}}=\dfrac{x}{r}$，$\dfrac{\partial r}{\partial y}=\dfrac{y}{\sqrt{x^2+y^2+z^2}}=\dfrac{y}{r}$，$\dfrac{\partial r}{\partial z}=\dfrac{z}{\sqrt{x^2+y^2+z^2}}=\dfrac{z}{r}$.

1. 二元函数 $z=f(x, y)$ 在点 $M_0(x_0, y_0, f(x_0, y_0))$ 的偏导数的几何意义

(1) $f'_x(x_0, y_0)=[f(x, y_0)]'_x|_{x=x_0}$ 是曲面 $z=f(x, y)$ 被平面 $y=y_0$ 所截而得的截线 $\begin{cases}z=f(x, y)\\ y=y_0\end{cases}$ 在点 M_0 处的切线 T_x 对 x 轴的斜率.

(2) $f'_y(x_0, y_0)=[f(x_0, y)]'_y|_{y=y_0}$ 是曲面 $z=f(x, y)$ 被平面 $x=x_0$ 所截而得的截线 $\begin{cases}z=f(x, y)\\ x=x_0\end{cases}$ 在点 M_0 处的切线 T_y 对 y 轴的斜率，如图 9－4 所示.

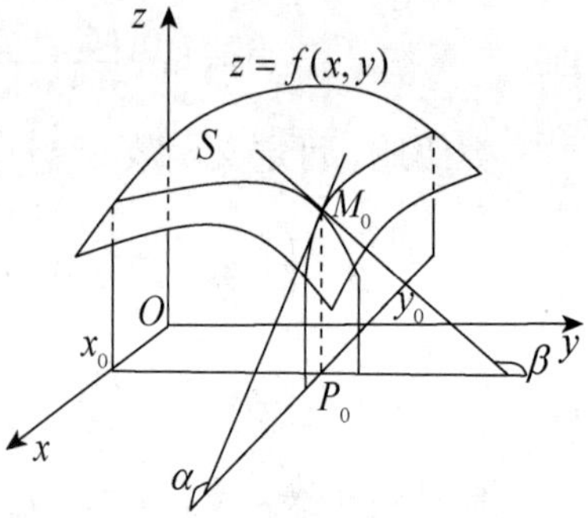

图 9－4

例 6 求 $f(x, y)=\begin{cases}\dfrac{xy}{x^2+y^2}, & x^2+y^2\neq0\\ 0, & x^2+y^2=0\end{cases}$ 在点 (0, 0) 处的偏导数，并判断其连续性.

解 $f_x(0, 0)=\lim\limits_{\Delta x\to0}\dfrac{f(0+\Delta x, 0)-f(0, 0)}{\Delta x}=\lim\limits_{\Delta x\to0}0=0$,

$f_y(0, 0)=\lim\limits_{\Delta y\to0}\dfrac{f(0, 0+\Delta y)-f(0, 0)}{\Delta y}=\lim\limits_{\Delta y\to0}0=0$.

但由于 $\lim\limits_{\substack{x\to0\\y\to0}}f(x, y)=\lim\limits_{\substack{x\to0\\y\to0}}\dfrac{xy}{x^2+y^2}\overset{y=kx}{=}\dfrac{k}{1+k^2}$ 与路径有关，故极限 $\lim\limits_{\substack{x\to0\\y\to0}}f(x, y)$ 不存在，所以该函数在点 (0, 0) 处不连续.

为什么二元函数 $z=f(x, y)$ 在点 $M_0(x_0, y_0)$ 处的偏导数存在，却不能保证该函数在该点连续呢？

首先，二元函数 $z=f(x, y)$ 在点 $M_0(x_0, y_0)$ 处连续的充要条件是

$$\lim_{(x, y)\to(x_0, y_0)}f(x, y)=f(x_0, y_0),$$

从而要求 (x, y) 从任何方向和路径趋向 (x_0, y_0) 时函数都连续.

而偏导数 $f_x(x_0, y_0)$ 存在，其实是曲面上的曲线 $z=f(x, y_0)$ 在 $x=x_0$ 处可导，由一元函数可导与连续的关系可知，曲线 $z=f(x, y_0)$ 在 $x=x_0$ 处连续.

同理，偏导数 $f_y(x_0, y_0)$ 存在，可得曲面上的曲线 $z=f(x_0, y)$ 在 $y=y_0$ 处连续.

综合可知，二元函数 $z=f(x, y)$ 在点 $M_0(x_0, y_0)$ 处的两个偏导数 $f_x(x_0, y_0)$ 和 $f_y(x_0, y_0)$ 存在，只能保证曲面 $z=f(x, y)$ 上的两条曲线 $z=f(x, y_0)$ 和 $z=f(x_0, y)$

在点 $M_0(x_0, y_0)$ 处连续，并不能保证曲面 $z=f(x, y)$ 在点 $M_0(x_0, y_0)$ 处连续.

这与一元函数在某点可导则在该点连续的结论是不同的.

2. 关于多元函数的偏导数的几点补充说明

(1) 对于一元函数来说，$\frac{\mathrm{d}y}{\mathrm{d}x}$可看作函数的微分 $\mathrm{d}y$ 与自变量的微分 $\mathrm{d}x$ 之商，但偏导数的记号$\frac{\partial z}{\partial x}$是一个整体记号，不能看作分子与分母之商.

(2) 与一元函数类似，对于分段函数在分界点的偏导数必须用定义来求.

(3) 如果一元函数在某点具有导数，那么它在该点必定连续，但对于多元函数来说，在某点即使各偏导数都存在，也不能保证函数在该点连续.

二、高阶偏导数

设函数 $z=f(x, y)$ 在区域 D 内具有偏导数

$$\frac{\partial z}{\partial x}=f_x(x, y),\ \frac{\partial z}{\partial y}=f_y(x, y),$$

那么在 D 内 $f_x(x, y)$，$f_y(x, y)$ 都是 x，y 的函数. 如果这两个函数的偏导数也存在，则称它们是函数 $z=f(x, y)$ 的二阶偏导数，按照对变量求导次序的不同，有下列四个二阶偏导数：

$$\frac{\partial}{\partial x}\left(\frac{\partial z}{\partial x}\right)=\frac{\partial^2 z}{\partial x^2}=f_{xx}(x, y),\ \frac{\partial}{\partial y}\left(\frac{\partial z}{\partial x}\right)=\frac{\partial^2 z}{\partial x\partial y}=f_{xy}(x, y),$$

$$\frac{\partial}{\partial x}\left(\frac{\partial z}{\partial y}\right)=\frac{\partial^2 z}{\partial y\partial x}=f_{yx}(x, y),\ \frac{\partial}{\partial y}\left(\frac{\partial z}{\partial y}\right)=\frac{\partial^2 z}{\partial y^2}=f_{yy}(x, y).$$

其中$\frac{\partial}{\partial y}\left(\frac{\partial z}{\partial x}\right)=\frac{\partial^2 z}{\partial x\partial y}=f_{xy}(x, y)$，$\frac{\partial}{\partial x}\left(\frac{\partial z}{\partial y}\right)=\frac{\partial^2 z}{\partial y\partial x}=f_{yx}(x, y)$ 称为混合偏导数.

类似地可定义三阶、四阶……以及 n 阶偏导数，二阶及二阶以上的偏导数统称为高阶偏导数.

例 7　设 $z=x^3y^2-3xy^3-xy+1$，求$\frac{\partial^2 z}{\partial x^2}$，$\frac{\partial^3 z}{\partial x^3}$，$\frac{\partial^2 z}{\partial y\partial x}$和$\frac{\partial^2 z}{\partial x\partial y}$.

解　$\frac{\partial z}{\partial x}=3x^2y^2-3y^3-y$，$\frac{\partial z}{\partial y}=2x^3y-9xy^2-x$；

$$\frac{\partial^2 z}{\partial x^2}=6xy^2,\ \frac{\partial^3 z}{\partial x^3}=6y^2;$$

$$\frac{\partial^2 z}{\partial x\partial y}=6x^2y-9y^2-1,\ \frac{\partial^2 z}{\partial y\partial x}=6x^2y-9y^2-1.$$

例 8　设 $u=\mathrm{e}^{ax}\cos by$，求二阶偏导数.

解　$\frac{\partial u}{\partial x}=a\mathrm{e}^{ax}\cos by$，　$\frac{\partial u}{\partial y}=-b\mathrm{e}^{ax}\sin by$；

$$\frac{\partial^2 u}{\partial x^2}=a^2\mathrm{e}^{ax}\cos by,\quad \frac{\partial^2 u}{\partial y^2}=-b^2\mathrm{e}^{ax}\cos by;$$

$$\frac{\partial^2 u}{\partial x\partial y}=-abe^{ax}\sin by,\quad \frac{\partial^2 u}{\partial y\partial x}=-abe^{ax}\sin by.$$

由例 7 和例 8 可以发现两个二阶混合偏导数相等，即$\frac{\partial^2 z}{\partial y\partial x}=\frac{\partial^2 z}{\partial x\partial y}$. 这不是偶然的，事实上有以下定理.

定理 如果函数 $z=f(x,y)$ 的两个二阶混合偏导数$\frac{\partial^2 z}{\partial y\partial x}$及$\frac{\partial^2 z}{\partial x\partial y}$在区域$D$ 内连续，那么在该区域内这两个二阶混合偏导数必相等.

定理表明，二阶混合偏导数在连续的条件下，与求偏导的次序无关. 但如果偏导数不连续，则就可能与求偏导的次序有关了，见例 9.

例 9 设 $f(x,y)=\begin{cases} xy\dfrac{x^2-y^2}{x^2+y^2}, & (x,y)\neq(0,0) \\ 0, & (x,y)=(0,0) \end{cases}$，试求 $f_{xy}(0,0)$ 及 $f_{yx}(0,0)$.

解 因 $f_x(0,0)=\lim\limits_{x\to 0}\dfrac{f(x,0)-f(0,0)}{x}=\lim\limits_{x\to 0}\dfrac{0-0}{x}=0$.

当 $y\neq 0$ 时，$f_x(0,y)=\lim\limits_{x\to 0}\dfrac{f(x,y)-f(0,y)}{x}=\lim\limits_{x\to 0}\dfrac{y(x^2-y^2)}{x^2+y^2}=-y$,

所以 $f_{xy}(0,0)=\lim\limits_{y\to 0}\dfrac{f_x(0,y)-f_x(0,0)}{y}=\lim\limits_{y\to 0}\dfrac{-y-0}{y}=-1$,

同理有 $f_y(0,0)=\lim\limits_{y\to 0}\dfrac{f(0,y)-f(0,0)}{y}=0$,

当 $x\neq 0$ 时，$f_y(x,0)=\lim\limits_{y\to 0}\dfrac{f(x,y)-f(x,0)}{y}=\lim\limits_{y\to 0}\dfrac{x(x^2-y^2)}{x^2+y^2}=x$,

所以 $f_{yx}(0,0)=\lim\limits_{x\to 0}\dfrac{f_y(x,0)-f_y(0,0)}{x}=\lim\limits_{x\to 0}\dfrac{x-0}{x}=1$.

习题 9－2

1. 求下列函数的偏导数：

(1) $z=x^2y-xy^2$；　　(2) $s=\dfrac{u^2+v^2}{uv}$；

(3) $z=\sqrt{\ln(xy)}$；　　(4) $z=\sin(xy)+\cos^2(xy)$；

(5) $z=\ln\tan\dfrac{x}{y}$；　　(6) $z=(1+xy)^y$；

(7) $u=x^{\frac{y}{z}}$.

2. 设 $z=e^{-\left(\frac{1}{x}+\frac{1}{y}\right)}$，求证 $x^2\dfrac{\partial z}{\partial x}+y^2\dfrac{\partial z}{\partial y}=2z$.

3. 设 $f(x,y)=x+(y-1)\arcsin\sqrt{\dfrac{x}{y}}$，求 $f_x(x,1)$.

4. 求下列函数的$\dfrac{\partial^2 z}{\partial x^2}$，$\dfrac{\partial^2 z}{\partial y^2}$，$\dfrac{\partial^2 z}{\partial x\partial y}$.

(1) $z=x^4+y^4-4x^2y^2$；　　(2) $z=\arctan\dfrac{x}{y}$；

(3) $z=y^x$；　　　　　　　　(4) $z=e^{x-2y}$.

5. 求曲线 $\begin{cases} z=\dfrac{x^2+y^2}{4} \\ y=4 \end{cases}$ 在点 (2，4，5) 处的切线对于 x 轴的倾斜角.

6. 设 $z=\begin{cases} \dfrac{xy^2}{x+y}, & x^2+y^2\neq 0 \\ 0, & x^2+y^2=0 \end{cases}$，证明 $z=f(x, y)$ 在 (0，0) 处的偏导存在，但不连续.

§9.3　全微分及其应用

一、全微分的定义

根据一元函数微分学中增量与微分的关系，有

$$f(x+\Delta x, y)-f(x, y)\approx f_x(x, y)\Delta x,$$
$$f(x, y+\Delta y)-f(x, y)\approx f_y(x, y)\Delta y,$$

称 $f(x+\Delta x, y)-f(x, y)$ 为二元函数对 x 的**偏增量**，$f_x(x, y)\Delta x$ 为函数对 x 的**偏微分**；称 $f(x, y+\Delta y)-f(x, y)$ 为二元函数对 y 的**偏增量**，$f_y(x, y)\Delta y$ 为函数对 y 的**偏微分**.

如果函数 $z=f(x, y)$ 在点 $P(x, y)$ 的某邻域内有定义，并设 $P'(x+\Delta x, y+\Delta y)$ 为该邻域内的任意一点，则称 $f(x+\Delta x, y+\Delta y)-f(x, y)$ 为函数 $z=f(x, y)$ 在点 P 处对应于自变量增量 Δx，Δy 的**全增量**，记为 Δz，即 $\Delta z=f(x+\Delta x, y+\Delta y)-f(x, y)$.

$f(x+\Delta x, y+\Delta y)-f(x, y)$ 的计算比较复杂，有没有比较简便的方法可求它的近似值，同时又能使得误差不大呢？

为此先来看一个具体例子. 设有一块边长分别为 x 和 y 的矩形金属薄片，由于温度上升，边长分别有增量 Δx 和 Δy，如图 9-5 所示. 问：此薄片面积的增量是多少？我们可以算得其面积 $A=xy$ 的增量为

$$\Delta A=(x+\Delta x)(y+\Delta y)-xy=y\Delta x+x\Delta y+\Delta x\Delta y.$$

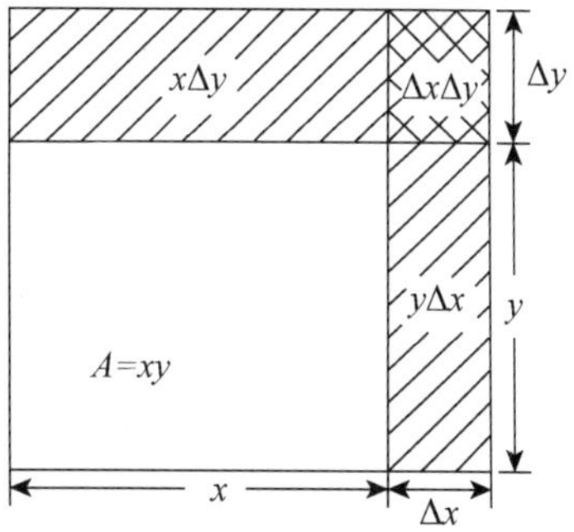

图 9-5

该增量有两部分：第一部分为 Δx 和 Δy 的线性部分 $x\Delta y+y\Delta x$，它是矩形面积增量的主要部分；第二部分为 $\Delta x\Delta y$，是当 $\Delta x\to 0$ 和 $\Delta y\to 0$ 时，比 $\rho=\sqrt{(\Delta x)^2+(\Delta y)^2}$ 高阶的无穷小，即这时有

$$\left|\frac{\Delta x\Delta y}{\sqrt{(\Delta x)^2+(\Delta y)^2}}-0\right|=\frac{|\Delta x|\cdot|\Delta y|}{\sqrt{(\Delta x)^2+(\Delta y)^2}}\leqslant\frac{\sqrt{(\Delta x)^2+(\Delta y)^2}}{2}\to 0.$$

所以，用 $x\Delta y+y\Delta x$ 作为 ΔA 的近似值，其误差是比 ρ 高阶的无穷小.

问题　是否所有的二元函数 $z=f(x, y)$ 的改变量 Δz 都可以表示为自变量的改变量 Δx，Δy 的线性函数与 ρ 的高阶无穷小的和呢？这个线性函数是什么？如何求？

定义 如果函数 $z=f(x, y)$ 在点 (x, y) 处的全增量

$$\Delta z=f(x+\Delta x, y+\Delta y)-f(x, y)$$

可表示为

$$\Delta z=A\Delta x+B\Delta y+o(\rho),$$

其中 A, B 不依赖于 Δx, Δy 而仅与 x, y 有关，$\rho=\sqrt{(\Delta x)^2+(\Delta y)^2}$，则称函数 $z=f(x, y)$ 在点 (x, y) 处可微分，而称 $A\Delta x+B\Delta y$ 为函数 $z=f(x, y)$ 在点 (x, y) 的全微分，记作 $\mathrm{d}z$，即

$$\mathrm{d}z=A\Delta x+B\Delta y.$$

如果函数在区域 D 内各点处都可微分，那么称该函数在 D 内可微分.

二、可微与连续的关系

从§9.2 我们知道，偏导数存在的多元函数不一定连续. 但是**如果函数 $z=f(x, y)$ 在点 (x, y) 处可微分，则函数在该点必连续.**

这是因为，如果 $z=f(x, y)$ 在点 (x, y) 可微，则

$$\Delta z=f(x+\Delta x, y+\Delta y)-f(x, y)=A\Delta x+B\Delta y+o(\rho),$$

于是

$$\lim_{\rho\to 0}\Delta z=0,$$

从而

$$\lim_{\substack{\Delta x\to 0\\ \Delta y\to 0}}f(x+\Delta x, y+\Delta y)=\lim_{\rho\to 0}[f(x, y)+\Delta z]=f(x, y).$$

因此函数 $z=f(x, y)$ 在点(x, y) 处连续.

三、可微分的条件

函数 $z=f(x, y)$ 要满足什么条件才可微? 如果可微，A，B 又取什么呢? 下面讨论函数 $z=f(x, y)$ 在点 (x, y) 处可微分的条件.

定理 1(必要条件) 如果函数 $z=f(x, y)$ 在点 (x, y) 处可微分，则函数在该点的偏导数$\frac{\partial z}{\partial x}$, $\frac{\partial z}{\partial y}$必定存在，且函数 $z=f(x, y)$ 在点 (x, y) 的全微分为

$$\mathrm{d}z=\frac{\partial z}{\partial x}\Delta x+\frac{\partial z}{\partial y}\Delta y.$$

证明 设函数 $z=f(x, y)$ 在点 $P(x, y)$ 可微分. 于是对于点 P 的某个邻域内的任意一点 $P'(x+\Delta x, y+\Delta y)$，有 $\Delta z=A\Delta x+B\Delta y+o(\rho)$. 特别当 $\Delta y=0$ 时有

$$\Delta z=f(x+\Delta x, y)-f(x, y)=A\Delta x+o(|\Delta x|).$$

上式两边各除以 Δx，再令 $\Delta x\to 0$ 并取极限，就得

$$\lim_{\Delta x\to 0}\frac{f(x+\Delta x,y)-f(x,y)}{\Delta x}=\lim_{\Delta x\to 0}\left[A+\frac{o(|\Delta x|)}{\Delta x}\right]=A,$$

从而偏导数$\frac{\partial z}{\partial x}$存在，且$\frac{\partial z}{\partial x}=A$. 同理可证偏导数$\frac{\partial z}{\partial y}$存在，且$\frac{\partial z}{\partial y}=B$. 所以

$$\mathrm{d}z=\frac{\partial z}{\partial x}\Delta x+\frac{\partial z}{\partial y}\Delta y.$$

定理 1 表明，偏导数$\frac{\partial z}{\partial x}$和$\frac{\partial z}{\partial y}$存在是函数 $z=f(x,y)$ 可微分的必要条件，但不是充分条件.

例如，函数

$$f(x,y)=\begin{cases}\dfrac{xy}{\sqrt{x^2+y^2}}, & x^2+y^2\neq 0\\ 0, & x^2+y^2=0\end{cases}$$

在点 $(0,0)$ 处有 $f_x(0,0)=0$ 及 $f_y(0,0)=0$，而当 $(\Delta x,\Delta y)$ 沿直线 $y=x$ 趋于 $(0,0)$ 时，

$$\begin{aligned}&\frac{\Delta z-[f_x(0,0)\cdot\Delta x+f_y(0,0)\cdot\Delta y]}{\rho}\\=&\frac{\Delta x\cdot\Delta y}{(\Delta x)^2+(\Delta y)^2}=\frac{\Delta x\cdot\Delta x}{(\Delta x)^2+(\Delta x)^2}=\frac{1}{2}\neq 0.\end{aligned}$$

即 $\Delta z-[f_x(0,0)\Delta x+f_y(0,0)\Delta y]$不是关于 ρ 的高阶无穷小，所以函数在 $(0,0)$ 处不可微分.

由此可见，对多元函数而言，偏导数存在并不一定可微. 因为偏导数仅描述了函数在某点处沿坐标轴方向的变化率，而全微分描述的是函数沿各个方向的变化情况. 但如果偏导数是连续的，则可以证明函数是可微的. 于是有下面的定理：

定理 2(充分条件)　如果函数 $z=f(x,y)$ 的偏导数$\frac{\partial z}{\partial x}$，$\frac{\partial z}{\partial y}$在点 (x,y) 连续，则函数在该点可微分.

证明　假定函数 $z=f(x,y)$ 的偏导数$\frac{\partial z}{\partial x}$，$\frac{\partial z}{\partial y}$在点 $P(x,y)$ 处连续，在点 P 的某个邻域内的任意一点 $P'(x+\Delta x,y+\Delta y)$，有

$$\begin{aligned}\Delta z&=f(x+\Delta x,y+\Delta y)-f(x,y)\\&=[f(x+\Delta x,y+\Delta y)-f(x,y+\Delta y)]+[f(x,y+\Delta y)-f(x,y)].\end{aligned}$$

在第一个括号的表达式中，由于 $y+\Delta y$ 没变，所以可以看作一元函数 $f(x,y+\Delta y)$ 的增量，于是应用拉格朗日中值定理，得

$$f(x+\Delta x,y+\Delta y)-f(x,y+\Delta y)=f_x(x+\theta_1\Delta x,y+\Delta y)\Delta x,\ 0<\theta_1<1.$$

同理，对第二个括号应用拉格朗日中值定理，得

$$f(x, y+\Delta y)-f(x, y)=f_y(x, y+\theta_2\Delta y)\Delta y, \ 0<\theta_2<1.$$

所以

$$\Delta z=f_x(x+\theta_1\Delta x, y+\Delta y)\Delta x+f_y(x, y+\theta_2\Delta y)\Delta y,$$

从而

$$\begin{aligned}&\lim_{\substack{\Delta x\to 0\\ \Delta y\to 0}}\frac{\Delta z-f_x(x, y)\Delta x-f_y(x, y)\Delta y}{\rho}\\ =&\lim_{\substack{\Delta x\to 0\\ \Delta y\to 0}}\frac{f_x(x+\theta_1\Delta x, y+\Delta y)\Delta x+f_y(x, y+\theta_2\Delta y)\Delta y-f_x(x, y)\Delta x-f_y(x, y)\Delta y}{\rho}\\ =&\lim_{\substack{\Delta x\to 0\\ \Delta y\to 0}}\frac{[f_x(x+\theta_1\Delta x, y+\Delta y)-f_x(x, y)]\Delta x+[f_y(x, y+\theta_2\Delta y)-f_y(x, y)]\Delta y}{\rho}\end{aligned}$$

由于 $f_x(x, y)$ 和 $f_y(x, y)$ 在点 $P(x, y)$ 处连续，故

$$\lim_{\substack{\Delta x\to 0\\ \Delta y\to 0}}f_x(x+\theta_1\Delta x, y+\Delta y)=f_x(x, y), \ \lim_{\substack{\Delta x\to 0\\ \Delta y\to 0}}f_y(x, y+\theta_2\Delta y)=f_y(x, y),$$

所以

$$\lim_{\substack{\Delta x\to 0\\ \Delta y\to 0}}\frac{[f_x(x+\theta_1\Delta x, y+\Delta y)-f_x(x, y)]\Delta x}{\rho}=0,$$

$$\lim_{\substack{\Delta x\to 0\\ \Delta y\to 0}}\frac{[f_y(x, y+\theta_2\Delta y)-f_y(x, y)]\Delta y}{\rho}=0,$$

从而

$$\lim_{\substack{\Delta x\to 0\\ \Delta y\to 0}}\frac{[f_x(x+\theta_1\Delta x, y+\Delta y)-f_x(x, y)]\Delta x+[f_y(x, y+\theta_2\Delta y)-f_y(x, y)]\Delta y}{\rho}=0,$$

即

$$\lim_{\substack{\Delta x\to 0\\ \Delta y\to 0}}\frac{\Delta z-f_x(x, y)\Delta x-f_y(x, y)\Delta y}{\rho}=0$$

其中 $\rho=\sqrt{(\Delta x)^2+(\Delta y)^2}$. 由微分的定义可知，函数 $z=f(x, y)$ 在点 $P(x, y)$ 处可微.

习惯上，将自变量 x, y 的增量 Δx, Δy 分别记作 $\mathrm{d}x$, $\mathrm{d}y$，并分别称为自变量 x, y 的微分，则函数 $z=f(x, y)$ 的全微分可写作

$$\mathrm{d}z=\frac{\partial z}{\partial x}\mathrm{d}x+\frac{\partial z}{\partial y}\mathrm{d}y.$$

二元函数的全微分等于它的两个偏微分之和，这个结论称为二元函数的**微分叠加原理**. 叠加原理也适用于二元以上的函数，例如函数 $u=f(x, y, z)$ 的全微分为

$$\mathrm{d}u=\frac{\partial u}{\partial x}\mathrm{d}x+\frac{\partial u}{\partial y}\mathrm{d}y+\frac{\partial u}{\partial z}\mathrm{d}z.$$

综合前面的讨论，对多元函数可微、可导及连续之间的关系总结如下(见图 9-6)：

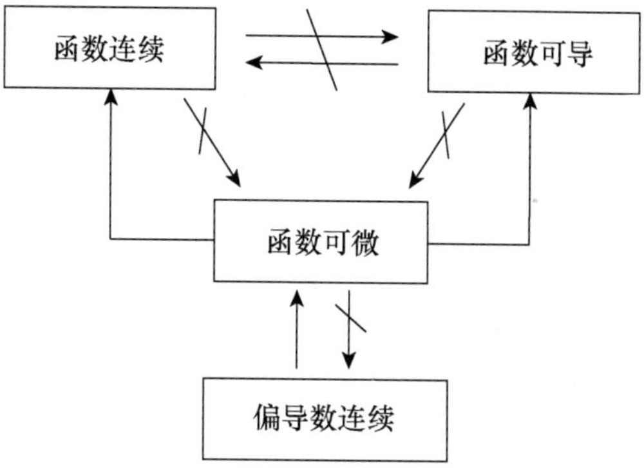

图 9-6 多元函数可微、可导及连续之间的关系

例 1 计算函数 $z=x^2y+y^2$ 的全微分.

解 $\because \dfrac{\partial z}{\partial x}=2xy,\ \dfrac{\partial z}{\partial y}=x^2+2y,$

$\therefore\ \mathrm{d}z=2xy\mathrm{d}x+(x^2+2y)\mathrm{d}y.$

例 2 计算函数 $z=\arctan(xy)$ 的全微分.

解 $\because \dfrac{\partial z}{\partial x}=\dfrac{y}{1+x^2y^2},\ \dfrac{\partial z}{\partial y}=\dfrac{x}{1+x^2y^2}.$

$\therefore\ \mathrm{d}z=\dfrac{y}{1+x^2y^2}\mathrm{d}x+\dfrac{x}{1+x^2y^2}\mathrm{d}y=\dfrac{y\mathrm{d}x+x\mathrm{d}y}{1+x^2y^2}.$

例 3 计算函数 $z=(1+xy)^y$ 的全微分.

解 $\because \dfrac{\partial z}{\partial x}=y\,(1+xy)^{y-1}y=y^2\,(1+xy)^{y-1},$

$$\frac{\partial z}{\partial y}=(\mathrm{e}^{y\ln(1+xy)})'_y=\mathrm{e}^{y\ln(1+xy)}\left[\ln(1+xy)+\frac{y}{1+xy}x\right]$$

$$=(1+xy)^y\left[\ln(1+xy)+\frac{xy}{1+xy}\right],$$

$\therefore\ \mathrm{d}z=y^2\,(1+xy)^{y-1}\mathrm{d}x+(1+xy)^y\left[\ln(1+xy)+\dfrac{xy}{1+xy}\right]\mathrm{d}y.$

例 4 计算函数 $z=\mathrm{e}^{xy}$在点 (2，1) 处的全微分.

解 $\because \dfrac{\partial z}{\partial x}=y\mathrm{e}^{xy},\ \dfrac{\partial z}{\partial y}=x\mathrm{e}^{xy},$

$$\left.\frac{\partial z}{\partial x}\right|_{\substack{x=2\\y=1}}=\mathrm{e}^2,\ \left.\frac{\partial z}{\partial y}\right|_{\substack{x=2\\y=1}}=2\mathrm{e}^2,$$

$\therefore\ \mathrm{d}z=\mathrm{e}^2\mathrm{d}x+2\mathrm{e}^2\mathrm{d}y.$

例 5 设 $z=f(x,y)=\begin{cases}\dfrac{x^2y}{x^4+y^2}, & x^2+y^2\neq 0\\ 0, & x^2+y^2=0\end{cases}$，证明 $f(x,y)$ 在 (0，0) 处可导，但

在 (0, 0) 处不可微.

证 $$\frac{\partial f}{\partial x}\Big|_{(0,0)}=\lim_{\Delta x\to 0}\frac{f(0+\Delta x,0)-f(0,0)}{\Delta x}=\lim_{\Delta x\to 0}\frac{\frac{(\Delta x)^2\cdot 0}{(\Delta x)^4+0^2}-0}{\Delta x}=0,$$

$$\frac{\partial f}{\partial y}\Big|_{(0,0)}=\lim_{\Delta y\to 0}\frac{f(0,0+\Delta y)-f(0,0)}{\Delta y}=\lim_{\Delta y\to 0}\frac{\frac{0^2\cdot \Delta y}{0^4+(\Delta y)^2}-0}{\Delta y}=0,$$

$\therefore f(x, y)$ 在 (0, 0) 处的两个偏导数都存在.

但由于

$$\lim_{\substack{x\to 0\\ y\to 0}}f(x,y)\overset{y=kx^2}{=}\lim_{\substack{x\to 0\\ y\to 0}}\frac{kx^4}{(1+k^2)x^4}=\frac{k}{k^2+1}.$$

可见，$\lim\limits_{\substack{x\to 0\\ y\to 0}}f(x,y)$ 与路径有关，从而$\lim\limits_{\substack{x\to 0\\ y\to 0}}f(x,y)$ 不存在.

$\therefore f(x, y)$ 在 (0, 0) 处不连续，从而 $f(x, y)$ 在 (0, 0) 处不可微.

四、全微分在近似计算中的应用

当二元函数 $z=f(x, y)$ 在点 $P(x, y)$ 处的两个偏导数 $f_x(x, y)$，$f_y(x, y)$ 连续，并且$|\Delta x|$，$|\Delta y|$都较小时，有近似等式

$$\Delta z\approx dz=f_x(x,y)\Delta x+f_y(x,y)\Delta y,$$

即 $$f(x+\Delta x,y+\Delta y)\approx f(x,y)+f_x(x,y)\Delta x+f_y(x,y)\Delta y.$$

我们可以利用上述近似等式对二元函数做近似计算.

例 6 有一圆柱体，受压后发生形变，它的半径由 20cm 增大到 20.05cm，高度由 100cm 减少到 99cm，求此圆柱体体积变化的近似值.

解 设圆柱体的半径、高和体积依次为 r，h，V，则有

$$V=\pi r^2h.$$

已知 $r=20$，$h=100$，$\Delta r=0.05$，$\Delta h=-1$，根据近似公式，有

$$\begin{aligned}\Delta V&\approx dV=V'_r\Delta r+V'_h\Delta h=2\pi rh\Delta r+\pi r^2\Delta h\\&=2\pi\times 20\times 100\times 0.05+\pi\times 20^2\times(-1)=-200\pi\ (\text{cm}^3).\end{aligned}$$

即此圆柱体在受压后体积约减少了 $200\pi\ \text{cm}^3$.

例 7 计算$(1.04)^{2.02}$的近似值.

解 设函数 $f(x, y)=x^y$，显然，要计算的值就是函数在 $x=1.04$，$y=2.02$ 处的函数值 $f(1.04, 2.02)$.

取 $x=1$，$y=2$，$\Delta x=0.04$，$\Delta y=0.02$. 由于

$$\begin{aligned}f(x+\Delta x,y+\Delta y)&\approx f(x,y)+f_x(x,y)\Delta x+f_y(x,y)\Delta y\\&=x^y+yx^{y-1}\Delta x+x^y\ln x\Delta y,\end{aligned}$$

所以

$$(1.04)^{2.02}\approx 1^2+2\times 1^{2-1}\times 0.04+1^2\times \ln 1\times 0.02=1.08.$$

习题 9－3

1. 求下列函数的全微分：

(1) $z=xy+\dfrac{x}{y}$；　　(2) $z=e^{\frac{y}{x}}$；

(3) $z=\dfrac{y}{\sqrt{x^2+y^2}}$；　　(4) $u=x^{yz}$.

2. 求函数 $z=\ln(1+x^2+y^2)$ 当 $x=1$，$y=2$ 时的全微分.

3. 求函数 $z=\dfrac{y}{x}$ 当 $x=2$，$y=1$，$\Delta x=0.1$，$\Delta y=-0.2$ 时的全微分.

4. 求函数 $z=e^{xy}$ 当 $x=1$，$y=1$，$\Delta x=0.15$，$\Delta y=0.1$ 时的全微分.

5. 计算 $\sqrt{(1.02)^3+(1.97)^3}$ 的近似值.

6. 计算 $(1.97)^{1.05}$ 的近似值.

§9.4　多元复合函数的求导法则

在一元函数的复合求导中，有“链式法则”，这一法则可以推广到多元复合函数的情形，下面分几种情形讨论.

一、复合函数的中间变量均为一元函数的情形

定理 1　如果函数 $u=\varphi(t)$ 及 $v=\psi(t)$ 都在点 t 处可导，函数 $z=f(u,v)$ 在对应点 (u,v) 处具有连续偏导数，其变量关系可用如图 9－7 所示的链式图表示，则复合函数 $z=f[\varphi(t),\psi(t)]$在点 t 处可导，且有

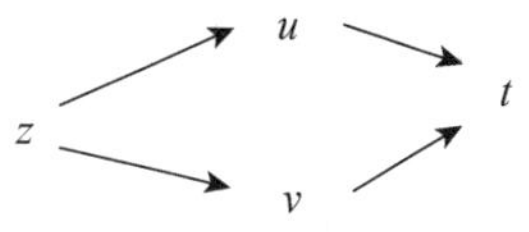

图 9－7

$$\frac{dz}{dt}=\frac{\partial z}{\partial u}\cdot\frac{du}{dt}+\frac{\partial z}{\partial v}\cdot\frac{dv}{dt}.$$

证明　因为 $z=f(u,v)$ 具有连续的偏导数，所以它是可微的，即有

$$dz=\frac{\partial z}{\partial u}du+\frac{\partial z}{\partial v}dv.$$

又因为 $u=\varphi(t)$ 及 $v=\psi(t)$ 都可导，因而可微，即有

$$du=\frac{du}{dt}dt,\ dv=\frac{dv}{dt}dt,$$

代入上式得

$$dz=\frac{\partial z}{\partial u}\cdot\frac{du}{dt}dt+\frac{\partial z}{\partial v}\cdot\frac{dv}{dt}dt=\left(\frac{\partial z}{\partial u}\cdot\frac{du}{dt}+\frac{\partial z}{\partial v}\cdot\frac{dv}{dt}\right)dt,$$

从而

$$\frac{dz}{dt}=\frac{\partial z}{\partial u}\cdot\frac{du}{dt}+\frac{\partial z}{\partial v}\cdot\frac{dv}{dt}.$$

推广：设 $z=f(u, v, w)$，$u=\varphi(t)$，$v=\psi(t)$，$w=\omega(t)$，则 $z=f[\varphi(t), \psi(t), \omega(t)]$ 对 t 的导数为：

$$\frac{dz}{dt}=\frac{\partial z}{\partial u}\frac{du}{dt}+\frac{\partial z}{\partial v}\frac{dv}{dt}+\frac{\partial z}{\partial w}\frac{dw}{dt}.$$

上述$\frac{dz}{dt}$称为**全导数**.

二、复合函数的中间变量均为多元函数的情形

定理 2 如果函数 $u=\varphi(x, y)$，$v=\psi(x, y)$ 都在点 (x, y) 处具有对 x 及 y 的偏导数，函数 $z=f(u, v)$ 在对应点 (u, v) 处具有连续偏导数，其变量关系可用如图 9－8 所示的链式图表示，则复合函数$z=f[\varphi(x, y), \psi(x, y)]$ 在点 (x, y) 处的两个偏导数存在，且有

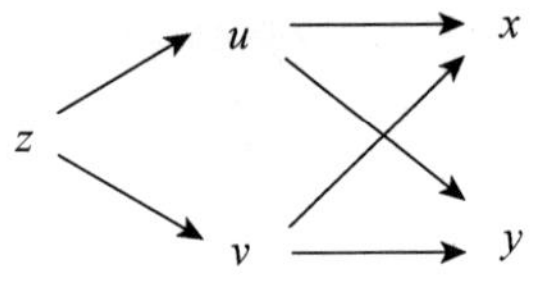

图 9－8

$$\frac{\partial z}{\partial x}=\frac{\partial z}{\partial u}\cdot\frac{\partial u}{\partial x}+\frac{\partial z}{\partial v}\cdot\frac{\partial v}{\partial x}, \frac{\partial z}{\partial y}=\frac{\partial z}{\partial u}\cdot\frac{\partial u}{\partial y}+\frac{\partial z}{\partial v}\cdot\frac{\partial v}{\partial y}.$$

推广：设 $z=f(u, v, w)$，$u=\varphi(x, y)$，$v=\psi(x, y)$，$w=\omega(x, y)$，则

$$\frac{\partial z}{\partial x}=\frac{\partial z}{\partial u}\cdot\frac{\partial u}{\partial x}+\frac{\partial z}{\partial v}\cdot\frac{\partial v}{\partial x}+\frac{\partial z}{\partial w}\cdot\frac{\partial w}{\partial x}, \frac{\partial z}{\partial y}=\frac{\partial z}{\partial u}\cdot\frac{\partial u}{\partial y}+\frac{\partial z}{\partial v}\cdot\frac{\partial v}{\partial y}+\frac{\partial z}{\partial w}\cdot\frac{\partial w}{\partial y}.$$

三、复合函数的中间变量既有一元函数，又有多元函数的情形

定理 3 如果函数 $u=\varphi(x, y)$ 在点 (x, y) 处具有对 x 及对 y 的偏导数，函数 $v=\psi(y)$ 在点 y 处可导，函数 $z=f(u, v)$ 在对应点 (u, v) 处具有连续偏导数，其变量关系可用如图 9－9 所示的链式图表示，则复合函数 $z=f[\varphi(x, y), \psi(y)]$ 在点 (x, y) 处的两个偏导数存在，且有

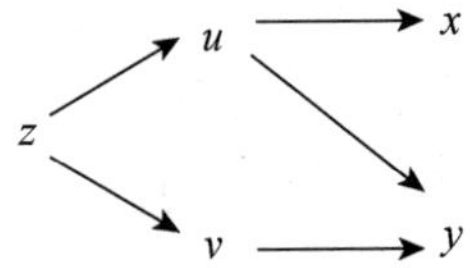

图 9－9

$$\frac{\partial z}{\partial x}=\frac{\partial z}{\partial u}\cdot\frac{\partial u}{\partial x}, \frac{\partial z}{\partial y}=\frac{\partial z}{\partial u}\cdot\frac{\partial u}{\partial y}+\frac{\partial z}{\partial v}\cdot\frac{\partial v}{\partial y}.$$

讨论：

设 $z=f(u, x, y)$，且 $u=\varphi(x, y)$，则$\frac{\partial z}{\partial x}=?$ $\frac{\partial z}{\partial y}=?$

提示：$\frac{\partial z}{\partial x}=\frac{\partial f}{\partial u}\frac{\partial u}{\partial x}+\frac{\partial f}{\partial x}$，$\frac{\partial z}{\partial y}=\frac{\partial f}{\partial u}\frac{\partial u}{\partial y}+\frac{\partial f}{\partial y}$.

这里$\frac{\partial z}{\partial x}$与$\frac{\partial f}{\partial x}$是不同的，$\frac{\partial z}{\partial x}$是复合函数 $z=f[\varphi(x, y), x, y]$ 对其中的 x 求偏导，只

有 y 看作常数，$\frac{\partial f}{\partial x}$是多元函数 $z=f(u, x, y)$ 仅对其中第二项的 x 求偏导，u，y 都看作常数. $\frac{\partial z}{\partial y}$与$\frac{\partial f}{\partial y}$也有类似的区别.

例 1　设 $z=x^2\sin y$，$y=2x+1$，求$\frac{dz}{dx}$.

解　$\frac{dz}{dx}=\frac{\partial z}{\partial x}+\frac{\partial z}{\partial y}\cdot\frac{dy}{dx}=2x\sin y+x^2\cos y\cdot 2=2x\sin(2x+1)+2x^2\cos(2x+1)$.

例 2　设 $z=e^u\sin v$，$u=xy$，$v=x+y$，求$\frac{\partial z}{\partial x}$和$\frac{\partial z}{\partial y}$.

解　$\frac{\partial z}{\partial x}=\frac{\partial z}{\partial u}\cdot\frac{\partial u}{\partial x}+\frac{\partial z}{\partial v}\cdot\frac{\partial v}{\partial x}=e^u\sin v\cdot y+e^u\cos v\cdot 1=e^{xy}[y\sin(x+y)+\cos(x+y)]$,

$\frac{\partial z}{\partial y}=\frac{\partial z}{\partial u}\cdot\frac{\partial u}{\partial y}+\frac{\partial z}{\partial v}\cdot\frac{\partial v}{\partial y}=e^u\sin v\cdot x+e^u\cos v\cdot 1=e^{xy}[x\sin(x+y)+\cos(x+y)]$.

例 3　设 $u=f(x, y, z)=e^{x^2+y^2+z^2}$，而 $z=x^2\sin y$，求$\frac{\partial u}{\partial x}$和$\frac{\partial u}{\partial y}$.

解　$\frac{\partial u}{\partial x}=\frac{\partial f}{\partial x}+\frac{\partial f}{\partial z}\cdot\frac{\partial z}{\partial x}=2xe^{x^2+y^2+z^2}+2ze^{x^2+y^2+z^2}\cdot 2x\sin y$

$=2x(1+2x^2\sin^2 y)e^{x^2+y^2+x^4\sin^2 y}$.

$\frac{\partial u}{\partial y}=\frac{\partial f}{\partial y}+\frac{\partial f}{\partial z}\cdot\frac{\partial z}{\partial y}=2ye^{x^2+y^2+z^2}+2ze^{x^2+y^2+z^2}\cdot x^2\cos y$

$=2(y+x^4\sin y\cos y)e^{x^2+y^2+x^4\sin^2 y}$.

例 4　求 $z=(3x^2+y^2)^{(4x+2y)}$ 的偏导数.

解　设 $z=u^v$，$u=3x^2+y^2$，$v=4x+2y$，

$\frac{\partial z}{\partial x}=\frac{\partial z}{\partial u}\cdot\frac{\partial u}{\partial x}+\frac{\partial z}{\partial v}\cdot\frac{\partial v}{\partial x}=vu^{v-1}6x+u^v\ln u\cdot 4$

$=6x(4x+2y)(3x^2+y^2)^{4x+2y-1}+4(3x^2+y^2)^{(4x+2y)}\ln(3x^2+y^2)$,

$\frac{\partial z}{\partial y}=\frac{\partial z}{\partial u}\cdot\frac{\partial u}{\partial y}+\frac{\partial z}{\partial v}\cdot\frac{\partial v}{\partial y}=vu^{v-1}2y+u^v\ln u\cdot 2$

$=2y(4x+2y)(3x^2+y^2)^{4x+2y-1}+2(3x^2+y^2)^{(4x+2y)}\ln(3x^2+y^2)$.

例 5　设 $z=uv+\sin t$，而 $u=e^t$，$v=\cos t$. 求全导数$\frac{dz}{dt}$.

解　$\frac{dz}{dt}=\frac{\partial z}{\partial u}\cdot\frac{du}{dt}+\frac{\partial z}{\partial v}\cdot\frac{dv}{dt}+\frac{\partial z}{\partial t}$

$=v\cdot e^t+u(-\sin t)+\cos t$

$=e^t\cos t-e^t\sin t+\cos t$

$=e^t(\cos t-\sin t)+\cos t$.

注：$\frac{\partial z}{\partial t}$是把 $z=uv+\sin t$ 中的 u，v 看作常量，仅对 t 求偏导.

例 6　设 $z=xy+u$，$u=\varphi(x, y)$，u 有连续的偏导数，求$\frac{\partial z}{\partial x}$和$\frac{\partial z}{\partial y}$.

解　令 $v=xy$，则 $z=v+u$，于是

$$\frac{\partial z}{\partial x}=\frac{\partial z}{\partial v}\cdot\frac{\partial v}{\partial x}+\frac{\partial z}{\partial u}\cdot\frac{\partial u}{\partial x}=1\cdot y+1\cdot\varphi_x'(x,\ y)=y+\varphi_x'(x,\ y),$$

$$\frac{\partial z}{\partial y}=\frac{\partial z}{\partial v}\cdot\frac{\partial v}{\partial y}+\frac{\partial z}{\partial u}\cdot\frac{\partial u}{\partial y}=1\cdot x+1\cdot\varphi_y'(x,\ y)=x+\varphi_y'(x,\ y).$$

例 7 设 $z=f(x^2+y^2,\ xy)$，f 有连续的偏导数，求$\frac{\partial z}{\partial x}$和$\frac{\partial z}{\partial y}$.

解 设 $u=x^2+y^2$，$v=xy$，则 $z=f(u,\ v)$，于是

$$\frac{\partial z}{\partial x}=\frac{\partial z}{\partial u}\cdot\frac{\partial u}{\partial x}+\frac{\partial z}{\partial v}\cdot\frac{\partial v}{\partial x}=\frac{\partial f}{\partial u}\cdot 2x+\frac{\partial f}{\partial v}\cdot y,$$

$$\frac{\partial z}{\partial y}=\frac{\partial z}{\partial u}\cdot\frac{\partial u}{\partial y}+\frac{\partial z}{\partial v}\cdot\frac{\partial v}{\partial y}=\frac{\partial f}{\partial u}\cdot 2y+\frac{\partial f}{\partial v}\cdot x.$$

例 8 设 $w=f(x+y+z,\ xyz)$，f 具有二阶连续偏导数，求$\frac{\partial w}{\partial x}$及$\frac{\partial^2 w}{\partial x\partial z}$.

解 令 $u=x+y+z$，$v=xyz$，则 $w=f(u,\ v)$.

引入记号：$f_1'=\frac{\partial f(u,\ v)}{\partial u}$，$f_{12}'=\frac{\partial f(u,\ v)}{\partial u\partial v}$；同理有 f_2'，f_{11}''，f_{22}''等.

$$\frac{\partial w}{\partial x}=\frac{\partial f}{\partial u}\cdot\frac{\partial u}{\partial x}+\frac{\partial f}{\partial v}\cdot\frac{\partial v}{\partial x}=f_1'+yzf_2',$$

$$\begin{aligned}\frac{\partial^2 w}{\partial x\partial z}&=\frac{\partial}{\partial z}(f_1'+yzf_2')=\frac{\partial f_1'}{\partial z}+yf_2'+yz\frac{\partial f_2'}{\partial z}\\&=\left(\frac{\partial f_1'}{\partial u}\cdot\frac{\partial u}{\partial z}+\frac{\partial f_1'}{\partial v}\cdot\frac{\partial v}{\partial z}\right)+yf_2'+yz\left(\frac{\partial f_2'}{\partial u}\cdot\frac{\partial u}{\partial z}+\frac{\partial f_2'}{\partial v}\cdot\frac{\partial v}{\partial z}\right)\\&=(f_{11}''+xyf_{12}'')+yf_2'+yz(f_{21}''+xyf_{22}'')\\&=f_{11}''+y(x+z)f_{12}''+yf_2'+xy^2zf_{22}''.\end{aligned}$$

四、全微分形式不变性

设 $z=f(u,\ v)$ 具有连续偏导数，则有全微分

$$\mathrm{d}z=\frac{\partial z}{\partial u}\mathrm{d}u+\frac{\partial z}{\partial v}\mathrm{d}v.$$

如果 $z=f(u,\ v)$ 具有连续偏导数，而 $u=\varphi(x,\ y)$，$v=\psi(x,\ y)$ 也具有连续偏导数，则复合函数 $z=f[\varphi(x,\ y),\ \psi(x,\ y)]$ 的全微分为

$$\begin{aligned}\mathrm{d}z&=\frac{\partial z}{\partial x}\mathrm{d}x+\frac{\partial z}{\partial y}\mathrm{d}y\\&=\left(\frac{\partial z}{\partial u}\frac{\partial u}{\partial x}+\frac{\partial z}{\partial v}\frac{\partial v}{\partial x}\right)\mathrm{d}x+\left(\frac{\partial z}{\partial u}\frac{\partial u}{\partial y}+\frac{\partial z}{\partial v}\frac{\partial v}{\partial y}\right)\mathrm{d}y\\&=\frac{\partial z}{\partial u}\left(\frac{\partial u}{\partial x}\mathrm{d}x+\frac{\partial u}{\partial y}\mathrm{d}y\right)+\frac{\partial z}{\partial v}\left(\frac{\partial v}{\partial x}\mathrm{d}x+\frac{\partial v}{\partial y}\mathrm{d}y\right)\\&=\frac{\partial z}{\partial u}\mathrm{d}u+\frac{\partial z}{\partial v}\mathrm{d}v.\end{aligned}$$

由此可见，无论 z 是自变量 u，v 的函数还是中间变量 u，v 的函数，它的全微分形式是一样的. 这个性质叫作**全微分形式不变性**.

例 9　利用全微分形式不变性求本节的例 2.

解　$\mathrm{d}z=\mathrm{d}(\mathrm{e}^u\sin v)$

$$\begin{aligned}&=\mathrm{e}^u\sin v\mathrm{d}u+\mathrm{e}^u\cos v\mathrm{d}v\\&=\mathrm{e}^u\sin v\mathrm{d}(xy)+\mathrm{e}^u\cos v\mathrm{d}(x+y)\\&=\mathrm{e}^u\sin v(y\mathrm{d}x+x\mathrm{d}y)+\mathrm{e}^u\cos v(\mathrm{d}x+\mathrm{d}y)\\&=(y\mathrm{e}^u\sin v+\mathrm{e}^u\cos v)\mathrm{d}x+(x\mathrm{e}^u\sin v+\mathrm{e}^u\cos v)\mathrm{d}y\\&=\mathrm{e}^{xy}[y\sin(x+y)+\cos(x+y)]\mathrm{d}x+\mathrm{e}^{xy}[x\sin(x+y)+\cos(x+y)]\mathrm{d}y,\end{aligned}$$

即
$$\frac{\partial z}{\partial x}\mathrm{d}x+\frac{\partial z}{\partial y}\mathrm{d}y=\mathrm{e}^{xy}[y\sin(x+y)+\cos(x+y)]\mathrm{d}x+\mathrm{e}^{xy}[x\sin(x+y)+\cos(x+y)]\mathrm{d}y,$$

所以
$$\frac{\partial z}{\partial x}=\mathrm{e}^{xy}[y\sin(x+y)+\cos(x+y)],\quad\frac{\partial z}{\partial y}=\mathrm{e}^{xy}[x\sin(x+y)+\cos(x+y)].$$

结果与例 2 的结果一样.

习题 9 - 4

1. 设 $z=u^2+v^2$，而 $u=x+y$，$v=x-y$，求$\dfrac{\partial z}{\partial x}$，$\dfrac{\partial z}{\partial y}$.

2. 设 $z=u^2\ln v$，而 $u=\dfrac{x}{y}$，$v=3x-2y$，求$\dfrac{\partial z}{\partial x}$，$\dfrac{\partial z}{\partial y}$.

3. 设 $z=\mathrm{e}^{x-2y}$，而 $x=\sin t$，$y=t^3$，求$\dfrac{\mathrm{d}z}{\mathrm{d}t}$.

4. 设 $z=\arcsin(x-y)$，而 $x=3t$，$y=4t^3$，求$\dfrac{\mathrm{d}z}{\mathrm{d}t}$.

5. 设 $z=\arctan(xy)$，而 $y=\mathrm{e}^x$，求$\dfrac{\mathrm{d}z}{\mathrm{d}x}$.

6. 设 $u=\dfrac{\mathrm{e}^{ax}(y-z)}{a^2+1}$，而 $y=a\sin x$，$z=\cos x$，求$\dfrac{\mathrm{d}u}{\mathrm{d}x}$.

7. 求下列函数的一阶偏导数(其中 f 具有一阶连续偏导数).

(1) $u=f(x^2-y^2,\ \mathrm{e}^{xy})$；　　(2) $u=f\left(\dfrac{x}{y},\ \dfrac{y}{z}\right)$；

(3) $u=f(x,\ xy,\ xyz)$.

8. 设 $z=xy+xF(u)$，而 $u=\dfrac{y}{x}$，$F(u)$ 为可导函数，证明：$x\dfrac{\partial z}{\partial x}+y\dfrac{\partial z}{\partial y}=z+xy$.

9. 设 $z=f(x^2+y^2)$，其中 f 具有二阶导数，求$\dfrac{\partial^2 z}{\partial x^2}$，$\dfrac{\partial^2 z}{\partial x\partial y}$，$\dfrac{\partial^2 z}{\partial y^2}$.

10. 求下列函数的$\dfrac{\partial^2 z}{\partial x^2}$，$\dfrac{\partial^2 z}{\partial x\partial y}$，$\dfrac{\partial^2 z}{\partial y^2}$(其中 f 具有二阶连续偏导数)：

(1) $z=f(xy,\ y)$；　　(2) $z=f\left(x,\ \dfrac{x}{y}\right)$；

(3) $z=f(xy^2,\ x^2y)$.

§9.5 隐函数的求导法则

一、一个方程的情形

在讨论一元函数时，我们提出了隐函数的概念，并介绍了不经过显化，直接由方程 $F(x, y)=0$ 求它所确定的隐函数的导数的方法. 现在介绍隐函数存在定理，并通过多元复合函数求导的链式法则建立隐函数的求导公式.

隐函数存在定理1 设函数 $F(x, y)$ 在点 $P(x_0, y_0)$ 的某一邻域内具有连续偏导数，$F(x_0, y_0)=0$，且 $F_y(x_0, y_0)\neq 0$，则方程 $F(x, y)=0$ 在点 (x_0, y_0) 的某一邻域内恒能唯一确定一个连续且具有连续导数的函数 $y=f(x)$，它满足条件 $y_0=f(x_0)$，并有

$$\frac{\mathrm{d}y}{\mathrm{d}x}=-\frac{F_x}{F_y}.$$

这个定理我们不做严格的证明，仅做如下推导.

将 $y=f(x)$ 代入 $F(x, y)=0$，得恒等式

$$F(x, f(x))\equiv 0,$$

利用复合函数求导法则在等式两边对 x 求导，得

$$\frac{\partial F}{\partial x}+\frac{\partial F}{\partial y}\cdot\frac{\mathrm{d}y}{\mathrm{d}x}=0,$$

由于 F_y 连续，且 $F_y(x_0, y_0)\neq 0$，所以存在 (x_0, y_0) 的一个邻域，在这个邻域内 $F_y\neq 0$，于是得

$$\frac{\mathrm{d}y}{\mathrm{d}x}=-\frac{F_x}{F_y}.$$

例1 验证方程 $x^2+y^2-1=0$ 在点 $(0, 1)$ 的某一邻域内能唯一确定一个具有连续导数且当 $x=0$ 时 $y=1$ 的隐函数 $y=f(x)$，并求该函数的一阶与二阶导数在 $x=0$ 处的值.

解 设 $F(x, y)=x^2+y^2-1$，则

$$F_x=2x,\ F_y=2y,\ F(0, 1)=0,\ F_y(0, 1)=2\neq 0.$$

因此由定理1可知，方程 $x^2+y^2-1=0$ 在点 $(0, 1)$ 的某一邻域内能唯一确定一个具有连续导数且当 $x=0$ 时 $y=1$ 的隐函数 $y=f(x)$.

它的一阶导数为

$$\frac{\mathrm{d}y}{\mathrm{d}x}=-\frac{F_x}{F_y}=-\frac{x}{y},\ 且\left.\frac{\mathrm{d}y}{\mathrm{d}x}\right|_{x=0}=\frac{0}{1}=0;$$

二阶导数为

$$\frac{d^2y}{dx^2}=\left(-\frac{x}{y}\right)'_x=-\frac{y-xy'}{y^2}=-\frac{y-x\left(-\frac{x}{y}\right)}{y^2}=-\frac{y^2+x^2}{y^3}=-\frac{1}{y^3},$$

所以 $\left.\frac{d^2y}{dx^2}\right|_{\substack{x=0\\y=0}}=-1.$

例 2　已知 $x+y^2-xe^y=0$，求$\frac{dy}{dx}$.

解　设 $F(x, y)=x+y^2-xe^y$，则 $F_x=1-e^y$，$F_y=2y-xe^y$，所以

$$\frac{dy}{dx}=-\frac{F_x}{F_y}=-\frac{1-e^y}{2y-xe^y}.$$

既然一个二元方程 $F(x, y)=0$ 可以确定一个一元隐函数，那么一个三元方程 $F(x, y, z)=0$ 也有可能确定一个二元隐函数，从而隐函数存在定理还可以推广到多元函数.

隐函数存在定理 2　设函数 $F(x, y, z)$ 在点 $P(x_0, y_0, z_0)$ 的某一邻域内具有连续的偏导数，且$F(x_0, y_0, z_0)=0$，$F_z(x_0, y_0, z_0)\neq0$，则方程 $F(x, y, z)=0$ 在点 (x_0, y_0, z_0) 的某一邻域内恒能唯一确定一个连续且具有连续偏导数的函数 $z=f(x, y)$，它满足条件 $z_0=f(x_0, y_0)$，并有

$$\frac{\partial z}{\partial x}=-\frac{F_x}{F_z},\ \frac{\partial z}{\partial y}=-\frac{F_y}{F_z}.$$

与定理 1 一样，我们不做严格的证明，仅做如下推导.

将 $z=f(x, y)$ 代入 $F(x, y, z)=0$，得

$$F(x, y, f(x, y))\equiv0,$$

将上式两端分别对 x 和 y 求导，得

$$F_x+F_z\cdot\frac{\partial z}{\partial x}=0,\ F_y+F_z\cdot\frac{\partial z}{\partial y}=0.$$

因为 F_z 连续且 $F_z(x_0, y_0, z_0)\neq0$，所以存在点 (x_0, y_0, z_0) 的一个邻域，使 $F_z\neq0$，于是得

$$\frac{\partial z}{\partial x}=-\frac{F_x}{F_z},\ \frac{\partial z}{\partial y}=-\frac{F_y}{F_z}.$$

例 3　设 $x^2+y^2+z^2-4z=0$，求$\frac{\partial^2 z}{\partial x^2}$，$\frac{\partial^2 z}{\partial x\partial y}$.

解　设 $F(x, y, z)=x^2+y^2+z^2-4z$，则

$$F_x=2x,\ F_y=2y,\ F_z=2z-4,$$

$$\frac{\partial z}{\partial x}=-\frac{F_x}{F_z}=-\frac{2x}{2z-4}=\frac{x}{2-z},\ \frac{\partial z}{\partial y}=-\frac{F_y}{F_z}=-\frac{2y}{2z-4}=\frac{y}{2-z},$$

$$\frac{\partial^2 z}{\partial x^2}=\frac{\partial}{\partial x}\left(\frac{x}{2-z}\right)=\frac{(2-z)+x\frac{\partial z}{\partial x}}{(2-z)^2}=\frac{(2-z)+x\left(\frac{x}{2-z}\right)}{(2-z)^2}=\frac{(2-z)^2+x^2}{(2-z)^3},$$

$$\frac{\partial^2 z}{\partial x\partial y}=\frac{\partial}{\partial y}\left(\frac{x}{2-z}\right)=\frac{-x\left(-\frac{\partial z}{\partial y}\right)}{(2-z)^2}==\frac{xy}{(2-z)^3}.$$

例 4 设 $z=f(x+y+z, xyz)$ 求 $\frac{\partial z}{\partial x}$, $\frac{\partial x}{\partial y}$, $\frac{\partial y}{\partial z}$.

解 设 $F(x, y, z)=f(x+y+z, xyz)-z$, 则

$$F_x=f_1'\cdot 1+f_2'\cdot yz-0=f_1'+yzf_2',$$

$$F_y=f_1'\cdot 1+f_2'\cdot xz-0=f_1'+xzf_2',$$

$$F_z=f_1'\cdot 1+f_2'\cdot xy-1=f_1'+xyf_2'-1,$$

$$\frac{\partial z}{\partial x}=-\frac{F_x}{F_z}=\frac{f_1'+yzf_2'}{1-f_1'-xyf_2'},$$

$$\frac{\partial x}{\partial y}=-\frac{F_y}{F_x}=-\frac{f_1'+xzf_2'}{f_1'+yzf_2'},$$

$$\frac{\partial y}{\partial z}=-\frac{F_z}{F_y}=\frac{1-f_1'-xyf_2'}{f_1'+xzf_2'}.$$

二、方程组的情形

隐函数存在定理还可以推广到方程组的情形. 以两个方程确定两个隐函数的情况为例.

假设在一定条件下, 方程组 $\begin{cases}F(x, y, u, v)=0\\G(x, y, u, v)=0\end{cases}$ 可以确定两个具有连续偏导数的二元函数 $u=u(x, y)$, $v=v(x, y)$, 如何根据此方程组求 u, v 的偏导数?

方程组对 x 求偏导数, 得

$$\begin{cases}F_x+F_u\dfrac{\partial u}{\partial x}+F_v\dfrac{\partial v}{\partial x}=0\\G_x+G_u\dfrac{\partial u}{\partial x}+G_v\dfrac{\partial v}{\partial x}=0\end{cases},$$

解此关于 $\frac{\partial u}{\partial x}$, $\frac{\partial v}{\partial x}$ 的线性方程组, 可求得 u, v 对 x 的偏导数.

同理, 方程组对 y 求偏导数, 得

$$\begin{cases}F_y+F_u\dfrac{\partial u}{\partial y}+F_v\dfrac{\partial v}{\partial y}=0\\G_y+G_u\dfrac{\partial u}{\partial y}+G_v\dfrac{\partial v}{\partial y}=0\end{cases},$$

解此关于 $\frac{\partial u}{\partial y}$, $\frac{\partial v}{\partial y}$ 的线性方程组, 可求得 u, v 对 y 的偏导数.

于是, 我们有下面的定理:

隐函数存在定理 3 设 $F(x, y, u, v)$, $G(x, y, u, v)$ 在点 $P_0(x_0, y_0, u_0, v_0)$ 的某一邻域内具有对各个变量的连续偏导数, 又 $F(x_0, y_0, u_0, v_0)=0$, $G(x_0, y_0, u_0, v_0)=0$, 且偏导数所组成的函数行列式

$$J=\frac{\partial(F,G)}{\partial(u,v)}=\begin{vmatrix}\frac{\partial F}{\partial u} & \frac{\partial F}{\partial v}\\ \frac{\partial G}{\partial u} & \frac{\partial G}{\partial v}\end{vmatrix}=\begin{vmatrix}F_u & F_v\\ G_u & G_v\end{vmatrix}$$（称为 F，G 的**雅可比行列式**）

在点 $P_0(x_0, y_0, u_0, v_0)$ 处不等于零，则方程组 $F(x, y, u, v)=0$，$G(x, y, u, v)=0$ 在点 $P_0(x_0, y_0, u_0, v_0)$ 的某一邻域内恒能唯一确定一组连续且具有连续偏导数的函数 $u=u(x, y)$，$v=v(x, y)$，它们满足条件 $u_0=u(x_0, y_0)$，$v_0=v(x_0, y_0)$，并有

$$\frac{\partial u}{\partial x}=-\frac{1}{J}\frac{\partial(F,G)}{\partial(x,v)}=-\frac{\begin{vmatrix}F_x & F_v\\ G_x & G_v\end{vmatrix}}{\begin{vmatrix}F_u & F_v\\ G_u & G_v\end{vmatrix}},\quad \frac{\partial v}{\partial x}=-\frac{1}{J}\frac{\partial(F,G)}{\partial(u,x)}=-\frac{\begin{vmatrix}F_u & F_x\\ G_u & G_x\end{vmatrix}}{\begin{vmatrix}F_u & F_v\\ G_u & G_v\end{vmatrix}},$$

$$\frac{\partial u}{\partial y}=-\frac{1}{J}\frac{\partial(F,G)}{\partial(y,v)}=-\frac{\begin{vmatrix}F_y & F_v\\ G_y & G_v\end{vmatrix}}{\begin{vmatrix}F_u & F_v\\ G_u & G_v\end{vmatrix}},\quad \frac{\partial v}{\partial y}=-\frac{1}{J}\frac{\partial(F,G)}{\partial(u,y)}=-\frac{\begin{vmatrix}F_u & F_y\\ G_u & G_y\end{vmatrix}}{\begin{vmatrix}F_u & F_v\\ G_u & G_v\end{vmatrix}}.$$

上述求导公式形式比较复杂，但其中有规律可循. 每个偏导数的表达式都是一个分式，前面都带负号，分母都是 F，G 的雅可比行列式 $\begin{vmatrix}F_u & F_v\\ G_u & G_v\end{vmatrix}$，$\frac{\partial u}{\partial x}$的分子是在 $\begin{vmatrix}F_u & F_v\\ G_u & G_v\end{vmatrix}$ 中把 u 换成 x，$\frac{\partial v}{\partial x}$的分子是在 $\begin{vmatrix}F_u & F_v\\ G_u & G_v\end{vmatrix}$ 中把 v 换成 x. 类似地，$\frac{\partial u}{\partial y}$，$\frac{\partial v}{\partial y}$也符合这样的规律.

在实际计算中，可以不必套用这些公式，关键是掌握求隐函数方程组的偏导数的方法.

例 5 设 $\begin{cases}xu-yv=0\\ yu+xv=1\end{cases}$，求 $\frac{\partial u}{\partial x}$，$\frac{\partial v}{\partial x}$，$\frac{\partial u}{\partial y}$和$\frac{\partial v}{\partial y}$.

解 方程组两边分别对 x 求偏导，得到关于$\frac{\partial u}{\partial x}$和$\frac{\partial v}{\partial x}$的方程组

$$\begin{cases}u+x\frac{\partial u}{\partial x}-y\frac{\partial v}{\partial x}=0\\ y\frac{\partial u}{\partial x}+v+x\frac{\partial v}{\partial x}=0\end{cases},$$

当 $x^2+y^2\neq 0$ 时，解之得

$$\frac{\partial u}{\partial x}=-\frac{xu+yv}{x^2+y^2},\quad \frac{\partial v}{\partial x}=\frac{yu-xv}{x^2+y^2}.$$

方程组两边分别对 y 求偏导，得到关于$\frac{\partial u}{\partial y}$和$\frac{\partial v}{\partial y}$的方程组

$$\begin{cases}x\frac{\partial u}{\partial y}-v-y\frac{\partial v}{\partial y}=0\\ u+y\frac{\partial u}{\partial y}+x\frac{\partial v}{\partial y}=0\end{cases},$$

当 $x^2+y^2\neq 0$ 时，解之得

$$\frac{\partial u}{\partial y}=\frac{xv-yu}{x^2+y^2},\ \frac{\partial v}{\partial y}=-\frac{xu+yv}{x^2+y^2}.$$

例 6 设由方程组$\begin{cases}x=-u^2+v\\y=u+v^2\end{cases}$确定了反函数组$\begin{cases}u=u(x,\ y)\\v=v(x,\ y)\end{cases}$，求$\frac{\partial u}{\partial x}$，$\frac{\partial v}{\partial x}$，$\frac{\partial u}{\partial y}$，$\frac{\partial v}{\partial y}$.

解 在题设方程组两边对 x 求偏导，得

$$\begin{cases}1=-2u\cdot\frac{\partial u}{\partial x}+\frac{\partial v}{\partial x}\\0=\frac{\partial u}{\partial x}+2v\frac{\partial v}{\partial x}\end{cases},$$

解得

$$\frac{\partial u}{\partial x}=\frac{-2v}{4uv+1},\ \frac{\partial v}{\partial x}=\frac{1}{4uv+1}.$$

同理，在题设方程组两边对 y 求偏导并解方程组，可得

$$\frac{\partial u}{\partial y}=\frac{1}{4uv+1},\ \frac{\partial v}{\partial y}=\frac{2u}{4uv+1}.$$

习题 9-5

1. 设 $\sin y+e^x-xy^2=0$，求$\frac{dy}{dx}$.

2. 设 $\ln\sqrt{x^2+y^2}=\arctan\frac{y}{x}$，求$\frac{dy}{dx}$.

3. 设 $x+2y+z-2\sqrt{xyz}=0$，求$\frac{\partial z}{\partial x}$，$\frac{\partial z}{\partial y}$.

4. 设$\frac{x}{z}=\ln\frac{z}{y}$，求$\frac{\partial z}{\partial x}$，$\frac{\partial z}{\partial y}$.

5. 设 $2\sin(x+2y+3z)=x+2y-3z$，证明$\frac{\partial z}{\partial x}+\frac{\partial z}{\partial y}=1$.

6. 设 $x=x(y,\ z)$，$y=y(x,\ z)$，$z=z(x,\ y)$ 都是由 $F(x,\ y,\ z)=0$ 所确定的具有连续偏导数的函数，证明$\frac{\partial x}{\partial y}\cdot\frac{\partial y}{\partial z}\cdot\frac{\partial z}{\partial x}=-1$.

7. 设 $\Phi(u,\ v)$ 具有连续偏导数，证明由方程 $\Phi(cx-az,\ cy-bz)=0$ 所确定的函数 $z=f(x,\ y)$ 满足 $a\frac{\partial z}{\partial x}+b\frac{\partial z}{\partial y}=c$.

8. 设 $e^z-xyz=0$，求$\frac{\partial^2 z}{\partial x^2}$.

9. 设 $z^3-3xyz=a^3$，求$\frac{\partial^2 z}{\partial x\partial y}$.

10. 求由下列方程组所确定的函数的导数或偏导数：

(1) 设$\begin{cases}z=x^2+y^2\\x^2+2y^2+3z^2=20\end{cases}$，求$\frac{dy}{dx}$，$\frac{dz}{dx}$；

(2) 设$\begin{cases}x+y+z=0\\x^2+y^2+z^2=1\end{cases}$，求$\frac{\mathrm{d}x}{\mathrm{d}z}$，$\frac{\mathrm{d}y}{\mathrm{d}z}$；

(3) 设$\begin{cases}u=f(ux, v+y)\\v=g(u-x, v^2y)\end{cases}$，其中 f，g 具有一阶连续偏导数，求$\frac{\partial u}{\partial x}$，$\frac{\partial v}{\partial x}$.

§9.6　多元函数微分学的几何应用

一、空间曲线的切线与法平面

(1) 设空间曲线 Γ 的参数方程为

$$\begin{cases}x=\varphi(t)\\y=\psi(t),\quad t\in[\alpha,\beta],\\z=\omega(t)\end{cases}$$

这里假定 $x=\varphi(t)$，$y=\psi(t)$，$z=\omega(t)$ 都在 $[\alpha,\beta]$ 上可导，且三个导数不全为零.

在曲线 Γ 上取对应于 $t=t_0$ 的一点 $M_0(x_0, y_0, z_0)$ 及对应于 $t=t_0+\Delta t$ 的邻近一点 $M(x_0+\Delta x, y_0+\Delta y, z_0+\Delta z)$. 作曲线的割线 MM_0，其方程为

$$\frac{x-x_0}{\Delta x}=\frac{y-y_0}{\Delta y}=\frac{z-z_0}{\Delta z}.$$

当点 M 沿着曲线 Γ 趋于点 M_0 时，割线 MM_0 的极限位置就是曲线在点 M_0 处的切线，见图 9-10.

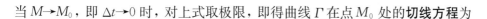

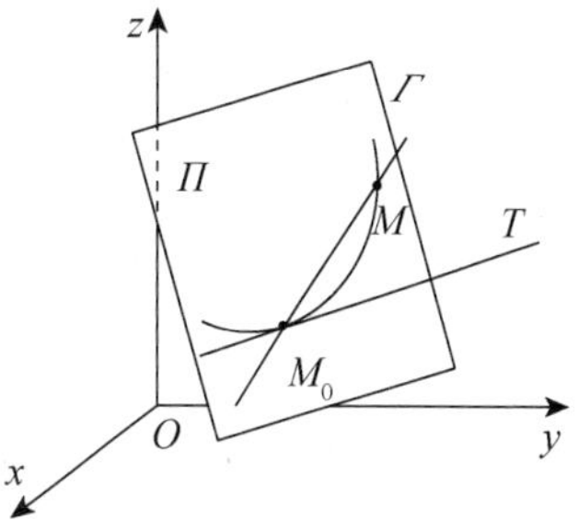

图 9-10

用 Δt 除上式的各分母，得

$$\frac{x-x_0}{\frac{\Delta x}{\Delta t}}=\frac{y-y_0}{\frac{\Delta y}{\Delta t}}=\frac{z-z_0}{\frac{\Delta z}{\Delta t}}.$$

当 $M\to M_0$，即 $\Delta t\to 0$ 时，对上式取极限，即得曲线 Γ 在点 M_0 处的**切线方程**为

$$\frac{x-x_0}{\varphi'(t_0)}=\frac{y-y_0}{\psi'(t_0)}=\frac{z-z_0}{\omega'(t_0)}.$$

曲线在某点处的切线的方向向量称为曲线的**切向量**，向量

$$\vec{T}=(\varphi'(t_0), \psi'(t_0), \omega'(t_0))$$

就是曲线 Γ 在点 M_0 处的一个切向量.

过点 M_0 且与切线垂直的平面称为曲线 Γ 在点 M_0 处的**法平面**，从而曲线的切向量 $\vec{T}=(\varphi'(t_0), \psi'(t_0), \omega'(t_0))$ 就是法平面的法向量，于是该法平面方程为

$$\varphi'(t_0)(x-x_0)+\psi'(t_0)(y-y_0)+\omega'(t_0)(z-z_0)=0.$$

例 1 求曲线 Γ:

$$x=\int_0^t e^u \cos u du,\ y=2\sin t+\cos t,\ z=1+e^{3t}$$

在 $t=0$ 处的切线和法平面方程.

解 当 $t=0$ 时, $x=0$, $y=1$, $z=2$, 又因为

$$x'=e^t\cos t,\ y'=2\cos t-\sin t,\ z'=3e^{3t},$$

所以曲线 Γ 在 $t=0$ 处的切向量为

$$\vec{T}=(x'(0),\ y'(0),\ z'(0))=(1,\ 2,\ 3).$$

于是所求切线方程为

$$\frac{x-0}{1}=\frac{y-1}{2}=\frac{z-2}{3},$$

法平面方程为 $x+2(y-1)+3(z-2)=0$,

即 $\quad x+2y+3z-8=0.$

(2) 设曲线 Γ 的方程为

$$\begin{cases} y=\varphi(x) \\ z=\psi(x) \end{cases},$$

则可取 x 为参数, 曲线方程可表示为参数方程: $\begin{cases} x=x \\ y=\varphi(x) \\ z=\psi(x) \end{cases}$, 于是切向量为

$$\vec{T}=\{1,\ \varphi'(x),\ \psi'(x)\},$$

则曲线 Γ 在点 $M_0(x_0,\ y_0,\ z_0)$ 处的切线方程为

$$\frac{x-x_0}{1}=\frac{y-y_0}{\varphi'(x_0)}=\frac{z-z_0}{\psi'(x_0)}.$$

其法平面方程为

$$(x-x_0)+\varphi'(x_0)(y-y_0)+\psi'(x_0)(z-z_0)=0.$$

(3) 设曲线 Γ 的方程为

$$\begin{cases} F(x,\ y,\ z)=0 \\ G(x,\ y,\ z)=0 \end{cases},$$

则两方程确定了两个隐函数: $y=\varphi(x)$, $z=\psi(x)$. 曲线的参数方程为

$$x=x,\ y=\varphi(x),\ z=\psi(x).$$

曲线 Γ 的方程组对 x 求导, 得方程组

$$\begin{cases} F_x+F_y\dfrac{dy}{dx}+F_z\dfrac{dz}{dx}=0 \\ G_x+G_y\dfrac{dy}{dx}+G_z\dfrac{dz}{dx}=0 \end{cases}.$$

当$\begin{vmatrix} F_y & F_z \\ G_y & G_z \end{vmatrix}\neq 0$时，可解得$\dfrac{dy}{dx}=\dfrac{\begin{vmatrix} F_z & F_x \\ G_z & G_x \end{vmatrix}}{\begin{vmatrix} F_y & F_z \\ G_y & G_z \end{vmatrix}}$，$\dfrac{dz}{dx}=\dfrac{\begin{vmatrix} F_x & F_y \\ G_x & G_y \end{vmatrix}}{\begin{vmatrix} F_y & F_z \\ G_y & G_z \end{vmatrix}}$.

切向量为 $\vec{T}=\left(1,\dfrac{dy}{dx},\dfrac{dz}{dx}\right)=\left(1,\dfrac{\begin{vmatrix} F_z & F_x \\ G_z & G_x \end{vmatrix}}{\begin{vmatrix} F_y & F_z \\ G_y & G_z \end{vmatrix}},\dfrac{\begin{vmatrix} F_x & F_y \\ G_x & G_y \end{vmatrix}}{\begin{vmatrix} F_y & F_z \\ G_y & G_z \end{vmatrix}}\right)$，

可取切向量为

$$\vec{T}=\left(\begin{vmatrix} F_y & F_z \\ G_y & G_z \end{vmatrix},\begin{vmatrix} F_z & F_x \\ G_z & G_x \end{vmatrix},\begin{vmatrix} F_x & F_y \\ G_x & G_y \end{vmatrix}\right),$$

切线方程为

$$\frac{x-x_0}{\begin{vmatrix} F_y & F_z \\ G_y & G_z \end{vmatrix}}=\frac{y-y_0}{\begin{vmatrix} F_z & F_x \\ G_z & G_x \end{vmatrix}}=\frac{z-z_0}{\begin{vmatrix} F_x & F_y \\ G_x & G_y \end{vmatrix}},$$

法平面方程为

$$\begin{vmatrix} F_y & F_z \\ G_y & G_z \end{vmatrix}(x-x_0)+\begin{vmatrix} F_z & F_x \\ G_z & G_x \end{vmatrix}(y-y_0)+\begin{vmatrix} F_x & F_y \\ G_x & G_y \end{vmatrix}(z-z_0)=0.$$

例 2　求出曲线 $y=-x^2$，$z=x^3$ 上的点，使在该点的切线平行于已知平面 $x+2y+z=4$.

解　设所求切点为(x_0, y_0, z_0)，则曲线在该点的切向量为 $\vec{T}=(1, -2x_0, 3x_0^2)$. 由于切线平行于已知平面 $z+2y+z=4$，因而 $\vec{T}$ 垂直于已知平面的法线向量 $\vec{n}=(1, 2, 1)$，故有

$$\vec{T}\cdot\vec{n}=1\cdot 1+(-2x_0)\cdot 2+3x_0^2\cdot 1=0,$$

解得 $x_0=1$ 或$\dfrac{1}{3}$，将它代入曲线方程，求得切点为 $M_1(1, -1, 1)$ 和 $M_2\left(\dfrac{1}{3}, -\dfrac{1}{9}, \dfrac{1}{27}\right)$.

例 3　求曲线 $x^2+y^2+z^2=6$，$x+y+z=0$ 在点 $(1, -2, 1)$ 处的切线及法平面方程.

解　为求切向量，先将所给方程的两边对 x 求导数，得

$$\begin{cases} 2x+2y\dfrac{dy}{dx}+2z\dfrac{dz}{dx}=0 \\ 1+\dfrac{dy}{dx}+\dfrac{dz}{dx}=0 \end{cases},$$

解方程组，得

$$\frac{dy}{dx}=\frac{z-x}{y-z},\ \frac{dz}{dx}=\frac{x-y}{y-z}.$$

在点 (1, −2, 1) 处, $\frac{dy}{dx}=0$, $\frac{dz}{dx}=-1$. 从而 $\vec{T}=(1, 0, -1)$.

所求切线方程为

$$\frac{x-1}{1}=\frac{y+2}{0}=\frac{z-1}{-1},$$

法平面方程为

$$(x-1)+0(y+2)-(z-1)=0$$

即 $$x-z=0.$$

二、空间曲面的切平面与法线

(1) 设曲面 Σ 的方程为

$$F(x, y, z)=0,$$

$M_0(x_0, y_0, z_0)$ 是曲面 Σ 上的一点，并设函数 $F(x, y, z)$ 的偏导数在该点连续且不同时为零. 在曲面 Σ 上，通过点 M_0 任意引一条曲线 Γ (见图 9-11)，假定曲线 Γ 的参数方程式为

$$x=\varphi(t), y=\psi(t), z=\omega(t).$$

$t=t_0$ 对应于点 $M_0(x_0, y_0, z_0)$ 且 $\varphi'(t_0)$, $\psi'(t_0)$, $\omega'(t_0)$ 不全为零，则曲线 Γ 在点 $M_0(x_0, y_0, z_0)$ 处的切向量为

$$\vec{T}=\{\varphi'(t_0), \psi'(t_0), \omega'(t_0)\}.$$

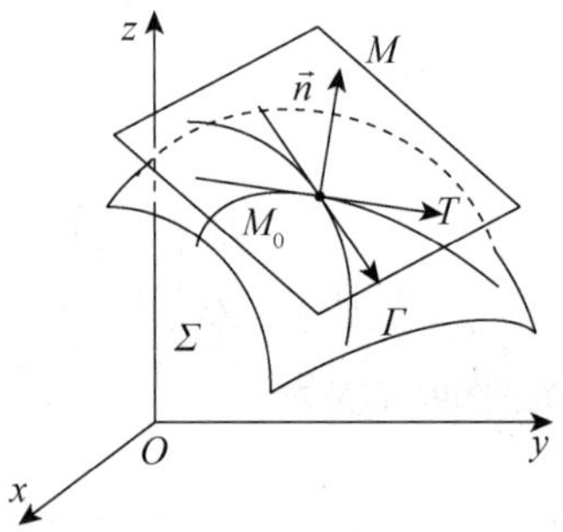

图 9-11

因为曲线 Γ 在曲面 Σ 上，所以 $F[\varphi(t), \psi(t), \omega(t)]\equiv 0$，于是 $F[\varphi(t), \psi(t), \omega(t)]$ 在 $t=t_0$ 处的全导数等于零，即

$$F_x(x_0, y_0, z_0)\varphi'(t_0)+F_y(x_0, y_0, z_0)\psi'(t_0)+F_z(x_0, y_0, z_0)\omega'(t_0)=0.$$

引入向量

$$\vec{n}=(F_x(x_0, y_0, z_0), F_y(x_0, y_0, z_0), F_z(x_0, y_0, z_0)),$$

易见 $\vec{T}$ 与 $\vec{n}$ 是垂直的. 因为曲线 Γ 是曲面 Σ 上通过点 M_0 的任意一条曲线，它们在点 M_0 处的切线都与同一向量 $\vec{n}$ 垂直，所以曲面 Σ 上通过点 M_0 的一切曲线在点 M_0 的切线都在同一个平面上. 这个平面称为曲面 Σ 在点 M_0 的**切平面**，该切平面的方程是

$$F_x(x_0, y_0, z_0)(x-x_0)+F_y(x_0, y_0, z_0)(y-y_0)+F_z(x_0, y_0, z_0)(z-z_0)=0.$$

曲面 Σ 在点 M_0 处的切平面的法向量称为在点 M_0 处**曲面的法向量**. 故在点 M_0 处曲面的法向量为:

$$\vec{n}=(F_x(x_0, y_0, z_0), F_y(x_0, y_0, z_0), F_z(x_0, y_0, z_0))$$

过点 $M_0(x_0, y_0, z_0)$ 而垂直于切平面的直线称为曲面 Σ 在该点的**法线**. 因此法线方程为

$$\frac{x-x_0}{F_x(x_0, y_0, z_0)}=\frac{y-y_0}{F_y(x_0, y_0, z_0)}=\frac{z-z_0}{F_z(x_0, y_0, z_0)}.$$

例 4　求球面 $x^2+y^2+z^2=14$ 在点 (1, 2, 3) 处的切平面及法线方程.

解　设 $F(x, y, z)=x^2+y^2+z^2-14$，则 $F_x=2x$，$F_y=2y$，$F_z=2z$，所以有 $F_x(1, 2, 3)=2$，$F_y(1, 2, 3)=4$，$F_z(1, 2, 3)=6$. 因此，法向量为 $\vec{n}=(2, 4, 6)$. 所求切平面方程为

$$2(x-1)+4(y-2)+6(z-3)=0,$$

即　$$x+2y+3z-14=0.$$

法线方程为 $\frac{x-1}{1}=\frac{y-2}{2}=\frac{z-3}{3}$.

(2) 若曲面 Σ 的方程为

$$z=f(x, y),$$

令 $F(x, y, x)=f(x, y)-z$，则 $\vec{n}=(f_x(x_0, y_0), f_y(x_0, y_0), -1)$，或者 $\vec{n}=(-f_x(x_0, y_0), -f_y(x_0, y_0), 1)$，切平面方程为

$$f_x(x_0, y_0)(x-x_0)+f_y(x_0, y_0)(y-y_0)-(z-z_0)=0,$$

或　$$z-z_0=f_x(x_0, y_0)(x-x_0)+f_y(x_0, y_0)(y-y_0),$$

法线方程为

$$\frac{x-x_0}{f_x(x_0, y_0)}=\frac{y-y_0}{f_y(x_0, y_0)}=\frac{z-z_0}{-1}.$$

例 5　求旋转抛物面 $z=x^2+y^2-1$ 在点 (2, 1, 4) 处的切平面及法线方程.

解　令 $f(x, y)=x^2+y^2-1$，则 $\vec{n}=(f_x, f_y, -1)=(2x, 2y, -1)$，所以 $\vec{n}|_{(2,1,4)}=(4, 2, -1)$.

故在点 (2, 1, 4) 处的切平面方程为

$$4(x-2)+2(y-1)-(z-4)=0,$$

即　$$4x+2y-z-6=0,$$

法线方程为

$$\frac{x-2}{4}=\frac{y-1}{2}=\frac{z-4}{-1}.$$

例 6　求曲面 $\Sigma: x^2+y^2+z^2-xy-3=0$ 上同时垂直平面 $z=0$ 与平面 $x+y+1=0$ 的切平面方程.

解　令 $F(x, y, z)=x^2+y^2+z^2-xy-3$，则 $F_x=2x-y$，$F_y=2y-x$，$F_z=2z$，曲面在点 (x_0, y_0, z_0) 处的法线向量为 $\vec{n}=(2x_0-y_0, 2y_0-x_0, 2z_0)$，设平面 $z=0$ 与平面 $x+y+1=0$ 的法向量为 $\vec{n}_1$，$\vec{n}_2$，则

$$\vec{n}_1\times\vec{n}_2=\begin{vmatrix}\vec{i}&\vec{j}&\vec{k}\\0&0&1\\1&1&0\end{vmatrix}=-\vec{i}+\vec{j},$$

所以有 $\dfrac{2x_0-y_0}{-1}=\dfrac{2y_0-x_0}{1}=\dfrac{2z_0}{0}=\lambda$,

即有 $2x_0-y_0=-\lambda$, $2y_0-x_0=\lambda$, $2z_0=0$.

解得 $x_0=-y_0$, $z_0=0$, 代入曲面 Σ 的方程, 求得切点为 $M_1(1,-1,0)$ 和 $M_2(-1,1,0)$.
法向量为 $\vec{n}=(3,-3,0)$, 或 $\vec{n}=(-3,3,0)$,
切平面方程为

$$3(x-1)-3(y+1)+0(z-0)=0 \text{ 即 } x-y-2=0$$

和 $$-3(x+1)+3(y-1)+0(z-0)=0 \text{ 即 } x-y+2=0.$$

(3) 函数 $z=f(x,y)$ 在点 (x_0,y_0) 处的全微分的几何意义.

因为曲面 Σ: $z=f(x,y)$ 在点 (x_0,y_0,z_0) 处的切平面方程为

$$f_x(x_0,y_0)(x-x_0)+f_y(x_0,y_0)(y-y_0)-(z-z_0)=0,$$

整理得 $z-z_0=f_x(x_0,y_0)(x-x_0)+f_y(x_0,y_0)(y-y_0)$,

即 $\Delta z=f_x(x_0,y_0)\Delta x+f_y(x_0,y_0)\Delta y$,

所以函数 $z=f(x,y)$ 在点 (x_0,y_0) 处的全微分, 在几何上表示曲面 $z=f(x,y)$ 在点 (x_0,y_0,z_0) 处的切平面上点的竖坐标的增量.

习题 9-6

1. 求曲线 $r=f(t)=(t-\sin t)\vec{i}+(1-\cos t)\vec{j}+\left(4\sin\dfrac{t}{2}\right)\vec{k}$ 在与 $t_0=\dfrac{\pi}{2}$ 相应的点处的切线与法平面方程.

2. 求曲线 $x=\dfrac{t}{1+t}$, $y=\dfrac{1+t}{t}$, $z=t^2$ 在对应 $t_0=1$ 的点的切线与法平面方程.

3. 求曲线 $y^2=2mx$, $z^2=m-x$ 在点 (x_0,y_0,z_0) 处的切线与法平面方程.

4. 求曲线 $\begin{cases}x^2+y^2+z^2-3x=0\\2x-3y+5z-4=0\end{cases}$ 在点 $(1,1,1)$ 处的切线与法平面方程.

5. 求在曲线 $x=t$, $y=t^2$, $z=t^3$ 上的点, 使在该点的切线平行于平面 $x+2y+z=4$.

6. 求曲面 $e^z-z+xy=3$ 在点 $(2,1,0)$ 处的切平面与法线方程.

7. 求曲面 $ax^2+by^2+cz^2=1$ 在点 (x_0,y_0,z_0) 处的切平面与法线方程.

8. 求椭球面 $x^2+2y^2+z^2=1$ 上平行于平面 $x-y+2z=0$ 的切平面方程.

9. 求旋转椭球面 $3x^2+y^2+z^2=16$ 上点 $(-1,-2,3)$ 处的切平面与 xOy 面的夹角的余弦.

10. 试证曲面 $\sqrt{x}+\sqrt{y}+\sqrt{z}=\sqrt{a}\,(a>0)$ 上任意点处的切平面在各坐标轴上的截距之和等于 a.

§9.7　方向导数与梯度

一、方向导数

现在我们来讨论函数 $z=f(x, y)$ 在一点 P 沿某一方向的变化率问题.

设函数 $z=f(x, y)$ 在点 $P_0(x_0, y_0)$ 的某一邻域 $U(P_0)$ 内有定义，l 是 xOy 平面上以 $P_0(x_0, y_0)$ 为始点的一条射线，$P(x_0+\Delta x, y_0+\Delta y)$ 为 l 上另一点，且 $P\in U(P_0)$，见图 9-12.

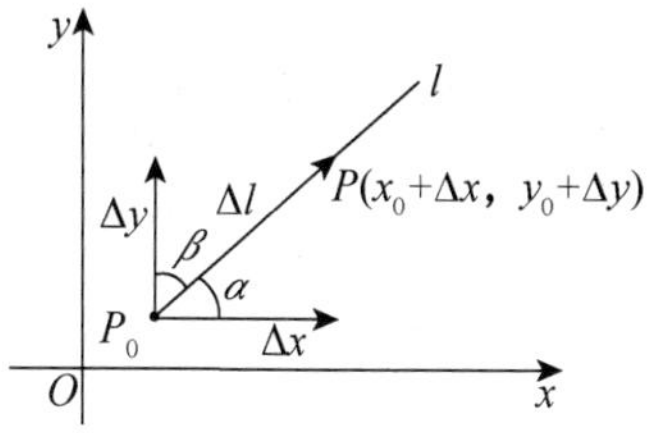

图 9-12

于是

$$|P_0P|=\rho=\sqrt{(\Delta x)^2+(\Delta y)^2}.$$

如果极限

$$\lim_{\rho\to 0^+}\frac{f(x_0+\Delta x, y_0+\Delta y)-f(x_0, y_0)}{\rho}$$

存在，则称此极限值为函数 $f(x, y)$ 在点 P_0 处沿方向 l 的**方向导数**，记作 $\left.\frac{\partial f}{\partial l}\right|_{(x_0, y_0)}$，即

$$\left.\frac{\partial f}{\partial l}\right|_{(x_0, y_0)}=\lim_{\rho\to 0^+}\frac{f(x_0+\Delta x, y_0+\Delta y)-f(x_0, y_0)}{\rho}.$$

由方向导数的定义可知，方向导数 $\left.\frac{\partial f}{\partial l}\right|_{(x_0, y_0)}$ 就是函数 $f(x, y)$ 在点 $P(x_0, y_0)$ 处沿方向 l 的变化率，从而 $\frac{\partial f}{\partial x}$ 与 $\frac{\partial f}{\partial y}$ 就是函数 $f(x, y)$ 在点 P_0 处分别沿 x 轴与 y 轴正方向的方向导数.

方向导数如何计算？它与偏导数有什么联系呢？

定理　如果函数 $z=f(x, y)$ 在点 $P(x_0, y_0)$ 处可微分，那么函数在该点沿任一方向 l 的方向导数都存在，且有

$$\left.\frac{\partial f}{\partial l}\right|_{(x_0, y_0)}=f_x(x_0, y_0)\cos\alpha+f_y(x_0, y_0)\cos\beta,$$

其中，$\cos\alpha$，$\cos\beta$ 是方向 l 的方向余弦.

证明　设 $\rho=\sqrt{(\Delta x)^2+(\Delta y)^2}$，则 $\Delta x=\rho\cos\alpha$，$\Delta y=\rho\cos\beta$，因为函数 $z=f(x, y)$ 在点 $P(x_0, y_0)$ 处可微分，所以

$$f(x_0+\Delta x, y_0+\Delta y)-f(x_0, y_0)=f_x(x_0, y_0)\Delta x+f_y(x_0, y_0)\Delta y+o(\rho),$$

从而

$$\left.\frac{\partial f}{\partial l}\right|_{(x_0, y_0)}=\lim_{\rho\to 0^+}\frac{f(x_0+\Delta x, y_0+\Delta y)-f(x_0, y_0)}{\rho}$$

$$=\lim_{\rho\to 0^+}\frac{f_x(x_0, y_0)\Delta x+f_y(x_0, y_0)\Delta y+o(\rho)}{\rho}$$
$$=f_x(x_0, y_0)\cos\alpha+f_y(x_0, y_0)\cos\beta.$$

例 1 求函数 $z=xe^{2y}$ 在点 $P(1, 0)$ 沿从点 $P(1, 0)$ 到点 $Q(2, -1)$ 的方向的方向导数.

解 这里方向 l 即向量 $\overrightarrow{PQ}=(1, -1)$ 的方向，与 l 同向的单位向量为 $\vec{e}_l=\left(\frac{1}{\sqrt{2}}, -\frac{1}{\sqrt{2}}\right)$.

因为函数可微分，且 $\left.\frac{\partial z}{\partial x}\right|_{(1, 0)}=\left.e^{2y}\right|_{(1, 0)}=1$，$\left.\frac{\partial z}{\partial y}\right|_{(1, 0)}=\left.2xe^{2y}\right|_{(1, 0)}=2$，所以所求方向导数为

$$\left.\frac{\partial z}{\partial l}\right|_{(1, 0)}=1\times\frac{1}{\sqrt{2}}+2\times\left(-\frac{1}{\sqrt{2}}\right)=-\frac{\sqrt{2}}{2}.$$

推广：对于三元函数 $f(x, y, z)$，如果它在点 $P(x, y, z)$ 处可微分，它在 $P(x, y, z)$ 处沿 $\vec{e}_l=(\cos\alpha, \cos\beta, \cos\gamma)$ 的方向导数为

$$\left.\frac{\partial f}{\partial l}\right|_{(x, y, z)}=f_x(x, y, z)\cos\alpha+f_y(x, y, z)\cos\beta+f_z(x, y, z)\cos\gamma.$$

例 2 求 $u=\ln(x+\sqrt{y^2+z^2})$ 在 $A(1, 0, 1)$ 沿 A 指向 $B(3, -2, 2)$ 的方向的方向导数.

解 因为方向 l 即向量 $\overrightarrow{AB}=(2, -2, 1)$，与 l 同向的单位向量为 $\vec{e}_l=\left(\frac{2}{3}, -\frac{2}{3}, \frac{1}{3}\right)$.

函数 $u=\ln(x+\sqrt{y^2+z^2})$ 在点 $A(1, 0, 1)$ 处可微分，且

$$\left.\frac{\partial u}{\partial x}\right|_{(1, 0, 1)}=\left.\frac{1}{x+\sqrt{y^2+z^2}}\right|_{(1, 0, 1)}=\frac{1}{2},$$
$$\left.\frac{\partial u}{\partial y}\right|_{(1, 0, 1)}=\left.\frac{1}{x+\sqrt{y^2+z^2}}\cdot\frac{y}{\sqrt{y^2+z^2}}\right|_{(1, 0, 1)}=0,$$
$$\left.\frac{\partial u}{\partial z}\right|_{(1, 0, 1)}=\left.\frac{1}{x+\sqrt{y^2+z^2}}\cdot\frac{z}{\sqrt{y^2+z^2}}\right|_{(1, 0, 1)}=\frac{1}{2},$$

所以所求方向导数为

$$\left.\frac{\partial u}{\partial l}\right|_{(1, 0, 1)}=\frac{1}{2}\times\frac{2}{3}+0\times\left(-\frac{2}{3}\right)+\frac{1}{2}\times\frac{1}{3}=\frac{1}{2}.$$

例 3 求 $f(x, y, z)=xy+yz+zx$ 在点 $(1, 1, 2)$ 沿方向 l 的方向导数，其中 l 的方向角分别为 $60°$，$45°$，$60°$.

解 与 l 同向的单位向量为

$$\vec{e}_l=(\cos 60°, \cos 45°, \cos 60°)=\left(\frac{1}{2}, \frac{\sqrt{2}}{2}, \frac{1}{2}\right),$$

因为函数可微分，且

$$f_x(1,1,2)=(y+z)\big|_{(1,1,2)}=3,$$
$$f_y(1,1,2)=(x+z)\big|_{(1,1,2)}=3,$$
$$f_z(1,1,2)=(y+x)\big|_{(1,1,2)}=2,$$

所以

$$\left.\frac{\partial f}{\partial l}\right|_{(1,1,2)}=3\times\frac{1}{2}+3\times\frac{\sqrt{2}}{2}+2\times\frac{1}{2}=\frac{1}{2}(5+3\sqrt{2}).$$

二、梯度

设函数 $z=f(x, y)$ 在平面区域 D 内具有一阶连续偏导数，则对于每一点 $P(x, y)\in D$，都可确定一个向量 $f_x(x, y)\vec{i}+f_y(x, y)\vec{j}$，这个向量称为函数 $z=f(x, y)$ 在点 $P(x, y)$ 的**梯度**，记作 $\mathbf{grad}f(x, y)$，即

$$\mathbf{grad}f(x, y)=f_x(x, y)\vec{i}+f_y(x, y)\vec{j}.$$

如果函数 $f(x, y)$ 在点 $P(x, y)$ 可微分，$\vec{e}_l=(\cos\alpha, \cos\beta)$ 是与方向 l 同方向的单位向量，则

$$\begin{aligned}\left.\frac{\partial f}{\partial l}\right|_{(x,y)}&=f_x(x, y)\cos\alpha+f_y(x, y)\cos\beta,\\&=\mathbf{grad}f(x, y)\cdot\vec{e}_l\\&=|\mathbf{grad}f(x, y)|\cdot\cos\theta.\end{aligned}$$

其中 $\theta=(\mathbf{grad}f(x, y)\hat{,}\vec{e}_l)$. 这一关系式表明了函数在某点的梯度与函数在该点的方向导数间的关系. 特别，当向量 $\vec{e}_l$ 与 $\mathbf{grad}f(x, y)$的夹角 $\theta=0$ 时，$\left.\frac{\partial f}{\partial l}\right|_{(x,y)}$ 取得最大值，这个最大值就是梯度的模 $|\mathbf{grad}f(x, y)|$. 于是得到下面的结论：

结论　函数在某点的梯度是个向量，它的方向与函数在该点的方向导数取得最大值的方向一致，它的模就等于方向导数的最大值.

梯度的概念可以推广到三元函数的情形.

设函数 $f(x, y, z)$ 在空间区域 G 内具有一阶连续偏导数，则对于每一点 $P(x, y, z)\in G$，都可确定出一个向量

$$f_x(x, y, z)\vec{i}+f_y(x, y, z)\vec{j}+f_z(x, y, z)\vec{k},$$

这个向量称为函数 $f(x, y, z)$ 在点 $P(x, y, z)$ 的梯度，记为 $\mathbf{grad}f(x, y, z)$，即

$$\mathbf{grad}f(x, y, z)=f_x(x, y, z)\vec{i}+f_y(x, y, z)\vec{j}+f_z(x, y, z)\vec{k}.$$

同样，三元函数的梯度也是一个向量，它的方向与取得最大方向导数的方向一致，而它的模为方向导数的最大值.

例 4 求 $\mathbf{grad}\,\frac{1}{x^2+y^2}$.

解 这里 $f(x,y)=\frac{1}{x^2+y^2}$.

因为 $\frac{\partial f}{\partial x}=-\frac{2x}{(x^2+y^2)^2}$，$\frac{\partial f}{\partial y}=-\frac{2y}{(x^2+y^2)^2}$，

所以 $\mathbf{grad}\,\frac{1}{x^2+y^2}=-\frac{2x}{(x^2+y^2)^2}\vec{i}-\frac{2y}{(x^2+y^2)^2}\vec{j}$.

例 5 设 $f(x,y,z)=x^2+y^2+z^2$，求 $\mathbf{grad}\,f(1,-1,2)$.

解 因为 $\mathbf{grad}\,f(x,y,z)=(f_x,f_y,f_z)=(2x,2y,2z)$，

于是 $\mathbf{grad}\,f(1,-1,2)=(2,-2,4)$.

例 6 求 $u=xy^2+z^3-xyz$ 在 $P_0(1,1,1)$ 处沿哪个方向的方向导数最大.

解 因为 $\frac{\partial u}{\partial x}=y^2-yz$，$\frac{\partial u}{\partial y}=2xy-xz$，$\frac{\partial u}{\partial z}=3z^2-xy$.

所以 $\left.\frac{\partial u}{\partial x}\right|_{(1,1,1)}=0$，$\left.\frac{\partial u}{\partial y}\right|_{(1,1,1)}=1$，$\left.\frac{\partial u}{\partial z}\right|_{(1,1,1)}=2$.

有 $\mathbf{grad}\,u(1,1,1)=(0,1,2)$，$|\mathbf{grad}\,u(1,1,1)|=\sqrt{5}$.

所以 u 在点 $P_0(1,1,1)$ 处沿方向 $(0,1,2)$ 的方向导数 $\frac{\partial u}{\partial l}$ 最大，最大值为 $\sqrt{5}$.

习题 9－7

1. 求函数 $z=x^2+y^2$ 在点 $(1,2)$ 处沿从点 $(1,2)$ 到点 $(2,2+\sqrt{3})$ 的方向的方向导数.

2. 求函数 $z=\ln(x+y)$ 在抛物线 $y^2=4x$ 上点 $(1,2)$ 处沿着这条抛物线在该点处偏向 x 轴正向的切线方向的方向导数.

3. 求函数 $z=1-\left(\frac{x^2}{a^2}+\frac{y^2}{b^2}\right)$ 在点 $\left(\frac{a}{\sqrt{2}},\frac{b}{\sqrt{2}}\right)$ 处沿曲线 $\frac{x^2}{a^2}+\frac{y^2}{b^2}=1$ 在该点的内法线方向的方向导数.

4. 求函数 $u=xy^2+z^3-xyz$ 在点 $(1,1,2)$ 处沿方向角为 $\alpha=\frac{\pi}{3}$，$\beta=\frac{\pi}{4}$，$\gamma=\frac{\pi}{3}$ 的方向的方向导数.

5. 求函数 $u=xyz$ 在点 $(5,1,2)$ 处沿从点 $(5,1,2)$ 到点 $(9,4,14)$ 的方向的方向导数.

6. 求函数 $u=x^2+y^2+z^2$ 在曲线 $x=t$，$y=t^2$，$z=t^3$ 上点 $(1,1,1)$ 处沿曲线在该点的切线正方向（对应于 t 增大的方向）的方向导数.

7. 求函数 $u=x+y+z$ 在球面 $x^2+y^2+z^2=1$ 上点 (x_0,y_0,z_0) 处沿球面在该点的外法线方向的方向导数.

8. 设 $f(x,y,z)=x^2+2y^2+3z^2+xy+3x-2y-6z$，求 $\mathbf{grad}\,f(0,0,0)$ 及 $\mathbf{grad}\,f(1,1,1)$.

§9.8　多元函数的极值及求法

一、多元函数的极值及最大值与最小值

定义　设函数 $z=f(x, y)$ 在点 (x_0, y_0) 的某个邻域内有定义，如果对于该邻域内任何异于 (x_0, y_0) 的点 (x, y)，都有

$$f(x, y)<f(x_0, y_0)(\text{或 } f(x, y)>f(x_0, y_0)),$$

则称函数在点 (x_0, y_0) 处有**极大值**（或**极小值**）$f(x_0, y_0)$. 极大值与极小值统称为**极值**，使函数取得极值的点称为**极值点**.

例 1　函数 $z=3x^2+2y^2$ 在点 $(0, 0)$ 处有极小值.

从几何上看，$z=3x^2+2y^2$ 表示一开口向上的椭圆抛物面，如图 9－13 所示. 当 $(x, y)=(0, 0)$ 时，$z=0$，而当 $(x, y)\neq(0, 0)$ 时，$z>0$. 因此 $z=0$ 是函数的极小值.

例 2　函数 $z=-\sqrt{x^2+y^2}$ 在点 $(0, 0)$ 处有极大值.

从几何上看，$z=-\sqrt{x^2+y^2}$ 表示一开口向下的半圆锥面，如图 9－14 所示. 当 $(x, y)=(0, 0)$ 时，$z=0$，而当 $(x, y)\neq(0, 0)$ 时，$z<0$. 因此 $z=0$ 是函数的极大值.

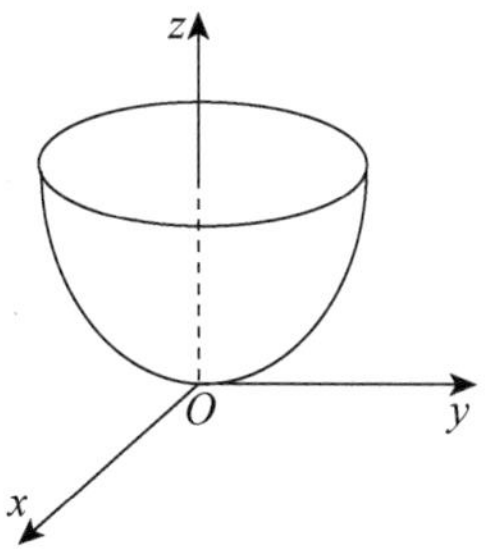

图 9－13

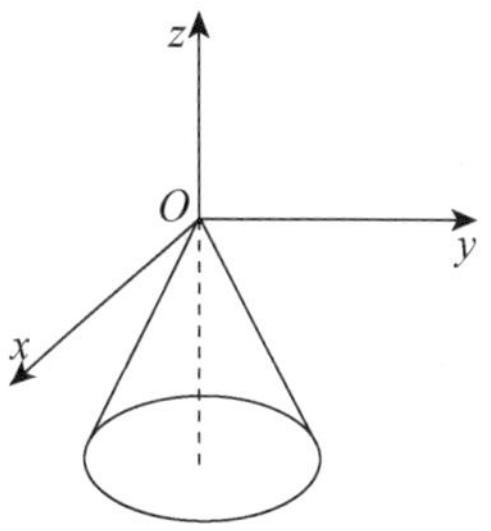

图 9－14

例 3　函数 $z=xy$ 在点 $(0, 0)$ 处无极值.

从几何上看，$z=xy$ 表示双曲抛物面，如图 9－15 所示. 因为在点 $(0, 0)$ 处的函数值为零，而在点 $(0, 0)$ 的任一邻域内，总有函数值为正的点，也有函数值为负的点. 所以函数 $z=xy$ 在点 $(0, 0)$ 处没有极值.

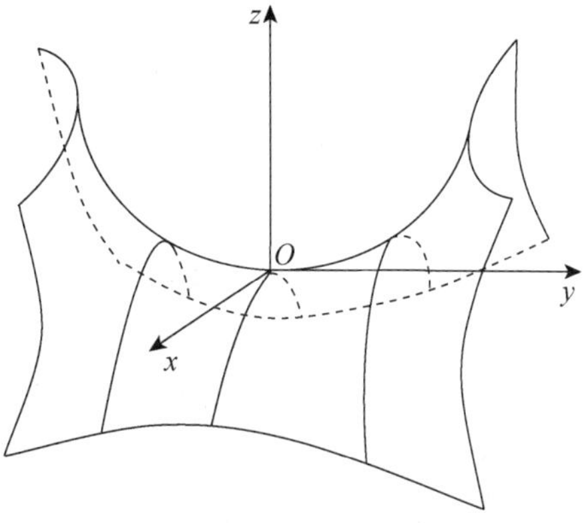

图 9－15

以上关于二元函数的极值概念可推广到 n 元函数. 设 n 元函数 $u=f(P)$ 在点 P_0 的某一邻域内有定义，如果对于该邻域内任何异于 P_0 的点 P，都有

$$f(P)<f(P_0)(\text{或 } f(P)>f(P_0)),$$

则称函数 $u=f(P)$ 在点 P_0 有极大值（或极小值）$f(P_0)$.

定理 1（必要条件） 设函数 $z=f(x, y)$ 在点 (x_0, y_0) 具有偏导数，且在点 (x_0, y_0) 处有极值，则有

$$f_x(x_0, y_0)=0,\ f_y(x_0, y_0)=0.$$

证明 不妨设 $z=f(x, y)$ 在点 (x_0, y_0) 处有极大值. 依极大值的定义，对于点 (x_0, y_0) 的某邻域内异于 (x_0, y_0) 的点 (x, y)，都有不等式

$$f(x, y)<f(x_0, y_0).$$

特殊地，在该邻域内取 $y=y_0$ 而 $x\neq x_0$ 的点，也应有不等式

$$f(x, y)<f(x_0, y_0).$$

这表明一元函数 $f(x, y_0)$ 在 $x=x_0$ 处取得极大值，因而必有

$$f_x(x_0, y_0)=0.$$

类似地可证

$$f_y(x_0, y_0)=0.$$

从几何上看，如果曲面 $z=f(x, y)$ 在点 (x_0, y_0, z_0) 处有切平面，则切平面

$$z-z_0=f_x(x_0, y_0)(x-x_0)+f_y(x_0, y_0)(y-y_0)$$

成为平行于 xOy 坐标面的平面 $z=z_0$.

类似地可推得，如果三元函数 $u=f(x, y, z)$ 在点 (x_0, y_0, z_0) 具有偏导数，则它在点 (x_0, y_0, z_0) 具有极值的必要条件为

$$f_x(x_0, y_0, z_0)=0,\ f_y(x_0, y_0, z_0)=0,\ f_z(x_0, y_0, z_0)=0.$$

类似一元函数，使 $f_x(x, y)=0$，$f_y(x, y)=0$ 同时成立的点 (x_0, y_0) 称为函数 $z=f(x, y)$ 的驻点.

从定理 1 可知，具有偏导数的函数的极值点必定是驻点，但函数的驻点不一定是极值点. 例如，点 $(0, 0)$ 是函数 $z=y^2-x^2$ 的驻点，函数在点 $(0, 0)$ 处并无极值.

如何判定一个驻点是否为极值点呢？下面的定理部分地回答了这个问题.

定理 2（充分条件） 设函数 $z=f(x, y)$ 在点 (x_0, y_0) 的某邻域内连续具有一阶及二阶连续偏导数，又 $f_x(x_0, y_0)=0$，$f_y(x_0, y_0)=0$，令

$$f_{xx}(x_0, y_0)=A,\ f_{xy}(x_0, y_0)=B,\ f_{yy}(x_0, y_0)=C,$$

(1) 当 $AC-B^2>0$ 时具有极值，且当 $A<0$ 时有极大值，当 $A>0$ 时有极小值；

(2) 当 $AC-B^2<0$ 时没有极值；

(3) 当 $AC-B^2=0$ 时可能有极值，也可能没有极值.

即在函数 $f(x, y)$ 的驻点处如果 $f_{xx}f_{yy}-f_{xy}^2>0$，则函数具有极值，且当 $f_{xx}<0$ 时有极大值，当 $f_{xx}>0$ 时有极小值.

求二元函数极值的一般步骤：

第一步　解方程组

$$\begin{cases} f_x(x, y)=0 \\ f_y(x, y)=0 \end{cases}.$$

求得函数 $f(x, y)$ 的所有驻点.

第二步　对于每一个驻点 (x_0, y_0)，求出二阶偏导数的值 A，B，C.

第三步　确定 $AC-B^2$ 的符号，按定理 2 的结论判定 $f(x_0, y_0)$ 是否为极值，是极大值还是极小值.

例 4　求函数 $f(x, y)=x^3-y^3+3x^2+3y^2-9x$ 的极值.

解　解方程组 $\begin{cases} f_x(x, y)=3x^2+6x-9=0 \\ f_y(x, y)=-3y^2+6y=0 \end{cases}$，

求得 $x=1$，-3；$y=0$，2. 于是得驻点为 $(1, 0)$，$(1, 2)$，$(-3, 0)$，$(-3, 2)$.

再求出二阶偏导数

$$f_{xx}(x, y)=6x+6,\ f_{xy}(x, y)=0,\ f_{yy}(x, y)=-6y+6.$$

在点 $(1, 0)$ 处，$AC-B^2=12\times 6=72>0$，$A>0$，所以函数在 $(1, 0)$ 处有极小值，极小值为 $f(1, 0)=-5$；

在点 $(1, 2)$ 处，$AC-B^2=12\times(-6)=-72<0$，所以 $f(1, 2)$ 不是极值；

在点 $(-3, 0)$ 处，$AC-B^2=-12\times 6=-72<0$，所以 $f(-3, 0)$ 不是极值；

在点 $(-3, 2)$ 处，$AC-B^2=-12\times(-6)=72>0$，$A<0$，所以函数在 $(-3, 2)$ 处有极大值 $f(-3, 2)=31$.

应注意的问题：不是驻点也可能是极值点. 例如，函数 $z=-\sqrt{x^2+y^2}$ 在点 $(0, 0)$ 处有极大值，但 $(0, 0)$ 不是函数的驻点. 因此，在考虑函数的极值问题时，除了考虑函数的驻点外，如果有偏导数不存在的点，那么也应当考虑这些点.

最大值和最小值问题：如果 $f(x, y)$ 在有界闭区域 D 上连续，则 $f(x, y)$ 在 D 上必定能取得最大值和最小值. 这种使函数取得最大值或最小值的点既可能在 D 的内部，也可能在 D 的边界上. 我们假定函数在 D 上连续、在 D 内可微分且只有有限个驻点，这时如果函数在 D 的内部取得最大值(最小值)，那么这个最大值(最小值) 也是函数的极大值 (极小值). 因此，**求最大值和最小值的一般方法**是：将函数 $f(x, y)$ 在 D 内的所有驻点处的函数值及在 D 的边界上的最大值和最小值进行比较，其中最大的就是最大值，最小的就是最小值. 在通常遇到的实际问题中，如果根据问题的性质知道函数 $f(x, y)$ 的最大值 (最小值) 一定在 D 的内部取得，而函数在 D 内只有一个驻点，那么可以肯定该驻点处的函数值就是函数 $f(x, y)$ 在 D 上的最大值 (最小值).

例 5　某工厂要用铁板做成一个体积为 8m^3 的有盖长方体水箱. 问：当长、宽、高各取多少时，才能使用料最省？

解　设水箱的长为 xm，宽为 ym，则其高应为 $\frac{8}{xy}$m. 此水箱所用材料的面积为

$$A=2\left(xy+y\cdot\frac{8}{xy}+x\cdot\frac{8}{xy}\right)=2\left(xy+\frac{8}{x}+\frac{8}{y}\right),\ x>0,\ y>0.$$

令 $A_x=2\left(y-\frac{8}{x^2}\right)=0$，$A_y=2\left(x-\frac{8}{y^2}\right)=0$，得 $x=2$，$y=2$.

根据题意可知，水箱所用材料面积的最小值一定存在，并在开区域 $D=\{(x, y)|x>0, y>0\}$ 内取得. 因为函数 A 在 D 内只有唯一的驻点，所以该驻点一定是 A 的最小值点，因此 A 在 D 内的唯一驻点 (2, 2) 处取得最小值，即当 $x=2\text{m}$，$y=2\text{m}$ 时 A 取得最小值，也就是说当水箱的长为 2m、宽为 2m、高为 $\frac{8}{2\times 2}=2\text{m}$ 时，水箱所用的材料最省.

从这个例子可以看出，在体积一定的长方体中，以立方体的表面积为最小.

例 6 有一宽为 24cm 的长方形铁板，把它两边折起来做成一断面为等腰梯形的水槽. 问：怎样折才能使断面的面积最大?

解 设折起来的边长为 $x$cm，倾角为 α，如图 9-16 所示，那么梯形断面的下底长为 $(24-2x)$cm，上底长为 $(24-2x+2x\cos\alpha)$cm，高为 $x\sin\alpha$cm，所以断面面积

$$A=\frac{1}{2}(24-2x+2x\cos\alpha+24-2x)\cdot x\sin\alpha,$$

即
$$A=24x\sin\alpha-2x^2\sin\alpha+x^2\sin\alpha\cos\alpha,$$
$$0<x<12,\ 0<\alpha\leqslant\frac{\pi}{2}.$$

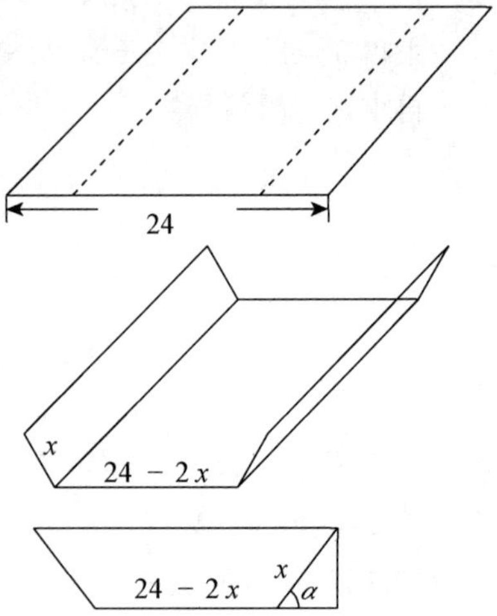

图 9-16

可见，断面面积 A 是 x，α 的二元函数，这就是目标函数，下面求使这函数取得最大值的点 (x, α).

令

$$\begin{cases}A_x=24\sin\alpha-4x\sin\alpha+2x\sin\alpha\cos\alpha=0\\ A_\alpha=24x\cos\alpha-2x^2\cos\alpha+x^2(\cos^2\alpha-\sin^2\alpha)=0\end{cases}.$$

由于 $\sin\alpha\neq 0$，$x\neq 0$，上述方程组可化为

$$\begin{cases}12-2x+x\cos\alpha=0\\ 24\cos\alpha-2x\cos\alpha+x(\cos^2\alpha-\sin^2\alpha)=0\end{cases}.$$

解这个方程组，得 $\alpha=\frac{\pi}{3}$，$x=8$.

根据题意可知，断面面积的最大值一定存在，并且在 $D=\left\{(x, \alpha)\middle| 0<x<12, 0<\alpha\leqslant\frac{\pi}{2}\right\}$ 内取得，通过计算得知 $\alpha=\frac{\pi}{2}$ 时的函数值比 $\alpha=\frac{\pi}{3}$，$x=8$ 时的函数值小. 又函数在 D 内只有一个驻点，因此可以断定，当 $\alpha=\frac{\pi}{3}$，$x=8$ 时，就能使断面的面积最大.

二、条件极值——拉格朗日乘数法

对自变量有附加条件的极值称为条件极值. 例如，求表面积为 a^2 而体积最大的长方体

的体积问题. 设长方体的三条棱的长为 x，y，z，则体积 $V=xyz$. 又因假定表面积为 a^2，所以自变量 x，y，z 还必须满足附加条件 $2(xy+yz+xz)=a^2$.

这个问题就是求函数 $V=xyz$ 在条件 $2(xy+yz+xz)=a^2$ 下的最大值问题，这是一个条件极值问题.

对于有些实际问题，可以把条件极值问题化为无条件极值问题，例如上述问题，由条件 $2(xy+yz+xz)=a^2$，解得 $z=\dfrac{a^2-2xy}{2(x+y)}$，于是得

$$V=\frac{xy}{2}\left(\frac{a^2-2xy}{(x+y)}\right).$$

只需求 V 的无条件极值问题.

在很多情形下，将条件极值化为无条件极值并不容易，所以需要寻求一种求条件极值的专用方法，这就是下面要介绍的**拉格朗日乘数法**.

现在我们来寻求函数 $z=f(x, y)$ 在条件 $\varphi(x, y)=0$ 下取得极值的必要条件.

如果函数 $z=f(x, y)$ 在 (x_0, y_0) 取得所求的极值，那么有

$$\varphi(x_0, y_0)=0.$$

假定在 (x_0, y_0) 的某一邻域内 $f(x, y)$ 与 $\varphi(x, y)$ 均有连续的一阶偏导数，而且 $\varphi_y(x_0, y_0)\neq 0$. 由隐函数存在定理，由方程 $\varphi(x, y)=0$ 确定一个连续且具有连续导数的函数 $y=\psi(x)$，将其代入目标函数 $z=f(x, y)$ 得一元函数

$$z=f(x, \psi(x)).$$

于是 $x=x_0$ 是一元函数 $z=f(x, \psi(x))$ 的极值点，由取得极值的必要条件，有

$$\left.\frac{\mathrm{d}z}{\mathrm{d}x}\right|_{x=x_0}=f_x(x_0, y_0)+f_y(x_0, y_0)\left.\frac{\mathrm{d}y}{\mathrm{d}x}\right|_{x=x_0}=0,$$

即

$$f_x(x_0, y_0)-f_y(x_0, y_0)\frac{\varphi_x(x_0, y_0)}{\varphi_y(x_0, y_0)}=0.$$

从而函数 $z=f(x, y)$ 在条件 $\varphi(x, y)=0$ 下在 (x_0, y_0) 取得极值的必要条件是

$$f_x(x_0, y_0)-f_y(x_0, y_0)\frac{\varphi_x(x_0, y_0)}{\varphi_y(x_0, y_0)}=0 \text{ 与 } \varphi(x_0, y_0)=0$$

同时成立.

设 $\dfrac{f_y(x_0, y_0)}{\varphi_y(x_0, y_0)}=-\lambda$，上述必要条件变为

$$\begin{cases}f_x(x_0, y_0)+\lambda\varphi_x(x_0, y_0)=0\\ f_y(x_0, y_0)+\lambda\varphi_y(x_0, y_0)=0.\\ \varphi(x_0, y_0)=0\end{cases}$$

若引进辅助函数

$$L(x, y)=f(x, y)+\lambda\varphi(x, y),$$

其中 λ 为参数. 不难看出上述三个条件恰好就是

$$L_x(x_0, y_0)=0, L_y(x_0, y_0)=0, L_\lambda(x_0, y_0)=0.$$

函数 $L(x, y)$ 称为**拉格朗日函数**，参数 λ 称为**拉格朗日乘子**.

由以上讨论，我们得出以下结论：

拉格朗日乘数法 要求函数 $z=f(x, y)$ 在附加条件 $\varphi(x, y)=0$ 下的可能极值点，可以先构造拉格朗日函数

$$L(x, y, \lambda)=f(x, y)+\lambda\varphi(x, y),$$

其中 λ 为参数. 求其对 x, y 及 λ 的一阶偏导数，并令其为零，得到方程组

$$\begin{cases} L_x(x, y)=f_x(x, y)+\lambda\varphi_x(x, y)=0 \\ L_y(x, y)=f_y(x, y)+\lambda\varphi_y(x, y)=0. \\ \varphi(x, y)=0 \end{cases}$$

由此方程组解出 x, y 及 λ，则其中 (x, y) 就是所要求的可能的极值点.

此方法可以推广到自变量多于两个而且条件多于一个的情形. 例如求函数

$$u=f(x, y, z)$$

在附加条件

$$\varphi(x, y, z)=0, \psi(x, y, z)=0$$

下的极值，可以先构造拉格朗日函数

$$L(x, y, z, \lambda, \mu)=f(x, y, z)+\lambda\varphi(x, y, z)+\mu\psi(x, y, z),$$

其中 λ，μ 为参数. 求其对 x, y, z 及 λ，μ 的一阶偏导数，并令其为零，联立起来求解，得出的 (x, y, z) 就是可能的极值点.

至于所求的点是否为极值点，在实际问题中往往可根据问题本身的性质来判定.

例 7 求表面积为 a^2 而体积最大的长方体的体积.

解 设长方体的三条棱的长为 x, y, z，则问题就是在条件

$$2(xy+yz+xz)=a^2$$

下求函数 $V=xyz$ 的最大值.

构造拉格朗日函数

$$L(x, y, z, \lambda)=xyz+\lambda(2xy+2yz+2xz-a^2),$$

解方程组

$$\begin{cases}F_x(x, y, z)=yz+2\lambda(y+z)=0\\F_y(x, y, z)=xz+2\lambda(x+z)=0\\F_z(x, y, z)=xy+2\lambda(y+x)=0\\2xy+2yz+2xz=a^2\end{cases},$$

得　　$x=y=z=\dfrac{\sqrt{6}}{6}a.$

这是唯一可能的极值点. 因为由问题本身可知最大值一定存在，所以最大值就在这个可能的极值点处取得. 即表面积为 a^2 的长方体中，棱长为$\dfrac{\sqrt{6}}{6}a$ 的正方体的体积为最大，最大体积 $V=\dfrac{\sqrt{6}}{36}a^3$.

例 8　设销售收入 R（单位：万元）与花费在两种广告宣传的费用 x，y(单位：万元）之间的关系为

$$R=\frac{200x}{x+5}+\frac{100y}{10+y}.$$

利润额相当五分之一的销售收入，并要扣除广告费用. 已知广告费用总预算是 25 万元，试问：如何分配两种广告费用才能使利润最大?

解　设利润为 z，有

$$z=\frac{1}{5}R-x-y=\frac{40x}{x+5}+\frac{20y}{10+y}-x-y,$$

限制条件为 $x+y=25$，这是条件极值问题.

令

$$L(x, y, \lambda)=\frac{40x}{x+5}+\frac{20y}{10+y}-x-y+\lambda(x+y-25),$$

由

$$L_x=\frac{200}{(5+x)^2}-1+\lambda=0,\quad L_y=\frac{200}{(10+y)^2}-1+\lambda=0$$

可得

$$(5+x)^2=(10+y)^2.$$

又 $y=25-x$，解得 $x=15$，$y=10$. 根据问题本身的意义及驻点的唯一性即知，当投入两种广告的费用分别为 15 万元和 10 万元时，可使利润最大.

习题 9－8

1. 求下列函数的极值：

(1) $f(x, y)=x^3+y^3-9xy+17$;

(2) $f(x, y)=y^3-x^2+6x-12y+5$;

(3) $f(x, y)=4(x-y)-x^2-y^2$;

(4) $f(x, y)=(6x-x^2)(4y-y^2)$;

(5) $f(x, y)=e^{2x}(x+y^2+2y)$.

2. 求函数 $z=xy$ 在附加条件 $x+y=1$ 下的极大值.

3. 从斜边之长为 l 的所有直角三角形中，求有最大周长的直角三角形.

4. 要做一个体积为定数 k 的长方体无盖水池，如何选择水池的尺寸，可使它的表面积最小?

5. 求内接于半径为 a 的球且有最大体积的长方体.

6. 在平面 xOy 上求一点，使它到 $x=0$，$y=0$，及 $x+2y-16=0$ 三条直线的距离平方之和为最小.

7. 将周长为 $2p$ 的矩形绕它一边旋转而构成一个圆柱体，问：矩形的边长各为多少时，可使圆柱体的体积最大?

8. 抛物面 $z=x^2+y^2$ 被平面 $x+y+z=1$ 截成一椭圆，求这一椭圆上的点到原点的距离的最大值与最小值.

总习题九

1. 在“充分”“必要”“充分必要”三者中选择一个正确答案填入下列空格内：

(1) $f(x, y)$ 在点 (x, y) 可微是 $f(x, y)$ 在该点连续的______条件，$f(x, y)$ 在点 (x, y) 连续是 $f(x, y)$ 在该点可微的______条件；

(2) $z=f(x, y)$ 在点 (x, y) 的偏导数 $\frac{\partial z}{\partial x}$ 及 $\frac{\partial z}{\partial y}$ 存在是 $f(x, y)$ 在点 (x, y) 可微的______条件，$f(x, y)$ 在点 (x, y) 可微是 $f(x, y)$ 在点 (x, y) 的偏导数 $\frac{\partial z}{\partial x}$ 及 $\frac{\partial z}{\partial y}$ 存在的______条件；

(3) $z=f(x, y)$ 的偏导数 $\frac{\partial z}{\partial x}$ 及 $\frac{\partial z}{\partial y}$ 在点 (x, y) 存在且连续是 $f(x, y)$ 在该点可微分的______条件；

(4) $z=f(x, y)$ 的两个二阶混合偏导数 $\frac{\partial^2 z}{\partial x\partial y}$ 及 $\frac{\partial^2 z}{\partial y\partial x}$ 在区域 D 内连续是这两个二阶偏导数在 D 内相等的________条件.

2. 下题中给出了四个结论，从中选出一个正确的结论：设函数 $f(x, y)$ 在点 $(0, 0)$ 的某邻域内有定义，且 $f_x(0, 0)=3$，$f_y(0, 0)=-1$，则有（　　）.

(A) $dz|_{(0,0)}=3dx-dy$;

(B) 曲面 $z=f(x, y)$ 在点 $(0, 0, f(0, 0))$ 的一个法向量为 $(3, -1, 1)$;

(C) 曲线 $\begin{cases} z=f(x, y) \\ y=0 \end{cases}$ 在点 $(0, 0, f(0, 0))$ 的一个切向量为 $(1, 0, 3)$;

(D) 曲线 $\begin{cases} z=f(x, y) \\ y=0 \end{cases}$ 在点 $(0, 0, f(0, 0))$ 的一个切向量为 $(3, 0, 1)$.

3. 求函数 $f(x, y)=\dfrac{\sqrt{4x-y^2}}{\ln(1-x^2-y^2)}$ 的定义域，并求 $\lim\limits_{(x, y)\to\left(\frac{1}{2}, 0\right)} f(x, y)$.

4. 证明极限 $\lim\limits_{(x, y)\to(0,0)}\dfrac{xy^2}{x^2+y^4}$ 不存在.

5. 设 $f(x, y)=\begin{cases}\dfrac{x^2y}{x^2+y^2}, & x^2+y^2\neq 0\\ 0, & x^2+y^2=0\end{cases}$，求 $f_x(x, y)$ 及 $f_y(x, y)$.

6. 求下列函数的一阶和二阶偏导数：

(1) $z=\ln(x+y^2)$；　　(2) $z=x^y$.

7. 求函数 $z=\dfrac{xy}{x^2-y^2}$ 当 $x=2$，$y=1$，$\Delta x=0.01$，$\Delta y=0.03$ 时的全增量和全微分.

8. 设 $f(x, y)=\begin{cases}\dfrac{x^2y^2}{(x^2+y^2)^{\frac{3}{2}}}, & x^2+y^2\neq 0\\ 0, & x^2+y^2=0\end{cases}$，

证明：$f(x, y)$ 在点 $(0, 0)$ 处连续且偏导数存在，但不可微分.

9. 设 $u=x^y$，而 $x=\phi(t)$，$y=\psi(t)$ 都是可微函数，求 $\dfrac{\mathrm{d}u}{\mathrm{d}t}$.

10. 设 $z=f(u, v, w)$ 具有连续的偏导数，而 $u=\eta-\zeta$，$v=\zeta-\xi$，$w=\xi-\eta$，求 $\dfrac{\partial z}{\partial \xi}$，$\dfrac{\partial z}{\partial \eta}$，$\dfrac{\partial z}{\partial \zeta}$.

11. 设 $z=f(u, x, y)$，$u=xe^y$，其中 f 具有连续的二阶偏导数，求 $\dfrac{\partial^2 z}{\partial x\partial y}$.

12. 设 $x=e^u\cos v$，$y=e^u\sin v$，$z=uv$，求 $\dfrac{\partial z}{\partial x}$，$\dfrac{\partial z}{\partial y}$.

13. 求螺旋线 $x=a\cos\theta$，$y=a\sin\theta$，$z=b\theta$ 在点 $(a, 0, 0)$ 处的切线及法平面方程.

14. 在曲面 $z=xy$ 上求一点，使该点处的法线垂直于平面 $x+3y+z+9=0$，并写出法线方程.

15. 设 $\vec{e}_l=(\cos\theta, \sin\theta)$，求函数 $f(x, y)=x^2-xy+y^2$ 在点 $(1, 1)$ 沿方向 l 的方向导数，并分别确定角 θ，使该方向导数：(1) 有最大值；(2) 有最小值；(3) 等于 0.

16. 求函数 $u=x^2+y^2+z^2$ 在椭球面 $\dfrac{x^2}{a^2}+\dfrac{y^2}{b^2}+\dfrac{z^2}{c^2}=1$ 上的点 $M_0(x_0, y_0, z_0)$ 处沿外法线方向的方向导数.

17. 求平面 $\dfrac{x}{3}+\dfrac{y}{4}+\dfrac{z}{5}=1$ 和柱面 $x^2+y^2=1$ 的交线上与 xOy 平面距离最短的点.

18. 在第一卦限内作椭球面 $\dfrac{x^2}{a^2}+\dfrac{y^2}{b^2}+\dfrac{z^2}{c^2}=1$ 的切平面，使该切平面与三坐标面所围成的四面体的体积最小，求该切平面的切点，并求此最小体积.

第十章

重积分

本章和下一章是多元函数积分学的内容，在一元函数积分学中我们知道，定积分是某种确定形式的和的极限，这种和的极限的概念推广到定义在区域、曲线及曲面上的多元函数的情形，便得到重积分、曲线积分及曲面积分的概念. 本章将介绍重积分（包括二重积分和三重积分）的概念、计算方法以及它们的一些应用.

§ 10.1　二重积分的概念与性质

一、二重积分的概念

1. 曲顶柱体的体积

设有一立体，它的底是 xOy 面上的闭区域 D，它的侧面是以 D 的边界曲线为准线而母线平行于 z 轴的柱面，它的顶是曲面 $z=f(x, y)$，这里 $f(x, y)\geqslant 0$ 且在 D 上连续. 这种立体叫作**曲顶柱体**（见图 10－1）. 下面我们来讨论如何计算曲顶柱体的体积.

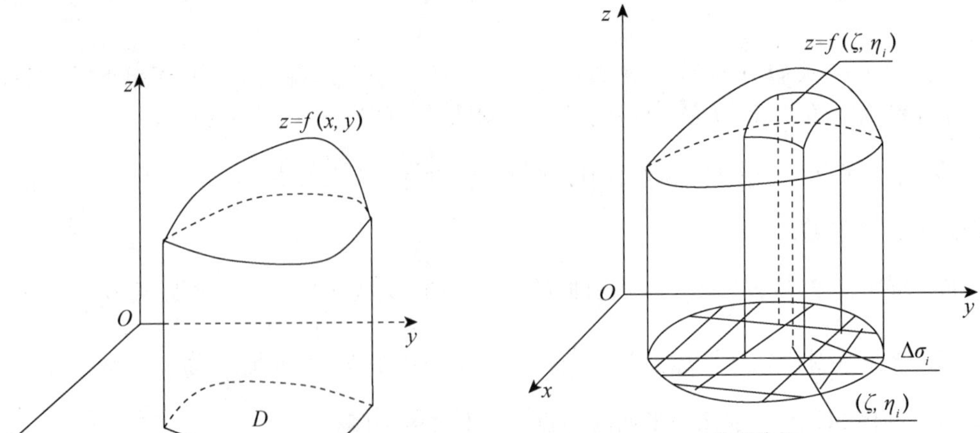

曲顶柱体

图 10－1

特殊情况，如果是平顶柱体，则它的高是不变的，它的体积为：体积＝高×底面积.

对一般情形，可以用微元法求曲顶柱体的体积.

（1）**分割**　用一组曲线网把 D 分成 n 个小闭区域 $\Delta\sigma_1$，$\Delta\sigma_2$，…，$\Delta\sigma_n$.

分别以这些小闭区域的边界曲线为准线，作母线平行于 z 轴的柱面，这些柱面把原来的曲顶柱体分为 n 个小曲顶柱体，记第 i 个小曲顶柱体的体积为 $V_i(i=1, 2, \cdots, n)$，我们在每个 $\Delta\sigma_i$（这个小闭区域的面积也记作 $\Delta\sigma_i$）中任取一点 (ξ_i, η_i)，而当这些小闭区域的直径很小时，由于 $f(x, y)$ 连续，对同一个小闭区域而言，$f(x, y)$ 变化很小，则 V_i 近似等于以 $f(\xi_i, \eta_i)$ 为高而底为 $\Delta\sigma_i$ 的平顶柱体（见图 10－2）的体积，即

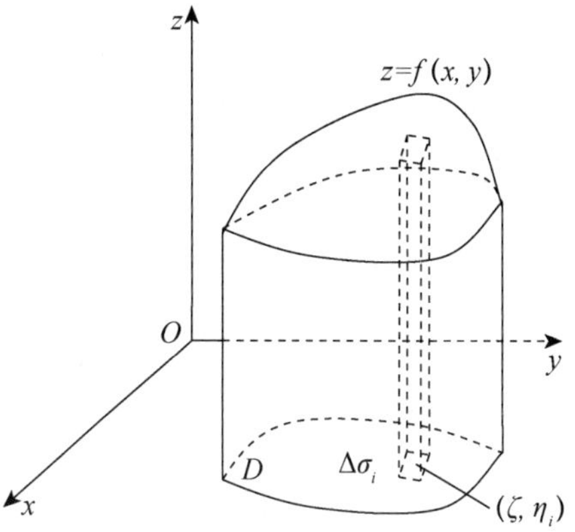

图 10－2

$$V_i \approx f(\xi_i, \eta_i)\Delta\sigma_i,\ i=1, 2, \cdots, n.$$

（2）**求和**　求 n 个小曲顶柱体的和，得曲顶柱体体积的近似值

$$V=\sum_{i=1}^{n} V_i \approx \sum_{i=1}^{n} f(\xi_i, \eta_i)\Delta\sigma_i .$$

（3）**取极限**　为求得曲顶柱体体积的精确值，让分割越来越细，取极限，即

$$V=\lim_{\lambda\to 0}\sum_{i=1}^{n} f(\xi_i, \eta_i)\Delta\sigma_i .$$

其中 λ 是各小闭区域的直径中的最大值（即该小闭区域上任意两点间距离的最大者）.

2. 平面薄片的质量

设有一平面薄片占有 xOy 面上的闭区域 D，它在点 (x, y) 处的面密度为 $\rho(x, y)$，这里 $\rho(x, y)>0$ 且在 D 上连续，现在要计算该薄片的质量 M.

特殊情况，如果薄片是均匀的，即面密度是常数，则薄片的质量＝面密度×面积.

对一般情形，可以用微元法求薄片的质量.

（1）**分割**　用一组曲线网把 D 分成 n 个小闭区域 $\Delta\sigma_1$，$\Delta\sigma_2$，…，$\Delta\sigma_n$.

把各小块的质量近似地看作均匀薄片的质量（见图 10－3）：

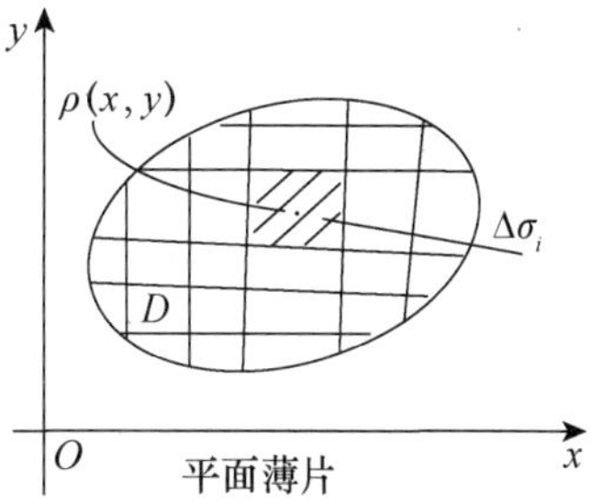

图 10－3

$$\rho(\xi_i, \eta_i)\Delta\sigma_i.$$

（2）**求和**　各小块质量的和作为平面薄片的质量的近似值：

$$M \approx \sum_{i=1}^{n}\rho(\xi_i, \eta_i)\Delta\sigma_i .$$

(3) **取极限** 将分割加细，取极限，得到平面薄片的质量

$$M=\lim_{\lambda\to 0}\sum_{i=1}^{n}\rho(\xi_i,\ \eta_i)\Delta\sigma_i\ .$$

其中 λ 是 n 个小区域的直径中的最大值.

为更进一步研究这类和式的极限，我们抽象出如下定义.

定义 设 $f(x,\ y)$ 是有界闭区域 D 上的有界函数，将闭区域 D 任意分成 n 个小闭区域

$$\Delta\sigma_1,\ \Delta\sigma_2,\ \cdots,\ \Delta\sigma_n.$$

其中 $\Delta\sigma_i$ 表示第 i 个小区域，也表示它的面积，在每个 $\Delta\sigma_i$ 上任取一点 $(\xi_i,\ \eta_i)$，作乘积

$$f(\xi_i,\ \eta_i)\Delta\sigma_i$$

并求和，得 $\sum\limits_{i=1}^{n}f(\xi_i,\ \eta_i)\Delta\sigma_i$.

如果当各小闭区域的直径中的最大值 λ 趋于零时，这和式的极限总存在，则称此极限为函数 $f(x,\ y)$ 在闭区域 D 上的**二重积分**，记作 $\iint\limits_D f(x,\ y)\mathrm{d}\sigma$，即

$$\iint\limits_D f(x,\ y)\mathrm{d}\sigma=\lim_{\lambda\to 0}\sum_{i=1}^{n}f(\xi_i,\ \eta_i)\Delta\sigma_i.$$

$f(x,\ y)$ 称为**被积函数**，$f(x,\ y)\mathrm{d}\sigma$ 称为**被积表达式**，$\mathrm{d}\sigma$ 称为**面积元素**，x，y 称为**积分变量**，D 称为**积分区域**，$\sum\limits_{i=1}^{n}f(\xi_i,\ \eta_i)\Delta\sigma_i$ 称为**积分和**.

由定义可知，曲顶柱体的体积可表示为

$$V=\iint\limits_D f(x,\ y)\mathrm{d}\sigma,$$

其中 σ 为积分区域 D 的面积.

平面薄片的质量可表示为

$$V=\iint\limits_D \rho(x,\ y)\mathrm{d}\sigma.$$

说明：

(1) 如果二重积分 $\iint\limits_D f(x,\ y)\mathrm{d}\sigma$ 存在，则称函数 $f(x,\ y)$ 在区域 D 上是可积的.

(2) 如果二重积分 $\iint\limits_D f(x,\ y)\mathrm{d}\sigma$ 存在，则其值大小只与被积函数 $f(x,\ y)$、积分区域 D 有关，与 D 的分割方法、点 $(\xi_i,\ \eta_i)$ 的取法无关.

故如果在直角坐标系中用平行于坐标轴的直线网来划分 D，那么除了包含边界点的一些小闭区域外，其余的小闭区域都是矩形闭区域. 设矩形闭区域 $\Delta\sigma_i$ 的边长为 Δx_i 和 Δy_i，则 $\Delta\sigma_i=\Delta x_i\Delta y_i$，因此在直角坐标系中，有时也把面积元素 $\mathrm{d}\sigma$ 记作 $\mathrm{d}x\mathrm{d}y$，而把二重积分

记作

$$\iint_D f(x, y)\mathrm{d}x\mathrm{d}y,$$

其中 $\mathrm{d}x\mathrm{d}y$ 叫作直角坐标系中的面积元素.

二重积分的存在性：当 $f(x, y)$ 在闭区域 D 上连续时，积分和的极限是存在的，也就是说函数 $f(x, y)$ 在 D 上的二重积分必定存在. 我们总假定函数 $f(x, y)$ 在闭区域 D 上连续，所以 $f(x, y)$ 在 D 上的二重积分都是存在的.

二重积分的几何意义：如果 $f(x, y)\geqslant 0$，被积函数 $f(x, y)$ 可解释为曲顶柱体在点 (x, y) 处的竖坐标，所以二重积分的几何意义就是曲顶柱体的体积. 如果 $f(x, y)$ 是负的，柱体就在 xOy 面的下方，二重积分的绝对值仍等于曲顶柱体的体积，但二重积分的值是负的.

例 1　用几何意义法求二重积分

$$\iint_D 2\mathrm{d}x\mathrm{d}y，其中 D=\{(x, y)\mid 0\leqslant x\leqslant 1, -1\leqslant y\leqslant 1\}.$$

解　因为 $\iint_D 2\mathrm{d}x\mathrm{d}y$ 表示以 D 为底，以 $z=2$ 为高的平顶柱体的体积，所以 $\iint_D 2\mathrm{d}x\mathrm{d}y=$ 底面积×高$=2\times 1\times 2=4$.

例 2　求 $\iint\limits_{x^2+y^2\leqslant R^2}\sqrt{R^2-x^2-y^2}\mathrm{d}x\mathrm{d}y$.

解　因为 $D: x^2+y^2\leqslant R^2$ 是以 $(0, 0)$ 为圆心，半径为 R 的圆面，而 $z=\sqrt{R^2-x^2-y^2}$ 为球体 $x^2+y^2+z^2\leqslant R^2$ 的上半部分，

故 $\iint\limits_{x^2+y^2\leqslant R^2}\sqrt{R^2-x^2-y^2}\mathrm{d}x\mathrm{d}y$ 为一个半球体的体积，

有 $\iint\limits_{x^2+y^2\leqslant R^2}\sqrt{R^2-x^2-y^2}\mathrm{d}x\mathrm{d}y=\frac{1}{2}V_{球}=\frac{1}{2}\cdot\frac{4}{3}\pi R^3=\frac{2}{3}\pi R^3$.

二、二重积分的性质

二重积分也有与一元函数定积分相似的性质，而且其证明也与定积分的性质证明相似，故二重积分的性质我们不加证明地叙述如下：

性质 1　设 α, β 为常数，则

$$\iint_D[\alpha f(x, y)+\beta g(x, y)]\mathrm{d}\sigma$$
$$=\alpha\iint_D f(x, y)\mathrm{d}\sigma+\beta\iint_D g(x, y)\mathrm{d}\sigma.$$

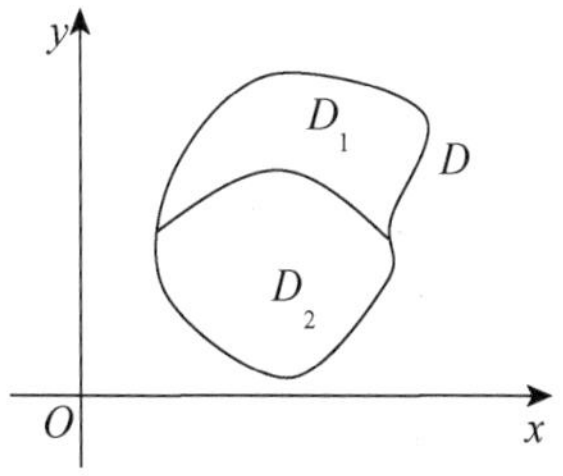

图 10-4

性质 2　如果闭区域 D 被有限条曲线分为有限个部分闭区域，则在 D 上的二重积分等于在各部分闭区域上的二重积分的和. 例如 D 分为两个闭区域 D_1 与 D_2（见图 10-4），则

$$\iint\limits_{D} f(x, y)\mathrm{d}\sigma = \iint\limits_{D_1} f(x, y)\mathrm{d}\sigma + \iint\limits_{D_2} f(x, y)\mathrm{d}\sigma.$$

性质 3 $\iint\limits_{D} 1 \cdot \mathrm{d}\sigma = \iint\limits_{D} \mathrm{d}\sigma = \sigma$（$\sigma$ 为 D 的面积）.

性质 4 如果在 D 上，$f(x, y) \leqslant g(x, y)$，则有不等式

$$\iint\limits_{D} f(x, y)\mathrm{d}\sigma \leqslant \iint\limits_{D} g(x, y)\mathrm{d}\sigma.$$

特别地，有

$$\left|\iint\limits_{D} f(x, y)\mathrm{d}\sigma\right| \leqslant \iint\limits_{D} |f(x, y)|\mathrm{d}\sigma.$$

性质 5 设 M, m 分别是 $f(x, y)$ 在闭区域 D 上的最大值和最小值，σ 为 D 的面积，则有

$$m\sigma \leqslant \iint\limits_{D} f(x, y)\mathrm{d}\sigma \leqslant M\sigma.$$

性质 6(二重积分的中值定理) 设函数 $f(x, y)$ 在闭区域 D 上连续，σ 为 D 的面积，则在 D 上至少存在一点 (ξ, η) 使得

$$\iint\limits_{D} f(x, y)\mathrm{d}\sigma = f(\xi, \eta)\sigma.$$

通常把 $\dfrac{1}{\sigma}\iint\limits_{D} f(x, y)\mathrm{d}\sigma$ 称为 $f(x, y)$ 在 D 上的平均值.

例 3 判断积分 $\iint\limits_{\frac{1}{2} \leqslant x^2+y^2 \leqslant 1} \ln(x^2+y^2)\mathrm{d}x\mathrm{d}y$ 的符号.

解 当 $\dfrac{1}{2} \leqslant x^2+y^2 \leqslant 1$ 时，$\ln(x^2+y^2) \leqslant 0$，

所以 $\iint\limits_{\frac{1}{2} \leqslant x^2+y^2 \leqslant 1} \ln(x^2+y^2)\mathrm{d}x\mathrm{d}y < 0$，

故 $\iint\limits_{\frac{1}{2} \leqslant x^2+y^2 \leqslant 1} \ln(x^2+y^2)\mathrm{d}x\mathrm{d}y$ 的符号为负号.

例 4 比较积分 $\iint\limits_{D} \ln(x+y)\mathrm{d}\sigma$ 与 $\iint\limits_{D} [\ln(x+y)]^2\mathrm{d}\sigma$ 的大小，其中 D 是三顶点为 $(1, 0)$，$(1, 1)$，$(2, 0)$ 的三角形闭区域.

解 因为在积分区域 D 内有

$$1 \leqslant x+y \leqslant 2 < \mathrm{e},$$

从而有 $0 \leqslant \ln(x+y) < 1$，于是 $\ln(x+y) > [\ln(x+y)]^2$.

故有

$$\iint_D \ln(x+y)\,d\sigma > \iint_D [\ln(x+y)]^2\,d\sigma.$$

习题 10 - 1

1. 设 $I_1=\iint_{D_1}(x^2+y^2)^3 d\sigma$，其中 $D_1=\{(x, y)|-1\leqslant x\leqslant 1, -2\leqslant y\leqslant 2\}$，又 $I_2=\iint_{D_2}(x^2+y^2)^3 d\sigma$，其中 $D_2=\{(x, y)|0\leqslant x\leqslant 1, 0\leqslant y\leqslant 2\}$. 利用二重积分的几何意义，说明 I_1，I_2 之间的大小关系.

2. 利用二重积分的性质，比较下列积分的大小：

(1) $\iint_D (x+y)^2 d\sigma$ 与 $\iint_D (x+y)^3 d\sigma$，其中积分区域 D 是由 x 轴、y 轴与直线 $x+y=1$ 所围成；

(2) $\iint_D (x+y)^2 d\sigma$ 与 $\iint_D (x+y)^3 d\sigma$，其中积分区域 D 是由圆周 $(x-2)^2+(y-1)^2=2$ 所围成；

(3) $\iint_D \ln(x+y) d\sigma$ 与 $\iint_D [\ln(x+y)]^2 d\sigma$，其中 D 是圆环 $1\leqslant x^2+y^2\leqslant 4$ 在第一象限所围成的部分；

(4) $\iint_D \ln(x+y) d\sigma$ 与 $\iint_D [\ln(x+y)]^2 d\sigma$，其中 $D=\{(x, y)|3\leqslant x\leqslant 5, 0\leqslant y\leqslant 1\}$.

3. 利用二重积分的性质，估计下列积分的范围：

(1) $I=\iint_D (x^2+y^2) d\sigma$，其中 $D=\{(x, y)|0\leqslant x\leqslant 1, 0\leqslant y\leqslant 1\}$；

(2) $I=\iint_D (x+y)^2 d\sigma$，其中 $D=\{(x, y)|0\leqslant x\leqslant 1, 0\leqslant y\leqslant 1\}$；

(3) $I=\iint_D xy(x+y) d\sigma$，其中 $D=\{(x, y)|0\leqslant x\leqslant 1, 0\leqslant y\leqslant 1\}$；

(4) $I=\iint_D \sin^2 x\cdot\sin^2 y\, d\sigma$，其中 $D=\{(x, y)|0\leqslant x\leqslant \pi, 0\leqslant y\leqslant \pi\}$；

(5) $I=\iint_D (x^2+4y^2+9) d\sigma$，其中 $D=\{(x, y)|x^2+y^2\leqslant 4\}$.

§ 10.2　二重积分的计算法

一、利用直角坐标计算二重积分

1. 积分区域的讨论

***X*-型区域：**

若区域可表示为：$D=\{(x, y)|a\leqslant x\leqslant b, \varphi_1(x)\leqslant y\leqslant \varphi_2(x)\}$，其中函数 $\varphi_1(x)$，$\varphi_2(x)$

在区间 $[a, b]$ 上连续，我们称区域 D 为 X -型区域. 其特点为：穿过 D 内部且平行于 y 轴的直线与 D 边界相交不多于两点（见图 10-5).

Y -型区域：

若区域可表示为：$D=\{(x, y)\mid c\leqslant y\leqslant d, \psi_1(y)\leqslant x\leqslant\psi_2(y)\}$，其中函数 $\psi_1(y)$，$\psi_2(y)$ 在区间$[c, d]$ 上连续，我们称区域 D 为 Y -型区域. 其特点为：穿过 D 内部且平行于 x 轴的直线与 D 边界相交不多于两点（见图 10-6).

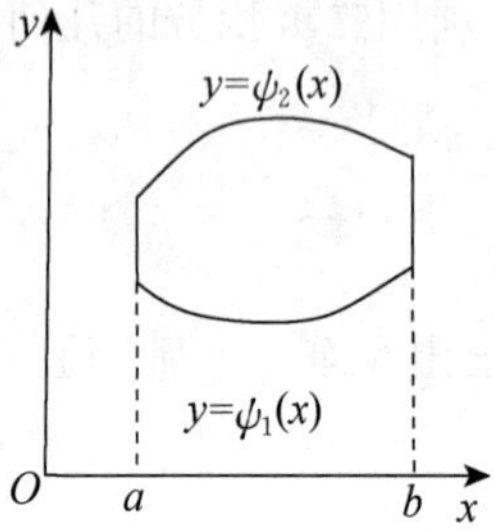

图 10-5

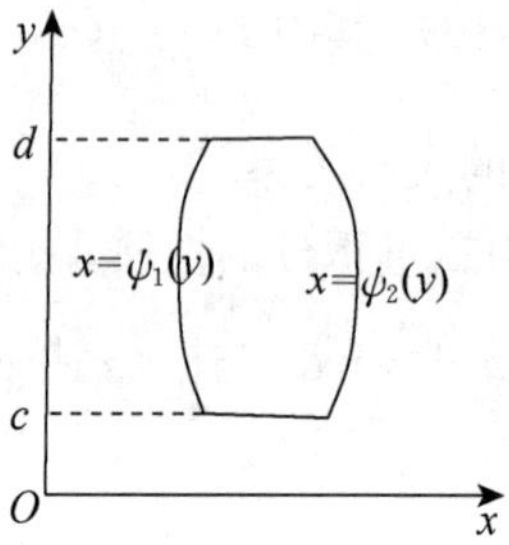

图 10-6

混合型区域：

若区域 D 既有一部分使穿过 D 内部且平行于 y 轴的直线与 D 边界相交多于两点，又有一部分使穿过 D 内部且平行于 x 轴的直线与 D 边界相交多于两点，我们称区域 D 为混合型区域.

2. 计算方法

假设 $f(x, y)\geqslant 0$，且：

(1) **区域 D 为 X -型区域.**

因为 $D=\{(x, y)\mid a\leqslant x\leqslant b, \varphi_1(x)\leqslant y\leqslant\varphi_2(x)\}$. 此时二重积分 $\iint\limits_D f(x, y)\mathrm{d}\sigma$ 在几何上表示以曲面 $z=f(x, y)$ 为顶，以区域 D 为底的曲顶柱体的体积(见图 10-7).

对于 $x\in[a, b]$，曲顶柱体被过该点且平行于 yOz 面的平面截得的截面为以区间 $[\varphi_1(x), \varphi_2(x)]$ 为底、以曲线 $z=f(x, y)$ 为曲边的曲边梯形，所以该截面的面积为

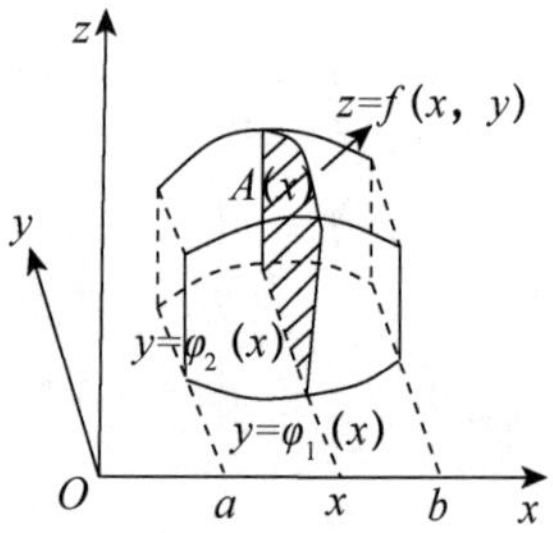

图 10-7

$$A(x)=\int_{\varphi_1(x)}^{\varphi_2(x)} f(x, y)\mathrm{d}y.$$

根据求平行截面面积为已知的立体体积的方法，得曲顶柱体体积为

$$V=\int_a^b A(x)\mathrm{d}x=\int_a^b\left[\int_{\varphi_1(x)}^{\varphi_2(x)} f(x, y)\mathrm{d}y\right]\mathrm{d}x.$$

即
$$V=\iint\limits_D f(x, y)\mathrm{d}\sigma=\int_a^b\left[\int_{\varphi_1(x)}^{\varphi_2(x)} f(x, y)\mathrm{d}y\right]\mathrm{d}x.$$

可记为

$$\iint_D f(x, y)\mathrm{d}\sigma = \int_a^b \mathrm{d}x \int_{\varphi_1(x)}^{\varphi_2(x)} f(x, y)\mathrm{d}y.$$

（2）**区域 D 为 Y-型区域.**

$$D=\{(x, y) \mid c \leqslant y \leqslant d, \psi_1(y) \leqslant x \leqslant \psi_2(y)\},$$

则有

$$\iint_D f(x, y)\mathrm{d}\sigma = \int_c^d \mathrm{d}y \int_{\psi_1(y)}^{\psi_2(y)} f(x, y)\mathrm{d}x.$$

（3）**区域 D 既是 X-型又是 Y-型区域.**

有

$$\iint_D f(x, y)\mathrm{d}\sigma = \int_a^b \mathrm{d}x \int_{\varphi_1(x)}^{\varphi_2(x)} f(x, y)\mathrm{d}y = \int_c^d \mathrm{d}y \int_{\psi_1(y)}^{\psi_2(y)} f(x, y)\mathrm{d}x.$$

表明这两个不同次序的二次积分相等，因为它们都等于同一个二重积分 $\iint_D f(x, y)\mathrm{d}\sigma$.

（4）**区域 D 为混合区域.**

可以把 D 分成若干部分，使每个部分是 X-型区域或 Y-型区域（见图 10-8），从而求出每个部分上的二重积分. 根据二重积分的性质，它们的和就是在 D 上的二重积分.

例 1　计算 $\iint_D xy\mathrm{d}\sigma$，其中 D 是由直线 $y=1$，$x=2$，及 $y=x$ 所围成的闭区域.

解　画出区域 D（见图 10-9）.

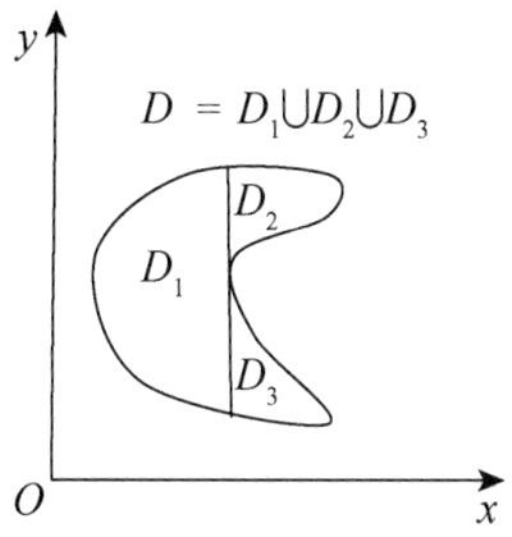

图 10-8

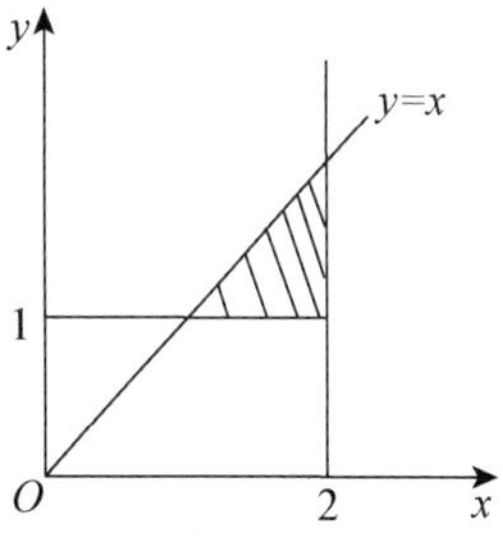

图 10-9

方法一　可把 D 看成 X-型区域：

$$1 \leqslant x \leqslant 2, 1 \leqslant y \leqslant x.$$

于是

$$\begin{aligned}\iint_D xy\mathrm{d}\sigma &= \int_1^2 \left[\int_1^x xy\mathrm{d}y\right]\mathrm{d}x = \int_1^2 \left[x \cdot \frac{y^2}{2}\right]_1^x \mathrm{d}x \\ &= \frac{1}{2}\int_1^2 (x^3 - x)\mathrm{d}x \\ &= \frac{1}{2}\left[\frac{x^4}{4} - \frac{x^2}{2}\right]_1^2 = \frac{9}{8}.\end{aligned}$$

注:积分还可以写成$\iint\limits_D xy\,\mathrm{d}\sigma=\int_1^2\mathrm{d}x\int_1^x xy\,\mathrm{d}y=\int_1^2 x\mathrm{d}x\int_1^x y\mathrm{d}y$.

方法二　把D看成Y-型区域:

$1\leqslant y\leqslant 2$, $y\leqslant x\leqslant 2$.

于是

$$\iint\limits_D xy\,\mathrm{d}\sigma=\int_1^2\left[\int_y^2 xy\,\mathrm{d}x\right]\mathrm{d}y=\int_1^2\left[y\cdot\frac{x^2}{2}\right]_y^2\mathrm{d}y$$
$$=\int_1^2\left(2y-\frac{y^3}{2}\right)\mathrm{d}y=\left[y^2-\frac{y^4}{8}\right]_1^2=\frac{9}{8}.$$

例 2　计算$\iint\limits_D y\sqrt{1+x^2-y^2}\,\mathrm{d}\sigma$,其中$D$是由直线$y=1$, $x=-1$, $y=x$所围成的闭区域.

解　画出区域D(见图 10-10).可把D看成X-型区域:$-1\leqslant x\leqslant 1$, $x\leqslant y\leqslant 1$.
于是

$$\iint\limits_D y\sqrt{1+x^2-y^2}\,\mathrm{d}\sigma=\int_{-1}^1\mathrm{d}x\int_x^1 y\sqrt{1+x^2-y^2}\,\mathrm{d}y$$
$$=-\frac{1}{3}\int_{-1}^1\left[(1+x^2-y^2)^{\frac{3}{2}}\right]_x^1\mathrm{d}x=-\frac{1}{3}\int_{-1}^1(|x|^3-1)\mathrm{d}x$$
$$=-\frac{2}{3}\int_0^1(x^3-1)\mathrm{d}x=\frac{1}{2}.$$

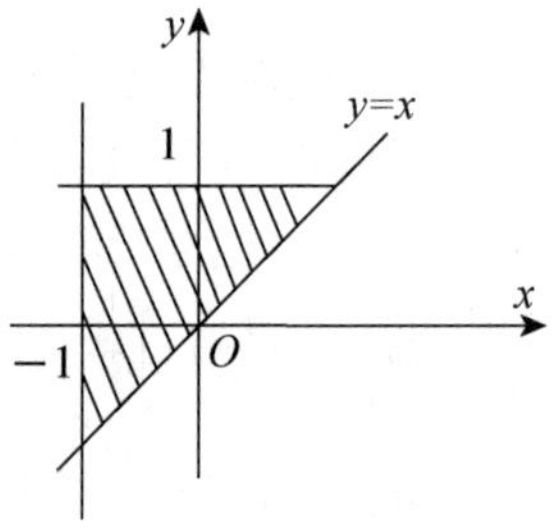

图 10-10

也可把D看成Y-型区域:$-1\leqslant y\leqslant 1$, $-1\leqslant x\leqslant y$.
于是

$$\iint\limits_D y\sqrt{1+x^2-y^2}\,\mathrm{d}\sigma=\int_{-1}^1 y\mathrm{d}y\int_{-1}^y\sqrt{1+x^2-y^2}\,\mathrm{d}x.$$

例 3　计算$\iint\limits_D xy\,\mathrm{d}\sigma$,其中$D$是由直线$y=x-2$及抛物线$y^2=x$所围成的闭区域.

解　积分区域可以表示为$D=D_1+D_2$(见图 10-11),其中

D_1:$0\leqslant x\leqslant 1$, $-\sqrt{x}\leqslant y\leqslant\sqrt{x}$; D_2:$1\leqslant x\leqslant 4$, $x-2\leqslant y\leqslant\sqrt{x}$.

(D_1与D_2都可看成X-型区域.)
于是

$$\iint\limits_D xy\,\mathrm{d}\sigma=\int_0^1\mathrm{d}x\int_{-\sqrt{x}}^{\sqrt{x}}xy\,\mathrm{d}y+\int_1^4\mathrm{d}x\int_{x-2}^{\sqrt{x}}xy\,\mathrm{d}y.$$

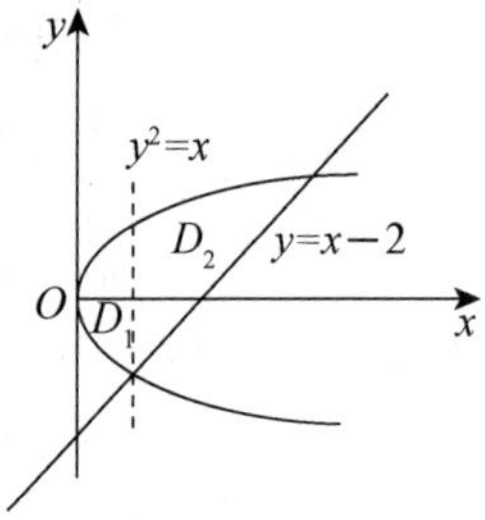

图 10-11

积分区域也可以表示为D:$-1\leqslant y\leqslant 2$, $y^2\leqslant x\leqslant y+2$.(把$D$看成$Y$-型区域.)
于是

$$\iint_D xy\,d\sigma=\int_{-1}^{2}dy\int_{y^2}^{y+2}xy\,dx=\int_{-1}^{2}\left[\frac{x^2}{2}y\right]_{y^2}^{y+2}dy=\frac{1}{2}\int_{-1}^{2}[y(y+2)^2-y^5]dy$$
$$=\frac{1}{2}\left[\frac{y^4}{4}+\frac{4}{3}y^3+2y^2-\frac{y^6}{6}\right]_{-1}^{2}=5\frac{5}{8}.$$

显然第二种方法比第一种方法简单、容易计算，在二重积分中，积分次序的选择很重要.

例 4　求两个底圆半径都等于 R 的直交圆柱面所围成的立体的体积.

解　设这两个圆柱面的方程分别为

$$x^2+y^2=R^2，x^2+z^2=R^2.$$

利用立体关于坐标平面的对称性，只要算出它在第一卦限部分（见图 10－12）的体积 V_1，然后再乘以 8 就行了.

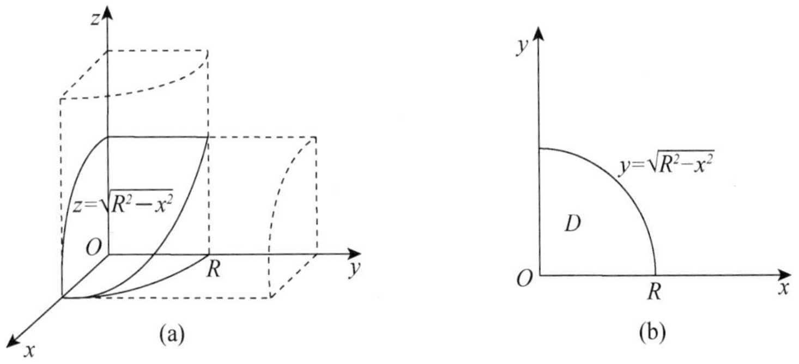

图 10－12

第一卦限部分是以 $D=\{(x,y)\mid 0\leqslant x\leqslant R，0\leqslant y\leqslant\sqrt{R^2-x^2}\}$为底，以 $z=\sqrt{R^2-x^2}$为顶的曲顶柱体. 于是

$$V=8\iint_D\sqrt{R^2-x^2}\,d\sigma=8\int_0^R dx\int_0^{\sqrt{R^2-x^2}}\sqrt{R^2-x^2}\,dy=8\int_0^R\left[\sqrt{R^2-x^2}\,y\right]\Big|_0^{\sqrt{R^2-x^2}}dx$$
$$=8\int_0^R(R^2-x^2)dx=\frac{16}{3}R^3.$$

二、利用极坐标计算二重积分

有些二重积分，积分区域 D 的边界曲线用极坐标方程来表示比较方便，且被积函数用极坐标变量 ρ，θ 表达比较简单. 这时我们就可以考虑利用极坐标来计算二重积分 $\iint_D f(x,y)d\sigma$.

下面我们讨论二重积分 $\iint_D f(x,y)d\sigma$ 在极坐标系中的计算问题.

以从极点 O 出发的一族射线及以极点为中心的一族同心圆构成的网将区域 D 分为 n 个小闭区域(见图 10－13). 除了包含边界点的一些小闭区域外，小闭区域的面积为：

$$\begin{aligned}\Delta\sigma &= \frac{1}{2}(\rho+\Delta\rho)^2\cdot\Delta\theta-\frac{1}{2}\cdot\rho^2\cdot\Delta\theta\\ &=\frac{1}{2}(2\rho+\Delta\rho)\Delta\rho\cdot\Delta\theta\\ &=\frac{\rho+(\rho+\Delta\rho)}{2}\cdot\Delta\rho\cdot\Delta\theta\approx\rho\Delta\rho\Delta\theta,\end{aligned}$$

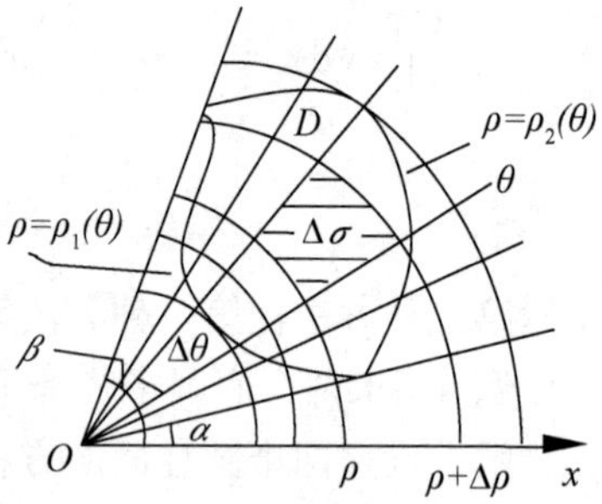

图 10 - 13

于是，得到在极坐标系下的面积微元 $d\sigma=\rho d\rho d\theta$. 注意到直角坐标与极坐标之间的关系为

$$y=\rho\sin\theta,\ x=\rho\cos\theta,$$

从而得到直角坐标系与极坐标系下二重积分的转换公式：

$$\iint_D f(x,\ y)d\sigma=\iint_D f(\rho\cos\theta,\ \rho\sin\theta)\rho d\rho d\theta.$$

若积分区域 D（见图 10 - 14）可表示为：

$$\alpha\leqslant\theta\leqslant\beta,\ \rho_1(\theta)\leqslant\rho\leqslant\rho_2(\theta),$$

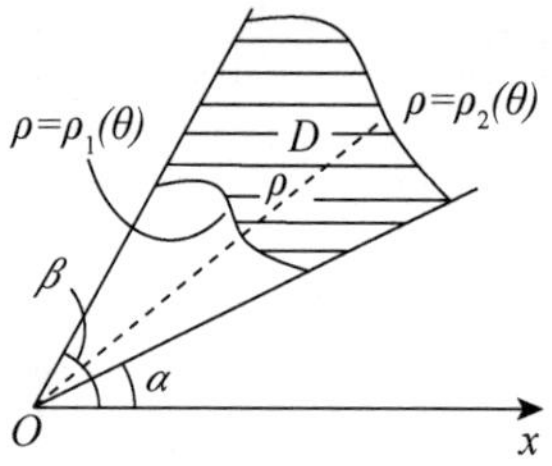

图 10 - 14

则

$$\iint_D f(\rho\cos\theta,\ \rho\sin\theta)\rho d\rho d\theta=\int_\alpha^\beta d\theta\int_{\rho_1(\theta)}^{\rho_2(\theta)}f(\rho\cos\theta,\ \rho\sin\theta)\rho d\rho.$$

例 5　计算 $\iint_D e^{-x^2-y^2}dxdy$，其中 D 是由中心在原点、半径为 a 的圆周所围成的闭区域.

解　在极坐标系中，闭区域 D（见图 10 - 15）可表示为

$$0\leqslant\theta\leqslant 2\pi,\ 0\leqslant\rho\leqslant a.$$

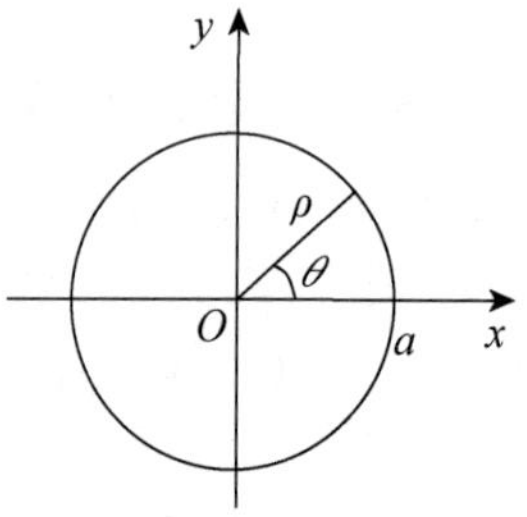

图 10 - 15

于是

$$\begin{aligned}\iint_D e^{-x^2-y^2}dxdy &= \iint_D e^{-\rho^2}\rho d\rho d\theta\\ &=\int_0^{2\pi}\left[\int_0^a e^{-\rho^2}\rho d\rho\right]d\theta=\int_0^{2\pi}\left[-\frac{1}{2}e^{-\rho^2}\right]_0^a d\theta\\ &=\frac{1}{2}(1-e^{-a^2})\int_0^{2\pi}d\theta=\pi(1-e^{-a^2}).\end{aligned}$$

注: 此处积分 $\iint_D e^{-x^2-y^2}dxdy$ 也常写成 $\iint_{x^2+y^2\leqslant a^2}e^{-x^2-y^2}dxdy$.

例 6　利用 $\iint_{x^2+y^2\leqslant a^2}e^{-x^2-y^2}dxdy=\pi(1-e^{-a^2})$，计算广义积分 $\int_0^{+\infty}e^{-x^2}dx$.

解　设 $D_1=\{(x,\ y)\,|\,x^2+y^2\leqslant R^2,\ x\geqslant 0,\ y\geqslant 0\}$,

$$D_2=\{(x,\ y)\,|\,x^2+y^2\leqslant 2R^2,\ x\geqslant 0,\ y\geqslant 0\},$$
$$S=\{(x,\ y)\,|\,0\leqslant x\leqslant R,\ 0\leqslant y\leqslant R\}.$$

显然 $D_1 \subset S \subset D_2$. 由于 $e^{-x^2-y^2}>0$，从而在这些闭区域上的二重积分之间有不等式

$$\iint_{D_1} e^{-x^2-y^2}\,dxdy < \iint_S e^{-x^2-y^2}\,dxdy < \iint_{D_2} e^{-x^2-y^2}\,dxdy.$$

因为 $$\iint_S e^{-x^2-y^2}\,dxdy = \int_0^R e^{-x^2}\,dx \cdot \int_0^R e^{-y^2}\,dy = \left(\int_0^R e^{-x^2}\,dx\right)^2,$$

又应用上面已得的结果，有

$$\iint_{D_1} e^{-x^2-y^2}\,dxdy = \frac{\pi}{4}(1-e^{-R^2}),\ \iint_{D_2} e^{-x^2-y^2}\,dxdy = \frac{\pi}{4}(1-e^{-2R^2}),$$

于是上面的不等式可写成 $\frac{\pi}{4}(1-e^{-R^2}) < \left(\int_0^R e^{-x^2}\,dx\right)^2 < \frac{\pi}{4}(1-e^{-2R^2})$.

令 $R\to+\infty$，上式两端趋于同一极限$\frac{\pi}{4}$，从而 $\int_0^{+\infty} e^{-x^2}\,dx = \frac{\sqrt{\pi}}{2}$.

例 7　计算 $I=\iint_D \frac{1}{1+x^2+y^2}d\sigma$，其中 D 为 $x^2+y^2\leqslant 1$.

解　在极坐标系中，D 可表示为

$$0\leqslant\theta\leqslant 2\pi,\ 0\leqslant\rho\leqslant 1.$$

$$I=\iint_D \frac{1}{1+\rho^2}\rho d\rho d\theta = \int_0^{2\pi} d\theta \int_0^1 \frac{1}{1+\rho^2}\rho d\rho$$
$$=\pi\int_0^1 \frac{1}{1+\rho^2}d(1+\rho^2)$$
$$=\pi\left(\ln(1+\rho^2)\right)_0^1 = \pi\ln 2.$$

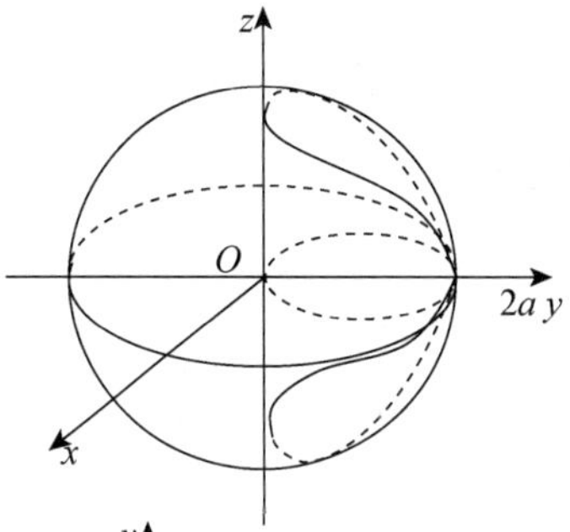

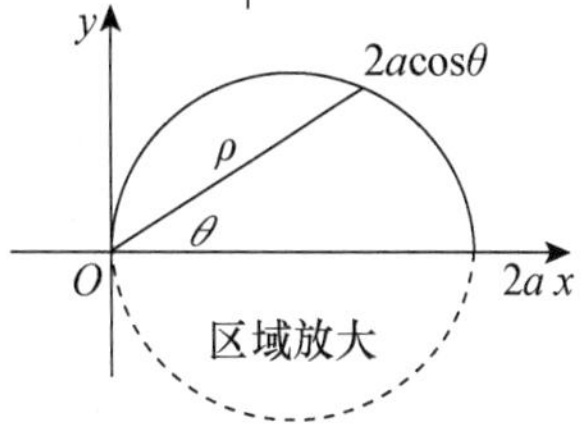

图 10 - 16

例 8　求球体 $x^2+y^2+z^2\leqslant 4a^2$ 被圆柱面

$$x^2+y^2=2ax$$

所截得的(含在圆柱面内的部分)立体（见图 10 - 16）的体积.

解　由对称性，立体体积为第一卦限部分的四倍.

$$V=4\iint_D \sqrt{4a^2-x^2-y^2}\,dxdy,$$

其中 D 为半圆周 $y=\sqrt{2ax-x^2}$ 及 x 轴所围成的闭区域.

在极坐标系中 D 可表示为

$$0\leqslant\theta\leqslant\frac{\pi}{2},\ 0\leqslant\rho\leqslant 2a\cos\theta.$$

于是

$$V=4\iint_D \sqrt{4a^2-\rho^2}\,\rho d\rho d\theta = 4\int_0^{\frac{\pi}{2}} d\theta \int_0^{2a\cos\theta} \sqrt{4a^2-\rho^2}\,\rho d\rho$$

$$=\frac{32}{3}a^3\int_0^{\frac{\pi}{2}}(1-\sin^3\theta)\mathrm{d}\theta=\frac{32}{3}a^3\left(\frac{\pi}{2}-\frac{2}{3}\right).$$

三、二重积分的换元法

在实际问题中，仅用直角坐标和极坐标来计算二重积分是不够的，有时还需要进行变量的变换. 下面介绍二重积分的换元法.

定理 设 $f(x, y)$ 在 xOy 面的闭区域 D 上连续，若变换

$$T: x=x(u, v), y=y(u, v)$$

将 uOv 平面上的闭区域 D' 变为 xOy 平面上的闭区域 D，且满足

(1) $x=x(u, v)$，$y=y(u, v)$ 在 D' 上具有一阶连续的偏导数；

(2) 在 D' 上雅可比式

$$J(u, v)=\frac{\partial(x, y)}{\partial(u, v)}=\begin{vmatrix}\frac{\partial x}{\partial u} & \frac{\partial x}{\partial v}\\ \frac{\partial y}{\partial u} & \frac{\partial y}{\partial v}\end{vmatrix}\neq 0;$$

(3) 变换 $T: D'\to D$ 是一对一的，

则有

$$\iint_D f(x, y)\mathrm{d}x\mathrm{d}y=\iint_{D'} f[x(u, v), y(u, v)]\,|J(u, v)|\,\mathrm{d}u\mathrm{d}v.$$

上式称为二重积分的换元公式.

证明 略.

利用上述公式，我们来验证极坐标变换 $x=\rho\cos\theta$，$y=\rho\sin\theta$ 的二重积分极坐标公式.

因为$\dfrac{\partial(x, y)}{\partial(r, \theta)}=\begin{vmatrix}\frac{\partial x}{\partial r} & \frac{\partial x}{\partial \theta}\\ \frac{\partial y}{\partial r} & \frac{\partial y}{\partial \theta}\end{vmatrix}=\begin{vmatrix}\cos\theta & -\rho\sin\theta\\ \sin\theta & \rho\cos\theta\end{vmatrix}=\rho$，所以

$$\iint_D f(x, y)\mathrm{d}x\mathrm{d}y=\iint_{D'} f[\rho\cos\theta, \rho\sin\theta]\rho\mathrm{d}\rho\mathrm{d}\theta.$$

例 9 求椭球体$\dfrac{x^2}{a^2}+\dfrac{y^2}{b^2}+\dfrac{z^2}{c^2}\leqslant 1$ 的体积.

解 由对称性知，所求体积为

$$V=8\iint_D c\sqrt{1-\frac{x^2}{a^2}-\frac{y^2}{b^2}}\mathrm{d}\sigma,$$

其中积分区域 D: $\dfrac{x^2}{a^2}+\dfrac{y^2}{b^2}\leqslant 1$，$x\geqslant 0$，$y\geqslant 0$. 令 $x=a\rho\cos\theta$，$y=b\rho\sin\theta$，称其为广义极坐标变换，则区域 D 的积分限为 $0\leqslant\theta\leqslant\dfrac{\pi}{2}$，$0\leqslant\rho\leqslant 1$，又

$$J=\frac{\partial(x,\ y)}{\partial(\rho,\ \theta)}=\begin{vmatrix} a\cos\theta & -a\rho\sin\theta \\ b\sin\theta & b\rho\cos\theta \end{vmatrix}=ab\rho,$$

于是

$$\begin{aligned} V &= 8abc\int_0^{\frac{\pi}{2}}\mathrm{d}\theta\int_0^1\sqrt{1-\rho^2}\rho\mathrm{d}\rho \\ &= 8abc\cdot\frac{\pi}{2}\left(-\frac{1}{2}\right)\int_0^1\sqrt{1-\rho^2}\mathrm{d}(1-\rho^2)=\frac{4}{3}\pi abc. \end{aligned}$$

特别地，当 $a=b=c$ 时，则得到球体的体积为$\frac{4}{3}\pi a^3$.

例 10　计算$\iint\limits_D \mathrm{e}^{\frac{y-x}{y+x}}\mathrm{d}x\mathrm{d}y$，其中 D 是由 x 轴、y 轴和直线 $x+y=2$ 所围成的闭区域.

解　令 $u=y-x$，$v=y+x$，则 $x=\frac{v-u}{2}$，$y=\frac{v+u}{2}$.

xOy 平面上的闭区域 D 和它到 uOv 平面上的对应区域 D' 如图 10－17 所示，且当 $x=0$ 时，$u=v$；当 $y=0$ 时，$u=-v$；当 $x+y=2$ 时，$v=2$.

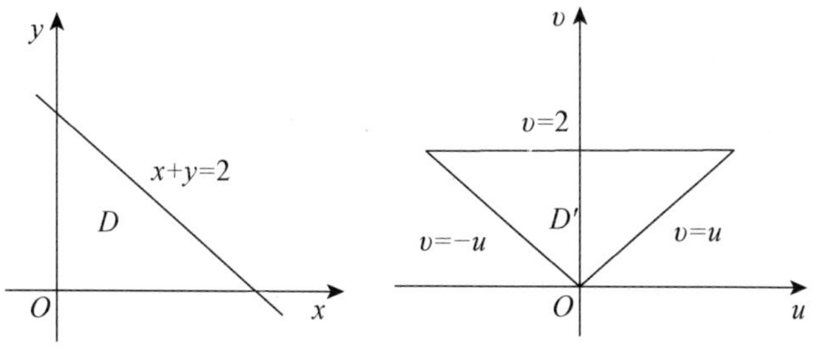

图 10－17

$$J=\frac{\partial(x,\ y)}{\partial(u,\ v)}=\begin{vmatrix} -\frac{1}{2} & \frac{1}{2} \\ \frac{1}{2} & \frac{1}{2} \end{vmatrix}=-\frac{1}{2},$$

所以$\iint\limits_D \mathrm{e}^{\frac{y-x}{y+x}}\mathrm{d}x\mathrm{d}y=\iint\limits_{D'}\mathrm{e}^{\frac{u}{v}}\left|-\frac{1}{2}\right|\mathrm{d}u\mathrm{d}v=\frac{1}{2}\int_0^2\mathrm{d}v\int_{-v}^{v}\mathrm{e}^{\frac{u}{v}}\mathrm{d}u=\frac{1}{2}\int_0^2(\mathrm{e}-\mathrm{e}^{-1})v\mathrm{d}v=\mathrm{e}-\mathrm{e}^{-1}$.

例 11　求曲线 $xy=a^2$，$xy=2a^2$，$y=x$，$y=2x$（$x>0$，$y>0$）所围平面图形 D（见图 10－18）的面积.

解　如果在直角坐标下计算，需要求曲线的交点，并画出平面图形，还需将积分区域分割成几块小区域来计算面积，很麻烦，现在可巧妙地做坐标变换.

做变换 $xy=u$，$\frac{y}{x}=v$，则有 $a^2\leqslant u\leqslant 2a^2$，$1\leqslant v\leqslant 2$.

由于$\frac{\partial(u,\ v)}{\partial(x,\ y)}=\begin{vmatrix} y & x \\ -\frac{y}{x^2} & \frac{1}{x} \end{vmatrix}=2\frac{y}{x}=2v$，

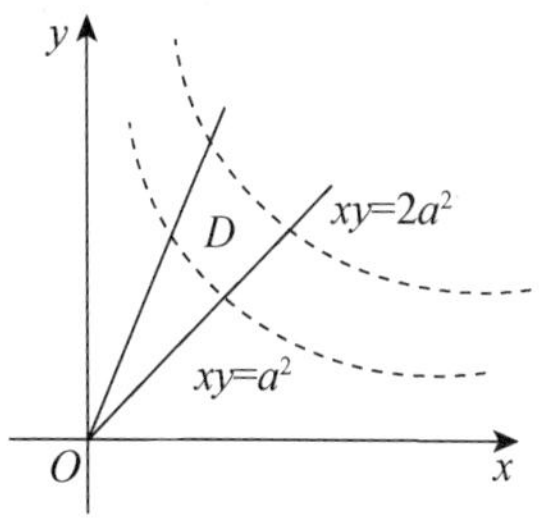

图 10－18

及 $\frac{\partial(x, y)}{\partial(u, v)} \cdot \frac{\partial(u, v)}{\partial(x, y)}=1$，从而有

$$\left|\frac{\partial(x, y)}{\partial(u, v)}\right|=\left|\frac{1}{2v}\right|=\frac{1}{2v},$$

于是，$\iint\limits_{\sigma} \mathrm{d}\sigma=\int_{a^2}^{2a^2} \mathrm{d}u \int_1^2 \frac{1}{2v} \mathrm{d}v=\frac{a^2}{2} \int_1^2 \frac{1}{v} \mathrm{d}v=\frac{a^2}{2} \ln 2.$

注：题中利用函数组 $u=u(x, y)$，$v=v(x, y)$ 与反函数组 $x=x(u, v)$，$y=y(u, v)$ 之间偏导数的关系式

$$\frac{\partial(x, y)}{\partial(u, v)} \cdot \frac{\partial(u, v)}{\partial(x, y)}=1$$

来求 $\frac{\partial(x, y)}{\partial(u, v)}$，避免了从原函数组直接解出反函数组的困难．但在简单情况下，也可以直接解出来计算之.

习题 10－2

1. 计算下列二重积分：

(1) $\iint\limits_{D}(x^2+y^2) \mathrm{d}\sigma$，其中 $D=\{(x, y) \mid |x| \leqslant 1, |y| \leqslant 1\}$；

(2) $\iint\limits_{D} x \mathrm{e}^{xy} \mathrm{d}\sigma$，其中 $D=\{(x, y) \mid 0 \leqslant x \leqslant 1, -1 \leqslant y \leqslant 0\}$；

(3) $\iint\limits_{D}(3x+2y) \mathrm{d}\sigma$，其中 D 是由两坐标轴及直线 $x+y=2$ 所围成的闭区域；

(4) $\iint\limits_{D} x \cos(x+y) \mathrm{d}\sigma$，其中 D 是顶点分别为 $(0, 0)$，$(\pi, 0)$，(π, π) 的三角形区域；

(5) $\iint\limits_{D} x \sqrt{y} \mathrm{d}\sigma$，其中 D 是由两条抛物线 $y=\sqrt{x}$，$y=x^2$ 所围成的闭区域；

(6) $\iint\limits_{D} \mathrm{e}^{x+y} \mathrm{d}\sigma$，其中 $D=\{(x, y) \mid |x|+|y| \leqslant 1\}$；

(7) $\iint\limits_{D}(x^2+y^2-x) \mathrm{d}\sigma$，其中 D 是由直线 $y=2$，$y=x$，$y=2x$ 所围成的闭区域；

(8) $\iint\limits_{D} \mathrm{e}^{-x^2} \mathrm{d}\sigma$，其中 D 是由 $y=x$，$y=0$，$x=1$ 所围成的闭区域.

2. 改变下列二次积分的积分次序：

(1) $\int_0^1 \mathrm{d}y \int_0^y f(x, y) \mathrm{d}x$；

(2) $\int_0^2 \mathrm{d}y \int_{y^2}^{2y} f(x, y) \mathrm{d}x$；

(3) $\int_0^1 \mathrm{d}y \int_{-\sqrt{1-y^2}}^{\sqrt{1-y^2}} f(x, y) \mathrm{d}x$；

(4) $\int_1^2 \mathrm{d}x \int_{2-x}^{\sqrt{2x-x^2}} f(x, y) \mathrm{d}y$；

(5) $\int_1^{\mathrm{e}} \mathrm{d}x \int_0^{\ln x} f(x, y) \mathrm{d}y$；

(6) $\int_0^{\pi} \mathrm{d}x \int_{-\sin\frac{x}{2}}^{\sin x} f(x, y) \mathrm{d}y$.

3. 化二重积分 $I=\iint\limits_D f(x,y)\mathrm{d}\sigma$ 为二次积分(分别列出对两个变量先后次序不同的两个二次积分)，其中积分区域是：

(1) 由直线 $y=x$ 及抛物线 $y^2=4x$ 所围成的闭区域；

(2) 由 x 轴及半圆周 $x^2+y^2=r^2(y\geqslant 0)$ 所围成的闭区域；

(3) 由直线 $y=x$，$x=2$ 及双曲线 $y=\dfrac{1}{x}(x\geqslant 0)$ 所围成的闭区域；

(4) 环形闭区域 $\{(x,y)\mid 1\leqslant x^2+y^2\leqslant 4\}$.

4. 计算由四个平面 $x=0$，$y=0$，$x=1$，$y=1$ 所围成的柱体被平面 $z=0$ 及 $2x+3y+z=6$ 截得的立体的体积.

5. 计算由平面 $x=0$，$y=0$，$x+y=1$ 所围成的柱体被平面 $z=0$ 及抛物面 $x^2+y^2=6-z$ 截得的立体的体积.

6. 求由曲面 $z=x^2+2y^2$ 及 $z=6-2x^2-y^2$ 所围成的立体的体积.

7. 设平面薄片所占的闭区域 D 由直线 $x+y=2$，$y=x$ 和 x 轴所围成，它的面密度为 $\mu(x,y)=x^2+y^2$，求该薄片的质量.

8. 把二重积分 $\iint\limits_D f(x,y)\mathrm{d}x\mathrm{d}y$ 表示为极坐标形式的二次积分，其中积分区域 d 是：

(1) $\{(x,y)\mid x^2+y^2\leqslant a^2\}$ $(a>0)$；

(2) $\{(x,y)\mid x^2+y^2\leqslant 2x\}$；

(3) $\{(x,y)\mid a^2\leqslant x^2+y^2\leqslant b^2\}$，其中 $0<a<b$；

(4) $\{(x,y)\mid 0\leqslant y\leqslant 1-x,\ 0\leqslant x\leqslant 1\}$.

9. 把下列积分化为极坐标形式，并计算积分值：

(1) $\int_0^{2a}\mathrm{d}x\int_0^{\sqrt{2ax-x^2}}(x^2+y^2)\mathrm{d}y$；　　(2) $\int_0^a\mathrm{d}x\int_0^x\sqrt{x^2+y^2}\,\mathrm{d}y$；

(3) $\int_0^1\mathrm{d}x\int_{x^2}^x(x^2+y^2)^{-\frac{1}{2}}\mathrm{d}y$；　　(4) $\int_0^a\mathrm{d}y\int_0^{\sqrt{a^2-y^2}}(x^2+y^2)\mathrm{d}x$.

10. 利用极坐标计算下列各题：

(1) $\iint\limits_D \mathrm{e}^{x^2+y^2}\mathrm{d}\sigma$，其中 D 是由圆周 $x^2+y^2=4$ 所围成的闭区域；

(2) $\iint\limits_D \ln(1+x^2+y^2)\mathrm{d}\sigma$，其中 D 是由圆周 $x^2+y^2=1$ 及坐标轴所围成的在第一象限内的闭区域；

(3) $\iint\limits_D \arctan\dfrac{y}{x}\mathrm{d}\sigma$，其中 D 是由圆周 $x^2+y^2=4$，$x^2+y^2=1$ 及直线 $y=0$，$y=x$ 所围成的在第一象限内的闭区域.

11. 用适当的坐标计算下列各题：

(1) $\iint\limits_D \dfrac{x^2}{y^2}\mathrm{d}\sigma$，其中 D 是由直线 $x=2$，$y=x$ 及曲线 $xy=1$ 所围成的闭区域；

(2) $\iint\limits_D \sqrt{\dfrac{1-x^2-y^2}{1+x^2+y^2}}\mathrm{d}\sigma$，其中 D 是由圆周 $x^2+y^2=1$ 及坐标轴所围成的在第一象限内

的闭区域；

(3) $\iint\limits_D (x^2+y^2)\mathrm{d}\sigma$，其中 D 是由直线 $y=x$，$y=x+a$，$y=a$，$y=3a(a>0)$所围成的闭区域；

(4) $\iint\limits_D \sqrt{x^2+y^2}\mathrm{d}\sigma$，其中 D 是圆环闭区域 $\{(x,y)\mid a^2\leqslant x^2+y^2\leqslant b^2\}$.

§10.3　三重积分

一、三重积分的概念

与求平面薄片的质量类似，密度函数为连续函数 $f(x,y,z)$ 的空间立体 Ω 的质量 M 可表示为

$$M=\sum_{i=1}^{n} f(\xi_i,\eta_i,\zeta_i)\Delta v_i.$$

由此引入三重积分的定义：

定义　设 $f(x,y,z)$ 是空间有界闭区域 Ω 上的有界函数. 将 Ω 任意分成 n 个小闭区域 Δv_1，Δv_2，…，Δv_n，其中 Δv_i 表示第 i 个小闭区域，也表示它的体积. 在每个 Δv_i 上任取一点 (ξ_i,η_i,ζ_i)，作乘积 $f(\xi_i,\eta_i,\zeta_i)\Delta v_i(i=1,2,\cdots,n)$ 并作和 $\sum\limits_{i=1}^{n} f(\xi_i,\eta_i,\zeta_i)\Delta v_i$. 如果当各小闭区域的直径中的最大值 λ 趋于零时，该和的极限总存在，则称此极限为函数 $f(x,y,z)$ 在闭区域上的**三重积分**，记作 $\iiint\limits_{\Omega} f(x,y,z)\mathrm{d}v$. 即

$$\iiint\limits_{\Omega} f(x,y,z)\mathrm{d}v=\lim_{\lambda\to 0}\sum_{i=1}^{n} f(\xi_i,\eta_i,\zeta_i)\Delta v_i.$$

三重积分中的有关术语：$\iiint\limits_{\Omega}$——**积分号**，$f(x,y,z)$——**被积函数**，$f(x,y,z)\mathrm{d}v$——**被积表达式**，$\mathrm{d}v$——**体积元素**，x，y，z——**积分变量**，Ω——**积分区域**.

在直角坐标系中，如果用平行于坐标面的平面来划分 Ω，则除了包含 Ω 的边界点的一些不规则的小闭区域外，得到的小闭区域都是长方体，设小长方体的体积为 Δv_i，边长分别为 Δx_i，Δy_i，Δz_i，则 $\Delta v_i=\Delta x_i\Delta y_i\Delta z_i$，因此也把体积元素记为 $\mathrm{d}v=\mathrm{d}x\mathrm{d}y\mathrm{d}z$，三重积分记作

$$\iiint\limits_{\Omega} f(x,y,z)\mathrm{d}v=\iiint\limits_{\Omega} f(x,y,z)\mathrm{d}x\mathrm{d}y\mathrm{d}z.$$

当函数 $f(x,y,z)$ 在闭区域 Ω 上连续时，极限 $\lim\limits_{\lambda\to 0}\sum\limits_{i=1}^{n} f(\xi_i,\eta_i,\zeta_i)\Delta v_i$ 是存在的，因此 $f(x,y,z)$ 在 Ω 上的三重积分是存在的，以后也总假定 $f(x,y,z)$ 在闭区域 Ω 上是连续的.

三重积分的性质（与二重积分类似）：

(1) $\iiint\limits_{\Omega}[\alpha f(x, y, z)+\beta g(x, y, z)]\mathrm{d}v=\alpha\iiint\limits_{\Omega}f(x, y, z)\mathrm{d}v+\beta\iiint\limits_{\Omega}g(x, y, z)\mathrm{d}v$;

(2) $\iiint\limits_{\Omega_1+\Omega_2}f(x, y, z)\mathrm{d}v=\iiint\limits_{\Omega_1}f(x, y, z)\mathrm{d}v+\iiint\limits_{\Omega_2}f(x, y, z)\mathrm{d}v$;

(3) $\iiint\limits_{\Omega}\mathrm{d}v=V$，其中 V 为区域 Ω 的体积.

如果 $f(x, y, z)$ 表示某物体在点 (x, y, z) 处的密度，Ω 是该物体所占的空间闭区域，$f(x, y, z)$ 在 Ω 上连续，那么 $\sum\limits_{i=1}^{n}f(\xi_i, \eta_i, \zeta_i)\Delta v_i$ 是该物体的质量 m 的近似值，这个和当 $\lambda\to 0$ 时的极限就是该物体的质量 m，所以有

$$m=\iiint\limits_{\Omega}f(x, y, z)\mathrm{d}v.$$

二、三重积分的计算

1. 利用直角坐标计算三重积分

三重积分的计算 与二重积分的计算类似，其基本思想也是化为三次积分来计算. 下面借助三重积分的物理意义，导出将三重积分化为三次积分的方法.

(1) 投影法.

由三重积分的物理意义，密度函数为 $f(x, y, z)$ 的空间立体 Ω 的质量 M 可表示为

$$M=\iiint\limits_{\Omega}f(x, y, z)\mathrm{d}v.$$

设平行于 z 轴的直线与立体 Ω 的边界面 S 相交不多于两点（母线平行于 z 轴的侧面除外），把立体 Ω 投影到 xOy 面，得到一平面区域 D. 过区域 D 内任意一点 (x, y) 作平行于 z 轴的直线，与立体 Ω 的边界面 S 的交点的竖坐标分别为 $z=z_1(x, y)$ 和 $z=z_2(x, y)$（见图 10－19）.

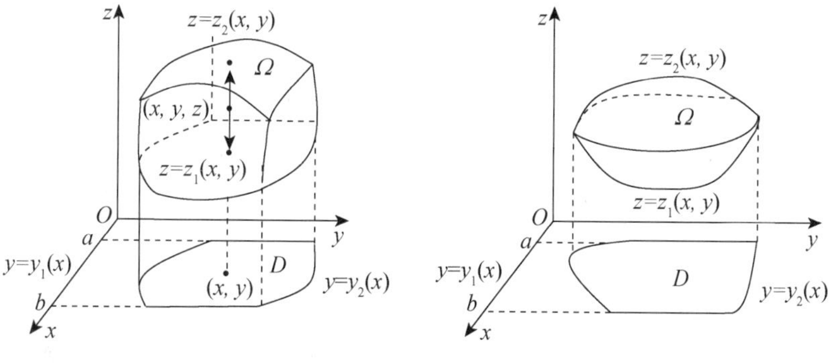

图 10－19

于是，空间闭区域 Ω 可表示为

$$\Omega=\{(x, y, z) \mid z_1(x, y) \leqslant z \leqslant z_2(x, y), (x, y) \in D\}$$

这样，立体Ω的质量M就可以看作密度不均匀的平面薄片D的质量，平面薄片D内任意一点(x, y)的密度为

$$\rho(x, y)=\int_{z_1(x, y)}^{z_2(x, y)} f(x, y, z) \mathrm{d} z,$$

故有 $$M=\iint_D\left[\int_{z_1(x, y)}^{z_2(x, y)} f(x, y, z) \mathrm{d} z\right] \mathrm{d} \sigma,$$

即 $$\iiint_{\Omega} f(x, y, z) \mathrm{d} v=\iint_D\left[\int_{z_1(x, y)}^{z_2(x, y)} f(x, y, z) \mathrm{d} z\right] \mathrm{d} \sigma .$$

如果D为X-型区域：$a \leqslant x \leqslant b$，$y_1(x) \leqslant y \leqslant y_2(x)$，

则 $$\begin{aligned}\iiint_{\Omega} f(x, y, z) \mathrm{d} v & =\iint_D\left[\int_{z_1(x, y)}^{z_2(x, y)} f(x, y, z) \mathrm{d} z\right] \mathrm{d} \sigma \\ & =\int_a^b \mathrm{d} x \int_{y_1(x)}^{y_2(x)}\left[\int_{z_1(x, y)}^{z_2(x, y)} f(x, y, z) \mathrm{d} z\right] \mathrm{d} y \\ & =\int_a^b \mathrm{d} x \int_{y_1(x)}^{y_2(x)} \mathrm{d} y \int_{z_1(x, y)}^{z_2(x, y)} f(x, y, z) \mathrm{d} z .\end{aligned}$$

如果D为Y-型区域：$c \leqslant y \leqslant d$，$x_1(y) \leqslant x \leqslant x_2(y)$，

则 $$\begin{aligned}\iiint_{\Omega} f(x, y, z) \mathrm{d} v & =\iint_D\left[\int_{z_1(x, y)}^{z_2(x, y)} f(x, y, z) \mathrm{d} z\right] \mathrm{d} \sigma \\ & =\int_c^d \mathrm{d} y \int_{x_1(y)}^{x_2(y)}\left[\int_{z_1(x, y)}^{z_2(x, y)} f(x, y, z) \mathrm{d} z\right] \mathrm{d} x \\ & =\int_c^d \mathrm{d} y \int_{x_1(y)}^{x_2(y)} \mathrm{d} x \int_{z_1(x, y)}^{z_2(x, y)} f(x, y, z) \mathrm{d} z .\end{aligned}$$

在上述公式推导中，是将立体Ω投影到xOy面，如果将立体Ω投影到yOz面或xOz面，我们完全可以得到类似的公式.

例1 计算三重积分$\iiint_{\Omega} x \mathrm{d} x \mathrm{d} y \mathrm{d} z$，其中$\Omega$为三个坐标面及平面$x+2y+z=1$所围成的闭区域.

解 作图(见图10-20)，区域Ω可表示为：

$$0 \leqslant x \leqslant 1,\ 0 \leqslant y \leqslant \frac{1}{2}(1-x),\ 0 \leqslant z \leqslant 1-x-2y .$$

于是 $$\begin{aligned}\iiint_{\Omega} x \mathrm{d} x \mathrm{d} y \mathrm{d} z & =\int_0^1 \mathrm{d} x \int_0^{\frac{1-x}{2}} \mathrm{d} y \int_0^{1-x-2y} x \mathrm{d} z \\ & =\int_0^1 x \mathrm{d} x \int_0^{\frac{1-x}{2}}(1-x-2y) \mathrm{d} y \\ & =\frac{1}{4} \int_0^1\left(x-2x^2+x^3\right) \mathrm{d} x=\frac{1}{48} .\end{aligned}$$

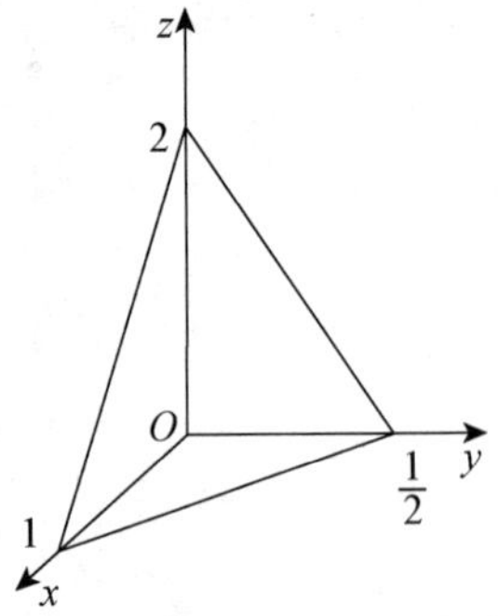

图 10-20

例2 计算$\iiint_{\Omega} \sqrt{x^2+z^2} \mathrm{d} v$，其中$\Omega$由曲面$y=x^2+z^2$与平面$y=4$所围成.

解 将 Ω 往 zOx 平面投影得投影域 D_{zx} 是个圆域（见图 10－21），而 Ω 的左界面为 $y=x^2+z^2$，右界面为 $y=4$. 故

$$\iiint\limits_{\Omega}\sqrt{x^2+z^2}\,\mathrm{d}v=\iint\limits_{D_{zx}}\mathrm{d}z\mathrm{d}x\int_{x^2+z^2}^{4}\sqrt{x^2+z^2}\,\mathrm{d}y$$

$$=\iint\limits_{x^2+z^2\leqslant 4}(4-x^2-z^2)\sqrt{x^2+z^2}\,\mathrm{d}z\mathrm{d}x.$$

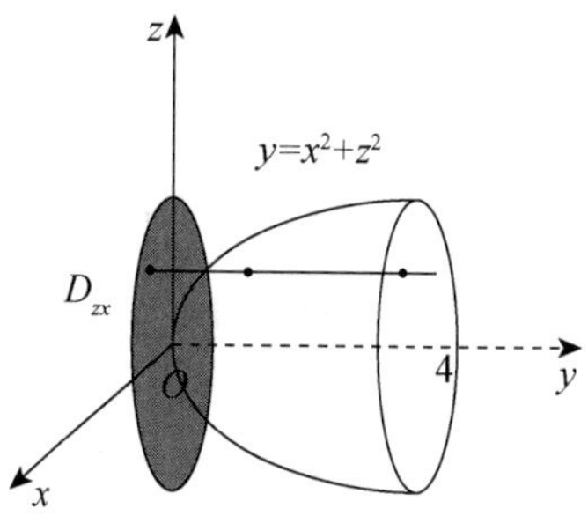

图 10－21

采用极坐标计算这个二重积分得

$$\iiint\limits_{\Omega}\sqrt{x^2+z^2}\,\mathrm{d}v=\int_0^{2\pi}\mathrm{d}\theta\int_0^2(4-r^2)r\cdot r\mathrm{d}r$$

$$=2\pi\int_0^2(4r^2-r^4)\mathrm{d}r=\frac{128\pi}{15}.$$

（2）截面法.

设立体 Ω 介于两平面 $z=c$，$z=d$ 之间，过点 $(0, 0, z)$ $(z\in[c, d])$ 作垂直于 z 轴的平面与立体 Ω 相截得一平面 D_z，于是区域 Ω（见图 10－22）可表示为

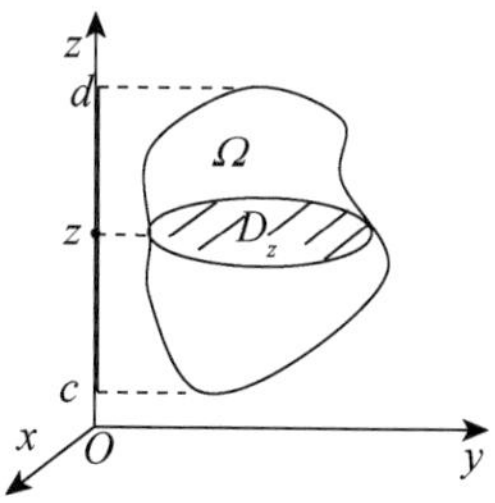

图 10－22

$$\Omega=\{(x, y, z)\,|\,(x, y)\in D_z, c\leqslant z\leqslant d\}.$$

我们把立体 Ω 看作区间 $[c, d]$ 上的一根细棒，其上任意一点 z 处的线密度 $\rho(z)=\iint\limits_{D_z}f(x, y, z)\mathrm{d}x\mathrm{d}y$，从而设立体 Ω 的质量

$$M=\iiint\limits_{\Omega}f(x, y, z)\mathrm{d}v=\int_c^d\rho(z)\mathrm{d}z=\int_c^d\left[\iint\limits_{D_z}f(x, y, z)\mathrm{d}x\mathrm{d}y\right]\mathrm{d}z.$$

这种思想方法称为**截面法**.

在二重积分 $\iint\limits_{D_z}f(x, y, z)\mathrm{d}x\mathrm{d}y$ 中，应把 z 看作常量，确定 D_z 是 X－型区域还是 Y－型区域，再将其化为二次积分. 特别地，当 $f(x, y, z)$ 仅含 z 一个变量，即 $f(x, y, z)=g(z)$ 时，

$$\iint\limits_{D_z}f(x, y, z)\mathrm{d}x\mathrm{d}y=\iint\limits_{D_z}g(z)\mathrm{d}x\mathrm{d}y=g(z)\iint\limits_{D_z}1\mathrm{d}x\mathrm{d}y=g(z)S_{D_z},$$

其中 S_{D_z} 表示截面 D_z 的面积，从而

$$\iiint\limits_{\Omega}f(x, y, z)dv=\int_c^d\left[\iint\limits_{D_z}f(x, y, z)\mathrm{d}x\mathrm{d}y\right]\mathrm{d}z=\int_c^d g(z)S_{D_z}\mathrm{d}z.$$

例 3 计算三重积分 $\iiint\limits_{\Omega}z^2\mathrm{d}x\mathrm{d}y\mathrm{d}z$，其中 Ω 是由椭球面 $\frac{x^2}{a^2}+\frac{y^2}{b^2}+\frac{z^2}{c^2}=1$ 所围成的空间闭区域.

解 空间区域 Ω 可表示为：

$$\frac{x^2}{a^2}+\frac{y^2}{b^2}\leqslant 1-\frac{z^2}{c^2},\ -c\leqslant z\leqslant c,$$

于是 $\iiint\limits_{\Omega} z^2\,\mathrm{d}x\mathrm{d}y\mathrm{d}z=\int_{-c}^{c} z^2\,\mathrm{d}z\iint\limits_{D_z}\mathrm{d}x\mathrm{d}y=\pi ab\int_{-c}^{c}\left(1-\frac{z^2}{c^2}\right)z^2\,\mathrm{d}z=\frac{4}{15}\pi abc^3.$

2. 利用对称性化简三重积分计算

在计算二重积分时，利用积分区域的对称性和被积函数的奇偶性，可以化简积分的计算. 对于三重积分也有类似的结果.

一般，如果积分区域 Ω 关于 xOy 平面对称，且被积函数 $f(x,y,z)$ 是关于 z 的奇函数，则三重积分为零；如果被积函数 $f(x,y,z)$ 是关于 z 的偶函数，则三重积分等于 Ω 在 xOy 平面上方的半个闭区域的三重积分的两倍. 当积分区域 Ω 关于 yOz 或 xOz 平面对称时，也有完全类似的结果.

例 4 计算 $\iiint\limits_{\Omega}(x+z)\mathrm{d}v$，其中 Ω 是锥面 $z=\sqrt{x^2+y^2}$ 和平面 $z=1$ 所围空间区域.

解 如图（见图 10－23）.

因为积分区域 Ω 关于 yOz 面对称，被积函数中的 x 是变量 x 的奇函数，所以 $\iiint\limits_{\Omega}x\,\mathrm{d}v=0$，从而有

$$\iiint\limits_{\Omega}(x+z)\mathrm{d}v=\iiint\limits_{\Omega}z\,\mathrm{d}v.$$

由于被积函数只是 z 的函数，可利用截面法求之. 积分区域 Ω 介于平面 $z=0$ 与 $z=1$ 之间，在 $[0,1]$ 任取一点 z，作垂直于 z 轴的平面，截区域 Ω 得截面 D_z 为 $x^2+y^2=z^2$，该截面的面积为 πz^2，所以

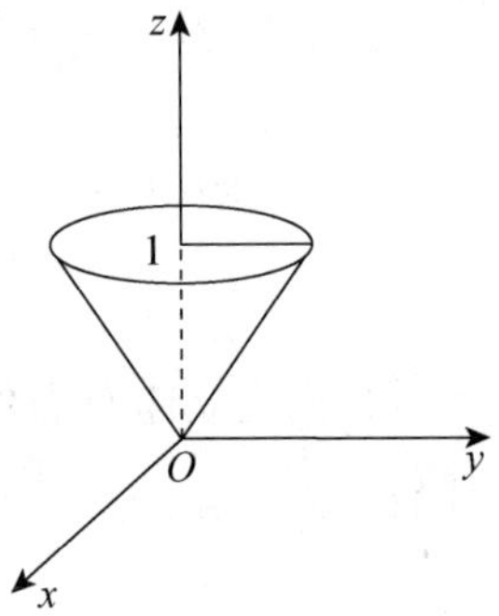

图 10－23

$$\iiint\limits_{\Omega}(x+z)\mathrm{d}v=\iiint\limits_{\Omega}z\,\mathrm{d}v=\int_0^1 z\,\mathrm{d}z\iint\limits_{D_z}\mathrm{d}\sigma=\pi\int_0^1 z^3\,\mathrm{d}z=\frac{\pi}{4}.$$

思考：

(1) 将三重积分 $I=\iiint\limits_{\Omega}f(x,y,z)\mathrm{d}x\mathrm{d}y\mathrm{d}z$ 化为三次积分，其中

1) Ω 是由曲面 $z=1-x^2-y^2$，$z=0$ 所围成的闭区域.

2) Ω 是由双曲抛物面 $xy=z$ 及平面 $x+y-1=0$，$z=0$ 所围成的闭区域.

3) Ω 是由曲面 $z=x^2+2y^2$ 及 $z=2-x^2$ 所围成的闭区域.

(2) 将三重积分 $I=\iiint\limits_{\Omega}f(x,y,z)\mathrm{d}x\mathrm{d}y\mathrm{d}z$ 化为先进行二重积分再进行定积分的形式，其中 Ω 是由曲面 $z=1-x^2-y^2$，$z=0$ 所围成的闭区域.

3. 利用柱面坐标计算三重积分

设 $M(x,y,z)$ 为空间内一点，并设点 M 在 xOy 面上的投影 P 的极坐标为 $P(\rho,\theta)$，则这样的三个数 ρ,θ,z 就叫作点 M 的**柱面坐标**（见图 10－24），这里规定 ρ,θ,z 的变化范围为：

$0\leqslant\rho<+\infty$，$0\leqslant\theta\leqslant2\pi$，$-\infty<z<+\infty$.

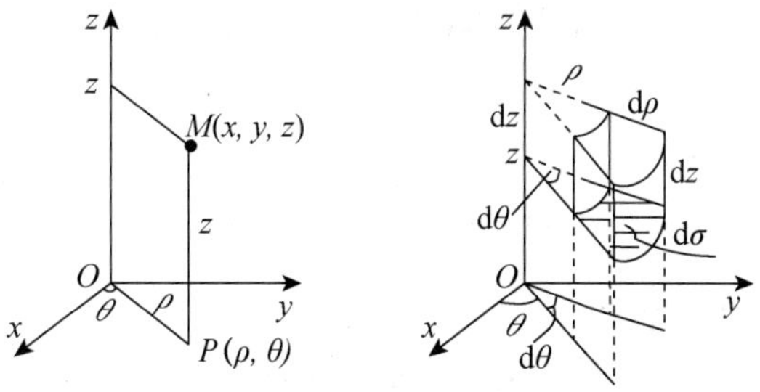

图 10-24

则点 M 的直角坐标与柱面坐标的关系为：

$$\begin{cases}x=\rho\cos\theta\\ y=\rho\sin\theta.\\ z=z\end{cases}$$

柱面坐标系中的体积元素：$dv=\rho d\rho d\theta dz$.

简单来说，$dxdy=\rho d\rho d\theta$，$dxdydz=\rho d\rho d\theta dz$.

于是得到柱面坐标系中的三重积分的表达式：

$$\iiint\limits_{\Omega}f(x,y,z)dxdydz=\iiint\limits_{\Omega}f(\rho\cos\theta,\rho\sin\theta,z)\rho d\rho d\theta dz.$$

例 5 利用柱面坐标计算三重积分 $\iiint\limits_{\Omega}zdxdydz$，其中 Ω 是由曲面 $z=x^2+y^2$ 与平面 $z=4$ 所围成的闭区域.

解 闭区域 Ω（见图 10-25）可表示为：

$$0\leqslant\theta\leqslant2\pi,\ 0\leqslant\rho\leqslant2,\ \rho^2\leqslant z\leqslant4.$$

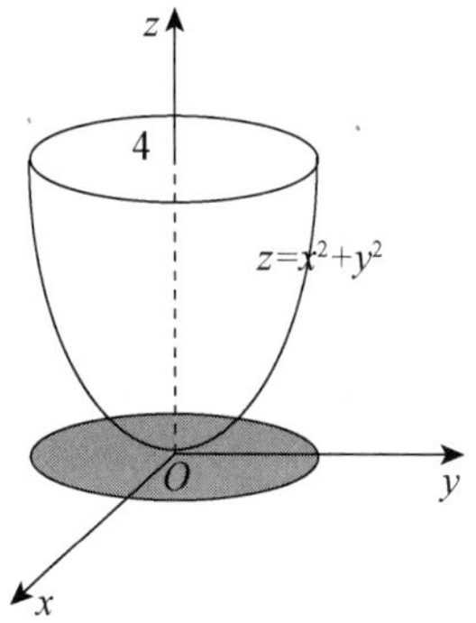

图 10-25

于是
$$\begin{aligned}\iiint\limits_{\Omega}zdxdydz&=\iiint\limits_{\Omega}z\rho d\rho d\theta dz\\&=\int_0^{2\pi}d\theta\int_0^2\rho d\rho\int_{\rho^2}^4zdz\\&=\frac{1}{2}\int_0^{2\pi}d\theta\int_0^2\rho(16-\rho^4)d\rho\\&=\frac{1}{2}\cdot2\pi\left[8\rho^2-\frac{1}{6}\rho^6\right]_0^2=\frac{64}{3}\pi.\end{aligned}$$

例 6 计算 $\iiint\limits_{\Omega}zdxdydz$，其中 Ω 是由球面 $x^2+y^2+z^2=4$ 与抛物面 $x^2+y^2=3z$ 所围成（在抛物面内的那一部分）的立体区域（见图 10-26）.

解 利用柱面坐标，题设两曲面方程分别为

$$r^2+z^2=4,\ r^2=3z.$$

从中解得两曲面的交线为 $z=1$，$r=\sqrt{3}$，Ω 在 xOy 面上的投影区域为 D：$0\leqslant r\leqslant\sqrt{3}$，$0\leqslant\theta\leqslant 2\pi$. 对投影区域 D 内任一点 (r,θ)，有 $\frac{r^2}{3}\leqslant z\leqslant\sqrt{4-r^2}$.

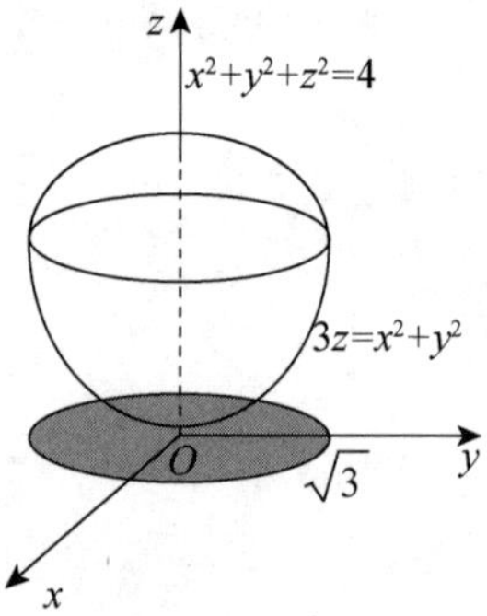

图 10-26

所以 $I=\iint\limits_D r\mathrm{d}r\mathrm{d}\theta\int_{\frac{r^2}{3}}^{\sqrt{4-r^2}}z\mathrm{d}z=\int_0^{2\pi}\mathrm{d}\theta\int_0^{\sqrt{3}}\mathrm{d}r\int_{\frac{r^2}{3}}^{\sqrt{4-r^2}}r\cdot z\mathrm{d}z=\frac{13}{4}\pi.$

4. 利用球面坐标计算三重积分

设 $M(x,y,z)$ 为空间内一点，则点 M 也可用这样三个有次序的数 r，φ，θ 来确定，其中：r 为原点 O 与点 M 间的距离，φ 为 $\overrightarrow{OM}$ 与 z 轴正向所夹的角，θ 为从正 z 轴来看自 x 轴按逆时针方向转到有向线段 $\overrightarrow{OP}$ 的角，这里 P 为点 M 在 xOy 面上的投影，这样的三个数 r，φ，θ 叫作点 M 的**球面坐标**（见图 10-27），这里 r，φ，θ 的变化范围为

$$0\leqslant\varphi<\pi,\ 0\leqslant\theta\leqslant 2\pi,\ 0\leqslant r<+\infty.$$

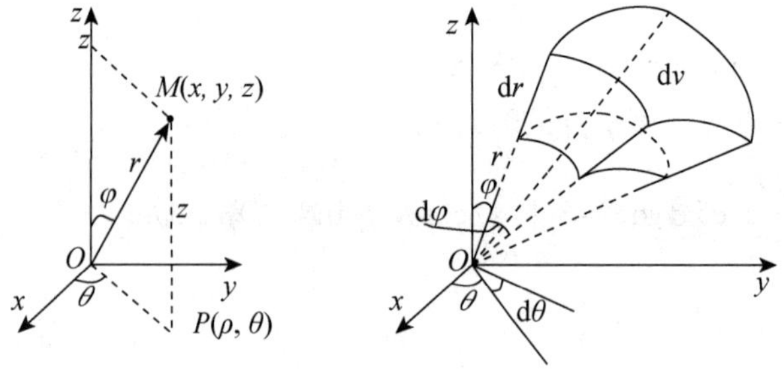

图 10-27

点 M 的直角坐标与球面坐标的关系：

$$\begin{cases}x=OP\cos\theta=r\sin\varphi\cos\theta\\ y=OP\sin\theta=r\sin\varphi\sin\theta\\ z=r\cos\varphi\end{cases}.$$

球面坐标系中的体积元素：

$$\mathrm{d}v=r^2\sin\varphi\mathrm{d}r\mathrm{d}\varphi\mathrm{d}\theta.$$

从而得到球面坐标系中的三重积分表达式：

$$\iiint\limits_\Omega f(x,y,z)\mathrm{d}v=\iiint\limits_\Omega f(r\sin\varphi\cos\theta,r\sin\varphi\sin\theta,r\cos\varphi)r^2\sin\varphi\mathrm{d}r\mathrm{d}\varphi\mathrm{d}\theta.$$

例 7 求半径为 a 的球面与半顶角为 α 的内接锥面所围成的立体（见图 10-28）的体积.

解 该立体所占区域 Ω 可表示为：

$$0\leqslant\varphi<\alpha,\ 0\leqslant\theta\leqslant 2\pi,\ 0\leqslant r\leqslant 2a\cos\varphi.$$

于是所求立体的体积为

$$V=\iiint\limits_{\Omega}\mathrm{d}x\mathrm{d}y\mathrm{d}z=\iiint\limits_{\Omega}r^2\sin\varphi\mathrm{d}r\mathrm{d}\varphi\mathrm{d}\theta$$
$$=\int_0^{2\pi}\mathrm{d}\theta\int_0^{\alpha}\mathrm{d}\varphi\int_0^{2a\cos\varphi}r^2\sin\varphi\mathrm{d}r$$
$$=2\pi\int_0^{\alpha}\sin\varphi\mathrm{d}\varphi\int_0^{2a\cos\varphi}r^2\mathrm{d}r$$
$$=\frac{16\pi a^3}{3}\int_0^{\alpha}\cos^3\varphi\sin\varphi\mathrm{d}\varphi=\frac{4\pi a^3}{3}(1-\cos^4\alpha).$$

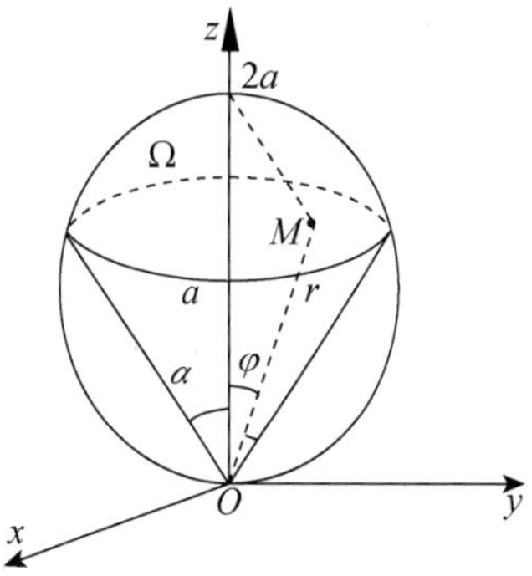

图 10-28

提示： 球面的方程为 $x^2+y^2+(z-a)^2=a^2$，即 $x^2+y^2+z^2=2az$. 在球面坐标下此球面的方程为 $r^2=2ar\cos\varphi$，即 $r=2a\cos\varphi$.

习题 10-3

1. 设有一物体，占有空间闭区域 $\Omega=\{(x,y,z)\mid 0\leqslant x\leqslant 1,0\leqslant y\leqslant 1,0\leqslant z\leqslant 1\}$，在点 (x,y,z) 处的密度为 $\rho(x,y,z)=x+y+z$，计算该物体的质量.

2. 如果三重积分 $\iiint\limits_{\Omega}f(x,y,z)\mathrm{d}x\mathrm{d}y\mathrm{d}z$ 的被积函数 $f(x,y,z)$ 是三个函数 $f_1(x)$，$f_1(y)$，$f_1(z)$ 的乘积，即 $f(x,y,z)=f_1(x)f_1(y)f_1(z)$，积分区域为 $\Omega=\{(x,y,z)\mid a\leqslant x\leqslant b,c\leqslant y\leqslant d,t\leqslant z\leqslant m\}$，证明该三重积分等于三个单积分的乘积，即 $\iiint\limits_{\Omega}f_1(x)f_1(y)f_1(z)\mathrm{d}x\mathrm{d}y\mathrm{d}z=\int_a^b f_1(x)\mathrm{d}x\int_c^d f_1(y)\mathrm{d}y\int_t^m f_1(z)\mathrm{d}z$.

3. 计算 $\iiint\limits_{\Omega}xy^2z^3\mathrm{d}x\mathrm{d}y\mathrm{d}z$，其中 Ω 为平面 $z=xy$ 与平面 $y=x$，$x=1$，$z=0$ 所围成的闭区域.

4. 计算 $\iiint\limits_{\Omega}\frac{\mathrm{d}x\mathrm{d}y\mathrm{d}z}{(1+x+y+z)^3}$，其中 Ω 为平面 $x=0$，$y=0$，$z=0$，$x+y+z=1$ 所围成的四面体.

5. 计算 $\iiint\limits_{\Omega}xyz\mathrm{d}x\mathrm{d}y\mathrm{d}z$，其中 Ω 为球面 $x^2+y^2+z^2=1$ 及三个坐标面所围成的在第一卦限的闭区域.

6. 计算 $\iiint\limits_{\Omega}xz\mathrm{d}x\mathrm{d}y\mathrm{d}z$，其中 Ω 为平面 $z=0$，$z=y$，$y=1$ 及抛物柱面 $y=x^2$ 所围成的闭区域.

7. 计算 $\iiint\limits_{\Omega}z\mathrm{d}x\mathrm{d}y\mathrm{d}z$，其中 Ω 为锥面 $z=\frac{h}{R}\sqrt{x^2+y^2}$ 与平面 $z=h(R>0,h>0)$ 所围成的闭区域.

8. 利用柱面坐标计算下列三重积分：

(1) $\iiint\limits_{\Omega}z\mathrm{d}v$，其中 Ω 是由曲面 $z=\sqrt{2-x^2-y^2}$ 及 $z=x^2+y^2$ 所围成的闭区域；

(2) $\iiint\limits_{\Omega}(x^2+y^2)\mathrm{d}v$，其中 Ω 是由曲面 $x^2+y^2=2z$ 及平面 $z=2$ 所围成的闭区域.

9. 利用球面坐标计算下列三重积分：

(1) $\iiint\limits_{\Omega}(x^2+y^2+z^2)\mathrm{d}v$，其中 Ω 是由球面 $x^2+y^2+z^2=1$ 所围成的闭区域；

(2) $\iiint\limits_{\Omega}z\mathrm{d}v$，其中闭区域 Ω 由不等式 $x^2+y^2+(z-a)^2\leqslant a^2$，$x^2+y^2\leqslant z^2$ 所确定.

10. 选用适当的坐标计算下列三重积分：

(1) $\iiint\limits_{\Omega}xy\mathrm{d}v$，其中 Ω 是由柱面 $x^2+y^2=1$ 及平面 $z=1$，$z=0$，$x=0$，$y=0$ 所围成的在第一卦限内的闭区域；

(2) $\iiint\limits_{\Omega}\sqrt{x^2+y^2+z^2}\mathrm{d}v$，其中 Ω 是由球面 $x^2+y^2+z^2=z$ 所围成的闭区域；

(3) $\iiint\limits_{\Omega}(x^2+y^2)\mathrm{d}v$，其中 Ω 是由曲面 $4z^2=25(x^2+y^2)$ 及平面 $z=5$ 所围成的闭区域；

(4) $\iiint\limits_{\Omega}(x^2+y^2)\mathrm{d}v$，其中闭区域 Ω 由不等式 $0<a\leqslant\sqrt{x^2+y^2+z^2}\leqslant A$ 与 $z\geqslant0$ 所确定.

11. 利用三重积分计算下列由曲面所围成的立体的体积：

(1) $z=6-x^2-y^2$ 及 $z=\sqrt{x^2+y^2}$；

(2) $z=\sqrt{x^2+y^2}$ 及 $z=x^2+y^2$.

12. 求上、下分别为球面 $x^2+y^2+z^2=2$ 及抛物面 $z=x^2+y^2$ 所围成的立体的体积.

§10.4　重积分的应用

一、微元法的推广

有许多求总量的问题可以用定积分的微元法来处理. 这种微元法也可推广到二重积分和三重积分的应用中. 如果所要计算的某个量 U 对于闭区域 D 具有可加性，就是说，当闭区域 D 分成许多小闭区域时，所求量 U 相应地分成许多部分量，且 U 等于部分量之和，并且在闭区域 D 内任取一个直径很小的闭区域 $\mathrm{d}\sigma$ 时，相应的部分量可近似地表示为 $f(x, y)\mathrm{d}\sigma$ 的形式，其中 (x, y) 在 $\mathrm{d}\sigma$ 内，则称 $f(x, y)\mathrm{d}\sigma$ 为所求量 U 的微元素，记为 dU，以它为被积表达式，在闭区域 D 上积分：

$$U=\iint\limits_{D}f(x, y)\mathrm{d}\sigma,$$

这就是所求量的积分表达式.

二、质心

设有一平面薄片，占有 xOy 面上的闭区域 D，在点 $P(x, y)$ 处的面密度为 $\mu(x, y)$，

假定 $\mu(x, y)$ 在 D 上连续. 现在要求该薄片的质心坐标.

在闭区域 D 上任取一点 $P(x, y)$，及包含点 $P(x, y)$ 的一直径很小的闭区域 $\mathrm{d}\sigma$，其面积也记为 $\mathrm{d}\sigma$，则平面薄片对 x 轴和对 y 轴的力矩（仅考虑大小）微元分别为

$$\mathrm{d}M_x = y\mu(x, y)\mathrm{d}\sigma, \quad \mathrm{d}M_y = x\mu(x, y)\mathrm{d}\sigma.$$

平面薄片对 x 轴和对 y 轴的力矩分别为

$$M_x = \iint_D y\mu(x, y)\mathrm{d}\sigma,\ M_y = \iint_D x\mu(x, y)\mathrm{d}\sigma.$$

设平面薄片的质心坐标为 $(\bar{x}, \bar{y})$，平面薄片的质量为 M，则有

$$\bar{x}\cdot M = M_y,\ \bar{y}\cdot M = M_x.$$

于是

$$\bar{x} = \frac{M_y}{M} = \frac{\iint_D x\mu(x, y)\mathrm{d}\sigma}{\iint_D \mu(x, y)\mathrm{d}\sigma},\ \bar{y} = \frac{M_x}{M} = \frac{\iint_D y\mu(x, y)\mathrm{d}\sigma}{\iint_D \mu(x, y)\mathrm{d}\sigma}.$$

讨论: 如果平面薄片是均匀的，即面密度是常数，平面薄片的质心（也称为形心）如何求?

求平面图形的形心公式为

$$\bar{x} = \frac{\iint_D x\,\mathrm{d}\sigma}{\iint_D \mathrm{d}\sigma},\ \bar{y} = \frac{\iint_D y\,\mathrm{d}\sigma}{\iint_D \mathrm{d}\sigma}.$$

类似地，占有空间闭区域 Ω 在点 (x, y, z) 处的密度为 $\rho(x, y, z)$（假设 $\rho(x, y, z)$ 在 Ω 上连续）的物体的质心坐标是

$$\bar{x} = \frac{1}{M}\iiint_\Omega x\rho(x, y, z)\mathrm{d}v,\ \bar{y} = \frac{1}{M}\iiint_\Omega y\rho(x, y, z)\mathrm{d}v,\ \bar{z} = \frac{1}{M}\iiint_\Omega z\rho(x, y, z)\mathrm{d}v,$$

其中 $M = \iiint_\Omega \rho(x, y, z)\mathrm{d}v$.

例 1　求位于两圆 $\rho = 2\sin\theta$ 和 $\rho = 4\sin\theta$ 之间的均匀薄片（见图 10-29）的质心.

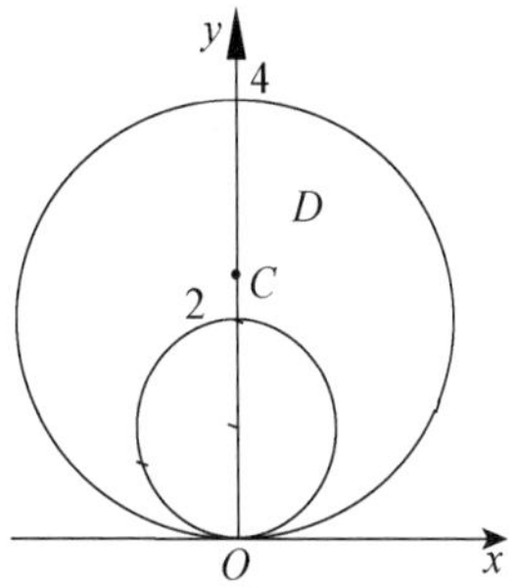

图 10-29

解　因为闭区域 D 对称于 y 轴，所以质心 $C(\bar{x}, \bar{y})$ 必位于 y 轴上，于是 $\bar{x} = 0$.

因为 $\iint_D y\,\mathrm{d}\sigma = \iint_D \rho^2\sin\theta\mathrm{d}\rho\mathrm{d}\theta = \int_0^\pi \sin\theta\mathrm{d}\theta\int_{2\sin\theta}^{4\sin\theta}\rho^2\mathrm{d}\rho = 7\pi,$

$$\iint_D \mathrm{d}\sigma = \pi\cdot 2^2 - \pi\cdot 1^2 = 3\pi,$$

所以 $\bar{y}=\dfrac{\iint\limits_D y\,\mathrm{d}\sigma}{\iint\limits_D \mathrm{d}\sigma}=\dfrac{7\pi}{3\pi}=\dfrac{7}{3}$. 所求形心是 $C\left(0,\ \dfrac{7}{3}\right)$.

例 2 求均匀半球体的质心.

解 取半球体的对称轴为 z 轴，原点取在球心上，又设球半径为 a，则半球体所占空间封闭区可表示为

$$\Omega=\{(x,\ y,\ z)\mid x^2+y^2+z^2\leqslant a^2,\ z\geqslant 0\}$$

显然，质心在 z 轴上，故 $\bar{x}=\bar{y}=0$.

$$\bar{z}=\frac{\iiint\limits_{\Omega} z\rho\,\mathrm{d}v}{\iiint\limits_{\Omega}\rho\,\mathrm{d}v}=\frac{\iiint\limits_{\Omega} z\,\mathrm{d}v}{\iiint\limits_{\Omega}\mathrm{d}v}.$$

因为 Ω：$0\leqslant\theta\leqslant 2\pi$，$0\leqslant\varphi\leqslant\dfrac{\pi}{2}$，$0\leqslant\rho\leqslant a$，

所以 $\iiint\limits_{\Omega}\mathrm{d}v=\int_0^{\frac{\pi}{2}}\mathrm{d}\varphi\int_0^{2\pi}\mathrm{d}\theta\int_0^a\rho^2\sin\varphi\,\mathrm{d}\rho=\int_0^{\frac{\pi}{2}}\sin\varphi\,\mathrm{d}\varphi\int_0^{2\pi}\mathrm{d}\theta\int_0^a\rho^2\,\mathrm{d}\rho=\dfrac{2\pi a^3}{3}$,

$$\iiint\limits_{\Omega} z\,\mathrm{d}v=\int_0^{\frac{\pi}{2}}\mathrm{d}\varphi\int_0^{2\pi}\mathrm{d}\theta\int_0^a\rho\cos\varphi\cdot\rho^2\sin\varphi\,\mathrm{d}\rho=\frac{1}{2}\int_0^{\frac{\pi}{2}}\sin 2\varphi\,\mathrm{d}\varphi\int_0^{2\pi}\mathrm{d}\theta\int_0^a\rho^3\,\mathrm{d}\rho$$

$$=\frac{1}{2}\cdot 2\pi\cdot\frac{a^4}{4}=\frac{\pi a^4}{4},$$

$$\bar{z}=\frac{3a}{8}.$$

故质心为 $\left(0,\ 0,\ \dfrac{3a}{8}\right)$.

三、转动惯量

设有一平面薄片，占有 xOy 面上的闭区域 D，在点 $P(x,\ y)$ 处的面密度为 $\mu(x,\ y)$，假定 $\mu(x,\ y)$ 在 D 上连续. 现在要求该薄片对于 x 轴的转动惯量和对于 y 轴的转动惯量.

在闭区域 D 上任取一点 $P(x,\ y)$，及包含点 $P(x,\ y)$ 的一直径很小的闭区域 $\mathrm{d}\sigma$（其面积也记为 $\mathrm{d}\sigma$），则平面薄片对于 x 轴的转动惯量和对于 y 轴的转动惯量微元分别为

$$\mathrm{d}I_x=y^2\mu(x,\ y)\mathrm{d}\sigma,\quad \mathrm{d}I_y=x^2\mu(x,\ y)\mathrm{d}\sigma\ .$$

整片平面薄片对于 x 轴的转动惯量和对于 y 轴的转动惯量分别为

$$I_x=\iint\limits_D y^2\mu(x,\ y)\mathrm{d}\sigma,\ I_y=\iint\limits_D x^2\mu(x,\ y)\mathrm{d}\sigma.$$

类似地，占有空间有界闭区域 Ω 在点 $(x,\ y,\ z)$ 处的密度为 $\rho(x,\ y,\ z)$ 的物体对于 x，y，z 轴的转动惯量分别为

$$I_x=\iiint_{\Omega}(y^2+z^2)\rho(x,\ y,\ z)\mathrm{d}v,$$

$$I_y=\iiint_{\Omega}(z^2+x^2)\rho(x,\ y,\ z)\mathrm{d}v,$$

$$I_z=\iiint_{\Omega}(x^2+y^2)\rho(x,\ y,\ z)\mathrm{d}v.$$

例 3　求半径为 a 的均匀半圆薄片（面密度为常量 μ）对于其直径边的转动惯量.

解　取坐标系如图 10-30 所示，则薄片所占闭区域 D 可表示为

$$D=\{(x,\ y)\,|\,x^2+y^2\leqslant a^2,\ y\geqslant 0\},$$

而所求转动惯量即半圆薄片对于 x 轴的转动惯量 I_x，

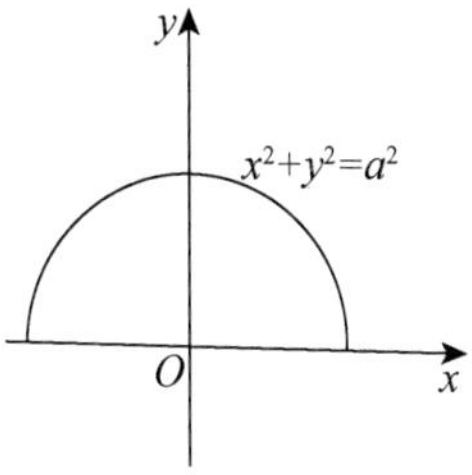

图 10-30

$$\begin{aligned}I_x&=\iint_D\mu y^2\mathrm{d}\sigma=\mu\iint_D\rho^2\ \sin^2\theta\cdot\rho\mathrm{d}\rho\mathrm{d}\theta\\&=\mu\int_0^{\pi}\sin^2\theta\ \mathrm{d}\theta\int_0^a\rho^3\mathrm{d}\rho=\mu\cdot\frac{a^4}{4}\int_0^{\pi}\sin^2\theta\ \mathrm{d}\theta\\&=\frac{1}{4}\mu a^4\cdot\frac{\pi}{2}=\frac{1}{4}Ma^2,\end{aligned}$$

其中 $M=\dfrac{1}{2}\pi a^2\mu$ 为半圆薄片的质量.

例 4　求密度为 ρ 的均匀球体对于过球心的一条轴 l 的转动惯量.

解　取球心为坐标原点，z 轴与轴 l 重合，又设球的半径为 a，则球体所占空间闭区域

$$\Omega=\{(x,\ y,\ z)\,|\,x^2+y^2+z^2\leqslant a^2\}.$$

所求转动惯量即球体对于 z 轴的转动惯量 I_z.

$$\begin{aligned}I_z&=\iiint_{\Omega}(x^2+y^2)\rho\ \mathrm{d}v\\&=\rho\iiint_{\Omega}(r^2\ \sin^2\varphi\ \cos^2\theta+r^2\ \sin^2\varphi\ \sin^2\theta)r^2\sin\varphi\mathrm{d}r\mathrm{d}\varphi\mathrm{d}\theta\\&=\rho\iiint_{\Omega}r^4\ \sin^3\varphi\mathrm{d}r\mathrm{d}\varphi\mathrm{d}\theta=\rho\int_0^{2\pi}\mathrm{d}\theta\int_0^{\pi}\sin^3\varphi\ \mathrm{d}\varphi\int_0^a r^4\mathrm{d}r=\frac{8}{15}\pi a^5\rho=\frac{2}{5}a^2M,\end{aligned}$$

其中 $M=\dfrac{4}{3}\pi a^3\rho$ 为球体的质量.

提示：$x^2+y^2=r^2\ \sin^2\varphi\cos^2\theta+r^2\ \sin^2\varphi\sin^2\theta=r^2\ \sin^2\varphi$.

四、引力

我们讨论空间一物体对于物体外一点 $P_0(x_0,\ y_0,\ z_0)$ 处的单位质量的质点的引力问题.

设物体占有空间有界闭区域 Ω，它在点 $(x,\ y,\ z)$ 处的密度为 $\rho(x,\ y,\ z)$，并假定 $\mu(x,\ y,\ z)$ 在Ω 上连续.

在物体内任取一点 (x, y, z) 及包含该点的一直径很小的闭区域 $\mathrm{d}v$（其体积也记为 $\mathrm{d}v$），把这一小块物体的质量 $\rho\mathrm{d}v$ 近似地看作集中在点 (x, y, z) 处，这一小块物体对位于 $P_0(x_0, y_0, z_0)$处的单位质量质点的引力近似为

$$\begin{aligned}\mathrm{d}F&=(\mathrm{d}F_x, \mathrm{d}F_y, \mathrm{d}F_z)\\&=\left(\mathrm{G}\frac{\rho(x, y, z)(x-x_0)}{r^3}\mathrm{d}v, \mathrm{G}\frac{\rho(x, y, z)(y-y_0)}{r^3}\mathrm{d}v, \mathrm{G}\frac{\rho(x, y, z)(z-z_0)}{r^3}\mathrm{d}v\right),\end{aligned}$$

其中 $\mathrm{d}F_x$，$\mathrm{d}F_y$，$\mathrm{d}F_z$ 为引力微元 $\mathrm{d}F$ 在三个坐标轴上的分量，G 为引力常数，

$$r=\sqrt{(x-x_0)^2+(y-y_0)^2+(z-z_0)^2}.$$

将 $\mathrm{d}F_x$，$\mathrm{d}F_y$，$\mathrm{d}F_z$ 在 Ω 上分别积分，即可得 F_x，F_y，F_z，即得

$$\begin{aligned}F&=(F_x, F_y, F_z)\\&=\left(\iiint\limits_{\Omega}\mathrm{G}\frac{\rho(x, y, z)(x-x_0)}{r^3}\mathrm{d}v, \iiint\limits_{\Omega}\mathrm{G}\frac{\rho(x, y, z)(y-y_0)}{r^3}\mathrm{d}v,\right.\\&\qquad\left.\iiint\limits_{\Omega}\mathrm{G}\frac{\rho(x, y, z)(z-z_0)}{r^3}\mathrm{d}v\right).\end{aligned}$$

例 5 设半径为 R 的匀质球占有空间闭区域 $\Omega=\{(x, y, z)\mid x^2+y^2+z^2\leqslant R^2\}$. 求它对于位于点 $P_0(0, 0, a)$ $(a>R)$ 处的单位质量的质点的引力.

解 设球的密度为 ρ_0，由球体的对称性及质量分布的均匀性知 $F_x=F_y=0$，所求引力沿 z 轴的分量为

$$\begin{aligned}F_z&=\iiint\limits_{\Omega}\mathrm{G}\rho_0\frac{z-a}{[x^2+y^2+(z-a)^2]^{3/2}}\mathrm{d}v\\&=\mathrm{G}\rho_0\int_{-R}^{R}(z-a)\mathrm{d}z\iint\limits_{x^2+y^2\leqslant R^2-z^2}\frac{\mathrm{d}x\mathrm{d}y}{[x^2+y^2+(z-a)^2]^{3/2}}\\&=\mathrm{G}\rho_0\int_{-R}^{R}(z-a)\mathrm{d}z\int_0^{2\pi}\mathrm{d}\theta\int_0^{\sqrt{R^2-z^2}}\frac{\rho\mathrm{d}\rho}{[\rho^2+(z-a)^2]^{3/2}}\\&=2\pi\mathrm{G}\rho_0\int_{-R}^{R}(z-a)\left(\frac{1}{a-z}-\frac{1}{\sqrt{R^2-2az+a^2}}\right)\mathrm{d}z\\&=2\pi\mathrm{G}\rho_0\left[-2R+\frac{1}{a}\int_{-R}^{R}(z-a)\mathrm{d}\sqrt{R^2-2az+a^2}\right]\\&=2\pi\mathrm{G}\rho_0\left(-2R+2R-\frac{2R^3}{3a^2}\right)\\&=-\mathrm{G}\cdot\frac{4\pi R^3}{3}\rho_0\cdot\frac{1}{a^2}=-\mathrm{G}\frac{M}{a^2},\end{aligned}$$

其中 $M=\dfrac{4\pi R^3}{3}\rho_0$ 为球的质量.

上述结果表明：匀质球对球外一质点的引力如同球的质量集中于球心时两质点间的引力.

习题 10-4

1. 求球面 $x^2+y^2+z^2=a^2$ 含在圆柱面 $x^2+y^2=ax$ 内部的那部分面积.

2. 求锥面 $z=\sqrt{x^2+y^2}$ 被柱面 $z^2=2x$ 所割下部分的曲面面积.

3. 求底圆半径相等的两个直交圆柱面 $x^2+y^2=R^2$ 及 $x^2+z^2=R^2$ 所围立体的表面积.

4. 设薄片所占的闭区域 D 如下，求均匀薄片的质心：

(1) D 由 $y=\sqrt{2px}$，$x=x_0$，$y=0$ 所围成；

(2) D 为半椭圆形闭区域：$\frac{x^2}{a^2}+\frac{y^2}{b^2}\leqslant 1$，$y\geqslant 0$.

5. 设平面薄片所占的闭区域 D 由抛物线 $y=x^2$ 及直线 $y=x$ 所围成，它在点 (x, y) 处的面密度 $\mu(x, y)=x^2y$，求该薄片的质心.

6. 设均匀薄片（面密度为常数 1）所占的闭区域 D 如下，求指定转动惯量：

(1) D 由 $\frac{x^2}{a^2}+\frac{y^2}{b^2}\leqslant 1$ 围成，求 I_y.

(2) D 为矩形闭区域 $\{(x, y)\mid 0\leqslant x\leqslant a, 0\leqslant y\leqslant b\}$，求 I_x，I_y.

总习题十

1. 填空：

(1) 积分 $\int_0^2 \mathrm{d}x\int_x^2 \mathrm{e}^{-y^2}\mathrm{d}y$ 的值是__________；

(2) 设闭区域 $D=\{(x, y)\mid x^2+y^2\leqslant R^2\}$，则 $\iint\limits_D\left(\frac{x^2}{a^2}+\frac{y^2}{b^2}\right)\mathrm{d}x\mathrm{d}y=$__________.

2. 以下各题中给出了四个结论，从中选出一个正确的结论：

(1) 设有闭区域 $\Omega_1=\{(x, y, z)\mid x^2+y^2+z^2\leqslant R^2, z\geqslant 0\}$，$\Omega_2=\{(x, y, z)\mid x^2+y^2+z^2\leqslant R^2, x\geqslant 0, y\geqslant 0, z\geqslant 0\}$，则有（　　）；

(A) $\iiint\limits_{\Omega_1} x\mathrm{d}v=4\iiint\limits_{\Omega_2} x\mathrm{d}v$　　(B) $\iiint\limits_{\Omega_1} y\mathrm{d}v=4\iiint\limits_{\Omega_2} y\mathrm{d}v$

(C) $\iiint\limits_{\Omega_1} z\mathrm{d}v=4\iiint\limits_{\Omega_2} z\mathrm{d}v$　　(D) $\iiint\limits_{\Omega_1} xyz\mathrm{d}v=4\iiint\limits_{\Omega_2} xyz\mathrm{d}v$

(2) 设有平面闭区域 $D=\{(x, y)\mid -a\leqslant x\leqslant a, x\leqslant y\leqslant a\}$，

$D_1=\{(x, y)\mid 0\leqslant x\leqslant a, x\leqslant y\leqslant a\}$，

则 $\iint\limits_D(xy+\cos x\sin y)\mathrm{d}x\mathrm{d}y=$（　　）；

(A) $2\iint\limits_{D_1}\cos x\sin y\mathrm{d}x\mathrm{d}y$　　(B) $2\iint\limits_{D_1}xy\mathrm{d}x\mathrm{d}y$

(C) $4\iint\limits_{D_1}(xy+\cos x\sin y)\mathrm{d}x\mathrm{d}y$　　(D) 0

(3) 设 $f(x)$ 为连续函数，$F(t)=\int_1^t \mathrm{d}y\int_y^t f(x)\mathrm{d}x$，则 $F'(2)=$(　　).

(A) $2f(2)$　　(B) $f(2)$

(C) $-f(2)$　　(D) 0

3. 计算下列二重积分：

(1) $\iint\limits_D (1+x)\sin y\mathrm{d}\sigma$，其中 D 是顶点分别为(0, 0)，(1, 0)，(1, 2)，(0, 1)的梯形闭区域；

(2) $\iint\limits_D (x^2-y^2)\mathrm{d}\sigma$，其中 $D=\{(x, y)\mid 0\leqslant y\leqslant \sin x, 0\leqslant x\leqslant \pi\}$；

(3) $\iint\limits_D \sqrt{R^2-x^2-y^2}\mathrm{d}\sigma$，其中 D 是圆周 $x^2+y^2=Rx$ 所围成的闭区域；

(4) $\iint\limits_D (y^2+3x-6y+9)\mathrm{d}\sigma$，其中 $D=\{(x, y)\mid x^2+y^2\leqslant R^2\}$.

4. 交换下列二次积分的次序：

(1) $\int_0^4 \mathrm{d}y\int_{-\sqrt{4-y}}^{\frac{1}{2}(y-4)} f(x, y)\mathrm{d}x$；

(2) $\int_0^1 \mathrm{d}y\int_0^{2y} f(x, y)\mathrm{d}x+\int_1^3 \mathrm{d}y\int_0^{3-y} f(x, y)\mathrm{d}x$；

(3) $\int_0^1 \mathrm{d}x\int_{\sqrt{x}}^{1+\sqrt{1-x^2}} f(x, y)\mathrm{d}y$.

5. 证明：$\int_0^a \mathrm{d}y\int_0^y \mathrm{e}^{m(a-x)}f(x)\mathrm{d}x=\int_0^a (a-x)\mathrm{e}^{m(a-x)}f(x)\mathrm{d}x$.

6. 把积分 $\iint\limits_D f(x, y)\mathrm{d}x\mathrm{d}y$ 表示为极坐标形式的二次积分，其中积分区域 $D=\{(x, y)\mid x^2\leqslant y\leqslant 1, -1\leqslant x\leqslant 1\}$.

7. 设 $f(x, y)$ 在闭区域 $D=\{(x, y)\mid x^2+y^2\leqslant y, x\geqslant 0\}$ 上连续，且

$$f(x, y)=\sqrt{1-x^2-y^2}-\frac{8}{\pi}\iint\limits_D f(x, y)\mathrm{d}x\mathrm{d}y,$$

求 $f(x, y)$.

8. 把积分 $\iiint\limits_\Omega f(x, y, z)\mathrm{d}x\mathrm{d}y\mathrm{d}z$ 化为三次积分，其中积分区域 Ω 是由曲面 $z=x^2+y^2$，$y=x^2$ 及平面 $y=1$，$z=0$ 所围成的闭区域.

9. 计算下列三重积分：

(1) $\iiint\limits_\Omega z^2\mathrm{d}x\mathrm{d}y\mathrm{d}z$，其中 Ω 是两个球 $x^2+y^2+z^2\leqslant R^2$ 和 $x^2+y^2+z^2\leqslant 2Rz$ $(R>0)$ 的公共部分；

(2) $\iiint\limits_\Omega \frac{z\ln(x^2+y^2+z^2+1)}{x^2+y^2+z^2+1}\mathrm{d}v$，其中 Ω 是由球面 $x^2+y^2+z^2=1$ 所围成的闭区域；

(3) $\iiint\limits_{\Omega}(y^2+z^2)\mathrm{d}v$，其中 Ω 是由 xOy 平面上曲线 $y^2=2x$ 绕 x 轴旋转而成的曲面与平面 $x=5$ 所围成的闭区域.

10. 设函数 $f(x)$ 连续且恒大于零，

$$F(t)=\frac{\iiint\limits_{\Omega(t)}f(x^2+y^2+z^2)\mathrm{d}v}{\iint\limits_{D(t)}f(x^2+y^2)\mathrm{d}\sigma},\qquad G(t)=\frac{\iint\limits_{D(t)}f(x^2+y^2)\mathrm{d}\sigma}{\int_{-t}^{t}f(x)\mathrm{d}x}.$$

其中 $\Omega(t)=\{(x,\ y,\ z)\mid x^2+y^2+z^2\leqslant t^2\}$，$D(t)=\{(x,\ y)\mid x^2+y^2\leqslant t^2\}$，

(1) 讨论 $F(t)$ 在区间 $(0,\ +\infty)$ 内的单调性；

(2) 证明当 $t>0$ 时，$F(t)>\dfrac{2}{\pi}G(t)$.

11. 求平面 $\dfrac{x}{a}+\dfrac{y}{b}+\dfrac{z}{c}=1$ 被三坐标面所割出的有限部分的面积.

12. 在均匀的半径为 R 的半圆开薄片的直径上，要接上一个与直径等长的同样材料的均匀矩形薄片，为了使整个均匀薄片的质心恰好落在圆心上，问：接上去的均匀矩形薄片另一边的长度是多少？

13. 求由抛物线 $y=x^2$ 及直线 $y=1$ 所围成的均匀薄片（面密度为常数 μ）对于直线 $y=-1$ 的转动惯量.

14. 求质量分布均匀的半个旋转椭球体 $\dfrac{x^2+y^2}{a^2}+\dfrac{z^2}{b^2}\leqslant 1$ $(z\geqslant 0)$ 的质心.

15. 求密度均匀密度常数为 k 的圆柱体（圆柱底面半径为 R，圆柱体高为 H）对其底面中心处的单位质点的引力.

第十一章

曲线积分与曲面积分

上一章已经把积分概念从积分范围为数轴上一个区间的情形推广到积分范围为平面或空间内的一个闭区域的情形. 本章将把积分概念推广到积分范围为一段曲线弧或一片曲面的情形（这样推广后的积分称为曲线积分和曲面积分），并阐明有关这两种积分的一些基本内容.

§11.1　对弧长的曲线积分

一、对弧长的曲线积分的概念与性质

1. 曲线形构件的质量

设一曲线形构件所占的位置在 xOy 面内的一段曲线弧 L 上，已知曲线形构件在点 (x, y) 处的线密度为 $\mu(x, y)$，求曲线形构件的质量（见图 11－1）.

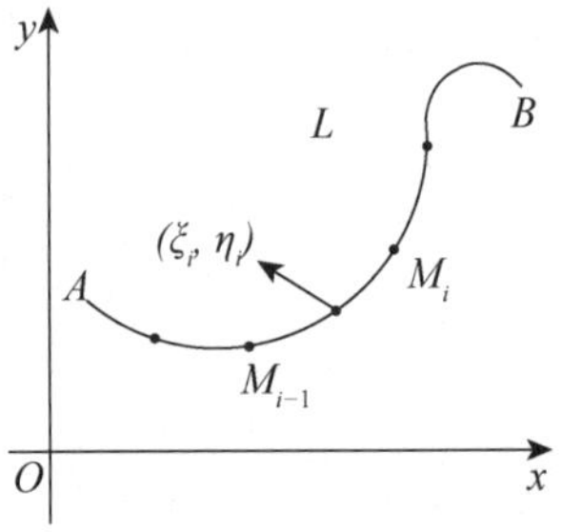

图 11－1

把曲线分成 n 小段，Δs_1，Δs_2，…，Δs_n（Δs_i 也表示弧长）；

任取点 $(\xi_i, \eta_i) \in \Delta s_i$，得第 i 小段质量的近似值 $\mu(\xi_i, \eta_i)\Delta s_i$；

整个曲线构件的质量近似为 $M \approx \sum\limits_{i=1}^{n}\mu(\xi_i, \eta_i)\Delta s_i$；

令 $\lambda=\max\{\Delta s_1, \Delta s_2, \cdots, \Delta s_n\}\to 0$，则整个曲线构件的质量为

$$M=\lim_{\lambda\to 0}\sum_{i=1}^{n}\mu(\xi_i, \eta_i)\Delta s_i .$$

这种和的极限在研究其他问题时也会遇到.

定义　设 L 为 xOy 面内的一条光滑曲线弧，函数 $f(x, y)$ 在 L 上有界. 在 L 上任意插入一点列 M_1，M_2，…，M_{n-1} 把 L 分成 n 个小段. 设第 i 个小段的长度为 Δs_i，又 (ξ_i, η_i) 为第 i 个小段上任意取定的一点，做乘积 $f(\xi_i, \eta_i)\Delta s_i$ $(i=1, 2, \cdots, n)$，并做和 $\sum\limits_{i=1}^{n}f(\xi_i, \eta_i)\Delta s_i$，如果当

各小弧段的长度的最大值 $\lambda \to 0$，该和的极限总存在，则称此极限为函数 $f(x, y)$ 在曲线弧 L 上对弧长的曲线积分或第一类曲线积分，记作 $\int_L f(x, y)\mathrm{d}s$，即

$$\int_L f(x, y)\mathrm{d}s = \lim_{\lambda \to 0} \sum_{i=1}^{n} f(\xi_i, \eta_i)\Delta s_i .$$

其中 $f(x, y)$ 叫作被积函数，L 叫作积分弧段.

曲线积分的存在性：当 $f(x, y)$ 在光滑曲线弧 L 上连续时，对弧长的曲线积分 $\int_L f(x, y)\mathrm{d}s$ 是存在的. 以后我们总假定 $f(x, y)$ 在 L 上是连续的.

根据对弧长的曲线积分的定义，曲线形构件的质量就是曲线积分 $\int_L \mu(x, y)\mathrm{d}s$ 的值，其中 $\mu(x, y)$ 为线密度.

上述定义可推广到积分弧段为空间曲线弧 Γ 的情形（见图 11-2），即函数 $f(x, y, z)$ 在曲线弧 Γ 上对弧长的曲线积分：

$$\int_\Gamma f(x, y, z)\mathrm{d}s = \lim_{\lambda \to 0} \sum_{i=1}^{n} f(\xi_i, \eta_i, \zeta_i)\Delta s_i.$$

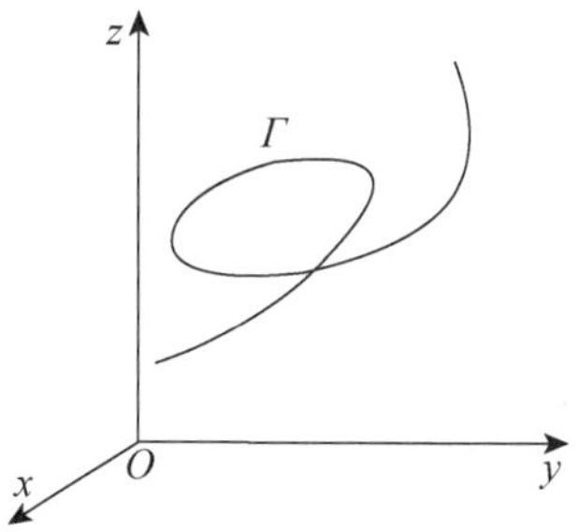

图 11-2

如果 L 或 Γ 是分段光滑的，则规定函数在 L 或 Γ 上的曲线积分等于函数在光滑的各段上的曲线积分的和. 例如设 L 可分成两段光滑曲线弧 L_1 及 L_2，则规定

$$\int_{L_1+L_2} f(x, y)\mathrm{d}s = \int_{L_1} f(x, y)\mathrm{d}s + \int_{L_2} f(x, y)\mathrm{d}s .$$

如果 L 是闭曲线，那么函数 $f(x, y)$ 在闭曲线 L 上对弧长的曲线积分记作

$$\oint_L f(x, y)\mathrm{d}s .$$

2. 对弧长的曲线积分的性质

性质 1　设 c_1，c_2 为常数，则

$$\int_L [c_1 f(x, y) + c_2 g(x, y)]\mathrm{d}s = c_1\int_L f(x, y)\mathrm{d}s + c_2\int_L g(x, y)\mathrm{d}s;$$

性质 2　若积分弧段 L 可分成两段光滑曲线弧 L_1 和 L_2，则

$$\int_L f(x, y)\mathrm{d}s = \int_{L_1} f(x, y)\mathrm{d}s + \int_{L_2} f(x, y)\mathrm{d}s;$$

性质 3　设在 L 上 $f(x, y) \leqslant g(x, y)$，则

$$\int_L f(x, y)\mathrm{d}s \leqslant \int_L g(x, y)\mathrm{d}s.$$

特别地，有

$$\left|\int_L f(x, y)\mathrm{d}s\right| \leqslant \int_L |f(x, y)|\mathrm{d}s.$$

二、对弧长的曲线积分的计算方法

根据对弧长的曲线积分的定义，如果曲线形构件 L 的线密度为 $f(x, y)$，则曲线形构件 L 的质量为

$$\int_L f(x, y)\mathrm{d}s .$$

另外，若曲线 L 的参数方程为

$$x=\varphi(t),\ y=\psi(t),\ \alpha\leqslant t\leqslant\beta,$$

则质量元素为

$$f(x, y)\mathrm{d}s=f[\varphi(t), \psi(t)]\sqrt{\varphi'^2(t)+\psi'^2(t)}\mathrm{d}t,$$

曲线的质量为

$$\int_\alpha^\beta f[\varphi(t), \psi(t)]\sqrt{\varphi'^2(t)+\psi'^2(t)}\mathrm{d}t .$$

即
$$\int_L f(x, y)\mathrm{d}s=\int_\alpha^\beta f[\varphi(t), \psi(t)]\sqrt{\varphi'^2(t)+\psi'^2(t)}\mathrm{d}t.$$

定理 设 $f(x, y)$ 在曲线弧 L 上有定义且连续，L 的参数方程为

$$x=\varphi(t),\ y=\psi(t),\ \alpha\leqslant t\leqslant\beta,$$

其中 $x=\varphi(t)$，$y=\psi(t)$ 在 $[\alpha, \beta]$ 上具有一阶连续导数，且 $\varphi'^2(t)+\psi'^2(t)\neq 0$，则曲线积分 $\int_L f(x, y)\mathrm{d}s$ 存在，且

$$\int_L f(x, y)\mathrm{d}s=\int_\alpha^\beta f[\varphi(t), \psi(t)]\sqrt{\varphi'^2(t)+\psi'^2(t)}\mathrm{d}t,\ \alpha<\beta.$$

证明 略.

应注意的问题：

积分的下限 α 一定要小于上限 β.

几种情形：

(1) 若曲线 L 的方程为 $y=\psi(x)(a\leqslant x\leqslant b)$，则 L 的参数方程为

$$x=x,\ y=\psi(x),\ a\leqslant x\leqslant b,$$

于是
$$\int_L f(x, y)\mathrm{d}s=\int_a^b f[x, \psi(x)]\sqrt{1+\psi'^2(x)}\mathrm{d}x .$$

(2) 若曲线 L 的方程为 $x=\varphi(y)(c\leqslant x\leqslant d)$，则 L 的参数方程为

$$x=\varphi(y),\ y=y\ (c\leqslant x\leqslant d),$$

于是
$$\int_L f(x, y)\mathrm{d}s=\int_c^d f[\varphi(y), y]\sqrt{\varphi'^2(y)+1}\mathrm{d}y.$$

(3) 若曲线 L 的极坐标方程为 $\rho=\rho(\theta)(\alpha\leqslant x\leqslant\beta)$，则 L 的参数方程为

$x=\rho(\theta)\cos\theta,\ y=\rho(\theta)\sin\theta,\ \alpha\leqslant\theta\leqslant\beta,$

于是 $$\int_L f(x,y)\mathrm{d}s=\int_\alpha^\beta f[\rho(\theta)\cos\theta,\rho(\theta)\sin\theta]\sqrt{\rho'^2(\theta)+\rho^2(\theta)}\mathrm{d}\theta.$$

(4) 若空间曲线 Γ 的方程为 $x=\varphi(t)$，$y=\psi(t)$，$z=\omega(t)(\alpha\leqslant t\leqslant\beta)$，

则 $$\int_\Gamma f(x,y,z)\mathrm{d}s=\int_\alpha^\beta f[\varphi(t),\psi(t),\omega(t)]\sqrt{\varphi'^2(t)+\psi'^2(t)+\omega'^2(t)}\mathrm{d}t.$$

例 1　计算 $\int_L\sqrt{y}\mathrm{d}s$，其中 L 是抛物线 $y=x^2$ 上点 $O(0,0)$ 与点 $B(1,1)$ 之间的一段弧.

解　曲线的方程为 $y=x^2(0\leqslant x\leqslant 1)$，因此

$$\int_L\sqrt{y}\mathrm{d}s=\int_0^1\sqrt{x^2}\sqrt{1+(x^2)'^2}\mathrm{d}x=\int_0^1 x\sqrt{1+4x^2}\mathrm{d}x=\frac{1}{12}(5\sqrt{5}-1).$$

例 2　计算半径为 R、中心角为 2α 的圆弧 L 对于它的对称轴的转动惯量 I（设线密度为 $\mu=1$）.

解　取坐标系如图 11－3 所示，则 $I=\int_L y^2\mathrm{d}s$.

曲线 L 的参数方程为

$$x=R\cos\theta,\ y=R\sin\theta\ (-\alpha\leqslant\theta<\alpha).$$

于是

$$I=\int_L y^2\mathrm{d}s=\int_{-\alpha}^\alpha R^2\sin^2\theta\sqrt{(-R\sin\theta)^2+(R\cos\theta)^2}\mathrm{d}\theta$$
$$=R^3\int_{-\alpha}^\alpha\sin^2\theta\mathrm{d}\theta=R^3(\alpha-\sin\alpha\cos\alpha).$$

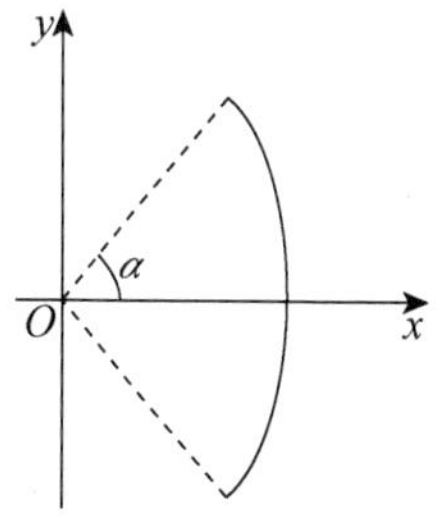

图 11－3

例 3　计算曲线积分 $\int_\Gamma(x^2+y^2+z^2)\mathrm{d}s$，其中 Γ 为螺旋线 $x=a\cos t$，$y=a\sin t$，$z=kt$ 上相应于 t 从 0 到达 2π 的一段弧.

解　在曲线 Γ 上有 $x^2+y^2+z^2=(a\cos t)^2+(a\sin t)^2+(kt)^2=a^2+k^2t^2$，并且

$$\mathrm{d}s=\sqrt{(-a\sin t)^2+(a\cos t)^2+k^2}\mathrm{d}t=\sqrt{a^2+k^2}\mathrm{d}t,$$

于是 $$\int_\Gamma(x^2+y^2+z^2)\mathrm{d}s=\int_0^{2\pi}(a^2+k^2t^2)\sqrt{a^2+k^2}\mathrm{d}t=\frac{2}{3}\pi\sqrt{a^2+k^2}(3a^2+4\pi^2k^2).$$

例 4　铁丝弯成半圆形 $y=\sqrt{a^2-x^2}$，其上任意一点的线密度为该点的纵坐标，求其质量.

解　在 (x,y) 处的线密度为 $f(x,y)=y$.

曲线 L 的参数方程为

$$x=a\cos\theta,\ y=a\sin\theta,\ 0\leqslant\theta<\pi.$$

$$M=\int_L f(x,y)\mathrm{d}s=\int_L y\mathrm{d}s=\int_0^\pi a\sin\theta\sqrt{(-a\sin\theta)^2+(a\cos\theta)^2}\mathrm{d}\theta$$
$$=\int_0^\pi a^2\sin\theta\mathrm{d}\theta=-a^2\cos\theta\Big|_0^\pi=2a^2.$$

例 5 计算$\int_L |y| ds$，其中 L 为双纽线（见图 11－4）$(x^2+y^2)^2=a^2(x^2-y^2)$ 的弧.

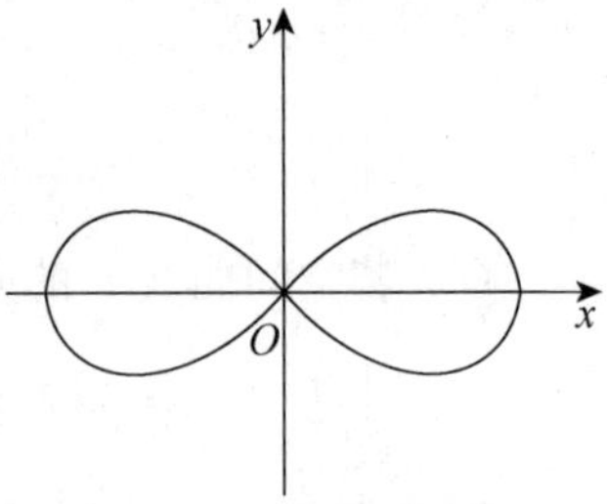

图 11－4

解 双纽线的极坐标方程为 $r^2=a^2\cos 2\theta$.

用隐函数求导得 $rr'=-a^2\sin 2\theta$，$r'=-\dfrac{a^2\sin 2\theta}{r}$，

$$ds=\sqrt{r^2+r'^2}d\theta=\sqrt{r^2+\frac{a^4\sin^2 2\theta}{r^2}}d\theta=\frac{a^2}{r}d\theta.$$

所以 $$\int_L |y| ds=4\int_0^{\frac{\pi}{4}} r\sin\theta\cdot\frac{a^2}{r}d\theta=4a^2\int_0^{\frac{\pi}{4}}\sin\theta d\theta=2(2-\sqrt{2})a^2.$$

小结 求曲线积分的步骤：

(1) 写出曲线的参数方程（或直角坐标方程）；

(2) 确定参数的变化范围；

(3) 将曲线积分化为定积分；

(4) 计算定积分.

习题 11－1

1. 计算下列对弧长的曲线积分：

(1) $\int_L (x+y)ds$，其中 L 为连接 (1，0)，(0，1) 两点的直线段；

(2) $\oint_L \sqrt{x^2+y^2}ds$，其中 L 为圆周 $x^2+y^2=ax$；

(3) $\oint_L (x^2+y^2)^n ds$，其中 L 为圆周 $x=a\cos t$，$y=a\sin t$ $(0\leqslant t\leqslant 2\pi)$；

(4) $\oint_L e^{\sqrt{x^2+y^2}}ds$、其中 L 为圆周 $x^2+y^2=a^2$、直线 $y=x$ 及 x 轴在第一象限内所围成的扇形的整个边界；

(5) $\oint_L x ds$，其中 L 为直线 $y=x$ 及抛物线 $y=x^2$ 所围成的区域的整个边界；

(6) $\int_\Gamma \dfrac{1}{x^2+y^2+z^2}ds$，其中 Γ 为曲线 $x=e^t\cos t$，$y=e^t\sin t$，$z=e^t$ 上相应于 t 从 0 变到 2 的这段弧；

(7) $\int_\Gamma x^2yz ds$，其中 Γ 为折线 $ABCD$，这里 A，B，C，D 依次为 (0，0，0)，(0，0，2)，(1，0，2)，(1，3，2)；

(8) $\int_L y^2 ds$，其中 L 为摆线的一拱 $x=a(t-\sin t)$，$y=a(1-\cos t)(0\leqslant t\leqslant 2\pi)$；

(9) $\oint_\Gamma |y| ds$，其中 Γ 为空间圆周 $x^2+y^2+z^2=2$ 与 $y=x$ 的相交部分.

2. 设曲线形物件的曲线方程为：$x=\ln(1+t^2)$，$y=2\arctan t-t$ $(0\leqslant t\leqslant 1)$，它的线密度为 $\rho(x, y)=ye^{-x}$，求该曲线形物件的质量.

§11.2　对坐标的曲线积分

一、对坐标的曲线积分的概念与性质

1. 变力沿曲线所做的功

设一个质点在 xOy 面内在变力 $\boldsymbol{F}(x, y)=P(x, y)\boldsymbol{i}+Q(x, y)\boldsymbol{j}$ 的作用下从点 A 沿光滑曲线弧 L 移动到点 B，试求变力 $\boldsymbol{F}(x, y)$ 所做的功（见图 11-5）.

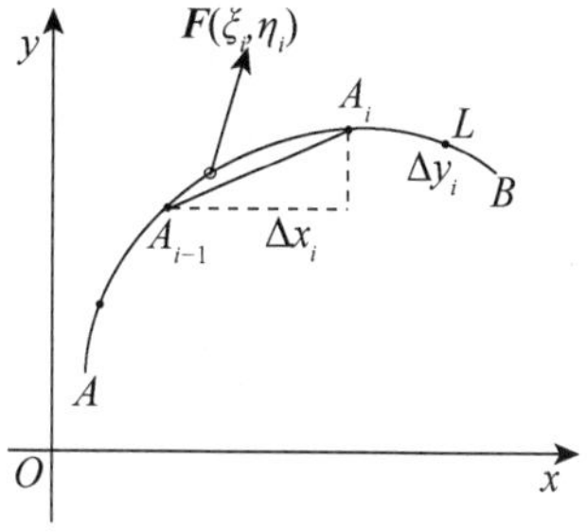

图 11-5

用曲线 L 上的点 $A=A_0, A_1, A_2, \cdots, A_{n-1}, A_n=B$ 把 L 分成 n 个小弧段，设 $A_{i-1}=(x_{i-1}, y_{i-1})$，$A_i=(x_i, y_i)$，有向线段 $\overrightarrow{A_{i-1}A_i}=\Delta x_i\boldsymbol{i}+\Delta y_i\boldsymbol{j}=\Delta\boldsymbol{S}_i$，$\overset{\frown}{A_{i-1}A_i}$ 上任意一点 (ξ_i, η_i) 处的力为 $\boldsymbol{F}(\xi_i, \eta_i)=P(\xi_i, \eta_i)\boldsymbol{i}+Q(\xi_i, \eta_i)\boldsymbol{j}$，变力 $\boldsymbol{F}(x, y)$ 沿有向小弧段 $\overset{\frown}{A_{i-1}A_i}$ 所做的功可以近似为常力 $\boldsymbol{F}(\xi_i, \eta_i)$ 沿有向线段 $\overrightarrow{A_{i-1}A_i}$ 所做的功

$$\Delta W_i\approx\boldsymbol{F}(x_i, y_i)\Delta\boldsymbol{S}_i=P(\xi_i, \eta_i)\Delta x_i+Q(\xi_i, \eta_i)\Delta y_i.$$

于是，变力 $\boldsymbol{F}(x, y)$ 所做的功

$$W=\sum_{i=1}^{n}\Delta W_i\approx\sum_{i=1}^{n}[P(\xi_i, \eta_i)\Delta x_i+Q(\xi_i, \eta_i)\Delta y_i].$$

用 λ 表示 n 个小弧段最大弧长的值，令 $\lambda\to0$，求上述和式的极限，便得变力 $\boldsymbol{F}(x, y)$ 沿有向曲线弧所做的功

$$\begin{aligned}W&=\lim_{\lambda\to0}\sum_{i=1}^{n}[P(\xi_i, \eta_i)\Delta x_i+Q(\xi_i, \eta_i)\Delta y_i]\\&=\lim_{\lambda\to0}\sum_{i=1}^{n}P(\xi_i, \eta_i)\Delta x_i+\lim_{\lambda\to0}\sum_{i=1}^{n}Q(\xi_i, \eta_i)\Delta y_i.\end{aligned}$$

2. 对坐标的曲线积分的定义

定义　设函数 $P(x, y)$，$Q(x, y)$ 在 xOy 平面上从 A 到 B 的有向光滑曲线弧段 L 上有界. 把 L 分成 n 个有向小弧段 $L_1, L_2, \cdots, L_n$；小弧段 L_i 的起点为 (x_{i-1}, y_{i-1})，终点为 (x_i, y_i)，$\Delta x_i=x_i-x_{i-1}$，$\Delta y_i=y_i-y_{i-1}$，(ξ_i, η_i) 为 L_i 上任意一点，λ 为各小弧段长度的最大值.

如果极限 $\lim\limits_{\lambda\to0}\sum\limits_{i=1}^{n}P(\xi_i, \eta_i)\Delta x_i$ 总存在，则称此极限为函数 $P(x, y)$ 在有向曲线 L 上对坐标 x 的曲线积分，记作 $\int_L P(x, y)\mathrm{d}x$，即

$$\int_L P(x, y)\mathrm{d}x=\lim_{\lambda\to0}\sum_{i=1}^{n}P(\xi_i, \eta_i)\Delta x_i,$$

如果极限 $\lim\limits_{\lambda\to 0}\sum\limits_{i=1}^{n}Q(\xi_i, \eta_i)\Delta y_i$ 总存在，则称此极限为函数 $Q(x, y)$ 在有向曲线 L 上对坐标 y 的曲线积分，记作 $\int_L Q(x, y)\mathrm{d}y$，即

$$\int_L Q(x, y)\mathrm{d}y = \lim_{\lambda\to 0}\sum_{i=1}^{n}Q(\xi_i, \eta_i)\Delta y_i .$$

对坐标 x 的曲线积分和对坐标 y 的曲线积分，统称**对坐标的曲线积分或第二类曲线积分**. 其中 $P(x, y)$，$Q(x, y)$ 叫作**被积函数**，L 叫作**积分弧段**.

由定义可知：变力 $\boldsymbol{F}(x, y)=P(x, y)\boldsymbol{i}+Q(x, y)\boldsymbol{j}$ 沿曲线弧 L 所做的功可表示为

$$W=\int_L P(x, y)\mathrm{d}x+\int_L Q(x, y)\mathrm{d}y.$$

3. 定义的推广

设 Γ 为空间内一条光滑有向曲线，函数 $P(x, y, z)$，$Q(x, y, z)$，$R(x, y, z)$ 在 Γ 上有定义. 我们定义(假如各式右端的极限存在)

$$\int_L P(x, y, z)\mathrm{d}x = \lim_{\lambda\to 0}\sum_{i=1}^{n}P(\xi_i, \eta_i, \zeta_i)\Delta x_i ,$$

$$\int_L Q(x, y, z)\mathrm{d}y = \lim_{\lambda\to 0}\sum_{i=1}^{n}Q(\xi_i, \eta_i, \zeta_i)\Delta y_i ,$$

$$\int_L R(x, y, z)\mathrm{d}z = \lim_{\lambda\to 0}\sum_{i=1}^{n}R(\xi_i, \eta_i, \zeta_i)\Delta z_i .$$

它们统称为**对坐标的曲线积分**，也叫**第二类曲线积分**.

对坐标的曲线积分的简写形式为

$$\int_L P(x, y)\mathrm{d}x+\int_L Q(x, y)\mathrm{d}y=\int_L P(x, y)\mathrm{d}x+Q(x, y)\mathrm{d}y=\int_L P\mathrm{d}x+Q\mathrm{d}y;$$

$$\begin{aligned}&\int_\Gamma P(x, y, z)\mathrm{d}x+\int_\Gamma Q(x, y, z)\mathrm{d}y+\int_\Gamma R(x, y, z)\mathrm{d}z\\ =&\int_\Gamma P(x, y, z)\mathrm{d}x+Q(x, y, z)\mathrm{d}y+R(x, y, z)\mathrm{d}z\\ =&\int_\Gamma P\mathrm{d}x+Q\mathrm{d}y+R\mathrm{d}z.\end{aligned}$$

4. 对坐标的曲线积分的性质

(1) 如果把 L 分成 L_1 和 L_2，则

$$\int_L P\mathrm{d}x+Q\mathrm{d}y=\int_{L_1} P\mathrm{d}x+Q\mathrm{d}y+\int_{L_2} P\mathrm{d}x+Q\mathrm{d}y .$$

(2) 设 L 是有向曲线弧，$-L$ 是与 L 方向相反的有向曲线弧，则

$$\int_{-L} P(x, y)\mathrm{d}x+Q(x, y)\mathrm{d}y=-\int_L P(x, y)\mathrm{d}x+Q(x, y)\mathrm{d}y .$$

5. 两类曲线积分之间的关系

设 $\alpha(x, y)$，$\beta(x, y)$ 是有向曲线 L 在点 (x, y) 处的切向量的方向角，$(\cos\alpha, \cos\beta)$ 是与曲线方向一致的单位切向量，则

$$\int_L P(x, y)\mathrm{d}x = \int_L P(x, y)\cos\alpha\mathrm{d}s,$$

$$\int_L Q(x, y)\mathrm{d}y = \int_L Q(x, y)\cos\beta\mathrm{d}s,$$

即
$$\int_L P\mathrm{d}x + Q\mathrm{d}y = \int_L [P\cos\alpha + Q\cos\beta]\mathrm{d}s,$$

或
$$\int_L \boldsymbol{A}\cdot\mathrm{d}\boldsymbol{r} = \int_L \boldsymbol{A}\cdot\boldsymbol{t}\mathrm{d}s.$$

其中 $\boldsymbol{A}=(P, Q)$，而 $\boldsymbol{t}=(\cos\alpha, \cos\beta)$ 为有向曲线弧 L 上点 (x, y) 处的单位切向量，

$$\mathrm{d}\boldsymbol{r}=\boldsymbol{t}\mathrm{d}s=(\mathrm{d}\boldsymbol{x}, \mathrm{d}\boldsymbol{y}).$$

类似地有 $\boldsymbol{t}=(\cos\alpha, \cos\beta, \cos\gamma)$，为有向曲线弧 Γ 上点 (x, y, z) 处与曲线方向一致的单位切向量，则有

$$\int_\Gamma P(x, y, z)\mathrm{d}x = \int_\Gamma P(x, y, z)\cos\alpha\mathrm{d}s,$$

$$\int_\Gamma Q(x, y, z)\mathrm{d}y = \int_\Gamma Q(x, y, z)\cos\beta\mathrm{d}s,$$

$$\int_\Gamma R(x, y, z)\mathrm{d}z = \int_\Gamma R(x, y, z)\cos\gamma\mathrm{d}s.$$

即
$$\int_\Gamma P\mathrm{d}x + Q\mathrm{d}y + R\mathrm{d}z = \int_\Gamma (P\cos\alpha + Q\cos\beta + R\cos\gamma)\mathrm{d}s,$$

或
$$\int_L \boldsymbol{A}\cdot\mathrm{d}\boldsymbol{r} = \int_L \boldsymbol{A}\cdot\boldsymbol{t}\mathrm{d}s.$$

其中，$\boldsymbol{A}=(P, Q, R)$，$\mathrm{d}\boldsymbol{r}=\boldsymbol{t}\mathrm{d}s=(\mathrm{d}x, \mathrm{d}y, \mathrm{d}z)$，称为有向曲线元.

二、对坐标的曲线积分的计算

定理 1　设 $P(x, y)$，$Q(x, y)$ 是定义在光滑有向曲线 L：

$$x=\varphi(t), \quad y=\psi(t)$$

上的连续函数，当参数 t 单调地由 α 变到 β 时，点 $M(x, y)$ 从 L 的起点 A 沿 L 运动到终点 B，则

$$\int_L P(x, y)\mathrm{d}x = \int_\alpha^\beta P[\varphi(t), \psi(t)]\varphi'(t)\mathrm{d}t,$$

$$\int_L Q(x, y)\mathrm{d}y = \int_\alpha^\beta Q[\varphi(t), \psi(t)]\psi'(t)\mathrm{d}t.$$

即
$$\int_L P(x, y)\mathrm{d}x + Q(x, y)\mathrm{d}y = \int_\alpha^\beta \{P[\varphi(t), \psi(t)]\varphi'(t) + Q[\varphi(t), \psi(t)]\psi'(t)\}\mathrm{d}t.$$

证明　不妨设 $\alpha\leqslant\beta$，对应于 t 点与曲线 L 的方向一致的切向量为 $(\varphi'(t), \psi'(t))$，所以

$$\cos\alpha=\frac{\varphi'(t)}{\sqrt{\varphi'^2(t)+\psi'^2(t)}},$$

从而
$$\begin{aligned}\int_L P(x,y)\mathrm{d}x&=\int_L P(x,y)\cos\alpha\mathrm{d}s\\&=\int_\alpha^\beta P[\varphi(t),\psi(t)]\frac{\varphi'(t)}{\sqrt{\varphi'^2(t)+\psi'^2(t)}}\sqrt{\varphi'^2(t)+\psi'^2(t)}\mathrm{d}t\\&=\int_\alpha^\beta P[\varphi(t),\psi(t)]\varphi'(t)\mathrm{d}t.\end{aligned}$$

同理：$\int_L Q(x,y)\mathrm{d}y=\int_\alpha^\beta Q[\varphi(t),\psi(t)]\psi'(t)\mathrm{d}t.$

应注意的问题：

下限 α 对应于 L 的起点，上限 β 对应于 L 的终点，α 不一定小于 β.

几种情形：

(1) 若曲线 L 的方程为 $y=y(x)$，起点 $x=a$，终点 $x=b$，则

$$\int_L P(x,y)\mathrm{d}x+Q(x,y)\mathrm{d}y=\int_a^b\{P[x,y(x)]+Q[x,y(x)]y'(x)\}\mathrm{d}x.$$

(2) 若曲线 L 的方程为 $x=x(y)$，起点 $y=c$，终点 $y=d$，则

$$\int_L P(x,y)\mathrm{d}x+Q(x,y)\mathrm{d}y=\int_c^d\{P[x(y),y]x'(y)+Q[x(y),y]\}\mathrm{d}y.$$

(3) 若空间曲线 Γ 由参数方程

$$x=\varphi(t),\ y=\psi(t),\ z=\omega(t)$$

给出，那么曲线积分

$$\begin{aligned}&\int_\Gamma P(x,y,z)\mathrm{d}x+Q(x,y,z)\mathrm{d}y+R(x,y,z)\mathrm{d}z\\=&\int_\alpha^\beta\{P[\varphi(t),\psi(t),\omega(t)]\varphi'(t)+Q[\varphi(t),\psi(t),\omega(t)]\psi'(t)\\&+R[\varphi(t),\psi(t),\omega(t)]\omega'(t)\}\mathrm{d}t.\end{aligned}$$

其中 α 对应于 Γ 的起点，β 对应于 Γ 的终点.

例 1 计算 $\int_L xy\mathrm{d}x$，其中 L 为抛物线 $y^2=x$ 上从点 $A(1,-1)$ 到点 $B(1,1)$ 的一段弧(见图 11-6).

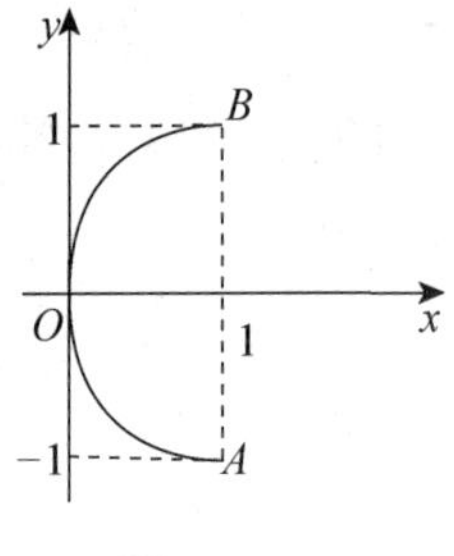

图 11-6

解法一 x 为参数. L 分为 AO 和 OB 两部分：

AO 的方程为 $y=-\sqrt{x}$，x 从 1 变到 0；OB 的方程为 $y=\sqrt{x}$，x 从 0 变到 1，

因此
$$\begin{aligned}\int_L xy\mathrm{d}x&=\int_{AO}xy\mathrm{d}x+\int_{OB}xy\mathrm{d}x\\&=\int_1^0 x(-\sqrt{x})\mathrm{d}x+\int_0^1 x\sqrt{x}\mathrm{d}x=2\int_0^1 x^{\frac{3}{2}}\mathrm{d}x=\frac{4}{5}.\end{aligned}$$

解法二　以 y 为积分变量. L 的方程为 $x=y^2$，y 从 -1 变到 1. 因此

$$\int_L xy\,\mathrm{d}x=\int_{-1}^{1}y^2y(y^2)'\mathrm{d}y=2\int_{-1}^{1}y^4\mathrm{d}y=\frac{4}{5}.$$

例 2　计算 $\int_L y^2\mathrm{d}x$.

(1) L 为按逆时针方向绕行的上半圆周 $x^2+y^2=a^2$；

(2) L 为从点 $A(a,0)$ 沿 x 轴到点 $B(-a,0)$ 的直线段（见图 11-7).

解　(1) L 的参数方程为

$$x=a\cos\theta,\ y=a\sin\theta,\ \theta \text{ 从 } 0 \text{ 变到 } \pi.$$

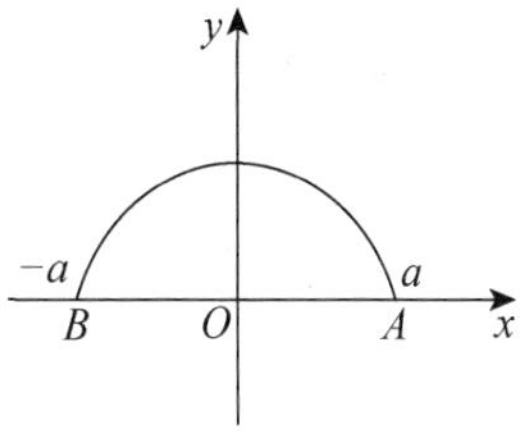

图 11-7

因此

$$\int_L y^2\mathrm{d}x=\int_0^{\pi}a^2\sin^2\theta(-a\sin\theta)\mathrm{d}\theta$$

$$=a^3\int_0^{\pi}(1-\cos^2\theta)\mathrm{d}\cos\theta=-\frac{4}{3}a^3.$$

(2) L 的方程为 $y=0$，x 从 a 变到 $-a$.

因此 $\int_L y^2\mathrm{d}x=\int_a^{-a}0\mathrm{d}x=0.$

例 3　计算 $\int_L 2xy\mathrm{d}x+x^2\mathrm{d}y$，$L$ 分别为以下曲线（见图 11-8).

(1) 抛物线 $y=x^2$ 上从 $O(0,0)$ 到 $B(1,1)$ 的一段弧；

(2) 抛物线 $x=y^2$ 上从 $O(0,0)$ 到 $B(1,1)$ 的一段弧；

(3) 从 $O(0,0)$ 到 $A(1,0)$，再到 $B(1,1)$ 的有向折线 OAB.

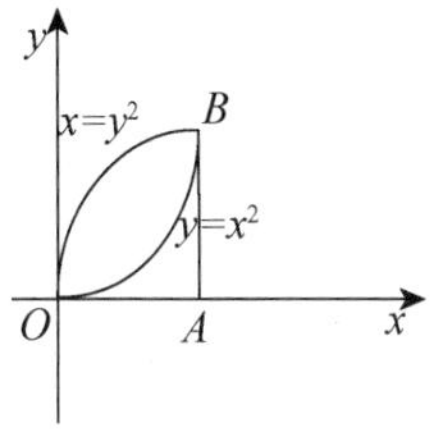

图 11-8

解　(1) L: $y=x^2$，x 从 0 变到 1. 所以

$$\int_L 2xy\mathrm{d}x+x^2\mathrm{d}y=\int_0^1(2x\cdot x^2+x^2\cdot 2x)\mathrm{d}x$$

$$=4\int_0^1x^3\mathrm{d}x=1.$$

(2) L: $x=y^2$，y 从 0 变到 1. 所以

$$\int_L 2xy\mathrm{d}x+x^2\mathrm{d}y=\int_0^1(2y^2\cdot y\cdot 2y+y^4)\mathrm{d}y=5\int_0^1y^4\mathrm{d}y=1.$$

(3) OA: $y=0$，x 从 0 变到 1；AB: $x=1$，y 从 0 变到 1.

$$\int_L 2xy\mathrm{d}x+x^2\mathrm{d}y=\int_{OA}2xy\mathrm{d}x+x^2\mathrm{d}y+\int_{AB}2xy\mathrm{d}x+x^2\mathrm{d}y$$

$$=\int_0^1(2x\cdot 0+x^2\cdot 0)\mathrm{d}x+\int_0^1(2y\cdot 0+1)\mathrm{d}y=0+1=1.$$

例 4　计算 $I=\int_{\Gamma}x^3\mathrm{d}x+3zy^2\mathrm{d}y-x^2y\mathrm{d}z$，其中 Γ 是从点 $A(3,2,1)$ 到点 $B(0,0,0)$ 的直线段 AB.

解 直线 AB 的参数方程为

$$x=3t,\ y=2t,\ z=t,\ t \text{ 从 } 1 \text{ 变到 } 0.$$

所以 $I=\int_1^0[(3t)^3\cdot 3+3t(2t)^2\cdot 2-(3t)^2\cdot 2t]\mathrm{d}t=87\int_1^0 t^3\mathrm{d}t=-\frac{87}{4}.$

例 5 一个质点在力 $\boldsymbol{F}$ 的作用下从点 $A(a,0)$ 沿椭圆 $\frac{x^2}{a^2}+\frac{y^2}{b^2}=1$ 按逆时针方向移动到点 $B(0,b)$，$\boldsymbol{F}$ 的大小与质点到原点的距离成正比，方向恒指向原点. 求力 $\boldsymbol{F}$ 所做的功 W.

解 椭圆的参数方程为 $x=a\cos t$，$y=b\sin t$，t 从 0 变到 $\frac{\pi}{2}$.

$$\boldsymbol{r}=\overrightarrow{OM}=x\boldsymbol{i}+y\boldsymbol{j},\quad \boldsymbol{F}=k\cdot|\boldsymbol{r}|\cdot\left(-\frac{\boldsymbol{r}}{|\boldsymbol{r}|}\right)=-k(x\boldsymbol{i}+y\boldsymbol{j}),$$

其中 $k>0$，是比例常数.

于是
$$\begin{aligned}W&=\int_{\overset{\frown}{AB}}-kx\mathrm{d}x-ky\mathrm{d}y=-k\int_{\overset{\frown}{AB}}x\mathrm{d}x+y\mathrm{d}y.\\&=-k\int_0^{\frac{\pi}{2}}(-a^2\cos t\sin t+b^2\sin t\cos t)\mathrm{d}t\\&=k(a^2-b^2)\int_0^{\frac{\pi}{2}}\sin t\cos t\mathrm{d}t=\frac{k}{2}(a^2-b^2).\end{aligned}$$

习题 11-2

1. 计算下列对坐标的曲线积分：

(1) $\int_L(x^2-y^2)\mathrm{d}x$，其中 L 是抛物线 $y=x^2$ 上从点 $(0,0)$ 到点 $(2,4)$ 的一段弧；

(2) $\oint_L xy\mathrm{d}x$，其中 L 为圆周 $(x-a)^2+y^2=a^2(a>0)$ 及 x 轴所围成的在第一象限内的区域的整个边界(按逆时针方向绕行)；

(3) $\int_L y\mathrm{d}x+x\mathrm{d}y$，其中 L 为圆周 $x=R\cos t$，$y=R\sin t$ 上对应 t 从 0 到 $\frac{\pi}{2}$ 的一段弧；

(4) $\oint_L\frac{(x+y)\mathrm{d}x-(x-y)\mathrm{d}y}{x^2+y^2}$，其中 L 为圆周 $x^2+y^2=a^2$(按逆时针方向绕行)；

(5) $\int_\Gamma x^2\mathrm{d}x+z\mathrm{d}y-y\mathrm{d}z$，其中 Γ 为曲线 $x=k\theta$，$y=a\cos\theta$，$z=a\sin\theta$ 上对应 θ 从 0 到 π 的一段弧；

(6) $\int_\Gamma x\mathrm{d}x+y\mathrm{d}y+(x+y-1)\mathrm{d}z$，其中 Γ 是从点 $(1,1,1)$ 到点 $(2,3,4)$ 的一段直线；

(7) $\oint_\Gamma \mathrm{d}x-\mathrm{d}y+y\mathrm{d}z$，其中 Γ 为有向闭折线 $ABCA$，这里 A，B，C 依次为点 $(1,0,0)$，$(0,1,0)$，$(0,0,1)$；

(8) $\int_L(x^2-2xy)\mathrm{d}x+(y^2-2xy)\mathrm{d}y$，其中 L 是抛物线 $y=x^2$ 上从点 $(-1,1)$ 到点 $(1,1)$ 的一段弧.

2. 计算$\int_L (x+y)\mathrm{d}x+(y-x)\mathrm{d}y$，其中 L 是：

(1) 抛物线 $y^2=x$ 上从点 (1，1) 到点 (4，2) 的一段弧；

(2) 从点 (1，1) 到点 (4，2) 的直线段；

(3) 先沿直线从点 (1，1) 到点 (1，2)，然后再沿直线到 (4，2) 的折线.

3. 一力场由沿横轴正方向的恒力 $\boldsymbol{F}$ 所构成，试求当一质量为 m 的质点沿圆周 $x^2+y^2=R^2$ 按逆时针方向移过位于第一象限的那一段弧时场力所做的功.

4. 设一个质点在 $M(x, y)$ 处受到力 $\boldsymbol{F}$ 的作用，$\boldsymbol{F}$ 的大小与 M 到原点 O 的距离成正比，$\boldsymbol{F}$ 的方向恒指向原点. 此质点由点 $A(a, 0)$ 沿椭圆$\frac{x^2}{a^2}+\frac{y^2}{b^2}=1$ 按逆时针方向移到点 $B(0, b)$，求力 $\boldsymbol{F}$ 所做的功 W.

§11.3　格林公式及其应用

一、格林公式

单连通与复连通区域：设 D 为平面区域，如果 D 内任一闭曲线所围的部分都属于 D，则称 D 为平面**单连通区域**，否则称为**复连通区域**. 从几何直观来看，平面单连通区域就是不含有“洞”(包括点“洞”) 的区域，复连通区域就是含有“洞”(包括点“洞”) 的区域.

对平面区域 D 的边界曲线 L，我们规定 L 的正向如下：当观察者沿 L 的这个方向行走时，D 内在他近处的那一部分总在他的左边 (见图 11－9).

例如$\{(x, y)\mid 1<x^2+y^2<4\}$，$\{(x, y)\mid 0<x^2+y^2<1\}$ 都是复连通的 (见图 11－10).

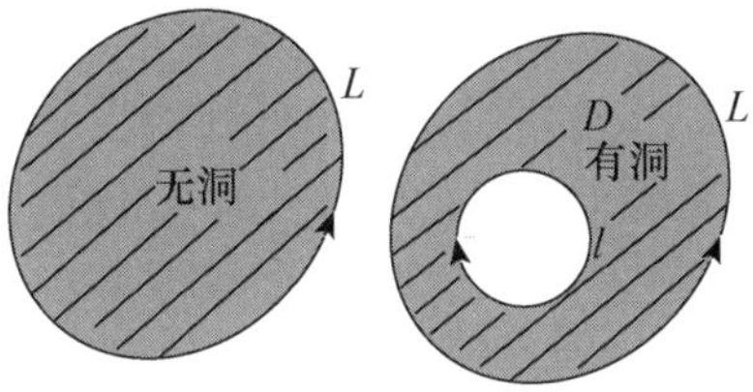

图 11－9

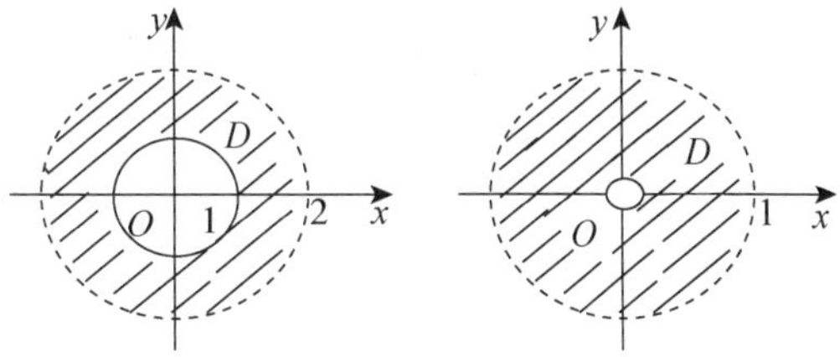

图 11－10

定理 1(格林公式)　设闭区域 D 由分段光滑的曲线 L 围成，函数 $P(x, y)$，$Q(x, y)$ 在 D 上具有一阶连续偏导数，则有

$$\iint_D \left(\frac{\partial Q}{\partial x}-\frac{\partial P}{\partial y}\right)\mathrm{d}x\mathrm{d}y=\oint_L P\mathrm{d}x+Q\mathrm{d}y,$$

其中 L 是 D 的取正向的边界曲线.

证明　仅就 D 既是 X－型区域又是 Y－型区域 (见图 11－11) 的情形进行证明，其他类型可以通过分割使其变为既是 X－型区域又是 Y－型区域的情况.

设 $D=\{(x, y)|\varphi_1(x)\leqslant y\leqslant\varphi_2(x), a\leqslant x\leqslant b\}$.

因为$\dfrac{\partial P}{\partial y}$连续，所以由二重积分的计算法有

$$\iint_D \frac{\partial P}{\partial y}\mathrm{d}x\mathrm{d}y=\int_a^b\left\{\int_{\varphi_1(x)}^{\varphi_2(x)}\frac{\partial P(x, y)}{\partial y}\mathrm{d}y\right\}\mathrm{d}x$$

$$=\int_a^b\{P[x, \varphi_2(x)]-P[x, \varphi_1(x)]\}\mathrm{d}x.$$

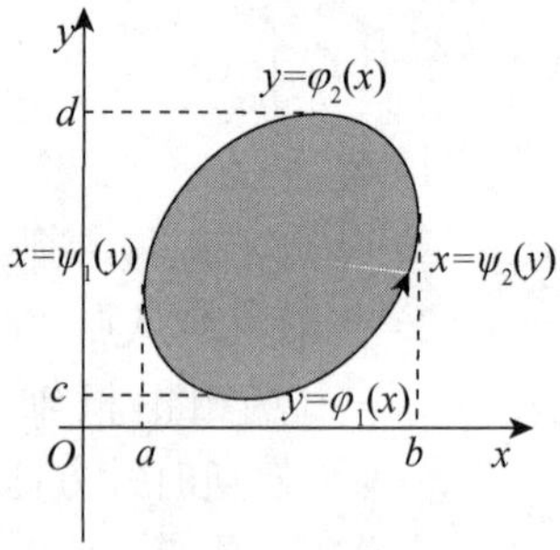

图 11－11

另外，由对坐标的曲线积分的性质及计算法有

$$\oint_L P\mathrm{d}x=\int_{L_1}P\mathrm{d}x+\int_{L_2}P\mathrm{d}x$$

$$=\int_a^b P[x, \varphi_1(x)]\mathrm{d}x+\int_b^a P[x, \varphi_2(x)]\mathrm{d}x$$

$$=\int_a^b\{P[x, \varphi_1(x)]-P[x, \varphi_2(x)]\}\mathrm{d}x.$$

因此

$$-\iint_D\frac{\partial P}{\partial y}\mathrm{d}x\mathrm{d}y=\oint_L P\mathrm{d}x.$$

设 $D=\{(x, y)|\psi_1(y)\leqslant x\leqslant\psi_2(y), c\leqslant y\leqslant d\}$. 类似地可证

$$\iint_D\frac{\partial Q}{\partial x}\mathrm{d}x\mathrm{d}y=\oint_L Q\mathrm{d}y.$$

由于 D 既是 X－型区域的又是 Y－型区域的，所以以上两式同时成立，两式合并即得

$$\iint_D\left(\frac{\partial Q}{\partial x}-\frac{\partial P}{\partial y}\right)\mathrm{d}x\mathrm{d}y=\oint_L P\mathrm{d}x+Q\mathrm{d}y.$$

格林公式建立了曲线积分与二重积分的联系. 为了便于记忆，格林公式可以借助行列式表述如下：

$$\iint_D\begin{vmatrix}\dfrac{\partial}{\partial x} & \dfrac{\partial}{\partial y}\\ P & Q\end{vmatrix}\mathrm{d}x\mathrm{d}y=\oint_L P\mathrm{d}x+Q\mathrm{d}y.$$

应注意的问题：

对复连通区域 D，格林公式右端应包括沿区域 D 的全部边界的曲线积分，且边界的方向对区域 D 来说都是正向.

下面给出格林公式的一个应用(求闭合区域的面积).

设闭区域 D 的边界曲线为 L，取 $P=-y$，$Q=x$，则由格林公式得

$$2\iint_D\mathrm{d}x\mathrm{d}y=\oint_L x\mathrm{d}y-y\mathrm{d}x,$$

即 $$A=\iint_D \mathrm{d}x\mathrm{d}y=\frac{1}{2}\oint_L x\mathrm{d}y-y\mathrm{d}x.$$

例 1　求椭圆 $x=a\cos\theta$，$y=b\sin\theta$ 所围成图形的面积 A.

分析：只要 $\frac{\partial Q}{\partial x}-\frac{\partial P}{\partial y}=1$，就有 $\iint_D\left(\frac{\partial Q}{\partial x}-\frac{\partial P}{\partial y}\right)\mathrm{d}x\mathrm{d}y=\iint_D \mathrm{d}x\mathrm{d}y=A$.

解　设 D 是由椭圆 $x=a\cos\theta$，$y=b\sin\theta$ 所围成的区域.

令 $P=-\frac{1}{2}y$，$Q=\frac{1}{2}x$，则 $\frac{\partial Q}{\partial x}-\frac{\partial P}{\partial y}=\frac{1}{2}+\frac{1}{2}=1$.

于是由格林公式

$$\begin{aligned}A&=\iint_D \mathrm{d}x\mathrm{d}y=\oint_L -\frac{1}{2}y\mathrm{d}x+\frac{1}{2}x\mathrm{d}y=\frac{1}{2}\oint_L -y\mathrm{d}x+x\mathrm{d}y\\&=\frac{1}{2}\int_0^{2\pi}(ab\sin^2\theta+ab\cos^2\theta)\mathrm{d}\theta=\frac{1}{2}ab\int_0^{2\pi}\mathrm{d}\theta=\pi ab.\end{aligned}$$

例 2　设 L 是任意一条分段光滑的闭曲线，证明

$$\oint_L 2xy\mathrm{d}x+x^2\mathrm{d}y=0.$$

证　令 $P=2xy$，$Q=x^2$，则 $\frac{\partial Q}{\partial x}-\frac{\partial P}{\partial y}=2x-2x=0$.

因此，由格林公式有 $\oint_L 2xy\mathrm{d}x+x^2\mathrm{d}y=\pm\iint_D 0\mathrm{d}x\mathrm{d}y=0$.

例 3　求 $\int_{\overset{\frown}{ABO}}(\mathrm{e}^x\sin y-my)\mathrm{d}x+(\mathrm{e}^x\cos y-m)\mathrm{d}y$，其中 $\overset{\frown}{ABO}$ 为由点 $A(a,0)$ 到点 $O(0,0)$ 的上半圆周 $x^2+y^2=ax$（见图 11－12）.

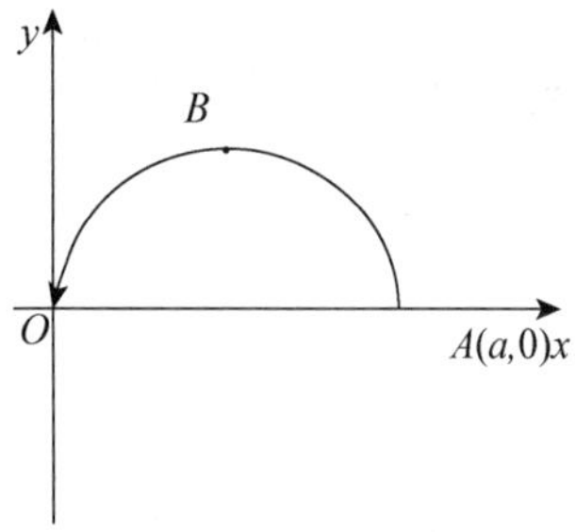

图 11－12

解　在 x 轴作连接点 $O(0,0)$ 与点 $A(a,0)$ 的辅助线，它与上半圆周便构成封闭的半圆形 $ABOA$，于是

$$\int_{\overset{\frown}{ABO}}=\oint_{ABOA}-\int_{OA},$$

根据格林公式

$$\begin{aligned}&\oint_{ABOA}(\mathrm{e}^x\sin y-my)\mathrm{d}x+(\mathrm{e}^x\cos y-m)\mathrm{d}y\\=&\iint_D[\mathrm{e}^x\cos y-(\mathrm{e}^x\cos y-m)]\mathrm{d}x\mathrm{d}y\\=&\iint_D m\mathrm{d}x\mathrm{d}y=m\cdot\frac{1}{2}\cdot\pi\left(\frac{a}{2}\right)^2=\frac{\pi ma^2}{8}.\end{aligned}$$

由于 $\overline{OA}$ 的方程为 $y=0$，所以 $\int_{\overline{OA}}(\mathrm{e}^x\sin y-my)\mathrm{d}x+(\mathrm{e}^x\cos y-m)\mathrm{d}y=0$，

综上所述，得 $\int_{\overset{\frown}{ABO}}(\mathrm{e}^x\sin y-my)\mathrm{d}x+(\mathrm{e}^x\cos y-m)\mathrm{d}y=\frac{\pi ma^2}{8}$.

注: 本例中，我们通过添加一段简单的辅助曲线，使它与所给曲线构成一封闭曲线，然后利用格林公式把所求曲线积分化为二重积分来计算. 在利用格林公式计算曲线积分时，这是一种常用的方法.

例 4 计算$\iint\limits_D e^{-y^2}\,dxdy$，其中$D$是以$O(0,0)$，$A(1,1)$，$B(0,1)$为顶点的三角形闭区域.

分析 要使$\dfrac{\partial Q}{\partial x}-\dfrac{\partial P}{\partial y}=e^{-y^2}$，只需$P=0$，$Q=xe^{-y^2}$.

解 令$P=0$，$Q=xe^{-y^2}$，则$\dfrac{\partial Q}{\partial x}-\dfrac{\partial P}{\partial y}=e^{-y^2}$. 因此，由格林公式有

$$\iint\limits_D e^{-y^2}\,dxdy=\int_{OA+AB+BO}xe^{-y^2}\,dy=\int_{OA}xe^{-y^2}\,dy+\int_{AB}xe^{-y^2}\,dy+\int_{BO}xe^{-y^2}\,dy.$$

因为OA：$y=x\,(0\leqslant x\leqslant 1)$，从而$dy=dx$；

AB：$y=0$，从而$dy=0$；

BO：$x=0$.

所以$\iint\limits_D e^{-y^2}\,dxdy=\int_{OA}xe^{-y^2}\,dy=\int_0^1 xe^{-x^2}\,dx=\dfrac{1}{2}(1-e^{-1})$.

例 5 计算$\oint_L\dfrac{x\,dy-y\,dx}{x^2+y^2}$，其中$L$为一条无重点、分段光滑且不经过原点的连续闭曲线，$L$的方向为逆时针方向.

解 $P=\dfrac{-y}{x^2+y^2}$，$Q=\dfrac{x}{x^2+y^2}$. 则当$x^2+y^2\neq 0$时，有

$$\frac{\partial Q}{\partial x}=\frac{y^2-x^2}{(x^2+y^2)^2}=\frac{\partial P}{\partial y}.$$

记L所围成的闭区域为D.

当$(0,0)\notin D$时，由格林公式得$\oint_L\dfrac{x\,dy-y\,dx}{x^2+y^2}=\iint\limits_D\left(\dfrac{\partial Q}{\partial x}-\dfrac{\partial P}{\partial y}\right)dxdy=0$.

当$(0,0)\in D$时，在D内取一圆周l：$x^2+y^2=r^2\,(r>0)$且l的方向取顺时针方向. 由L及l围成了一个复连通区域D_1(见图 11-13)，应用格林公式得

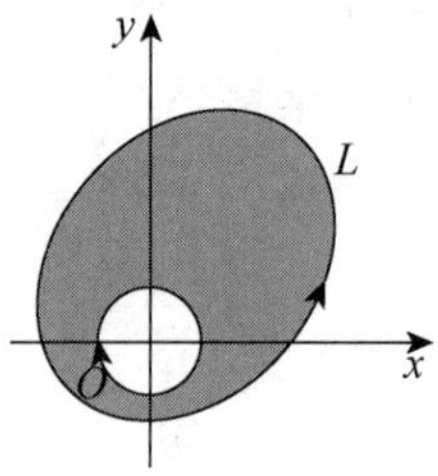

图 11-13

$$\oint_{L+l}\frac{x\,dy-y\,dx}{x^2+y^2}=\iint\limits_{D_1}\left(\frac{\partial Q}{\partial x}-\frac{\partial P}{\partial y}\right)dxdy=0,$$

即
$$\oint_L\frac{x\,dy-y\,dx}{x^2+y^2}+\oint_l\frac{x\,dy-y\,dx}{x^2+y^2}=0,$$

于是
$$\oint_L\frac{x\,dy-y\,dx}{x^2+y^2}=-\oint_l\frac{x\,dy-y\,dx}{x^2+y^2}=\int_0^{2\pi}\frac{r^2\cos^2\theta+r^2\sin^2\theta}{r^2}d\theta=2\pi.$$

二、平面上曲线积分与路径无关的条件

设G是一个开区域，$P(x, y)$，$Q(x, y)$在区域G内具有一阶连续偏导数. 如果对于G内任意指定的两个点A，B以及G内从点A到点B的任意两条曲线L_1和L_2（见图 11-14），等式

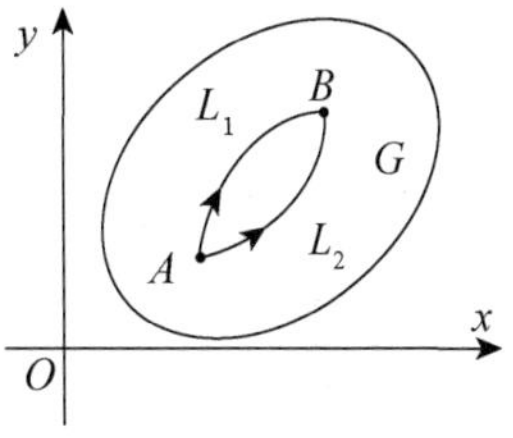

图 11-14

$$\int_{L_1} P\mathrm{d}x+Q\mathrm{d}y=\int_{L_2} P\mathrm{d}x+Q\mathrm{d}y$$

恒成立，就说**曲线积分**$\int_L P\mathrm{d}x+Q\mathrm{d}y$**在$G$与路径无关**，否则说**与路径有关**.

定理 2 设开区域G是一个单连通区域，函数$P(x, y)$及$Q(x, y)$在G内具有一阶连续偏导数，则曲线积分$\int_L P\mathrm{d}x+Q\mathrm{d}y$在$G$内与路径无关（或沿$G$内任意闭曲线的曲线积分为零）的充分必要条件是等式

$$\frac{\partial P}{\partial y}=\frac{\partial Q}{\partial x}$$

在G内恒成立.

证明 充分性：

若$\frac{\partial P}{\partial y}=\frac{\partial Q}{\partial x}$，则$\frac{\partial Q}{\partial x}-\frac{\partial P}{\partial y}=0$，由格林公式，对$G$内任意闭曲线$L$，有

$$\oint_L P\mathrm{d}x+Q\mathrm{d}y=\iint_D\left(\frac{\partial Q}{\partial x}-\frac{\partial P}{\partial y}\right)\mathrm{d}x\mathrm{d}y=0 .$$

设L_1和L_2是G内任意两条从点A到点B的曲线，则$L_1+(L_2^-)$构成G内闭曲线，从而有

$$\oint_{L_1+(L_2^-)} P\mathrm{d}x+Q\mathrm{d}y=0,$$

即 $$\int_{L_1} P\mathrm{d}x+Q\mathrm{d}y+\int_{L_2^-} P\mathrm{d}x+Q\mathrm{d}y=0 ,$$

即 $$\int_{L_1} P\mathrm{d}x+Q\mathrm{d}y-\int_{L_2} P\mathrm{d}x+Q\mathrm{d}y=0 ,$$

所以 $$\int_{L_1} P\mathrm{d}x+Q\mathrm{d}y=\int_{L_2} P\mathrm{d}x+Q\mathrm{d}y .$$

即曲线积分$\int_L P\mathrm{d}x+Q\mathrm{d}y$在$G$内与路径无关.

必要性：

假设存在一点$M_0\in G$，使$\frac{\partial Q}{\partial x}-\frac{\partial P}{\partial y}=\eta\neq 0$，不妨设$\eta>0$，则由$\frac{\partial Q}{\partial x}-\frac{\partial P}{\partial y}$的连续性，存在$M_0$的一个$\delta$邻域$U(M_0, \delta)$，使在此邻域内有

$$\frac{\partial Q}{\partial x}-\frac{\partial P}{\partial y}\geqslant\frac{\eta}{2}.$$

于是沿邻域 $U(M_0, \delta)$ 边界 l 的闭曲线积分

$$\oint_l P\mathrm{d}x + Q\mathrm{d}y = \iint_{U(M_0,\ \delta)} \left(\frac{\partial Q}{\partial x} - \frac{\partial P}{\partial y}\right)\mathrm{d}x\mathrm{d}y \geqslant \frac{\eta}{2} \cdot \pi\delta^2 > 0,$$

这与闭曲线积分为零相矛盾，因此在 G 内 $\frac{\partial Q}{\partial x} - \frac{\partial P}{\partial y} = 0$.

注意：

定理要求，区域 G 是单连通区域，且函数 $P(x, y)$ 及 $Q(x, y)$ 在 G 内具有一阶连续偏导数. 如果这两个条件有一个不能满足，那么定理的结论不能保证成立.

破坏函数 P，Q 及 $\frac{\partial P}{\partial y}$，$\frac{\partial Q}{\partial x}$ 连续性的点称为**奇点**.

例 6 计算 $\int_L 2xy\mathrm{d}x + x^2\mathrm{d}y$，其中 L 为抛物线 $y = x^2$ 上从 $O(0, 0)$ 到 $B(1, 1)$ 的一段弧.

解 因为 $\frac{\partial P}{\partial y} = \frac{\partial Q}{\partial x} = 2x$ 在整个 xOy 面内都成立，所以在整个 xOy 面内，积分 $\int_L 2xy\mathrm{d}x + x^2\mathrm{d}y$ 与路径无关.

取 L 为折线 OAB，其中 $A(1, 0)$，则

$$\begin{aligned}\int_L 2xy\mathrm{d}x + x^2\mathrm{d}y &= \int_{OA} 2xy\mathrm{d}x + x^2\mathrm{d}y + \int_{AB} 2xy\mathrm{d}x + x^2\mathrm{d}y \\ &= \int_0^1 1^2\mathrm{d}y = 1.\end{aligned}$$

三、二元函数的全微分求积

曲线积分 $\int_L P\mathrm{d}x + Q\mathrm{d}y$ 在 G 内与路径无关，表明曲线积分的值只与起点与终点有关. 设曲线 L 的起点坐标为 (x_0, y_0)，终点坐标为 (x, y)，把 $\int_L P\mathrm{d}x + Q\mathrm{d}y$ 记为 $\int_{(x_0,\ y_0)}^{(x,\ y)} P\mathrm{d}x + Q\mathrm{d}y$，即

$$\int_L P\mathrm{d}x + Q\mathrm{d}y = \int_{(x_0,\ y_0)}^{(x,\ y)} P\mathrm{d}x + Q\mathrm{d}y.$$

若起点 (x_0, y_0) 为 G 内的一定点，终点 (x, y) 为 G 内的动点，则

$$u(x, y) = \int_{(x_0,\ y_0)}^{(x,\ y)} P\mathrm{d}x + Q\mathrm{d}y$$

为 G 内的函数.

二元函数 $u(x, y)$ 的全微分为 $\mathrm{d}u(x, y) = u_x(x, y)\mathrm{d}x + u_y(x, y)\mathrm{d}y$.

表达式 $P(x, y)\mathrm{d}x + Q(x, y)\mathrm{d}y$ 与函数的全微分有相同的结构，但它未必就是某个函数的全微分.

那么在什么条件下表达式 $P(x, y)\mathrm{d}x + Q(x, y)\mathrm{d}y$ 是某个二元函数 $u(x, y)$ 的全微分呢？当这样的二元函数存在时，怎样求出这个二元函数呢？

定理 3　设开区域 G 是一个单连通区域，函数 $P(x,y)$ 及 $Q(x,y)$ 在 G 内具有一阶连续偏导数，则 $P(x,y)\mathrm{d}x+Q(x,y)\mathrm{d}y$ 在 G 内为某一函数 $u(x,y)$ 的全微分的充分必要条件是等式

$$\frac{\partial P}{\partial y}=\frac{\partial Q}{\partial x}$$

在 G 内恒成立.

证明　必要性：

假设存在某一函数 $u(x,y)$，使得

$$\mathrm{d}u=P(x,y)\mathrm{d}x+Q(x,y)\mathrm{d}y,$$

则
$$P(x,y)=\frac{\partial u}{\partial x},\ Q(x,y)=\frac{\partial u}{\partial y}.$$

因为函数 $P(x,y)$ 及 $Q(x,y)$ 在 G 内具有一阶连续偏导数，而

$$\frac{\partial P}{\partial y}=\frac{\partial}{\partial y}\left(\frac{\partial u}{\partial x}\right)=\frac{\partial^2 u}{\partial x\partial y},\quad \frac{\partial Q}{\partial x}=\frac{\partial}{\partial x}\left(\frac{\partial u}{\partial y}\right)=\frac{\partial^2 u}{\partial y\partial x}.$$

即 $\frac{\partial^2 u}{\partial x\partial y}$，$\frac{\partial^2 u}{\partial y\partial x}$ 在 G 内连续，所以

$$\frac{\partial^2 u}{\partial x\partial y}=\frac{\partial^2 u}{\partial y\partial x},$$

即
$$\frac{\partial P}{\partial y}=\frac{\partial Q}{\partial x}.$$

充分性：

因为在 G 内 $\frac{\partial P}{\partial y}=\frac{\partial Q}{\partial x}$，所以积分 $\int_L P(x,y)\mathrm{d}x+Q(x,y)\mathrm{d}y$ 在 G 内与路径无关. G 内从点 (x_0,y_0) 到 (x,y) 的曲线积分可表示为 $\int_{(x_0,y_0)}^{(x,y)}P\mathrm{d}x+Q\mathrm{d}y$.

令 $u(x,y)=\int_{(x_0,y_0)}^{(x,y)}P(x,y)\mathrm{d}x+Q(x,y)\mathrm{d}y$，因为 $\int_{(x_0,y_0)}^{(x,y)}P\mathrm{d}x+Q\mathrm{d}y$ 与路径无关，取路径 L_1：$(x_0,y_0)\to(x_0,y)\to(x,y)$（见图 11－15），则

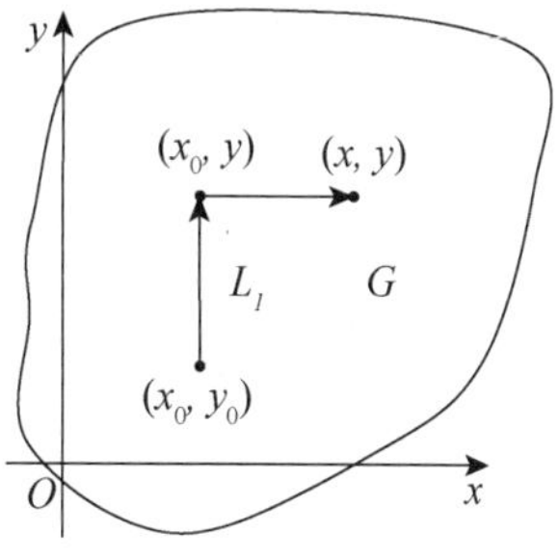

图 11－15

$$\begin{aligned}u(x,y)&=\int_{(x_0,y_0)}^{(x,y)}P(x,y)\mathrm{d}x+Q(x,y)\mathrm{d}y\\&=\int_{y_0}^{y}Q(x_0,y)\mathrm{d}y+\int_{x_0}^{x}P(x,y)\mathrm{d}x,\end{aligned}$$

所以 $\frac{\partial u}{\partial x}=\frac{\partial}{\partial x}\int_{y_0}^{y}Q(x_0,y)\mathrm{d}y+\frac{\partial}{\partial x}\int_{x_0}^{x}P(x,y)\mathrm{d}x=P(x,y)$.

类似地有 $\frac{\partial u}{\partial y}=Q(x,y)$，从而

$$\mathrm{d}u=P(x,y)\mathrm{d}x+Q(x,y)\mathrm{d}y.$$

即 $P(x, y)\mathrm{d}x+Q(x, y)\mathrm{d}y$ 是某一函数的全微分.

综上，设开区域 G 是一个单连通区域，函数 $P(x, y)$ 及 $Q(x, y)$ 在 G 内具有一阶连续偏导数，则以下四个条件相互等价：

(1) G 内任意闭曲线 L 的曲线积分 $\oint_L P\mathrm{d}x+Q\mathrm{d}y=0$.

(2) 在 G 内任意曲线 $L=\overrightarrow{AB}$(从 A 到 B)，积分 $\int_L P\mathrm{d}x+Q\mathrm{d}y$ 与路径无关.

(3) 微分式 $P(x, y)\mathrm{d}x+Q(x, y)\mathrm{d}y$ 在 G 内为某一函数 $u=u(x, y)$ 的全微分，即 $\mathrm{d}u=P(x, y)\mathrm{d}x+Q(x, y)\mathrm{d}y$.

(4) $\frac{\partial P}{\partial y}=\frac{\partial Q}{\partial x}$ 在 G 内恒成立.

若判断得 $\int_L P\mathrm{d}x+Q\mathrm{d}y$ 是与路径无关的，则可以选择路径 $AM \to MB$ 或 $AN \to NB$ (见图 11 - 16)，这样进行积分最简单.

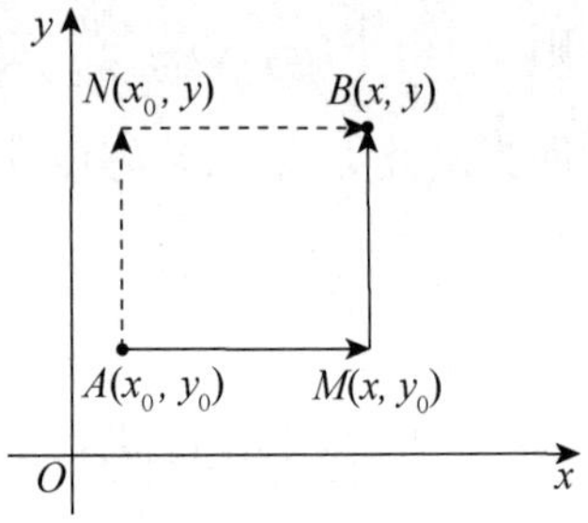

图 11 - 16

求原函数的公式

$$u(x, y)=\int_{(x_0, y_0)}^{(x, y)} P(x, y)\mathrm{d}x+Q(x, y)\mathrm{d}y,$$

$$u(x, y)=\int_{x_0}^{x} P(x, y_0)\mathrm{d}x+\int_{y_0}^{y} Q(x, y)\mathrm{d}y,$$

$$u(x, y)=\int_{y_0}^{y} Q(x_0, y)\mathrm{d}y+\int_{x_0}^{x} P(x, y)\mathrm{d}x.$$

例 7 验证 $\frac{x\mathrm{d}y-y\mathrm{d}x}{x^2+y^2}$ 在右半平面 ($x>0$) 内是某个函数的全微分，并求出一个这样的函数.

解 这里 $P=\frac{-y}{x^2+y^2}$，$Q=\frac{x}{x^2+y^2}$.

因为 P, Q 在右半平面内具有一阶连续偏导数，且有

$$\frac{\partial Q}{\partial x}=\frac{y^2-x^2}{(x^2+y^2)^2}=\frac{\partial P}{\partial y},$$

所以在右半平面内，$\frac{x\mathrm{d}y-y\mathrm{d}x}{x^2+y^2}$ 是某个函数的全微分.

取积分路线为从 $A(1, 0)$ 到 $B(x, 0)$ 再到 $C(x, y)$ 的折线，则所求函数为

$$u(x, y)=\int_{(1, 0)}^{(x, y)} \frac{x\mathrm{d}y-y\mathrm{d}x}{x^2+y^2}=0+\int_0^y \frac{x\mathrm{d}y}{x^2+y^2}=\arctan\frac{y}{x}.$$

例 8 验证在整个 xOy 面内，$xy^2\mathrm{d}x+x^2y\mathrm{d}y$ 是某个函数的全微分，并求出一个这样的函数.

解 这里 $P=xy^2$，$Q=x^2y$.

因为 P, Q 在整个 xOy 面内具有一阶连续偏导数，且有

$$\frac{\partial Q}{\partial x}=2xy=\frac{\partial P}{\partial y},$$

所以在整个 xOy 面内，$xy^2\mathrm{d}x+x^2y\mathrm{d}y$ 是某个函数的全微分.

取积分路线为从 $Q(0, 0)$ 到 $A(x, 0)$ 再到 $B(x, y)$ 的折线，则所求函数为

$$u(x, y)=\int_{(0, 0)}^{(x, y)} xy^2\mathrm{d}x+x^2y\mathrm{d}y=0+\int_0^y x^2y\mathrm{d}y=x^2\int_0^y y\mathrm{d}y=\frac{x^2y^2}{2}.$$

例 9 计算 $I=\int_L(\mathrm{e}^y+x)\mathrm{d}x+(x\mathrm{e}^y-2y)\mathrm{d}y$，其中 L 为如图 11－17 所示的圆弧段 $\overset{\frown}{OABC}$.

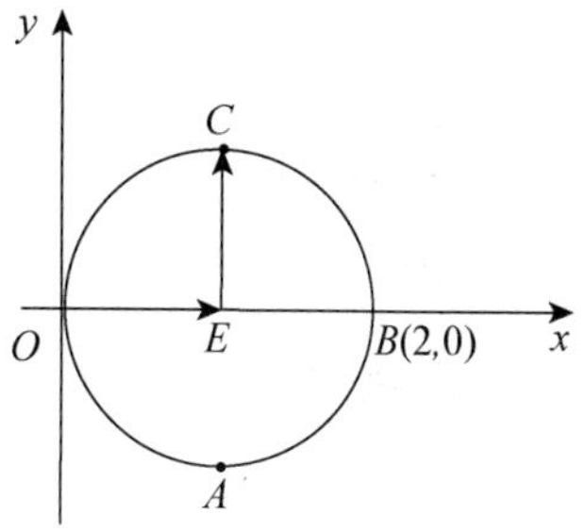

图 11－17

解 因为 $\frac{\partial P}{\partial y}=\frac{\partial}{\partial y}(\mathrm{e}^y+x)=\mathrm{e}^y$，$\frac{\partial Q}{\partial x}=\frac{\partial}{\partial x}(x\mathrm{e}^y-2y)=\mathrm{e}^y$，所以曲线积分与路径无关，作新路径 $\overline{OEC}$ 折线，因而

$$\begin{aligned}I&=\int_{\overline{OEC}}(\mathrm{e}^y+x)\mathrm{d}x+(x\mathrm{e}^y-2y)\mathrm{d}y\\&=\int_0^1(1+x)\mathrm{d}x+\int_0^1(\mathrm{e}^y-2y)\mathrm{d}y\\&=\left[x+\frac{x^2}{2}\right]_0^1+\left[\mathrm{e}^y-y^2\right]_0^1=\mathrm{e}-\frac{1}{2}.\end{aligned}$$

例 10 求 $(5x^4+3xy^2-y^3)\mathrm{d}x+(3x^2y-3xy^2+y^2)\mathrm{d}y=0$ 的解.

解 这里 $\frac{\partial P}{\partial y}=6xy-3y^2=\frac{\partial Q}{\partial x}$，所以题设方程是全微分方程. 可取 $x_0=0$，$y_0=0$，由全微分求积公式得

$$u(x, y)=\int_0^x(5x^4+3xy^2-y^3)\mathrm{d}x+\int_0^y y^2\mathrm{d}y=x^5+\frac{3}{2}x^2y^2-xy^3+\frac{1}{3}y^3,$$

于是，方程的通解为

$$x^5+\frac{3}{2}x^2y^2-xy^3+\frac{1}{3}y^3=C.$$

习题 11－3

1. 计算下列曲线积分，并验证格林公式的正确性.

(1) $\oint_L(2xy-x^2)\mathrm{d}x+(x+y^2)\mathrm{d}y$，其中 L 是由抛物线 $y=x^2$ 和 $y^2=x$ 所围成的区域的正向边界曲线.

(2) $\oint_L(x^2-xy^3)\mathrm{d}x+(y^2-2xy)\mathrm{d}y$，其中 L 是四个顶点分别为 $(0, 0)$，$(2, 0)$，$(2, 2)$，$(0, 2)$ 的正方形区域的正向边界.

2. 利用曲线积分，求下列曲线围成的图形的面积.

(1) 星形线 $x=a\cos^3t$，$y=a\sin^3t$；

(2) 椭圆 $9x^2+16y^2=144$；

(3) 圆 $x^2+y^2=2ax$.

3. 计算曲线积分$\oint_L \frac{y\mathrm{d}x - x\mathrm{d}y}{2(x^2+y^2)}$，其中 L 为圆周$(x-1)^2+y^2=2$，L 的方向为逆时针方向.

4. 证明下列曲线积分在整个 xOy 面内与路径无关，并计算积分值.

(1) $\int_{(0,1)}^{(2,3)} (x+y)\mathrm{d}x + (x-y)\mathrm{d}y$；

(2) $\int_{(1,2)}^{(3,4)} (6xy^2-y^3)\mathrm{d}x + (6x^2y-3xy^2)\mathrm{d}y$；

(3) $\int_{(1,0)}^{(2,1)} (2xy-y^4+3)\mathrm{d}x + (x^2-4xy^3)\mathrm{d}y$.

5. 利用格林公式，计算下列曲线积分.

(1) $\oint_L (2x-y+4)\mathrm{d}x + (5y+3x-6)\mathrm{d}y$，其中 L 为三顶点分别为(0，0)，(3，0)，(3，2) 的三角形正向边界；

(2) $\oint_L (x^2y\cos x + 2xy\sin x - y^2\mathrm{e}^x)\mathrm{d}x + (x^2\sin x - 2y\mathrm{e}^x)\mathrm{d}y$，其中 L 为正向星形线 $x^{\frac{2}{3}}+y^{\frac{2}{3}}=a^{\frac{2}{3}}(a>0)$；

(3) $\int_L (2xy^3-y^2\cos x)\mathrm{d}x + (1-2y\sin x+3x^2y^2)\mathrm{d}y$，其中 L 为在抛物线 $2x=\pi y^2$ 上由点 (0，0) 到点 $\left(\frac{\pi}{2}, 1\right)$ 的一段弧；

(4) $\int_L (x^2-y)\mathrm{d}x - (x+\sin^2 y)\mathrm{d}y$，其中 L 是在圆周 $y=\sqrt{2x-x^2}$ 上由点 (0，0) 到点 (1，1) 的一段弧.

6. 验证下列 $P(x, y)\mathrm{d}x+Q(x, y)\mathrm{d}y$ 在整个 xOy 平面内是某一函数 $u(x, y)$ 的全微分，并求这样的一个 $u(x, y)$.

(1) $(x+2y)\mathrm{d}x+(2x+y)\mathrm{d}y$；

(2) $2xy\mathrm{d}x+x^2\mathrm{d}y$；

(3) $4\sin x\sin 3y\cos x\mathrm{d}x-3\cos 3y\cos 2x\mathrm{d}y$；

(4) $(3x^2y+8xy^2)\mathrm{d}x+(x^3+8x^2y+12y\mathrm{e}^y)\mathrm{d}y$；

(5) $(2x\cos y+y^2\cos x)\mathrm{d}x+(2y\sin x-x^2\sin y)\mathrm{d}y$.

7. 判断下列方程哪些是全微分方程，对于全微分方程，求出它的通解.

(1) $(3x^2+6xy^2)\mathrm{d}x+(6x^2y+4y^2)\mathrm{d}y=0$；

(2) $(a^2-2xy-y^2)\mathrm{d}x-(x+y)^2\mathrm{d}y=0$ (a 为常数)；

(3) $\mathrm{e}^y\mathrm{d}x+(x\mathrm{e}^y-2y)\mathrm{d}y=0$；

(4) $(x\cos y+\cos x)y'-y\sin x+\sin y=0$；

(5) $(x^2-y)\mathrm{d}x-x\mathrm{d}y=0$；

(6) $y(x-2y)\mathrm{d}x-x^2\mathrm{d}y=0$；

(7) $(1+\mathrm{e}^{2\theta})\mathrm{d}\rho+2\rho\mathrm{e}^{2\theta}\mathrm{d}\theta=0$；

(8) $(x^2+y^2)\mathrm{d}x+xy\mathrm{d}y=0$.

§11.4　对面积的曲面积分

一、对面积的曲面积分的概念与性质

1. 曲面状物质的质量问题

设 Σ 为面密度非均匀的物质曲面，其面密度为 $\rho(x, y, z)$，求其质量.

把曲面 Σ 分成 n 个小块：ΔS_1，ΔS_2，…，ΔS_n（ΔS_i 也代表第 i 块小曲面的面积）（见图 11－18），在 ΔS_i 上任取一点（ξ_i，η_i，ζ_i），则 ΔS_i 的质量为

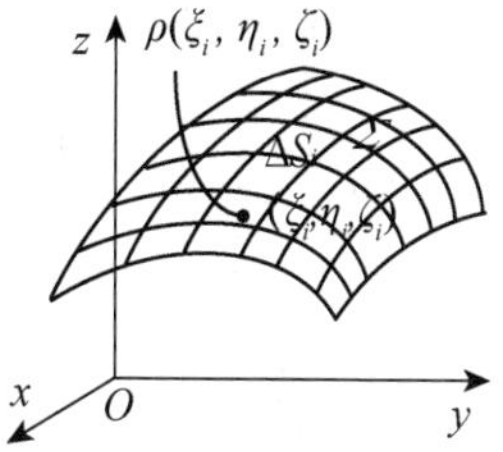

图 11－18

$$\Delta M_i \approx \rho(\xi_i, \eta_i, \zeta_i)\Delta S_i.$$

于是，曲面 Σ 的质量为

$$M \approx \sum_{i=1}^{n}\rho(\xi_i, \eta_i, \zeta_i)\Delta S_i .$$

取极限求精确值：

$$M = \lim_{\lambda\to 0}\sum_{i=1}^{n}\rho(\xi_i, \eta_i, \zeta_i)\Delta S_i .$$

其中 λ 为各小块曲面直径的最大值.

从而抽象出第一类曲面积分的定义：

定义　设曲面 Σ 是光滑的，函数 $f(x, y, z)$ 在 Σ 上有界，把 Σ 任意分成 n 小块：ΔS_1，ΔS_2，…，ΔS_n（ΔS_i 也代表第 i 块小曲面的面积），在 ΔS_i 上任取一点（ξ_i，η_i，ζ_i），如果当各小块曲面的直径的最大值 $\lambda\to 0$ 时，极限 $\lim\limits_{\lambda\to 0}\sum\limits_{i=1}^{n}f(\xi_i, \eta_i, \zeta_i)\Delta S_i$ 总存在，则称此极限为函数 $f(x, y, z)$ 在曲面 Σ 上**对面积的曲面积分**或**第一类曲面积分**，记作 $\iint\limits_{\Sigma}f(x, y, z)\mathrm{d}S$，即

$$\iint\limits_{\Sigma}f(x, y, z)\mathrm{d}S = \lim_{\lambda\to 0}\sum_{i=1}^{n}f(\xi_i, \eta_i, \zeta_i)\Delta S_i .$$

其中 $f(x, y, z)$ 叫作**被积函数**，Σ 叫作**积分曲面**.

我们指出，当 $f(x, y, z)$ 在光滑曲面 Σ 上连续时对面积的曲面积分是存在的. 今后总假定 $f(x, y, z)$ 在 Σ 上连续.

根据上述定义，面密度为连续函数 $\rho(x, y, z)$ 的光滑曲面 Σ 的质量 M 可表示为 $\rho(x, y, z)$ 在 Σ 上对面积的曲面积分：

$$M = \iint\limits_{\Sigma}\rho(x, y, z)\mathrm{d}S.$$

2. 对面积的曲面积分的性质

(1) 设 c_1, c_2 为常数，则

$$\iint_{\Sigma}[c_1 f(x, y, z)+c_2 g(x, y, z)]\mathrm{d}S=c_1\iint_{\Sigma}f(x, y, z)\mathrm{d}S+c_2\iint_{\Sigma}g(x, y, z)\mathrm{d}S;$$

(2) 若曲面 Σ 分成两片光滑曲面 Σ_1, Σ_2, 则

$$\iint_{\Sigma}f(x, y, z)\mathrm{d}S=\iint_{\Sigma_1}f(x, y, z)\mathrm{d}S+\iint_{\Sigma_2}f(x, y, z)\mathrm{d}S;$$

(3) 设在曲面 Σ 上 $f(x, y, z)\leqslant g(x, y, z)$, 则

$$\iint_{\Sigma}f(x, y, z)\mathrm{d}S\leqslant\iint_{\Sigma}g(x, y, z)\mathrm{d}S;$$

(4) $\iint_{\Sigma}\mathrm{d}S=A$, 其中 A 为曲面 Σ 的面积.

二、对面积的曲面积分的计算

首先我们将对面积的曲面积分即第一类曲面积分与二重积分进行比较:

$$\iint_{\Sigma}f(x, y, z)\mathrm{d}S=\lim_{\lambda\to 0}\sum_{i=1}^{n}f(\xi_i, \eta_i, \zeta_i)\Delta S_i,$$

$$\iint_{D}f(x, y)\mathrm{d}\sigma=\lim_{\lambda\to 0}\sum_{i=1}^{n}f(\xi_i, \eta_i)\Delta\sigma_i.$$

两个式子非常相似，且物理意义也相似，前者表示**曲面状物体**的质量，后者表示**平面薄片**的质量，第一类曲面积分能否转化为二重积分来计算呢？但进一步比较，发现两者还是有区别的：(1) 积分函数变量的个数不同，前者有三元 x, y, z, 后者只有二元 x, y; (2) 积分区域的形状不同，前者的 Σ 是曲面状的，后者的 D 是平面状的；(3) 积分微元不同，$\mathrm{d}S$ 表示曲面面积微元，$\mathrm{d}\sigma$ 表示平面面积微元. 第一类曲面积分是否能转化为二重积分，就看这三个问题能否解决. 第一个问题，由于 x, y, z 是曲面上的点的坐标，所以它们满足曲面 Σ 的方程 $z=z(x, y)$, 只要用 $z(x, y)$ 代替 z, 前者就变为二元函数. 第二个问题，只要将曲面 Σ 向某个坐标面投影即可得到二重积分的积分区域 D. 通常情况下，Σ 向 xOy 面投影即得 D_{xy}. 从而，第三个问题就成为第一类曲面面积能否转化为二重积分的关键.

设曲面 Σ 由方程 $z=z(x, y)$ 给出，D_{xy} 为曲面 Σ 在 xOy 面上的投影区域，函数 $z=z(x, y)$ 在 D_{xy} 上具有连续偏导数 $z_x(x, y)$ 和 $z_y(x, y)$, 并记 $U=\iint_{\Sigma}f(x, y, z)\mathrm{d}S$, 则

$$\mathrm{d}U=f(x, y, z)\mathrm{d}S.$$

在曲面 Σ 上任取微元 $\mathrm{d}S$, 面积也记为 $\mathrm{d}S$. 将其向 xOy 面投影得小闭区域 $\mathrm{d}\sigma$, 其面积也记为 $\mathrm{d}\sigma$. 在小区域 $\mathrm{d}\sigma$ 内任取一点 $P(x, y)$, 其在曲面微元 $\mathrm{d}S$ 上的对应点为 $M(x, y, z(x, y))$, 过点 M 作曲面 Σ 的切平面 T, 再作以小区域 $\mathrm{d}\sigma$ 的边界曲线为准线、母线平行于 z 轴的柱面. 该柱面将切平面 T 截下的小块平面记为 $\mathrm{d}A$, 其面积也记为 $\mathrm{d}A$. 由于 $\mathrm{d}\sigma$ 的直

径很小，故可用小平面的面积 $\mathrm{d}A$ 近似代替曲面微元的面积 $\mathrm{d}S$（见图 11－19）.

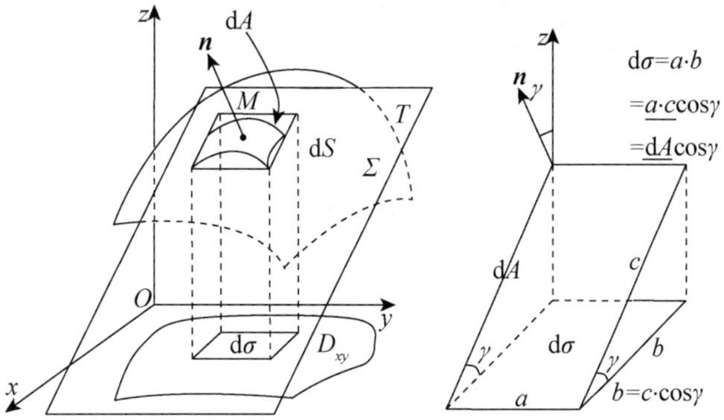

图 11－19

又设切平面 T 的法向量 $\boldsymbol{n}$ 与 z 轴正向所成的角为 γ，因为曲面在点 M 处的法向量 $\boldsymbol{n}=(-z_x, -z_y, 1)$，所以

$$\cos\gamma=\frac{1}{\sqrt{1+z_x^2(x, y)+z_y^2(x, y)}}.$$

于是 $$\mathrm{d}S\approx\mathrm{d}A=\frac{\mathrm{d}\sigma}{\cos\gamma}=\sqrt{1+z_x^2(x, y)+z_y^2(x, y)}\,\mathrm{d}\sigma,$$

从而 $$\mathrm{d}U=f(x, y, z)\mathrm{d}S=f(x, y, z(x, y))\sqrt{1+z_x^2(x, y)+z_y^2(x, y)}\,\mathrm{d}\sigma,$$

从而 $$\iint\limits_{\Sigma}f(x, y, z)\mathrm{d}S=\iint\limits_{D_{xy}}f(x, y, z(x, y))\sqrt{1+z_x^2(x, y)+z_y^2(x, y)}\,\mathrm{d}x\mathrm{d}y.$$

让我们一起总结第一类曲面积分转化为二重积分的过程：(1) 确定 Σ 的方程 $z=z(x, y)$，从而用 $z(x, y)$ 替换积分函数 $f(x, y, z)$ 中的 z；(2) Σ 向 xOy 坐标面投影得 D_{xy}，用 D_{xy} 替换 Σ；(3) 用 $\sqrt{1+z_x^2+z_y^2}\,\mathrm{d}\sigma$ 替换 $\mathrm{d}S$，这就是第一类曲面积分转化为二重积分的“三替换”原则.

注意：

(1) 如果积分曲面 Σ 的方程为 $y=y(x, z)$，D_{zx} 为 Σ 在 zOx 面上的投影区域，则

$$\iint\limits_{\Sigma}f(x, y, z)\mathrm{d}S=\iint\limits_{D_{zx}}f(x, y(z, x), z)\sqrt{1+y_z^2(z, x)+y_x^2(z, x)}\,\mathrm{d}z\mathrm{d}x.$$

(2) 如果积分曲面 Σ 的方程为 $x=x(y, z)$，D_{yz} 为 Σ 在 yOz 面上的投影区域，则

$$\iint\limits_{\Sigma}f(x, y, z)\mathrm{d}S=\iint\limits_{D_{yz}}f(x(y, z), y, z)\sqrt{1+x_y^2(y, z)+x_z^2(y, z)}\,\mathrm{d}y\mathrm{d}z.$$

(3) 当 $f(x, y, z)=1$ 时，得曲面 Σ 的面积

$$A=\iint\limits_{\Sigma}\mathrm{d}S=\iint\limits_{D_{xy}}\sqrt{1+z_x^2(x, y)+z_y^2(x, y)}\,\mathrm{d}x\mathrm{d}y.$$

例 1 计算 $\iint\limits_{\Sigma}(x+y+z)\mathrm{d}S$，其中 Σ 为平面 $y+z=5$ 被柱面 $x^2+y^2=25$ 截得的部分.

解 Σ是平面 $y+z=5$ 被柱面所截得的椭圆（见图 11－20），从而 $z=5-y$. Σ向 xOy 面投影得 D_{xy}：$\{(x,y)\mid x^2+y^2\leqslant 25\}$.
$\sqrt{1+z_x^2+z_y^2}=\sqrt{1+0+(-1)^2}=\sqrt{2}$，从而

$$dS=\sqrt{1+z_x^2+z_y^2}\,dxdy=\sqrt{2}\,dxdy.$$

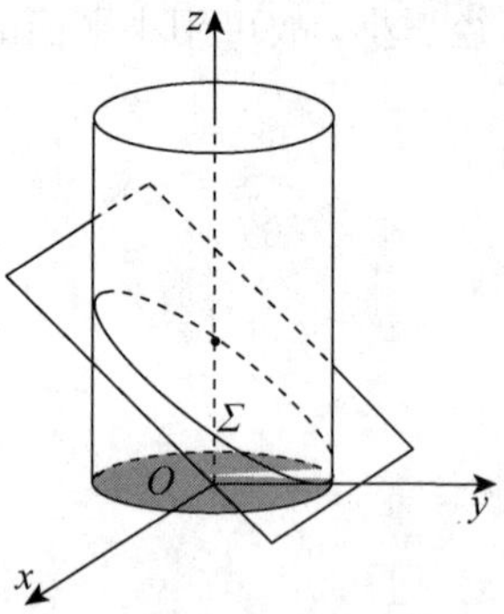

图 11－20

所以
$$\iint_{\Sigma}(x+y+z)\,dS=\sqrt{2}\iint_{D_{xy}}(x+5)\,dxdy$$
$$=\sqrt{2}\iint_{D_{xy}}x\,dxdy+5\sqrt{2}\iint_{D_{xy}}dxdy.$$

由 D_{xy} 关于 y 对称，积分函数 x 是奇函数，得 $\iint\limits_{D_{xy}}x\,dxdy=0$，

故
$$\iint_{\Sigma}(x+y+z)\,dS=0+5\sqrt{2}\iint_{D_{xy}}dxdy=5\sqrt{2}S_D=125\sqrt{2}\pi.$$

例 2 计算曲面积分 $\iint\limits_{\Sigma}\frac{1}{z}dS$，其中Σ是球面 $x^2+y^2+z^2=a^2$ 被平面 $z=h\,(0<h<a)$ 截出的顶部（见图 11－21）.

解 Σ的方程为 $z=\sqrt{a^2-x^2-y^2}$，D_{xy}：$x^2+y^2\leqslant a^2-h^2$.

因为 $z_x=\frac{-x}{\sqrt{a^2-x^2-y^2}}$，$z_y=\frac{-y}{\sqrt{a^2-x^2-y^2}}$，

$$dS=\sqrt{1+z_x^2+z_y^2}\,dxdy$$
$$=\sqrt{1+\frac{x^2}{a^2-x^2-y^2}+\frac{y^2}{a^2-x^2-y^2}}\,dxdy$$
$$=\frac{a}{\sqrt{a^2-x^2-y^2}}\,dxdy,$$

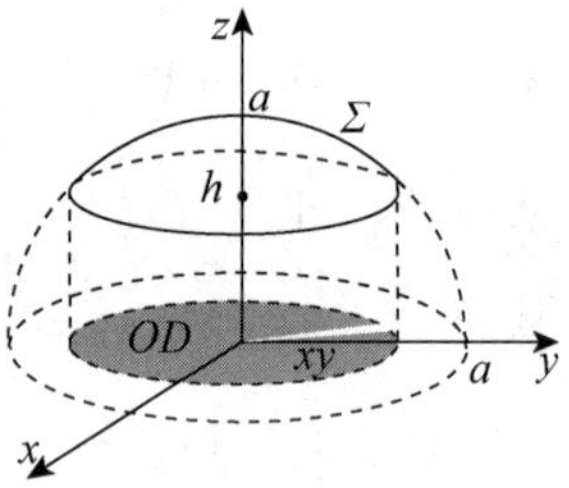

图 11－21

所以
$$\iint_{\Sigma}\frac{1}{z}dS=\iint_{D_{xy}}\frac{a}{a^2-x^2-y^2}\,dxdy,$$

$$a\int_0^{2\pi}d\theta\int_0^{\sqrt{a^2-h^2}}\frac{rdr}{a^2-r^2}=2\pi a\left[-\frac{1}{2}\ln(a^2-r^2)\right]_0^{\sqrt{a^2-h^2}}=2\pi a\ln\frac{a}{h}.$$

例 3 求半径为 R 的球的表面积.

解 上半球面方程为：$z=\sqrt{R^2-x^2-y^2}$（$x^2+y^2\leqslant R^2$）.

因为 z 对 x 和对 y 的偏导数在 D：$x^2+y^2\leqslant R^2$ 上无界，所以上半球面面积不能直接求出. 因此先求在区域 D_1：$x^2+y^2\leqslant a^2\,(a\leqslant R)$ 上的部分球面面积 A_1，然后取极限.

因为 $\frac{\partial z}{\partial x}=\frac{-x}{\sqrt{R^2-x^2-y^2}}$，$\frac{\partial z}{\partial y}=\frac{-y}{\sqrt{R^2-x^2-y^2}}$，

所以
$$dS=\sqrt{1+\left(\frac{\partial z}{\partial x}\right)^2+\left(\frac{\partial z}{\partial y}\right)^2}\,dxdy=\sqrt{1+\frac{x^2}{R^2-x^2-y^2}+\frac{y^2}{R^2-x^2-y^2}}\,dxdy$$

$$=\frac{R}{\sqrt{R^2-x^2-y^2}}dxdy.$$

于是 $$A_1=\iint\limits_{A_1}dS=\iint\limits_{D_1}\frac{R}{\sqrt{R^2-x^2-y^2}}dxdy$$

$$=R\int_0^{2\pi}d\theta\int_0^a\frac{rdr}{\sqrt{R^2-r^2}}=2\pi R(R-\sqrt{R^2-a^2}).$$

于是上半球面面积为 $\lim\limits_{a\to R}2\pi R(R-\sqrt{R^2-a^2})=2\pi R^2$.

整个球面面积为 $A=2A_1=4\pi R^2$.

例 4　设有一颗地球同步轨道通信卫星，距地面的高度为 $h=36\ 000$km，运行的角速度与地球自转的角速度相同. 试计算该通信卫星的覆盖面积与地球表面积的比值（地球半径 $R=6\ 400$km）.

解　取地心为坐标原点，地心到通信卫星中心的连线为 z 轴，建立坐标系（见图 11－22），通信卫星覆盖的曲面 Σ 是上半球面被半顶角为 α 的圆锥面所截得的部分.

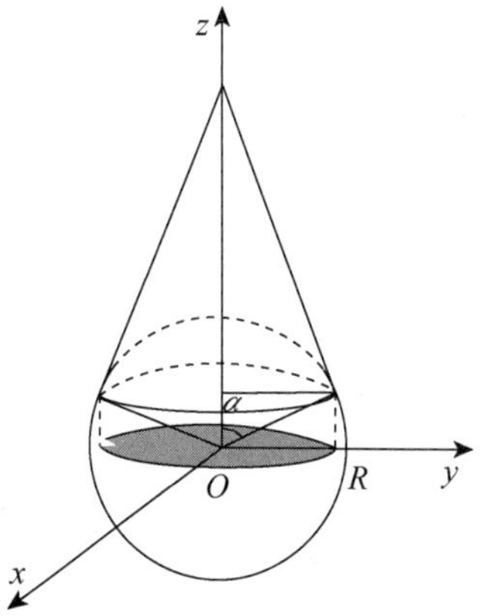

图 11－22

Σ 的方程为

$$z=\sqrt{R^2-x^2-y^2},\ x^2+y^2\leqslant R^2\sin^2\alpha.$$

于是通信卫星的覆盖面积为

$$A=\iint\limits_{D_{xy}}\sqrt{1+\left(\frac{\partial z}{\partial x}\right)^2+\left(\frac{\partial z}{\partial x}\right)^2}dxdy$$

$$=\iint\limits_{D_{xy}}\frac{R}{\sqrt{R^2-x^2-y^2}}dxdy.$$

其中 $D_{xy}=\{(x,y)\mid x^2+y^2\leqslant R^2\sin^2\alpha\}$，是曲面 Σ 在 xOy 面上的投影区域.

利用极坐标，得

$$A=\int_0^{2\pi}d\theta\int_0^{R\sin\alpha}\frac{R}{\sqrt{R^2-\rho^2}}\rho d\rho=2\pi R\int_0^{R\sin\alpha}\frac{\rho}{\sqrt{R^2-\rho^2}}d\rho=\pi=2\pi R^2(1-\cos\alpha).$$

由于 $\cos\alpha=\frac{R}{R+h}$，代入上式得

$$A=2\pi R^2\left(1-\frac{R}{R+h}\right)=2\pi R^2\frac{h}{R+h}.$$

由此得这颗通信卫星的覆盖面积与地球表面积之比为

$$\frac{A}{4\pi R^2}=\frac{h}{2(R+h)}=\frac{36\times10^6}{2\times(6.4+36)\times10^6}\approx42.5\%.$$

由以上结果可知，卫星覆盖了全球三分之一以上的面积，故使用三颗相隔 $\frac{2}{3}\pi$ 角度的通信卫星就可以覆盖几乎地球全部表面.

例 5 计算$\oiint\limits_{\Sigma} xyz\,\mathrm{d}S$，其中$\Sigma$是由平面$x=0$，$y=0$，$z=0$及$x+y+z=1$所围成的四面体的整个边界曲面.

解 整个边界曲面Σ在平面$x=0$，$y=0$，$z=0$及$x+y+z=1$上的部分依次记为Σ_1，Σ_2，Σ_3，Σ_4(见图 11－23)，于是

$$\begin{aligned}\oiint\limits_{\Sigma} xyz\,\mathrm{d}S &= \iint\limits_{\Sigma_1} xyz\,\mathrm{d}S+\iint\limits_{\Sigma_2} xyz\,\mathrm{d}S+\iint\limits_{\Sigma_3} xyz\,\mathrm{d}S+\iint\limits_{\Sigma_4} xyz\,\mathrm{d}S\\ &= 0+0+0+\iint\limits_{\Sigma_4} xyz\,\mathrm{d}S\\ &= \iint\limits_{D_{xy}} \sqrt{3}xy(1-x-y)\,\mathrm{d}x\mathrm{d}y\\ &= \sqrt{3}\int_0^1 x\,\mathrm{d}x\int_0^{1-x} y(1-x-y)\,\mathrm{d}y\\ &= \sqrt{3}\int_0^1 x\cdot\frac{(1-x)^3}{6}\,\mathrm{d}x=\frac{\sqrt{3}}{120}.\end{aligned}$$

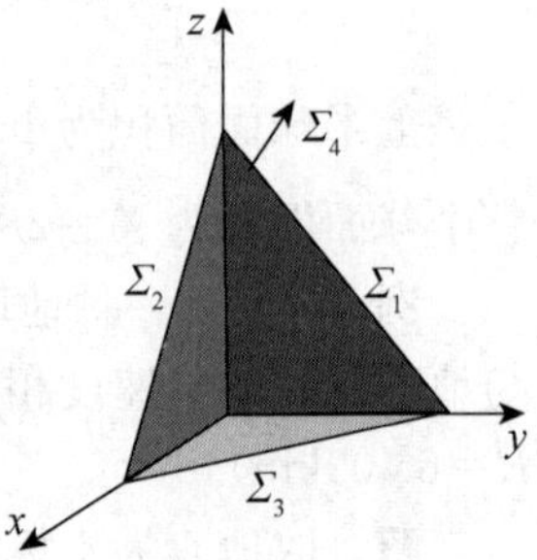

图 11－23

其中Σ_4：$z=1-x-y$，$\mathrm{d}S=\sqrt{1+z_x'^2+z_y'^2}\,\mathrm{d}x\mathrm{d}y=\sqrt{3}\,\mathrm{d}x\mathrm{d}y$.

习题 11－4

1. 计算曲面积分$\iint\limits_{\Sigma} f(x,y,z)\,\mathrm{d}S$，其中$\Sigma$为抛物面$z=2-(x^2+y^2)$在$xOy$面上方的部分，$f(x,y,z)$分别如下：

(1) $f(x,y,z)=1$；(2) $f(x,y,z)=x^2+y^2$；(3) $f(x,y,z)=3z$.

2. 计算$\iint\limits_{\Sigma}(x^2+y^2)\,\mathrm{d}S$，其中$\Sigma$是：

(1) 锥面$z=\sqrt{x^2+y^2}$及平面$z=1$所围成的区域的整个边界曲面；

(2) 锥面$z^2=3(x^2+y^2)$被平面$z=0$与$z=3$所截得的部分.

3. 计算下列对面积的曲面积分：

(1) $\iint\limits_{\Sigma}\left(z+2x+\frac{4}{3}y\right)\mathrm{d}S$，其中$\Sigma$为平面$\frac{x}{2}+\frac{y}{3}+\frac{z}{4}=1$在第一卦限中的部分；

(2) $\iint\limits_{\Sigma}(2xy-2x^2-x+z)\,\mathrm{d}S$，其中$\Sigma$为平面$2x+2y+z=6$在第一卦限中的部分；

(3) $\iint\limits_{\Sigma}(x+y+z)\,\mathrm{d}S$，其中$\Sigma$为球面$x^2+y^2+z^2=a^2$上$z\geqslant h(0<h<a)$的部分；

(4) $\iint\limits_{\Sigma}(xy+yz+zx)\,\mathrm{d}S$，其中$\Sigma$为锥面$z=\sqrt{x^2+y^2}$被柱面$x^2+y^2=2ax$所截得的有限部分.

4. 求抛物面壳$z=\frac{1}{2}(x^2+y^2)(0\leqslant z\leqslant 1)$的质量，此壳的面密度为$\mu=z$.

§11.5　对坐标的曲面积分

一、对坐标的曲面积分的概念与性质

1. 有向曲面

通常我们遇到的曲面都是双侧的.

例如由方程 $z=z(x, y)$ 表示的曲面分为上侧与下侧.

设 $\boldsymbol{n}=(\cos\alpha, \cos\beta, \cos\gamma)$ 为曲面上的法向量，在曲面的上侧 $\cos\gamma>0$，在曲面的下侧 $\cos\gamma<0$（见图 11-24).

类似地，如果曲面的方程为 $y=y(z, x)$，则曲面分为左侧与右侧，在曲面的右侧 $\cos\beta>0$，在曲面的左侧 $\cos\beta<0$.

如果曲面的方程为 $x=x(y, z)$，则曲面分为前侧与后侧，在曲面的前侧 $\cos\alpha>0$，在曲面的后侧 $\cos\alpha<0$.

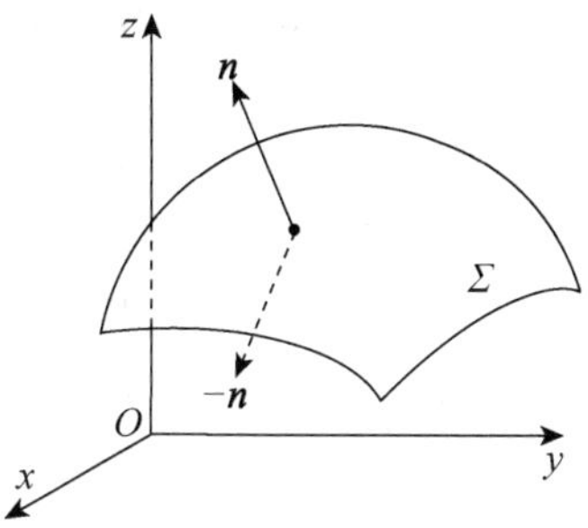

图 11-24

Σ 是有向曲面. 在 Σ 上取一小块曲面 ΔS，把 ΔS 投影到 xOy 面上得一投影区域，该投影区域的面积记为 $(\Delta\sigma)_{xy}$. 假定 ΔS 上各点处的法向量与 z 轴的夹角 γ 的余弦 $\cos\gamma$ 有相同的符号（即 $\cos\gamma$ 都是正的或都是负的). 我们规定 ΔS 在 xOy 面上的投影 $(\Delta S)_{xy}$（见图 11-25）为

$$(\Delta S)_{xy}=\begin{cases}(\Delta\sigma)_{xy}, & \cos\gamma>0\\ -(\Delta\sigma)_{xy}, & \cos\gamma<0,\\ 0, & \cos\gamma=0\end{cases}$$

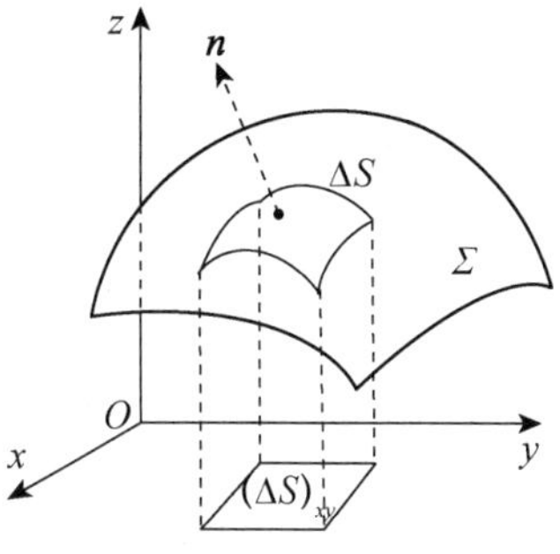

图 11-25

其中 $\cos\gamma=0$ 也就是 $(\Delta\sigma)_{xy}=0$ 的情形. 类似地可以定义 ΔS 在 yOz 面及 zOx 面上的投影 $(\Delta S)_{yz}$ 及 $(\Delta S)_{zx}$. 因此，为了便于记忆，可以按曲面的侧规定 ΔS 在坐标面上投影的符号：上正下负，右正左负，前正后负.

2. 流向曲面一侧的流量

设稳定流动的不可压缩流体的速度场为

$$\boldsymbol{v}(x, y, z)=P(x, y, z)\boldsymbol{i}+Q(x, y, z)\boldsymbol{j}+R(x, y, z)\boldsymbol{k},$$

Σ 是速度场中的一片有向曲面，函数 $P(x, y, z)$, $Q(x, y, z)$, $R(x, y, z)$ 都在 Σ 上连续，求在单位时间内流向 Σ 指定侧的流体的质量，即流量 Φ.

如果流体流过平面上面积为 A 的一个闭区域，且流体在该闭区域上各点处的流速为常向量 $\boldsymbol{v}$，又设 $\boldsymbol{n}$ 为该平面的单位法向量，那么在单位时间内流过该闭区域的流体组成一个底面积为 A、斜高为 $|\boldsymbol{v}|$ 的斜柱体（见图 11-26).

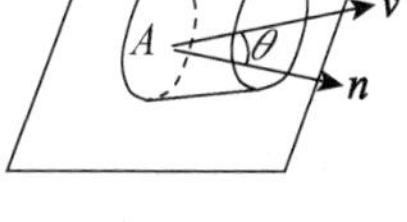

图 11-26

当 $(\widehat{\boldsymbol{v},\boldsymbol{n}})=\theta<\frac{\pi}{2}$ 时，该斜柱体的体积为

$$A|\boldsymbol{v}|\cos\theta=A\boldsymbol{v}\boldsymbol{n}\ .$$

当 $(\widehat{\boldsymbol{v},\boldsymbol{n}})=\frac{\pi}{2}$ 时，显然流体通过闭区域 A 的流向 $\boldsymbol{n}$ 所指一侧的流量 Φ 为零，而 $A\boldsymbol{vn}=0$，故 $\Phi=A\boldsymbol{vn}$；

当 $(\widehat{\boldsymbol{v},\boldsymbol{n}})=\theta>\frac{\pi}{2}$ 时，$A\boldsymbol{vn}<0$，这时我们仍把 $A\boldsymbol{vn}$ 称为流体通过闭区域 A 的流向 $\boldsymbol{n}$ 所指一侧的流量，它表示流体通过闭区域 A 实际上流向 $-\boldsymbol{n}$ 所指一侧，且流向 $-\boldsymbol{n}$ 所指一侧的流量为 $-A\boldsymbol{vn}$.

因此，不论 $(\widehat{\boldsymbol{v},\boldsymbol{n}})$ 为何值，流体通过闭区域 A 流向 $\boldsymbol{n}$ 所指一侧的流量均为 $\Phi=A\boldsymbol{vn}$.

把曲面 Σ 分成 n 小块：ΔS_1，ΔS_2，…，ΔS_n（ΔS_i 同时也代表第 i 小块曲面的面积）. 在 Σ 是光滑的和 $\boldsymbol{v}$ 是连续的前提下，由于 ΔS_i 的直径很小（见图 11－27），把 ΔS_i 近似看成一小块平面，其法线向量为 $\boldsymbol{n}_i$，我们就可以用 ΔS_i 上任一点 (ξ_i, η_i, ζ_i) 处的流速 $\boldsymbol{v}_i=\boldsymbol{v}(\xi_i, \eta_i, \zeta_i)=P(\xi_i, \eta_i, \zeta_i)\boldsymbol{i}+Q(\xi_i, \eta_i, \zeta_i)\boldsymbol{j}+R(\xi_i, \eta_i, \zeta_i)\boldsymbol{k}$ 代替 ΔS_i 上其他各点处的流速，以该点 (ξ_i, η_i, ζ_i) 处曲面 Σ 的单位法向量

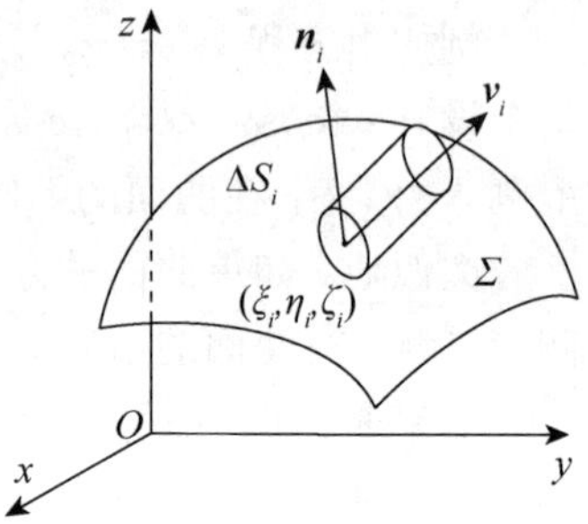

图 11－27

$$\boldsymbol{n}_i=\cos\alpha_i\boldsymbol{i}+\cos\beta_i\boldsymbol{j}+\cos\gamma_i\boldsymbol{k}$$

代替 ΔS_i 上其他各点处的单位法向量. 通过 ΔS_i 流向指定侧的流量近似地等于一个斜柱体的体积，从而得到通过 ΔS_i 流向指定侧的流量的近似值为

$$\boldsymbol{v}_i\boldsymbol{n}_i\Delta S_i,\ i=1,\ 2,\ \cdots,\ n,$$

于是，通过 Σ 流向指定侧的流量

$$\begin{aligned}\Phi&\approx\sum_{i=1}^{n}\boldsymbol{v}_i\cdot\boldsymbol{n}_i\Delta S_i\\&=\sum_{i=1}^{n}[P(\xi_i, \eta_i, \zeta_i)\cos\alpha_i+Q(\xi_i, \eta_i, \zeta_i)\cos\beta_i+R(\xi_i, \eta_i, \zeta_i)\cos\gamma_i]\Delta S_i,\end{aligned}$$

由于 $\cos\alpha_i\Delta S_i\approx(\Delta S_i)_{yz}$，$\cos\beta_i\Delta S_i\approx(\Delta S_i)_{zx}$，$\cos\gamma_i\Delta S_i\approx(\Delta S_i)_{xy}$，
因此上式可以写成

$$\Phi\approx\sum_{i=1}^{n}[P(\xi_i, \eta_i, \zeta_i)(\Delta S_i)_{yz}+Q(\xi_i, \eta_i, \zeta_i)(\Delta S_i)_{zx}+R(\xi_i, \eta_i, \zeta_i)(\Delta S_i)_{xy}].$$

令 $\lambda\to0$ 取上述和的极限，就得到流量 Φ 的精确值. 即

$$\Phi=\lim_{\lambda\to0}\sum_{i=1}^{n}[P(\xi_i, \eta_i, \zeta_i)(\Delta S_i)_{yz}+Q(\xi_i, \eta_i, \zeta_i)(\Delta S_i)_{zx}+R(\xi_i, \eta_i, \zeta_i)(\Delta S_i)_{xy}].$$

舍去流体这个具体的物理内容，我们就抽象出如下对坐标的曲面积分的概念.

定义 1 设 Σ 为光滑的有向曲面，函数 $R(x, y, z)$ 在 Σ 上有界. 把 Σ 任意分成 n 块小曲面 $\Delta S_i(i=1, 2, \cdots, n)$（$\Delta S_i$ 同时也代表第 i 小块曲面的面积）. ΔS_i 在 xOy 面上的投影为 $(\Delta S_i)_{xy}$，(ξ_i, η_i, ζ_i) 是 ΔS_i 上任意取定的一点. 如果当各小块曲面的直径的最大值 $\lambda\to0$ 时，

$$\lim_{\lambda\to 0}\sum_{i=1}^{n}R(\xi_i,\ \eta_i,\ \zeta_i)(\Delta S_i)_{xy}$$

总存在，则称此极限为函数 $R(x,\ y,\ z)$ 在有向曲面 Σ 上对**坐标 x，y 的曲面积分**，记作 $\iint\limits_{\Sigma}R(x,\ y,\ z)\mathrm{d}x\mathrm{d}y$，即

$$\iint\limits_{\Sigma}R(x,\ y,\ z)\mathrm{d}x\mathrm{d}y=\lim_{\lambda\to 0}\sum_{i=1}^{n}R(\xi_i,\ \eta_i,\ \zeta_i)(\Delta S_i)_{xy}.$$

其中 $R(x,\ y,\ z)$ 叫作**被积函数**，Σ 叫作**积分曲面**.

类似地，有

$$\iint\limits_{\Sigma}P(x,\ y,\ z)\mathrm{d}y\mathrm{d}z=\lim_{\lambda\to 0}\sum_{i=1}^{n}P(\xi_i,\ \eta_i,\ \zeta_i)(\Delta S_i)_{yz}\ .$$

$$\iint\limits_{\Sigma}Q(x,\ y,\ z)\mathrm{d}z\mathrm{d}x=\lim_{\lambda\to 0}\sum_{i=1}^{n}Q(\xi_i,\ \eta_i,\ \zeta_i)(\Delta S_i)_{zx}.$$

也可以这样定义：

定义 2　设 Σ 是空间内一个光滑的曲面，$\boldsymbol{n}=(\cos\alpha,\ \cos\beta,\ \cos\gamma)$ 是其上的单位法向量，$\boldsymbol{v}(x,\ y,\ z)=P(x,\ y,\ z)\boldsymbol{i}+Q(x,\ y,\ z)\boldsymbol{j}+R(x,\ y,\ z)\boldsymbol{k}$ 是定义在 Σ 上的向量场. 如果下列各式右端的积分存在，我们定义

$$\iint\limits_{\Sigma}P(x,\ y,\ z)\mathrm{d}y\mathrm{d}z=\iint\limits_{\Sigma}P(x,\ y,\ z)\cos\alpha\mathrm{d}S,$$

$$\iint\limits_{\Sigma}Q(x,\ y,\ z)\mathrm{d}z\mathrm{d}x=\iint\limits_{\Sigma}Q(x,\ y,\ z)\cos\beta\mathrm{d}S,$$

$$\iint\limits_{\Sigma}R(x,\ y,\ z)\mathrm{d}x\mathrm{d}y=\iint\limits_{\Sigma}R(x,\ y,\ z)\cos\gamma\mathrm{d}S.$$

并称 $\iint\limits_{\Sigma}P(x,\ y,\ z)\mathrm{d}y\mathrm{d}z$ 为 P 在曲面 Σ 上**对坐标 y，z 的曲面积分**，$\iint\limits_{\Sigma}Q(x,\ y,\ z)\mathrm{d}z\mathrm{d}x$ 为 Q 在曲面 Σ 上**对坐标 z，x 的曲面积分**，$\iint\limits_{\Sigma}R(x,\ y,\ z)\mathrm{d}x\mathrm{d}y$ 为 R 在曲面 Σ 上**对坐标 x，y 的曲面积分**. 其中 P，Q，R 叫作**被积函数**，Σ 叫作**积分曲面**.

以上三个曲面积分也称为**第二类曲面积分**.

3. 对坐标的曲面积分的简记形式

$$\begin{aligned}&\iint\limits_{\Sigma}P(x,\ y,\ z)\mathrm{d}y\mathrm{d}z+\iint\limits_{\Sigma}Q(x,\ y,\ z)\mathrm{d}z\mathrm{d}x+\iint\limits_{\Sigma}R(x,\ y,\ z)\mathrm{d}x\mathrm{d}y\\&=\iint\limits_{\Sigma}P(x,\ y,\ z)\mathrm{d}y\mathrm{d}z+Q(x,\ y,\ z)\mathrm{d}z\mathrm{d}x+R(x,\ y,\ z)\mathrm{d}x\mathrm{d}y.\end{aligned}$$

流向 Σ 指定侧的流量 Φ 可表示为

$$\Phi=\iint\limits_{\Sigma}P(x,y,z)\mathrm{d}y\mathrm{d}z+Q(x,y,z)\mathrm{d}z\mathrm{d}x+R(x,y,z)\mathrm{d}x\mathrm{d}y.$$

规定: 如果 Σ 是分片光滑的有向曲面，我们规定函数在 Σ 上对坐标的曲面积分等于函数在各片光滑曲面上对坐标的曲面积分之和.

4. 对坐标的曲面积分的性质

(1) 如果把 Σ 分成 Σ_1 和 Σ_2，则

$$\begin{aligned}&\iint\limits_{\Sigma}P\mathrm{d}y\mathrm{d}z+Q\mathrm{d}z\mathrm{d}x+R\mathrm{d}x\mathrm{d}y\\=&\iint\limits_{\Sigma_1}P\mathrm{d}y\mathrm{d}z+Q\mathrm{d}z\mathrm{d}x+R\mathrm{d}x\mathrm{d}y+\iint\limits_{\Sigma_2}P\mathrm{d}y\mathrm{d}z+Q\mathrm{d}z\mathrm{d}x+R\mathrm{d}x\mathrm{d}y.\end{aligned}$$

(2) 设 Σ 是有向曲面，$-\Sigma$ 表示与 Σ 取相反侧的有向曲面，则

$$\iint\limits_{-\Sigma}P\mathrm{d}y\mathrm{d}z+Q\mathrm{d}z\mathrm{d}x+R\mathrm{d}x\mathrm{d}y=-\iint\limits_{\Sigma}P\mathrm{d}y\mathrm{d}z+Q\mathrm{d}z\mathrm{d}x+R\mathrm{d}x\mathrm{d}y.$$

这是因为如果 $\boldsymbol{n}=(\cos\alpha,\cos\beta,\cos\gamma)$ 是 Σ 的单位法向量，则 $-\Sigma$ 上的单位法向量是

$$-\boldsymbol{n}=(-\cos\alpha,-\cos\beta,-\cos\gamma).$$

$$\begin{aligned}&\iint\limits_{-\Sigma}P\mathrm{d}y\mathrm{d}z+Q\mathrm{d}z\mathrm{d}x+R\mathrm{d}x\mathrm{d}y\\=&-\iint\limits_{\Sigma}\{P(x,y,z)\cos\alpha+Q(x,y,z)\cos\beta+R(x,y,z)\cos\gamma\}\mathrm{d}S\\=&-\iint\limits_{\Sigma}P\mathrm{d}y\mathrm{d}z+Q\mathrm{d}z\mathrm{d}x+R\mathrm{d}x\mathrm{d}y.\end{aligned}$$

二、对坐标的曲面积分的计算法

将曲面积分化为二重积分 设积分曲面 Σ 由方程 $z=z(x,y)$ 给出，Σ 在 xOy 面上的投影区域为 D_{xy}，函数 $z=z(x,y)$ 在 D_{xy} 上具有一阶连续偏导数，被积函数 $R(x,y,z)$ 在 Σ 上连续，则有

$$\iint\limits_{\Sigma}R(x,y,z)\mathrm{d}x\mathrm{d}y=\pm\iint\limits_{D_{xy}}R[x,y,z(x,y)]\mathrm{d}x\mathrm{d}y,$$

其中当 Σ 取上侧时，积分前取“+”；当 Σ 取下侧时，积分前取“−”.

这是因为按对坐标的曲面积分的定义，有

$$\iint\limits_{\Sigma}R(x,y,z)\mathrm{d}x\mathrm{d}y=\lim_{\lambda\to0}\sum_{i=1}^{n}R(\xi_i,\eta_i,\zeta_i)(\Delta S_i)_{xy}.$$

当 Σ 取上侧时，$\cos\gamma>0$，所以 $(\Delta S_i)_{xy}=(\Delta\sigma_i)_{xy}$.

又因 (ξ_i,η_i,ζ_i) 是 Σ 上的一点，故 $\zeta_i=z(\xi_i,\eta_i)$，从而有

$$\sum_{i=1}^{n}R(\xi_i,\eta_i,\zeta_i)(\Delta S_i)_{xy}=\sum_{i=1}^{n}R[\xi_i,\eta_i,z(\xi_i,\eta_i)](\Delta\sigma_i)_{xy}.$$

令 $\lambda \to 0$，取上式两端的极限，就得到

$$\iint\limits_{\Sigma} R(x, y, z)\mathrm{d}x\mathrm{d}y = \iint\limits_{D_{xy}} R[x, y, z(x, y)]\mathrm{d}x\mathrm{d}y.$$

当 Σ 取下侧时，有

$$\iint\limits_{\Sigma} R(x, y, z)\mathrm{d}x\mathrm{d}y = -\iint\limits_{D_{xy}} R[x, y, z(x, y)]\mathrm{d}x\mathrm{d}y.$$

类似地，如果 Σ 由 $x=x(y, z)$ 给出，则有

$$\iint\limits_{\Sigma} P(x, y, z)\mathrm{d}y\mathrm{d}z = \pm\iint\limits_{D_{yz}} P[x(y, z), y, z]\mathrm{d}y\mathrm{d}z.$$

如果 Σ 由 $y=y(z, x)$ 给出，则有

$$\iint\limits_{\Sigma} Q(x, y, z)\mathrm{d}z\mathrm{d}x = \pm\iint\limits_{D_{zx}} Q[x, y(z, x), z]\mathrm{d}z\mathrm{d}x.$$

例 1　计算曲面积分 $\iint\limits_{\Sigma} x^2\mathrm{d}y\mathrm{d}z + y^2\mathrm{d}z\mathrm{d}x + z^2\mathrm{d}x\mathrm{d}y$，其中 Σ 是长方体 Ω 的整个表面的外侧，$\Omega=\{(x, y, z)\,|\,0\leqslant x\leqslant a, 0\leqslant y\leqslant b, 0\leqslant z\leqslant c\}$.

解　把 Ω 的上下面分别记为 Σ_1 和 Σ_2；前后面分别记为 Σ_3 和 Σ_4；左右面分别记为 Σ_5 和 Σ_6. 则

$\Sigma_1: z = c(0 \leqslant x \leqslant a, 0 \leqslant y \leqslant b)$ 的上侧；
$\Sigma_2: z = 0(0 \leqslant x \leqslant a, 0 \leqslant y \leqslant b)$ 的下侧；
$\Sigma_3: x = a(0 \leqslant y \leqslant b, 0 \leqslant z \leqslant c)$ 的前侧；
$\Sigma_4: x = 0(0 \leqslant y \leqslant b, 0 \leqslant z \leqslant c)$ 的后侧；
$\Sigma_5: y = b(0 \leqslant x \leqslant a, 0 \leqslant z \leqslant c)$ 的右侧；
$\Sigma_6: y = 0(0 \leqslant x \leqslant a, 0 \leqslant z \leqslant c)$ 的左侧.

除 Σ_3，Σ_4 外，其余四片曲面在 yOz 面上的投影为零，因此

$$\iint\limits_{\Sigma} x^2\mathrm{d}y\mathrm{d}z = \iint\limits_{\Sigma_3} x^2\mathrm{d}y\mathrm{d}z + \iint\limits_{\Sigma_4} x^2\mathrm{d}y\mathrm{d}z = \iint\limits_{D_{yz}} a^2\mathrm{d}y\mathrm{d}z + \iint\limits_{D_{yz}} 0\mathrm{d}y\mathrm{d}z = a^2bc.$$

类似地可得

$$\iint\limits_{\Sigma} y^2\mathrm{d}z\mathrm{d}x = b^2ac, \iint\limits_{\Sigma} z^2\mathrm{d}x\mathrm{d}y = c^2ab.$$

于是所求曲面积分为 $(a+b+c)abc$.

例 2　计算曲面积分 $\iint\limits_{\Sigma} xyz\,\mathrm{d}x\mathrm{d}y$，其中 Σ 是球面 $x^2+y^2+z^2=1$ 外侧在 $x\geqslant 0$，$y\geqslant 0$ 的部分.

解 把有向曲面 Σ 分成以下两部分（见图 11－28）：

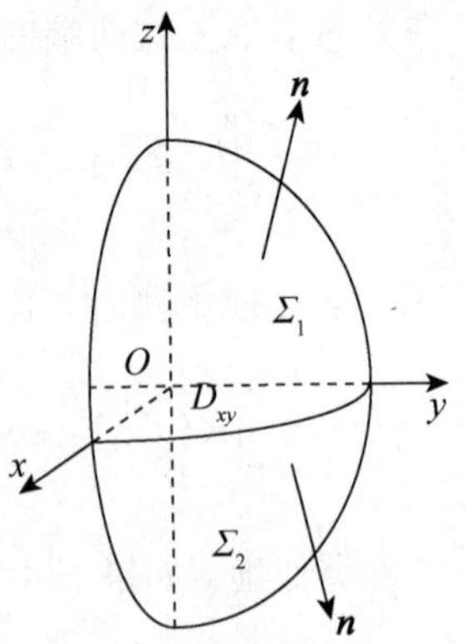

图 11－28

Σ_1：$z=\sqrt{1-x^2-y^2}$（$x\geqslant0$，$y\geqslant0$）的上侧，

Σ_2：$z=-\sqrt{1-x^2-y^2}$（$x\geqslant0$，$y\geqslant0$）的下侧.

Σ_1 和 Σ_2 在 xOy 面上的投影区域都是

$$D_{xy}:x^2+y^2\leqslant1,\ x\geqslant0,\ y\geqslant0.$$

于是

$$\begin{aligned}&\iint\limits_{\Sigma}xyz\,\mathrm{d}x\mathrm{d}y\\&=\iint\limits_{\Sigma_1}xyz\,\mathrm{d}x\mathrm{d}y+\iint\limits_{\Sigma_2}xyz\,\mathrm{d}x\mathrm{d}y\\&=\iint\limits_{D_{xy}}xy\sqrt{1-x^2-y^2}\,\mathrm{d}x\mathrm{d}y-\iint\limits_{D_{xy}}xy(-\sqrt{1-x^2-y^2})\,\mathrm{d}x\mathrm{d}y\\&=2\iint\limits_{D_{xy}}xy\sqrt{1-x^2-y^2}\,\mathrm{d}x\mathrm{d}y\\&=2\int_0^{\frac{\pi}{2}}\mathrm{d}\theta\int_0^1 r^2\sin\theta\cos\theta\sqrt{1-r^2}\,r\mathrm{d}r=\frac{2}{15}.\end{aligned}$$

三、两类曲面积分之间的联系

设积分曲面 Σ 是由方程 $z=z(x,y)$ 给出的，Σ 在 xOy 面上的投影区域为 D_{xy}，函数 $z=z(x,y)$ 在 D_{xy} 上具有一阶连续偏导数，被积函数 $R(x,y,z)$ 在 Σ 上连续.

如果 Σ 取上侧，则有

$$\iint\limits_{\Sigma}R(x,y,z)\,\mathrm{d}x\mathrm{d}y=\iint\limits_{D_{xy}}R[x,y,z(x,y)]\,\mathrm{d}x\mathrm{d}y.$$

另外，因上述有向曲面 Σ 的法向量的方向余弦为

$$\cos\alpha=\frac{-z_x}{\sqrt{1+z_x^2+z_y^2}},\ \cos\beta=\frac{-z_y}{\sqrt{1+z_x^2+z_y^2}},\ \cos\gamma=\frac{1}{\sqrt{1+z_x^2+z_y^2}},$$

$$\mathrm{d}S=\sqrt{1+z_x^2+z_y^2}\,\mathrm{d}x\mathrm{d}y,$$

故由对面积的曲面积分计算公式有

$$\iint\limits_{\Sigma}R(x,y,z)\cos\gamma\,\mathrm{d}S=\iint\limits_{D_{xy}}R[x,y,z(x,y)]\,\mathrm{d}x\mathrm{d}y.$$

由此可见，有

$$\iint\limits_{\Sigma}R(x,y,z)\,\mathrm{d}x\mathrm{d}y=\iint\limits_{\Sigma}R(x,y,z)\cos\gamma\,\mathrm{d}S.$$

如果 Σ 取下侧，则有

$$\iint\limits_{\Sigma} R(x, y, z)\mathrm{d}x\mathrm{d}y = -\iint\limits_{D_{xy}} R[x, y, z(x, y)]\mathrm{d}x\mathrm{d}y .$$

但这时 $\cos\gamma = \dfrac{-1}{\sqrt{1+z_x^2+z_y^2}}$，因此仍有

$$\iint\limits_{\Sigma} R(x, y, z)\mathrm{d}x\mathrm{d}y = \iint\limits_{\Sigma} R(x, y, z)\cos\gamma \mathrm{d}S,$$

类似地可推得

$$\iint\limits_{\Sigma} P(x, y, z)\mathrm{d}y\mathrm{d}z = \iint\limits_{\Sigma} P(x, y, z)\cos\alpha \mathrm{d}S,$$

$$\iint\limits_{\Sigma} Q(x, y, z)\mathrm{d}z\mathrm{d}x = \iint\limits_{\Sigma} Q(x, y, z)\cos\beta \mathrm{d}S .$$

综合起来有

$$\iint\limits_{\Sigma} P\mathrm{d}y\mathrm{d}z + Q\mathrm{d}z\mathrm{d}x + R\mathrm{d}x\mathrm{d}y = \iint\limits_{\Sigma} (P\cos\alpha + Q\cos\beta + R\cos\gamma)\mathrm{d}S,$$

其中 $\cos\alpha$，$\cos\beta$，$\cos\gamma$ 是有向曲面 Σ 上点 (x, y, z) 处的法向量的方向余弦.

两类曲面积分之间的联系也可写成如下向量的形式：

$$\iint\limits_{\Sigma} \boldsymbol{A}\cdot \mathrm{d}\boldsymbol{S} = \iint\limits_{\Sigma} \boldsymbol{A}\cdot \boldsymbol{n}\mathrm{d}S,\ \text{或} \iint\limits_{\Sigma} \boldsymbol{A}\cdot \mathrm{d}\boldsymbol{S} = \iint\limits_{\Sigma} A_n \mathrm{d}S,$$

其中 $\boldsymbol{A}=(P, Q, R)$，$\boldsymbol{n}=(\cos\alpha, \cos\beta, \cos\gamma)$ 是有向曲面 Σ 上点 (x, y, z) 处的单位法向量，$\mathrm{d}\boldsymbol{S}=\boldsymbol{n}\mathrm{d}S=(\mathrm{d}y\mathrm{d}z, \mathrm{d}z\mathrm{d}x, \mathrm{d}x\mathrm{d}y)$，称为有向曲面元，$A_n$ 为向量 $\boldsymbol{A}$ 在向量 $\boldsymbol{n}$ 上的投影.

例 3　计算曲面积分 $\iint\limits_{\Sigma} (z^2+x)\mathrm{d}y\mathrm{d}z - z\mathrm{d}x\mathrm{d}y$，其中 Σ 是曲面 $z=\dfrac{1}{2}(x^2+y^2)$ 介于平面 $z=0$ 及 $z=2$ 之间的部分的下侧.

解　由两类曲面积分之间的关系，可得

$$\iint\limits_{\Sigma} (z^2+x)\mathrm{d}y\mathrm{d}z = \iint\limits_{\Sigma} (z^2+x)\cos\alpha \mathrm{d}S = \iint\limits_{\Sigma} (z^2+x)\frac{\cos\alpha}{\cos\gamma}\mathrm{d}x\mathrm{d}y.$$

在曲面 Σ 上，曲面上向下的法向量为 $(x, y, -1)$，

$$\cos\alpha = \frac{x}{\sqrt{1+x^2+y^2}},\ \cos\gamma = \frac{-1}{\sqrt{1+x^2+y^2}},\ \frac{\cos\alpha}{\cos\gamma} = -x.$$

故

$$\iint\limits_{\Sigma} (z^2+x)\mathrm{d}y\mathrm{d}z - z\mathrm{d}x\mathrm{d}y = \iint\limits_{\Sigma} [(z^2+x)(-x) - z]\mathrm{d}x\mathrm{d}y$$

$$= -\iint\limits_{D_{xy}} [(z^2+x)(-x) - z]\mathrm{d}x\mathrm{d}y$$

$$= -\iint\limits_{x^2+y^2\leqslant 4} \left\{\left[\frac{1}{4}(x^2+y^2)^2 + x\right]\cdot(-x) - \frac{1}{2}(x^2+y^2)\right\}\mathrm{d}x\mathrm{d}y$$

$$= \iint\limits_{x^2+y^2\leqslant 4} \frac{x}{4}(x^2+y^2)^2\mathrm{d}x\mathrm{d}y + \iint\limits_{x^2+y^2\leqslant 4}\left[x^2+\frac{1}{2}(x^2+y^2)\right]\mathrm{d}x\mathrm{d}y$$

$$= 0+\int_0^{2\pi}\mathrm{d}\theta\int_0^2 r^2(\cos^2\theta+\frac{1}{2})r\mathrm{d}r = 8\pi.$$

习题 11－5

1. 计算下列对坐标的曲面积分：

(1) $\iint\limits_{\Sigma} x^2y^2z\mathrm{d}x\mathrm{d}y$，其中 Σ 为球面 $x^2+y^2+z^2=R^2$ 的下半部的下侧；

(2) $\iint\limits_{\Sigma} z\mathrm{d}x\mathrm{d}y+x\mathrm{d}y\mathrm{d}z+y\mathrm{d}z\mathrm{d}x$，其中 Σ 为柱面 $x^2+y^2=1$ 被平面 $z=0$ 及 $z=3$ 所截得的在第一卦限内的部分的前侧；

(3) $\iint\limits_{\Sigma}[f(x,y,z)+x]\mathrm{d}y\mathrm{d}z+[2f(x,y,z)+y]\mathrm{d}z\mathrm{d}x+[f(x,y,z)+z]\mathrm{d}x\mathrm{d}y$，其中 $f(x,y,z)$ 为连续函数，Σ 为平面 $x-y+z=1$ 在第四卦限部分的上侧；

(4) $\oiint\limits_{\Sigma} xz\mathrm{d}x\mathrm{d}y+xy\mathrm{d}y\mathrm{d}z+yz\mathrm{d}z\mathrm{d}x$，其中 Σ 为平面 $x=0$，$y=0$，$z=0$，$x+y+z=1$ 所围成的空间区域的整个边界曲面的外侧.

2. 把对坐标的曲面积分 $\iint\limits_{\Sigma} P(x,y,z)\mathrm{d}y\mathrm{d}z+Q(x,y,z)\mathrm{d}z\mathrm{d}x+R(x,y,z)\mathrm{d}x\mathrm{d}y$ 化成对面积的曲面积分，其中

(1) Σ 是平面 $3x+2y+2\sqrt{3}z=6$ 在第一卦限的部分的上侧；

(2) Σ 是抛物面 $z=8-(x^2+y^2)$ 在 xOy 面上方的部分的上侧.

§11.6 高斯公式、通量与散度

一、高斯公式

格林公式揭示了平面区域上的二重积分与该区域的边界曲线上的曲线积分之间的关系. 本节要介绍的高斯公式则揭示了空间闭区域上的三重积分与其边界曲面上的曲面积分之间的关系，可以认为高斯公式是格林公式在三维空间中的推广.

定理 设空间闭区域 Ω 由分片光滑的闭曲面 Σ 所围成，函数 $P(x,y,z)$，$Q(x,y,z)$，$R(x,y,z)$ 在 Ω 上具有一阶连续偏导数，则有

$$\iiint\limits_{\Omega}\left(\frac{\partial P}{\partial x}+\frac{\partial Q}{\partial y}+\frac{\partial R}{\partial z}\right)\mathrm{d}v = \oiint\limits_{\Sigma} P\mathrm{d}y\mathrm{d}z+Q\mathrm{d}z\mathrm{d}x+R\mathrm{d}x\mathrm{d}y,$$

其中 Σ 是 Ω 的整个边界曲面的外侧.

证明 设闭区域 Ω 在 xOy 面上的投影域为 D_{xy}，以 D_{xy} 的边界线为准线，以平行于 z 轴的直线为母线所作成的柱面，把闭曲面 Σ 分成三部分：Σ_1，Σ_2，Σ_3，其中 Σ_1：$z=$

$z_1(x, y)$为下边界曲面取下侧；Σ_2：$z=z_2(x, y)$为上边界曲面取上侧；Σ_3 为侧面取外侧(见图 11－29).

根据三重积分的计算法，有

$$\iiint\limits_{\Omega} \frac{\partial R}{\partial z}\mathrm{d}v = \iint\limits_{D_{xy}} \mathrm{d}x\mathrm{d}y\int_{z_1(x, y)}^{z_2(x, y)} \frac{\partial R}{\partial z}\mathrm{d}z$$

$$= \iint\limits_{D_{xy}} \{R[x, y, z_2(x, y)]-R[x, y, z_1(x, y)]\}\mathrm{d}x\mathrm{d}y.$$

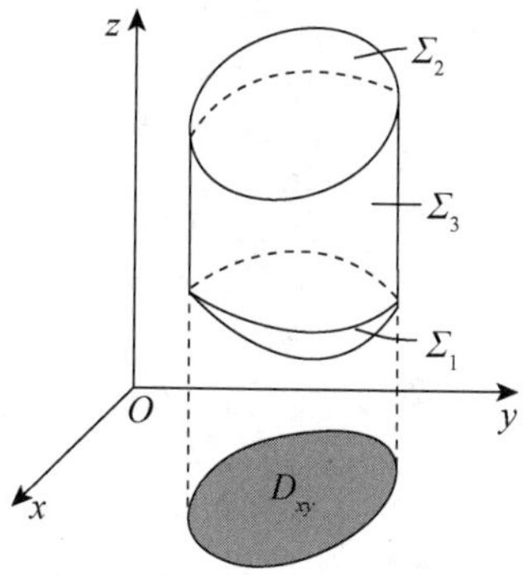

图 11－29

另外，

$$\iint\limits_{\Sigma_1} R(x, y, z)\mathrm{d}x\mathrm{d}y = -\iint\limits_{D_{xy}} R[x, y, z_1(x, y)]\mathrm{d}x\mathrm{d}y,$$

$$\iint\limits_{\Sigma_2} R(x, y, z)\mathrm{d}x\mathrm{d}y = \iint\limits_{D_{xy}} R[x, y, z_2(x, y)]\mathrm{d}x\mathrm{d}y,$$

$$\iint\limits_{\Sigma_3} R(x, y, z)\mathrm{d}x\mathrm{d}y = 0,$$

以上三式相加，得

$$\oiint\limits_{\Sigma} R(x, y, z)\mathrm{d}x\mathrm{d}y = \iint\limits_{D_{xy}} \{R[x, y, z_2(x, y)]-R[x, y, z_1(x, y)]\}\mathrm{d}x\mathrm{d}y.$$

所以 $$\iiint\limits_{\Omega} \frac{\partial R}{\partial z}\mathrm{d}v = \oiint\limits_{\Sigma} R(x, y, z)\mathrm{d}x\mathrm{d}y.$$

类似地，有

$$\iiint\limits_{\Omega} \frac{\partial P}{\partial x}\mathrm{d}v = \oiint\limits_{\Sigma} P(x, y, z)\mathrm{d}y\mathrm{d}z,$$

$$\iiint\limits_{\Omega} \frac{\partial Q}{\partial y}\mathrm{d}v = \oiint\limits_{\Sigma} Q(x, y, z)\mathrm{d}z\mathrm{d}x,$$

把以上三式两端分别相加，即得

$$\iiint\limits_{\Omega} \left(\frac{\partial P}{\partial x}+\frac{\partial Q}{\partial y}+\frac{\partial R}{\partial z}\right)\mathrm{d}v = \oiint\limits_{\Sigma} P\mathrm{d}y\mathrm{d}z+Q\mathrm{d}z\mathrm{d}x+R\mathrm{d}x\mathrm{d}y.$$

例 1 利用高斯公式计算曲面积分 $\oiint\limits_{\Sigma}(x-y)\mathrm{d}x\mathrm{d}y+(y-z)x\mathrm{d}y\mathrm{d}z$，其中 Σ 为柱面 $x^2+y^2=1$ 及平面 $z=0$，$z=3$ 所围成的空间闭区域 Ω 的整个边界曲面的外侧（见图 11－30).

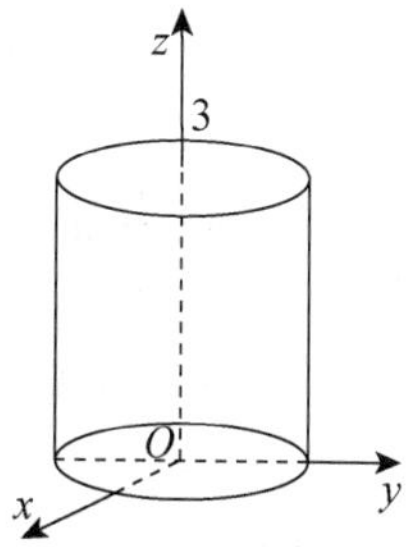

图 11－30

解 这里 $P=(y-z)x$，$Q=0$，$R=x-y$，

$$\frac{\partial P}{\partial x}=y-z，\frac{\partial Q}{\partial y}=0，\frac{\partial R}{\partial z}=0.$$

由高斯公式，有

$$\oiint_{\Sigma}(x-y)\mathrm{d}x\mathrm{d}y+(y-z)x\mathrm{d}y\mathrm{d}z$$
$$=\iiint_{\Omega}(y-z)\mathrm{d}x\mathrm{d}y\mathrm{d}z=\iiint_{\Omega}(\rho\sin\theta-z)\rho\mathrm{d}\rho\mathrm{d}\theta\mathrm{d}z$$
$$=\int_0^{2\pi}\mathrm{d}\theta\int_0^1\rho\mathrm{d}\rho\int_0^3(\rho\sin\theta-z)\mathrm{d}z=-\frac{9\pi}{2}.$$

例 2 计算 $\iint_{\Sigma}(z^2-y)\mathrm{d}z\mathrm{d}x+(x^2-z)\mathrm{d}x\mathrm{d}y$，其中 Σ 为旋转抛物面 $z=1-x^2-y^2$ 在 $0\leqslant z\leqslant 1$ 部分的外侧.

解 作辅助平面 Σ_1：$z=0$，且取下侧，则平面 Σ_1 与曲面 Σ 围成空间有界闭区域 Ω（见图 11-31）. 由高斯公式得

$$\iint_{\Sigma}(z^2-y)\mathrm{d}z\mathrm{d}x+(x^2-z)\mathrm{d}x\mathrm{d}y$$
$$=\iint_{\Sigma+\Sigma_1}(z^2-y)\mathrm{d}z\mathrm{d}x+(x^2-z)\mathrm{d}x\mathrm{d}y-\iint_{\Sigma_1}(z^2-y)\mathrm{d}z\mathrm{d}x+(x^2-z)\mathrm{d}x\mathrm{d}y$$
$$=\iiint_{\Omega}(-2)\mathrm{d}v-\iint_{\Sigma_1}(x^2-z)\mathrm{d}x\mathrm{d}y$$
$$=-2\int_0^{2\pi}\mathrm{d}\theta\int_0^1\mathrm{d}r\int_0^{1-r^2}r\mathrm{d}z+\iint_{D_{xy}}x^2\mathrm{d}\sigma$$
$$=-4\pi\int_0^1 r(1-r^2)\mathrm{d}r+\int_0^{2\pi}\mathrm{d}\theta\int_0^1 r^2\cos^2\theta\cdot r\mathrm{d}r$$
$$=-\pi+\frac{\pi}{4}=-\frac{3\pi}{4}.$$

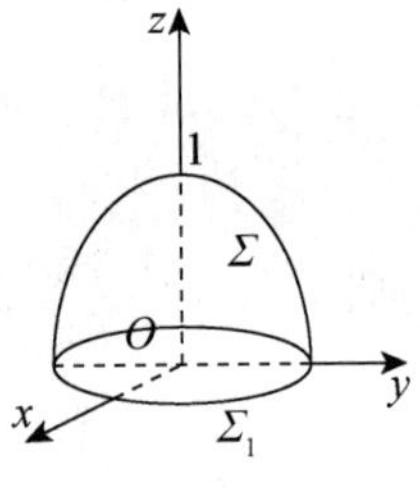

图 11-31

例 3 计算曲面积分 $\iint_{\Sigma}(x^2\cos\alpha+y^2\cos\beta+z^2\cos\gamma)\mathrm{d}S$，其中 Σ 为锥面 $x^2+y^2=z^2$ 介于平面 $z=0$ 及 $z=h(h>0)$ 之间的部分的下侧，$\cos\alpha$，$\cos\beta$，$\cos\gamma$ 是 Σ 在点 (x, y, z) 处的法向量的方向余弦.

解 设 Σ_1 为 $z=h(x^2+y^2\leqslant h^2)$ 的上侧，则 Σ 与 Σ_1 一起构成一个闭曲面，记它们围成的空间闭区域为 Ω（见图 11-32），由高斯公式得

$$\oiint_{\Sigma+\Sigma_1}(x^2\cos\alpha+y^2\cos\beta+z^2\cos\gamma)\mathrm{d}S$$
$$=\oiint_{\Sigma+\Sigma_1}x^2\mathrm{d}y\mathrm{d}z+y^2\mathrm{d}z\mathrm{d}x+z^2\mathrm{d}x\mathrm{d}y$$
$$=\iiint_{\Omega}(2x+2y+2z)\mathrm{d}v.$$

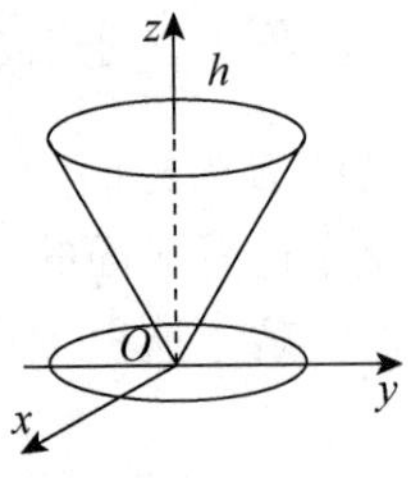

图 11-32

因为 Ω 关于 xOz 面和 yOz 面都对称，所以 $\iiint_{\Omega}(2x+2y)\mathrm{d}v=0$.

所以
$$\iint\limits_{\Sigma+\Sigma_1}\!\!\!\!\!\!\!\!\!\!\bigcirc\ (x^2\cos\alpha+y^2\cos\beta+z^2\cos\gamma)\mathrm{d}S=2\iiint\limits_{\Omega}z\mathrm{d}v=2\int_0^h\Big[\iint\limits_{D_z}z\mathrm{d}x\mathrm{d}y\Big]\mathrm{d}z$$
$$=2\int_0^h[z\pi z^2]\mathrm{d}z=\frac{1}{2}\pi h^4.$$
而
$$\iint\limits_{\Sigma_1}(x^2\cos\alpha+y^2\cos\beta+z^2\cos\gamma)\mathrm{d}S=\iint\limits_{\Sigma_1}z^2\mathrm{d}S=\iint\limits_{x^2+y^2\leqslant h^2}h^2\mathrm{d}x\mathrm{d}y=\pi h^4,$$
因此
$$\iint\limits_{\Sigma}(x^2\cos\alpha+y^2\cos\beta+z^2\cos\gamma)\mathrm{d}S=\frac{1}{2}\pi h^4-\pi h^4=-\frac{1}{2}\pi h^4.$$

例 4　设函数 $u(x, y, z)$ 和 $v(x, y, z)$ 在闭区域 Ω 上具有一阶及二阶连续偏导数，证明
$$\iiint\limits_{\Omega}u\Delta v\mathrm{d}x\mathrm{d}y\mathrm{d}z=\oint\!\!\!\oint\limits_{\Sigma}u\frac{\partial v}{\partial n}\mathrm{d}S-\iiint\limits_{\Omega}\Big(\frac{\partial u}{\partial x}\frac{\partial v}{\partial x}+\frac{\partial u}{\partial y}\frac{\partial v}{\partial y}+\frac{\partial u}{\partial z}\frac{\partial v}{\partial z}\Big)\mathrm{d}x\mathrm{d}y\mathrm{d}z,$$
其中 Σ 是闭区域 Ω 的整个边界曲面，$\frac{\partial v}{\partial n}$为函数 $v(x, y, z)$ 沿 Σ 的外法线方向的方向导数，符号 $\Delta=\frac{\partial}{\partial x^2}+\frac{\partial}{\partial y^2}+\frac{\partial}{\partial z^2}$，称为**拉普拉斯算子**. 这个公式叫作**格林第一公式**.

证　因为方向导数
$$\frac{\partial v}{\partial n}=\frac{\partial v}{\partial x}\cos\alpha+\frac{\partial v}{\partial y}\cos\beta+\frac{\partial v}{\partial z}\cos\gamma,$$
其中 $\cos\alpha$，$\cos\beta$，$\cos\gamma$ 是 Σ 在点 (x, y, z) 处的外法线向量的方向余弦，于是曲面积分
$$\oint\!\!\!\oint\limits_{\Sigma}u\frac{\partial v}{\partial n}\mathrm{d}S=\oint\!\!\!\oint\limits_{\Sigma}u\Big(\frac{\partial v}{\partial x}\cos\alpha+\frac{\partial v}{\partial y}\cos\beta+\frac{\partial v}{\partial z}\cos\gamma\Big)\mathrm{d}S$$
$$=\oint\!\!\!\oint\limits_{\Sigma}\Big[\Big(u\frac{\partial v}{\partial x}\Big)\cos\alpha+\Big(u\frac{\partial v}{\partial y}\Big)\cos\beta+\Big(u\frac{\partial v}{\partial z}\Big)\cos\gamma\Big]\mathrm{d}S.$$
利用高斯公式，即得
$$\oint\!\!\!\oint\limits_{\Sigma}u\frac{\partial v}{\partial n}\mathrm{d}S=\iiint\limits_{\Omega}\Big[\frac{\partial}{\partial x}\Big(u\frac{\partial v}{\partial x}\Big)+\frac{\partial}{\partial y}\Big(u\frac{\partial v}{\partial y}\Big)+\frac{\partial}{\partial z}\Big(u\frac{\partial v}{\partial z}\Big)\Big]\mathrm{d}x\mathrm{d}y\mathrm{d}z$$
$$=\iiint\limits_{\Omega}u\Delta v\mathrm{d}x\mathrm{d}y\mathrm{d}z+\iiint\limits_{\Omega}\Big(\frac{\partial u}{\partial x}\frac{\partial v}{\partial x}+\frac{\partial u}{\partial y}\frac{\partial v}{\partial y}+\frac{\partial u}{\partial z}\frac{\partial v}{\partial z}\Big)\mathrm{d}x\mathrm{d}y\mathrm{d}z,$$
将上式右端第二个积分移至左端便得
$$\iiint\limits_{\Omega}u\Delta v\mathrm{d}x\mathrm{d}y\mathrm{d}z=\oint\!\!\!\oint\limits_{\Sigma}u\frac{\partial v}{\partial n}\mathrm{d}S-\iiint\limits_{\Omega}\Big(\frac{\partial u}{\partial x}\frac{\partial v}{\partial x}+\frac{\partial u}{\partial y}\frac{\partial v}{\partial y}+\frac{\partial u}{\partial z}\frac{\partial v}{\partial z}\Big)\mathrm{d}x\mathrm{d}y\mathrm{d}z.$$

二、通量与散度

1. 高斯公式的物理意义

将高斯公式
$$\iiint\limits_{\Omega}\Big(\frac{\partial P}{\partial x}+\frac{\partial Q}{\partial y}+\frac{\partial R}{\partial z}\Big)\mathrm{d}v=\oint\!\!\!\oint\limits_{\Sigma}(P\cos\alpha+Q\cos\beta+R\cos\gamma)\mathrm{d}S$$

改写成

$$\iiint_{\Omega}\left(\frac{\partial P}{\partial x}+\frac{\partial Q}{\partial y}+\frac{\partial R}{\partial z}\right)\mathrm{d}v=\oiint_{\Sigma}v_n\mathrm{d}S,$$

其中 $v_n=\boldsymbol{v}\boldsymbol{n}=P\cos\alpha+Q\cos\beta+R\cos\gamma$，$\boldsymbol{n}=(\cos\alpha,\cos\beta,\cos\gamma)$ 是 Σ 在点 (x,y,z) 处的单位法向量.

公式的右端可解释为单位时间内离开闭区域 Ω 的流体的总质量，左端可解释为单位时间内 Ω 内的“源”所产生的流体的总质量.

设 Ω 的体积为 V，由高斯公式得

$$\frac{1}{V}\iiint_{\Omega}\left(\frac{\partial P}{\partial x}+\frac{\partial Q}{\partial y}+\frac{\partial R}{\partial z}\right)\mathrm{d}v=\frac{1}{V}\oiint_{\Sigma}v_n\mathrm{d}S,$$

其左端表示 Ω 内的“源”在单位时间单位体积内所产生的流体质量的平均值.

由积分中值定理得

$$\left(\frac{\partial P}{\partial x}+\frac{\partial Q}{\partial y}+\frac{\partial R}{\partial z}\right)\bigg|_{(\xi,\eta,\zeta)}=\frac{1}{V}\oiint_{\Sigma}v_n\mathrm{d}S.$$

令 Ω 缩向一点 $M(x,y,z)$ 得

$$\frac{\partial P}{\partial x}+\frac{\partial Q}{\partial y}+\frac{\partial R}{\partial z}=\lim_{\Omega\to M}\frac{1}{V}\oiint_{\Sigma}v_n\mathrm{d}S.$$

上式左端称为 $\boldsymbol{v}$ 在点 M 的散度，记为 $\mathrm{div}\boldsymbol{v}$，即

$$\mathrm{div}\boldsymbol{v}=\frac{\partial P}{\partial x}+\frac{\partial Q}{\partial y}+\frac{\partial R}{\partial z}.$$

一般，设某向量场由

$$\boldsymbol{A}(x,y,z)=P(x,y,z)\boldsymbol{i}+Q(x,y,z)\boldsymbol{j}+R(x,y,z)\boldsymbol{k}$$

给出，其中 P，Q，R 具有一阶连续偏导数，Σ 是场内的一片有向曲面，$\boldsymbol{n}$ 是 Σ 上点 (x,y,z) 处的单位法向量，则 $\iint_{\Sigma}\boldsymbol{A}\cdot\boldsymbol{n}\mathrm{d}S$ 叫作向量场 $\boldsymbol{A}$ 过曲面 Σ 向着指定侧的**通量**（或**流量**），而 $\frac{\partial P}{\partial x}+\frac{\partial Q}{\partial y}+\frac{\partial R}{\partial z}$ 叫作向量场 $\boldsymbol{A}$ 的**散度**，记作 $\mathrm{div}\boldsymbol{A}$，即

$$\mathrm{div}\boldsymbol{A}=\frac{\partial P}{\partial x}+\frac{\partial Q}{\partial y}+\frac{\partial R}{\partial z}.$$

2. 高斯公式的另一形式

$$\iiint_{\Omega}\mathrm{div}\boldsymbol{A}\mathrm{d}v=\oiint_{\Sigma}\boldsymbol{A}\cdot\boldsymbol{n}\mathrm{d}S，\text{或}\iiint_{\Omega}\mathrm{div}\boldsymbol{A}\mathrm{d}v=\oiint_{\Sigma}A_n\mathrm{d}S,$$

其中 Σ 是空间闭区域 Ω 的边界曲面，而

$$A_n=\boldsymbol{A}\cdot\boldsymbol{n}=P\cos\alpha+Q\cos\beta+R\cos\gamma$$

是向量 $\boldsymbol{A}$ 在曲面 Σ 的外侧法向量上的投影.

例 5　求向量场 $\vec{r}=x\vec{i}+y\vec{j}+z\vec{k}$ 的流量：

(1) 穿过圆锥 $x^2+y^2\leqslant z^2(0\leqslant z\leqslant h)$ 的底（向上）；

(2) 穿过此圆锥的侧表面（向外）.

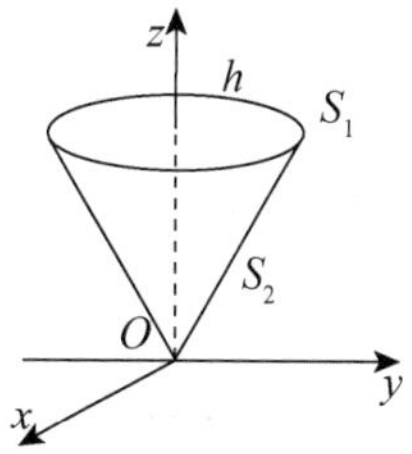

图 11－33

解　设 S_1，S_2 及 S 分别为此圆锥的上底面、侧面及全表面（见图 11－33），则穿过全表面向外的流量

$$Q=\oiint\limits_{S^+}\vec{r}\cdot d\vec{S}=\iiint\limits_{\Omega}\mathrm{div}\vec{r}\,dv=3\iiint\limits_{\Omega}dv=\pi h^3$$

(1) 穿过底面向上的流量：

$$Q_1=\iint\limits_{S_1}\vec{r}\cdot d\vec{S}=\iint\limits_{\substack{x^2+y^2\leqslant z^2\\ z=h}}z\,dx\,dy=\iint\limits_{x^2+y^2\leqslant h^2}h\,dx\,dy=\pi h^3.$$

(2) 穿过侧表面向外的流量：

$$Q_2=Q-Q_1=0.$$

习题 11－6

1. 利用高斯公式计算下列曲面积分：

(1) $\oiint\limits_{\Sigma}x^2\,dydz+y^2\,dzdx+z^2\,dxdy$，其中 Σ 为平面 $x=0$，$y=0$，$z=0$，$x=a$，$y=a$，$z=a$ 所围成的立体的表面外侧；

(2) $\oiint\limits_{\Sigma}x^3\,dydz+y^3\,dzdx+z^3\,dxdy$，其中 Σ 为球面 $x^2+y^2+z^2=a^2$ 的外侧；

(3) $\oiint\limits_{\Sigma}xz^3\,dydz+(x^2y-z^3y)\,dzdx+(2xy+y^2z)\,dxdy$，其中 Σ 为上半球体 $0\leqslant z\leqslant\sqrt{a^2-x^2-y^2}$，$x^2+y^2\leqslant a^2$ 的表面的外侧；

(4) $\oiint\limits_{\Sigma}x\,dydz+y\,dzdx+z\,dxdy$，其中 Σ 是介于 $z=0$ 和 $z=3$ 之间的圆柱体 $x^2+y^2\leqslant 9$ 的整个表面的外侧；

(5) $\oiint\limits_{\Sigma}4xz\,dydz-y^2\,dzdx+yz\,dxdy$，其中 Σ 为平面 $x=0$，$y=0$，$z=0$，$x=1$，$y=1$，$z=1$ 所围成的立方体的全表面的外侧.

2. 求下列向量 $\boldsymbol{A}$ 穿过曲面 Σ 流向指定侧的通量：

(1) $\boldsymbol{A}=yz\boldsymbol{i}+xz\boldsymbol{j}+xy\boldsymbol{k}$，$\Sigma$ 为圆柱 $x^2+y^2\leqslant a^2(0\leqslant z\leqslant h)$ 的全表面，流向外侧；

(2) $\boldsymbol{A}=(2x-z)\boldsymbol{i}+x^2y\boldsymbol{j}-xz^2\boldsymbol{k}$，$\Sigma$ 为立方体 $0\leqslant x\leqslant a$，$0\leqslant y\leqslant a$，$0\leqslant z\leqslant a$ 的全表面，流向外侧；

(3) $\boldsymbol{A}=(2x+3z)\boldsymbol{i}-(xz+y)\boldsymbol{j}+(y^2+2z)\boldsymbol{k}$，$\Sigma$ 是以点 $(3,-1,2)$ 为球心，半径为 $R=3$ 的球面，流向外侧.

3. 求下列向量场 $\boldsymbol{A}$ 的散度：

(1) $\boldsymbol{A}=(x^2+yz)\boldsymbol{i}+(y^2+xz)\boldsymbol{j}+(z^2+xy)\boldsymbol{k}$；

(2) $\boldsymbol{A}=e^{xy}\boldsymbol{i}+\cos(xy)\boldsymbol{j}+\cos(xz^2)\boldsymbol{k}$；

(3) $\boldsymbol{A}=y^2\boldsymbol{i}+xy\boldsymbol{j}+xz\boldsymbol{k}$.

§11.7 斯托克斯公式、环流量与旋度

一、斯托克斯公式

斯托克斯公式是格林公式的推广，格林公式建立了平面区域上的二重积分与其边界曲线上的曲线积分之间的联系，而斯托克斯公式则建立了沿空间曲面 Σ 的曲面积分与沿 Σ 的边界曲线 Γ 的曲线积分之间的联系.

定理 设 Γ 为分段光滑的空间有向闭曲线，Σ 是以 Γ 为边界的分片光滑的有向曲面，Γ 的正向与 Σ 的侧符合右手规则，函数 $P(x, y, z)$，$Q(x, y, z)$，$R(x, y, z)$ 在曲面 Σ(连同边界）上具有一阶连续偏导数，则有

$$\iint_{\Sigma}\left(\frac{\partial R}{\partial y}-\frac{\partial Q}{\partial z}\right)\mathrm{d}y\mathrm{d}z+\left(\frac{\partial P}{\partial z}-\frac{\partial R}{\partial x}\right)\mathrm{d}z\mathrm{d}x+\left(\frac{\partial Q}{\partial x}-\frac{\partial P}{\partial y}\right)\mathrm{d}x\mathrm{d}y=\oint_{\Gamma}P\,\mathrm{d}x+Q\mathrm{d}y+R\mathrm{d}z.$$

此公式叫作**斯托克斯公式**.

为了便于记忆，也可以写为

$$\iint_{\Sigma}\begin{vmatrix}\mathrm{d}y\mathrm{d}z & \mathrm{d}z\mathrm{d}x & \mathrm{d}x\mathrm{d}y\\ \dfrac{\partial}{\partial x} & \dfrac{\partial}{\partial y} & \dfrac{\partial}{\partial z}\\ P & Q & R\end{vmatrix}=\oint_{\Gamma}P\,\mathrm{d}x+Q\mathrm{d}y+R\mathrm{d}z,$$

或
$$\iint_{\Sigma}\begin{vmatrix}\cos\alpha & \cos\beta & \cos\gamma\\ \dfrac{\partial}{\partial x} & \dfrac{\partial}{\partial y} & \dfrac{\partial}{\partial z}\\ P & Q & R\end{vmatrix}\mathrm{d}S=\oint_{\Gamma}P\,\mathrm{d}x+Q\mathrm{d}y+R\mathrm{d}z,$$

其中 $\vec{n}=(\cos\alpha, \cos\beta, \cos\gamma)$ 为有向曲面 Σ 的单位法向量.

如果 Σ 是 xOy 面上的一块平面闭区域，斯托克斯公式将变成格林公式，因此，格林公式是斯托克斯公式的一种特殊情形.

例 1 利用斯托克斯公式计算曲线积分 $\oint_{\Gamma}z\,\mathrm{d}x+x\mathrm{d}y+y\mathrm{d}z$，其中 Γ 为平面 $x+y+z=1$ 被三个坐标面所截成的三角形的整个边界，它的正向与这个三角形上侧的法向量之间符合右手规则.

解 设 Σ 为闭曲线 Γ 所围成的三角形平面（见图 11-34)，Σ 在 yOz 面、zOx 面和 xOy 面上的投影区域分别为 D_{yz}，D_{zx} 和 D_{xy}，根据斯托克斯公式，有

$$\oint_\Gamma z\,dx+x\,dy+y\,dz=\iint_\Sigma\begin{vmatrix}dydz & dzdx & dxdy\\ \frac{\partial}{\partial x} & \frac{\partial}{\partial y} & \frac{\partial}{\partial z}\\ z & x & y\end{vmatrix}$$

$$=\iint_\Sigma dydz+dzdx+dxdy$$

$$=\iint_{D_{yz}}dydz+\iint_{D_{zx}}dzdx+\iint_{D_{xy}}dxdy$$

$$=3\iint_{D_{xy}}dxdy=\frac{3}{2}.$$

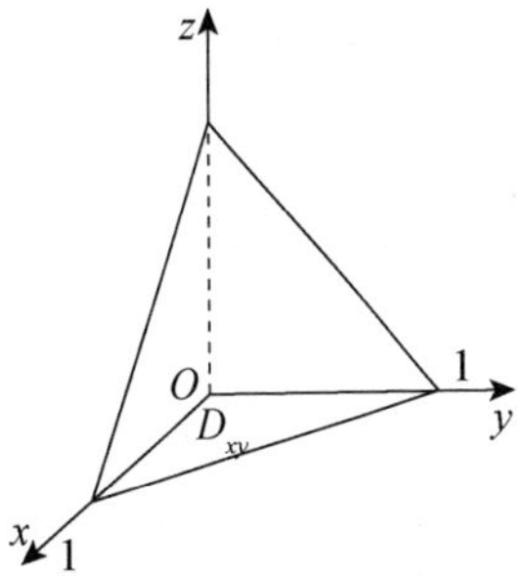

图 11-34

例 2　利用斯托克斯公式计算曲线积分

$$I=\oint_\Gamma(y^2-z^2)dx+(z^2-x^2)dy+(x^2-y^2)dz,$$

其中 Γ 是用平面 $x+y+z=\frac{3}{2}$ 截立方体：$0\leqslant x\leqslant 1$，$0\leqslant y\leqslant 1$，$0\leqslant z\leqslant 1$ 的表面所得的截痕. 若从 x 轴的正向看去取逆时针方向.

解　取 Σ 为平面 $x+y+z=\frac{3}{2}$ 的上侧被 Γ 所围成的部分（见图 11-35），Σ 的单位法向量 $\boldsymbol{n}=\frac{1}{\sqrt{3}}(1,1,1)$，即

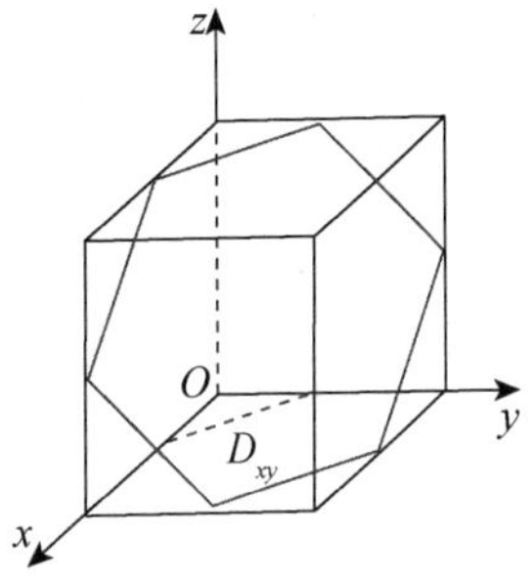

图 11-35

$$\cos\alpha=\cos\beta=\cos\gamma=\frac{1}{\sqrt{3}}$$

$$\begin{vmatrix}\cos\alpha & \cos\beta & \cos\gamma\\ \frac{\partial}{\partial x} & \frac{\partial}{\partial y} & \frac{\partial}{\partial z}\\ y^2-z^2 & z^2-x^2 & x^2-y^2\end{vmatrix}=-\frac{4}{\sqrt{3}}(x+y+z).$$

$$dS=\sqrt{1^2+1^2+1^2}\,dxdy\,.$$

由斯托克斯公式，有

$$I=\iint_\Sigma\begin{vmatrix}\frac{1}{\sqrt{3}} & \frac{1}{\sqrt{3}} & \frac{1}{\sqrt{3}}\\ \frac{\partial}{\partial x} & \frac{\partial}{\partial y} & \frac{\partial}{\partial z}\\ y^2-x^2 & z^2-x^2 & x^2-y^2\end{vmatrix}dS=-\frac{4}{\sqrt{3}}\iint_\Sigma(x+y+z)dS.$$

$$=-\frac{4}{\sqrt{3}}\cdot\frac{3}{2}\iint_\Sigma dS=-2\sqrt{3}\iint_{D_{xy}}\sqrt{3}\,dxdy,$$

其中 D_{xy} 为 Σ 在 xOy 平面上的投影区域，于是

$$I=-6\iint_{D_{xy}}\mathrm{d}x\mathrm{d}y=-6\times\frac{3}{4}=-\frac{9}{2}.$$

例 3 计算 $I=\oint_{\Gamma}(y^2+z^2)\mathrm{d}x+(x^2+z^2)\mathrm{d}y+(x^2+y^2)\mathrm{d}z$，式中 Γ 是

$$x^2+y^2+z^2=2Rx \text{ 与 } x^2+y^2=2rx\ (0<r<R,\ z>0)$$

的交线. 此曲线是顺着如下方向前进的：由它所包围的在球面 $x^2+y^2+z^2=2Rx$ 的最小区域保持在左方（见图 11-36）.

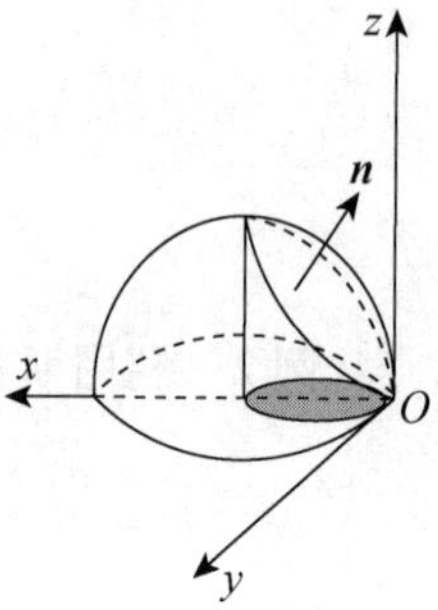

图 11-36

解 由斯托克斯公式，有

$$\begin{aligned}\text{原式}&=2\iint_{\Sigma}[(y-z)\cos\alpha+(z-x)\cos\beta+(x-y)\cos\gamma]\mathrm{d}S\\&=2\iint_{\Sigma}\left[(y-z)\left(\frac{x}{R}-1\right)+(z-x)\frac{y}{R}+(x-y)\frac{z}{R}\right]\mathrm{d}S\\&=2\iint_{\Sigma}(z-y)\mathrm{d}S\ (\text{利用对称性})\\&=2\iint_{\Sigma}z\mathrm{d}S+0=2\iint_{\Sigma}R\cos\gamma\mathrm{d}S\\&=2\iint_{\Sigma}R\mathrm{d}x\mathrm{d}y=2R\iint_{x^2+y^2\leqslant 2rx}\mathrm{d}\sigma=2\pi r^2R.\end{aligned}$$

二、环流量与旋度

设向量场

$$\boldsymbol{A}(x,y,z)=P(x,y,z)\boldsymbol{i}+Q(x,y,z)\boldsymbol{j}+R(x,y,z)\boldsymbol{k},$$

则称向量场 **A** 沿某一封闭曲线 Γ 上的曲线积分

$$\oint_{\Gamma}P\mathrm{d}x+Q\mathrm{d}y+R\mathrm{d}z$$

为向量场 **A** 沿有向闭曲线 Γ 的**环流量**.

由斯托克斯公式，得

$$\oint_{\Gamma}P\mathrm{d}x+Q\mathrm{d}y+R\mathrm{d}z=\iint_{\Sigma}\left(\frac{\partial R}{\partial y}-\frac{\partial Q}{\partial z}\right)\mathrm{d}y\mathrm{d}z+\left(\frac{\partial P}{\partial z}-\frac{\partial R}{\partial x}\right)\mathrm{d}z\mathrm{d}x+\left(\frac{\partial Q}{\partial x}-\frac{\partial P}{\partial y}\right)\mathrm{d}x\mathrm{d}y.$$

称向量函数

$$\left(\frac{\partial R}{\partial y}-\frac{\partial Q}{\partial z}\right)\boldsymbol{i}+\left(\frac{\partial P}{\partial z}-\frac{\partial R}{\partial x}\right)\boldsymbol{j}+\left(\frac{\partial Q}{\partial x}-\frac{\partial P}{\partial y}\right)\boldsymbol{k}$$

为向量场 **A** 的**旋度**，记为 **rotA**，即

$$\mathbf{rot}\boldsymbol{A}=\left(\frac{\partial R}{\partial y}-\frac{\partial Q}{\partial z}\right)\boldsymbol{i}+\left(\frac{\partial P}{\partial z}-\frac{\partial R}{\partial x}\right)\boldsymbol{j}+\left(\frac{\partial Q}{\partial x}-\frac{\partial P}{\partial y}\right)\boldsymbol{k}.$$

旋度的也可以写成：$\mathbf{rot}\boldsymbol{A}=\begin{vmatrix} \boldsymbol{i} & \boldsymbol{j} & \boldsymbol{k} \\ \frac{\partial}{\partial x} & \frac{\partial}{\partial y} & \frac{\partial}{\partial z} \\ P & Q & R \end{vmatrix}$.

从而得到斯托克斯公式的另一形式

$$\iint_{\Sigma}\mathbf{rot}\boldsymbol{A}\cdot\boldsymbol{n}\mathrm{d}S=\oint_{\Gamma}\boldsymbol{A}\cdot\boldsymbol{\tau}\mathrm{d}s,$$

其中 $\boldsymbol{n}$ 是曲面 Σ 上点 (x, y, z) 处的单位法向量，$\boldsymbol{\tau}$ 是 Σ 的正向边界曲线 Γ 上点 (x, y, z) 处的单位切向量.

上述斯托克斯公式可叙述为：向量场 $\boldsymbol{A}$ 沿有向闭曲线 Γ 的环流量等于向量场 $\boldsymbol{A}$ 的旋度场通过 Γ 所在的曲面 Σ 的通量，这里的 Γ 正方向与 Σ 的侧符合右手规则.

例 4 求矢量场 $\vec{A}=x^2\vec{i}-2xy\vec{j}+z^2\vec{k}$ 在点 $M_0(1, 1, 2)$ 处的散度及旋度.

解 $\mathrm{div}\vec{A}=\frac{\partial A_x}{\partial x}+\frac{\partial A_y}{\partial y}+\frac{\partial A_z}{\partial z}=2x-2x+2z=2z$，故 $\mathrm{div}\vec{A}\big|_{M_0}=4$.

$$\begin{aligned}\mathbf{rot}\vec{A}&=\left(\frac{\partial A_z}{\partial y}-\frac{\partial A_y}{\partial z}\right)\vec{i}+\left(\frac{\partial A_x}{\partial z}-\frac{\partial A_z}{\partial x}\right)\vec{j}+\left(\frac{\partial A_y}{\partial x}-\frac{\partial A_x}{\partial y}\right)\vec{k}\\&=(0-0)\vec{i}+(0-0)\vec{j}+(-2y-0)\vec{k}.\\&=-2y\vec{k}.\end{aligned}$$

故 $\mathbf{rot}\vec{A}\big|_{M_0}=-2\vec{k}$.

例 5 设 $u=x^2y+2xy^2-3yz^2$，求 $\mathbf{grad}u$；$\mathrm{div}(\mathbf{grad}u)$；$\mathbf{rot}(\mathbf{grad}u)$.

解 $\mathbf{grad}u=\left(\frac{\partial u}{\partial x}, \frac{\partial u}{\partial y}, \frac{\partial u}{\partial z}\right)=(2xy+2y^2, x^2+4xy-3z^2, -6yz)$；

$$\begin{aligned}\mathrm{div}(\mathbf{grad}u)&=\frac{\partial(2xy+2y^2)}{\partial x}+\frac{\partial(x^2+4xy-3z^2)}{\partial y}+\frac{\partial(-6yz)}{\partial z}\\&=2y+4x-6y=4(x-y);\end{aligned}$$

$$\mathbf{rot}(\mathbf{grad}u)=\left(\frac{\partial^2 u}{\partial y\partial z}-\frac{\partial^2 u}{\partial z\partial y}, \frac{\partial^2 u}{\partial z\partial x}-\frac{\partial^2 u}{\partial x\partial z}, \frac{\partial^2 u}{\partial x\partial y}-\frac{\partial^2 u}{\partial y\partial x}\right).$$

因为 $u=x^2y+2xy^2-3yz^2$ 有二阶连续导数，故二阶混合偏导数与求导次序无关，故 $\mathbf{rot}(\mathbf{grad}u)=\mathbf{0}$.

注：一般来说，如果 u 是一单值函数，我们称向量场 $\vec{A}=\mathbf{grad}\,u$ 为**势量场**或**保守场**，而 u 称为场 $\vec{A}$ 的**势函数**.

习题 11-7

1. 试对曲面 Σ：$z=x^2+y^2$，$x^2+y^2\leqslant 1$，$P=y^2$，$Q=x$，$R=z^2$ 验证斯托克斯公式.

2. 利用斯托克斯公式，计算下列曲线积分：

(1) $\oint_{\Gamma} y\mathrm{d}x+z\mathrm{d}y+x\mathrm{d}z$，其中 Γ 为圆周 $x^2+y^2+z^2=a^2$，$x+y+z=0$，若从 x 轴的正方向看去，Γ 是取逆时针方向；

(2) $\oint_\Gamma (y-z)\mathrm{d}x+(z-x)\mathrm{d}y+(x-y)\mathrm{d}z$，其中 Γ 为椭圆 $x^2+y^2=a^2$，$\dfrac{x}{a}+\dfrac{z}{b}=1$ $(a>0, b>0)$，若从 x 轴的正方向看去，该椭圆是取逆时针方向；

(3) $\oint_\Gamma y\mathrm{d}x-xz\mathrm{d}y+yz^2\mathrm{d}z$，其中 Γ 为圆周 $x^2+y^2=2z$，$z=2$，若从 z 轴的正方向看去，该圆周是取逆时针方向；

(4) $\oint_\Gamma 2y\mathrm{d}x+3x\mathrm{d}y-z^2\mathrm{d}z$，其中 Γ 为圆周 $x^2+y^2+z^2=9$，$z=0$，若从 z 轴的正方向看去，该圆周是取逆时针方向.

3. 求下列向量场 A 的旋度：

(1) $\boldsymbol{A}=(2z-3y)\boldsymbol{i}+(3x-z)\boldsymbol{j}+(y-2x)\boldsymbol{k}$；

(2) $\boldsymbol{A}=(z+\sin y)\boldsymbol{i}-(z-x\cos y)\boldsymbol{j}$；

(3) $\boldsymbol{A}=x^2\sin y\boldsymbol{i}+y^2\sin(xz)\boldsymbol{j}+xy\sin(\cos z)\boldsymbol{k}$.

4. 求向量场 $\boldsymbol{A}=x^2\boldsymbol{i}-2xy\boldsymbol{j}+z^2\boldsymbol{k}$ 在点 $M(1, 1, 2)$ 处的散度及旋度.

5. 求下列向量场 $\boldsymbol{A}$ 沿闭曲线 Γ(从 z 轴的正向看 Γ 依逆时针方向) 的环流量：

(1) $\boldsymbol{A}=-y\boldsymbol{i}+x\boldsymbol{j}+c\boldsymbol{k}$($c$ 为常量)，Γ 为圆周 $x^2+y^2=1$，$z=0$.

(2) $\boldsymbol{A}=(x-z)\boldsymbol{i}+(x^3+yz)\boldsymbol{j}-3xy^2\boldsymbol{k}$，其中 Γ 为圆周 $z=2-\sqrt{x^2+y^2}$，$z=0$.

总习题十一

1. 填空：

(1) 第二类曲线积分 $\int_\Gamma P\mathrm{d}x+Q\mathrm{d}y+R\mathrm{d}z$ 化成第一类曲线积分是____________，其中 α, β, γ 为有向曲线弧 Γ 在点 (x, y, z) 处的________的方向角；

(2) 第二类曲面积分 $\iint_\Sigma P\mathrm{d}y\mathrm{d}z+Q\mathrm{d}z\mathrm{d}x+R\mathrm{d}x\mathrm{d}y$ 化成第一类曲面积分是____________，其中 α, β, γ 为有向曲面 Σ 在点 (x, y, z) 处的________的方向角；

2. 下题中给出了四个结论，从中选出一个正确的结论：

设曲面 Σ 是上半球面 $x^2+y^2+z^2=R^2(z\geqslant 0)$，曲面 Σ_1 是曲面 Σ 在第一卦限中的部分，则有(　　).

(A) $\iint_\Sigma x\mathrm{d}s=4\iint_{\Sigma_1} x\mathrm{d}s$　　(B) $\iint_\Sigma y\mathrm{d}s=4\iint_{\Sigma_1} x\mathrm{d}s$

(C) $\iint_\Sigma z\mathrm{d}s=4\iint_{\Sigma_1} x\mathrm{d}s$　　(D) $\iint_\Sigma xyz\mathrm{d}s=4\iint_{\Sigma_1} xyz\mathrm{d}s$

3. 计算下列曲线积分：

(1) $\oint_L \sqrt{x^2+y^2}\mathrm{d}s$，其中 L 为圆周 $x^2+y^2=ax$；

(2) $\int_\Gamma z\mathrm{d}s$，其中 Γ 为曲线 $x=t\cos t$，$y=t\sin t$，$z=t(0\leqslant t\leqslant t_0)$；

(3) $\int_L (2a-y)\mathrm{d}x+x\mathrm{d}y$，其中 L 为摆线 $x=a(t-\sin t)$，$y=a(1-\cos t)$ 上对应 t 从 0 到 2π 的一段弧；

(4) $\int_\Gamma (y^2-z^2)\mathrm{d}x+2yz\mathrm{d}y-x^2\mathrm{d}z$，其中 Γ 为曲线 $x=t$，$y=t^2$，$z=t^3$ 上由 $t_1=0$ 到 $t_2=1$ 的一段弧；

(5) $\int_L (\mathrm{e}^x\sin y-2y)\mathrm{d}x+(\mathrm{e}^x\cos y-2)\mathrm{d}y$，其中 L 为上半圆周 $(x-a)^2+y^2=a^2\,(y\geqslant 0)$ 沿逆时针方向的半圆弧；

(6) $\oint_\Gamma xyz\mathrm{d}z$，其中 Γ 是用平面 $y=z$ 截球面 $x^2+y^2+z^2=1$ 所得的截痕，从 z 轴的正向看去，沿逆时针方向.

4. 计算下列曲面积分：

(1) $\iint\limits_\Sigma \dfrac{\mathrm{d}s}{x^2+y^2+z^2}$，其中 Σ 是介于平面 $z=0$ 及 $z=H$ 之间的圆柱面 $x^2+y^2=R^2$；

(2) $\iint\limits_\Sigma (y^2-z)\mathrm{d}y\mathrm{d}z+(z^2-x)\mathrm{d}z\mathrm{d}x+(x^2-y)\mathrm{d}x\mathrm{d}y$，其中 Σ 为锥面 $z=\sqrt{x^2+y^2}$ $(0\leqslant z\leqslant h)$ 的外侧；

(3) $\iint\limits_\Sigma x\mathrm{d}y\mathrm{d}z+y\mathrm{d}z\mathrm{d}x+z\mathrm{d}x\mathrm{d}y$，其中 Σ 为半球面 $z=\sqrt{R^2-x^2-y^2}$ 的上侧；

(4) $\iint\limits_\Sigma xyz\mathrm{d}x\mathrm{d}y$，其中 Σ 为球面 $x^2+y^2+z^2=1\ (x\geqslant 0,\ y\geqslant 0)$ 的外侧.

5. 证明：$\dfrac{x\mathrm{d}x+y\mathrm{d}y}{x^2+y^2}$ 在整个 xOy 平面除去 y 的负半轴及原点的区域 G 内是某个二元函数的全微分，并求出一个这样的二元函数.

6. 设在半平面 $x\geqslant 0$ 内有力 $\boldsymbol{F}=-\dfrac{k}{\rho^3}(x\boldsymbol{i}+y\boldsymbol{j})$ 构成力场，其中 k 为常数，$\rho=\sqrt{x^2+y^2}$，证明在此力场中场力所做的功与所取的路径无关.

7. 设函数 $f(x)$ 在 $(-\infty,+\infty)$ 内具有一阶连续导数，L 为上半平面 $(y>0)$ 内的有向分段光滑曲线，其起点为 (a,b)，终点为 (c,d)，记

$$I=\int_L \frac{1}{y}[1+y^2f(xy)]\mathrm{d}x+\frac{x}{y^2}[y^2f(xy)-1]\mathrm{d}y,$$

(1) 证明曲线积分 I 与路径无关；

(2) 当 $ab=cd$ 时，求 I 的值.

8. 求向量 $\boldsymbol{A}=x\boldsymbol{i}+y\boldsymbol{j}+z\boldsymbol{k}$ 通过闭区域 $\Omega=\{(x,y,z)\mid 0\leqslant x\leqslant 1,0\leqslant y\leqslant 1,0\leqslant z\leqslant 1\}$ 的边界曲面流向外侧的通量.

9. 求力 $\boldsymbol{F}=y\boldsymbol{i}+z\boldsymbol{j}+x\boldsymbol{k}$ 沿有向闭曲线 Γ 所做的功，其中 Γ 为平面 $x+y+z=1$ 被三个坐标面所截成的三角形的整个边界，从 z 轴的正向看，沿顺时针方向.

第十二章

无穷级数

历史上，无穷级数的求和问题曾困扰数学家长达几个世纪，有时一个无穷级数的和是一个数，如各项依次是边长为 1 的正方形面积的$\frac{1}{2}$，$\frac{1}{4}$，$\frac{1}{8}$，…，其和为 1，即

$$\frac{1}{2}+\frac{1}{4}+\frac{1}{8}+\frac{1}{16}+\cdots=1,$$

有时一个无穷级数的和为无穷大，如

$$1+\frac{1}{2}+\frac{1}{3}+\frac{1}{4}+\frac{1}{5}+\cdots=\infty.$$

这个事实我们将在 § 12.1 的例 7 中加以证明，有时一个无穷级数的和没有确定的结果，如

$$1-1+1-1+1-1+\cdots,$$

我们无法确定其结果是 0 还是 1，或是其他结果.

19 世纪上半叶，法国数学家柯西建立了严密的无穷级数的理论基础，使得无穷级数成为一个威力强大的数学工具. 例如，它使我们能把许多函数表示成为无穷多项式，并告诉我们把它截断成有限多项式时带来了多少误差. 这些无穷多项式（称为幂级数）不仅提供了可微函数有效的多项式逼近，而且还有许多其他的实际应用. 它还能使我们将更广泛的具有第一类间断点的函数表示成正弦函数项和余弦函数项的无穷级数，称为傅里叶级数，这种表示形式在科学和工程技术领域中具有非常重要的应用. 从以上角度可见，无穷级数在表达函数、研究函数的性质、计算函数值以及求解微分方程等方面都有着重要的应用. 研究无穷级数及其和，可以说是研究数列及其极限的另一种形式，但无论在研究极限的存在性还是在计算这种极限的时候，无穷级数这种形式都显示出巨大的优越性. 本章先讨论常数项级数，介绍无穷级数的一些基本内容，然后讨论函数项级数，并着重讨论如何将函数展开成幂级数和三角级数的问题.

§12.1　常数项级数的概念和性质

一、常数项级数的概念

人们认识事物在数量方面的特性，往往有一个由近似到精确的过程. 例如，在计算半径为 R 的圆的面积时，我们就通过圆内接正多边形的面积来逐步逼近圆的面积.

一般，设 u_1，u_2，u_3，…，u_n，… 是一个给定的数列，按照数列 $\{u_n\}$ 下标的大小依次相加，得 $u_1+u_2+u_3+\cdots+u_n+\cdots$，这个表达式称为**(常数项)无穷级数**，简称**级数**，记为 $\sum\limits_{n=1}^{\infty}u_n$，即

$$\sum_{n=1}^{\infty}u_n=u_1+u_2+u_3+\cdots+u_n+\cdots,\tag{1.1}$$

式中的每一个数称为常数项级数的**项**，其中 u_n 称为级数（1.1）的**一般项**，或**通项**，级数（1.1）的前 n 项的和

$$s_n=\sum_{i=1}^{n}u_i=u_1+u_2+u_3+\cdots+u_n\tag{1.2}$$

称为级数（1.1）的前 n 项**部分和**. 当 n 依次取 1，2，3，…时，它们构成一个新的数列 $\{s_n\}$，即

$$s_1=u_1,\ s_2=u_1+u_2,\ \cdots,\ s_n=u_1+u_2+u_3+\cdots+u_n,\ \cdots.$$

数列 $\{s_n\}$ 称为**部分和数列**，根据数列 $\{s_n\}$ 是否存在极限，我们引进级数（1.1）的收敛与发散的概念.

定义　如果级数 $\sum\limits_{n=1}^{\infty}u_n$ 的部分和数列 $\{s_n\}$ 存在极限 s，即

$$\lim_{n\to\infty}s_n=s,$$

则称无穷级数 $\sum\limits_{n=1}^{\infty}u_n$ **收敛**，极限 s 称为级数 $\sum\limits_{n=1}^{\infty}u_n$ 的**和**，并写成

$$s=\sum_{n=1}^{\infty}u_n=u_1+u_2+u_3+\cdots+u_n+\cdots;$$

如果 $\{s_n\}$ 没有极限，则称无穷级数 $\sum\limits_{n=1}^{\infty}u_n$ **发散**.

如果级数 $\sum\limits_{n=1}^{\infty}u_n$ 收敛于 s，则部分和 s_n 是级数 $\sum\limits_{n=1}^{\infty}u_n$ 的和 s 的近似值，它们之间的差值

$$r_n=s-s_n=u_{n+1}+u_{n+2}+\cdots\tag{1.3}$$

称为级数 $\sum_{n=1}^{\infty}u_n$ 的**余项**，显然有$\lim_{n\to\infty}r_n=0$，而$|r_n|$是用s_n近似代替s所产生的**误差**.

根据上述定义，级数 $\sum_{n=1}^{\infty}u_n$ 与数列 $\{s_n\}$ 同时收敛或同时发散，且在收敛时有 $\sum_{n=1}^{\infty}u_n=\lim_{n\to\infty}s_n$，而发散的级数没有“和”可言.

例 1 讨论级数 $\frac{1}{1\cdot 3}+\frac{1}{3\cdot 5}+\cdots+\frac{1}{(2n-1)(2n+1)}+\cdots$ 的敛散性.

解 由 $u_n=\frac{1}{(2n-1)(2n+1)}=\frac{1}{2}\left(\frac{1}{(2n-1)}-\frac{1}{2n+1}\right)$，得

$$s_n=\frac{1}{1\cdot 3}+\frac{1}{3\cdot 5}+\cdots+\frac{1}{(2n-1)(2n+1)}$$
$$=\frac{1}{2}\left[\left(1-\frac{1}{3}\right)+\left(\frac{1}{3}-\frac{1}{5}\right)+\cdots\left(\frac{1}{2n-1}-\frac{1}{2n+1}\right)\right]=\frac{1}{2}\left(1-\frac{1}{2n+1}\right),$$

所以$\lim_{n\to\infty}s_n=\lim_{n\to\infty}\frac{1}{2}\left(1-\frac{1}{2n+1}\right)=\frac{1}{2}$，即题设级数收敛，其和为$\frac{1}{2}$.

例 2 讨论级数 $\ln 1+\ln 2+\cdots+\ln n+\cdots$ 的敛散性.

解 因为级数的部分和为

$$s_n=\ln 1+\ln 2+\cdots+\ln n=\ln(1\cdot 2\cdot 3\cdot\cdots\cdot n)=\ln n!\text{，显然，}$$
$$\lim_{n\to\infty}s_n=\lim_{n\to\infty}\ln n!=\infty,$$

故题设级数发散.

例 3 讨论等比级数(又称为**几何级数**)

$$\sum_{n=0}^{\infty}aq^n=a+aq+aq^2+\cdots+aq^n+\cdots\ (a\neq 0)$$

的收敛性.

解 当 $q\neq 1$ 时，有 $s_n=a+aq+aq^2+\cdots+aq^{n-1}=\frac{a(1-q^n)}{1-q}$.

若$|q|<1$，有$\lim_{n\to\infty}q^n=0$，则$\lim_{n\to\infty}s_n=\frac{a}{1-q}$.

若$|q|>1$，有$\lim_{n\to\infty}q^n=\infty$，则$\lim_{n\to\infty}s_n=\infty$.

若 $q=1$，有 $s_n=na$，$\lim_{n\to\infty}s_n=\infty$.

若 $q=-1$，则级数变为

$$s_n=a-a+a-a+\cdots+(-1)^{n-1}a=\frac{1}{2}a[1-(-1)^n],$$

易见，$\lim_{n\to\infty}s_n$ 不存在.

综上所述，当$|q|<1$时，等比级数收敛，且 $a+aq+aq^2+\cdots+aq^n+\cdots=\frac{a}{1-q}$.

注：几何级数是收敛级数中最著名的一个级数，几何级数在判断无穷级数的收敛性、

求无穷级数的和以及将一个函数展开为无穷级数等方面都有广泛而重要的应用.

例 4　一个球从 a 米高下落到地平面上，球每次落下距离 h 后碰到地平面再跳起的距离为 rh，其中 r 是小于 1 的正数，求这个球上下的总距离.

解　总距离是 $s=a+2ar+2ar^2+2ar^3+\cdots=a+\dfrac{2ar}{1-r}=\dfrac{a(1+r)}{1-r}$.

若 $a=6$ 米，$r=\dfrac{2}{3}$，则总距离是 $s=\dfrac{a(1+r)}{1-r}=\dfrac{6\left(1+\dfrac{2}{3}\right)}{1-\dfrac{2}{3}}=30$(米).

例 5　把循环小数 7.545 454…表示成两个整数之比.

解

$$\begin{aligned}7.545\,454\cdots&=7+\frac{54}{100}+\frac{54}{100^2}+\frac{54}{100^3}+\cdots\\&=7+\frac{54}{100}\left(1+\frac{1}{100}+\frac{1}{100^2}+\cdots\right)\\&=7+\frac{54}{100}\cdot\frac{1}{0.99}=\frac{83}{11}.\end{aligned}$$

二、收敛级数的基本性质

由于对无穷级数的收敛性的讨论可以转化为对其部分和数列的收敛性的讨论，因此，根据收敛数列的基本性质可得到下列关于收敛级数的基本性质.

性质 1　如果级数 $\sum\limits_{n=1}^{\infty}u_n$，$\sum\limits_{n=1}^{\infty}v_n$ 分别收敛于和 A，B，则对于任意常数 α，β，级数

$$\sum_{n=1}^{\infty}(\alpha u_n+\beta v_n)\text{ 收敛，且}\sum_{n=1}^{\infty}(\alpha u_n+\beta v_n)=\alpha A+\beta B. \tag{1.4}$$

证明　设级数 $\sum\limits_{n=1}^{\infty}u_n$，$\sum\limits_{n=1}^{\infty}v_n$ 及 $\sum\limits_{n=1}^{\infty}(\alpha u_n+\beta v_n)$ 的部分和分别为 A_n，B_n，s_n，则

$$\begin{aligned}s_n&=(\alpha u_1+\beta v_1)+(\alpha u_2+\beta v_2)+\cdots+(\alpha u_n+\beta v_n)\\&=\alpha(u_1+u_2+\cdots+u_n)+\beta(v_1+v_2+\cdots+v_n)\\&=\alpha A_n+\beta B_n.\end{aligned}$$

于是

$$\lim_{n\to\infty}s_n=\lim_{n\to\infty}(\alpha A_n+\beta B_n)=\alpha A+\beta B=\alpha\sum_{n=1}^{\infty}u_n+\beta\sum_{n=1}^{\infty}v_n.$$

因此 $\sum\limits_{n=1}^{\infty}(\alpha u_n+\beta v_n)$ 收敛，且 $\sum\limits_{n=1}^{\infty}(\alpha u_n+\beta v_n)=\alpha\sum\limits_{n=1}^{\infty}u_n+\beta\sum\limits_{n=1}^{\infty}v_n=\alpha A+\beta B$.

注：由以上证明过程可知，当 $\alpha\neq0$ 时，级数 $\sum\limits_{n=1}^{\infty}\alpha u_n$ 与 $\sum\limits_{n=1}^{\infty}u_n$ 有相同的敛散性.

性质 2　在级数中去掉、加上或改变有限项，不会改变级数的收敛性.

证明　这里只证明“改变级数的前面有限项不会改变级数的收敛性”，其他两种情况容易由此结果推出.

设有级数

$$\sum_{n=1}^{\infty} u_n = u_1 + u_2 + \cdots + u_k + u_{k+1} + \cdots + u_n + \cdots, \tag{1.5}$$

若改变它的前面有限项，得到一个新的级数

$$v_1 + v_2 + \cdots + v_k + u_{k+1} + \cdots + u_n + \cdots, \tag{1.6}$$

设级数 (1.5) 的前 n 项和为 A_n，$u_1+u_2+\cdots+u_k=a$，则

$$A_n = a + u_{k+1} + \cdots + u_n,$$

设级数 (1.6) 的前 n 项和为 B_n，$v_1+v_2+\cdots+v_k=b$，则

$$\begin{aligned} B_n &= v_1 + v_2 + \cdots + v_k + u_{k+1} + \cdots + u_n \\ &= u_1 + u_2 + \cdots + u_k + u_{k+1} + \cdots + u_n - a + b \\ &= A_n - a + b. \end{aligned}$$

于是，数列 $\{B_n\}$ 与 $\{A_n\}$ 具有相同的收敛性，即级数 (1.5) 与 (1.6) 具有相同的收敛性.

比如，级数$\frac{1}{1\cdot 2}+\frac{1}{2\cdot 3}+\frac{1}{3\cdot 4}+\cdots+\frac{1}{n(n+1)}+\cdots$是收敛的，则下列级数

(1) $10\,000+\frac{1}{1\cdot 2}+\frac{1}{2\cdot 3}+\frac{1}{3\cdot 4}+\cdots+\frac{1}{n(n+1)}+\cdots$;

(2) $\frac{1}{3\cdot 4}+\frac{1}{4\cdot 5}+\cdots+\frac{1}{n(n+1)}+\cdots$,

也是收敛的.

性质 3 在一个收敛级数中，任意添加括号后所得到的新级数仍收敛于原来的和.

证明 设级数 $\sum_{n=1}^{\infty} u_n = s$，其部分和为 s_n. 将这个级数的项任意加括号，所得的新级数为

$$(u_1 + \cdots + u_{n_1}) + (u_{n_1+1} + \cdots + u_{n_2}) + \cdots + (u_{n_{k-1}+1} + \cdots + u_{n_k}) + \cdots = \sum_{k=1}^{\infty} v_k.$$

设它的前 k 项和为 σ_k，则

$$\sigma_k = (u_1 + \cdots + u_{n_1}) + (u_{n_1+1} + \cdots + u_{n_2}) + \cdots + (u_{n_{k-1}+1} + \cdots + u_{n_k}).$$

于是 $\lim\limits_{k\to\infty}\sigma_k = \lim\limits_{k\to\infty} s_{n_k} = s$，所以 $\sum_{k=1}^{\infty} v_k$ 收敛，且 $\sum_{k=1}^{\infty} v_k = s$.

注：性质 3 成立的前提是级数收敛，否则结论不成立. 例如级数

$$\sum_{n=1}^{\infty}(-1)^{n-1} = 1 - 1 + 1 - 1 + \cdots + (-1)^{n-1} + \cdots$$

是发散的，加括号后所得到的级数 $(1-1)+(1-1)+\cdots$是收敛的.

推论 如果加括号后所成的级数发散，则原来级数也发散.

例 6　求级数 $\sum_{n=1}^{\infty}\left[\frac{1}{3^n}+\frac{3}{(2n-1)(2n+1)}\right]$ 的和.

解　根据等比级数的结论，知 $\sum_{n=1}^{\infty}\frac{1}{3^n}=\frac{\frac{1}{3}}{1-\frac{1}{3}}=\frac{1}{2}$.

而由前例知，$\sum_{n=1}^{\infty}\frac{1}{(2n-1)(2n+1)}=\frac{1}{2}$，所以

$$\sum_{n=1}^{\infty}\left[\frac{1}{3^n}+\frac{3}{(2n-1)(2n+1)}\right]=\sum_{n=1}^{\infty}\frac{1}{3^n}+\sum_{n=1}^{\infty}\frac{3}{(2n-1)(2n+1)}=\frac{1}{2}+\frac{3}{2}=2.$$

性质 4　如果级数 $\sum_{n=1}^{\infty}u_n$ 收敛，则 $\lim_{n\to\infty}u_n=0$.

证明　设级数 $\sum_{n=1}^{\infty}u_n=s$，其部分和为 s_n，且 $u_n=s_n-s_{n-1}$，$\lim_{n\to\infty}s_n=s$，则

$$\lim_{n\to\infty}u_n=\lim_{n\to\infty}(s_n-s_{n-1})=\lim_{n\to\infty}s_n-\lim_{n\to\infty}s_{n-1}=s-s=0.$$

注：由性质 4 知，级数的一般项趋于零只是级数收敛的必要条件，若级数的一般项不趋于零，则级数发散. 例如

$$\frac{2}{1}+\frac{3}{2}+\frac{4}{3}+\cdots+\frac{n+1}{n}+\cdots,$$

它的一般项 $u_n=\frac{n+1}{n}$ 当 $n\to\infty$ 时不趋于零，因此，该级数是发散的.

例 7　证明调和级数

$$\sum_{n=1}^{\infty}\frac{1}{n}=1+\frac{1}{2}+\frac{1}{3}+\cdots+\frac{1}{n}+\cdots$$

是发散的.

证　假设级数 $\sum_{n=1}^{\infty}\frac{1}{n}$ 收敛且其和为 s，s_n 是它的前 n 项部分和.

显然有 $\lim_{n\to\infty}s_n=s$ 及 $\lim_{n\to\infty}s_{2n}=s$，于是 $\lim_{n\to\infty}(s_{2n}-s_n)=0$.

但另外，

$$s_{2n}-s_n=\frac{1}{n+1}+\frac{1}{n+2}+\cdots+\frac{1}{2n}>\frac{1}{2n}+\frac{1}{2n}+\cdots+\frac{1}{2n}=\frac{1}{2},$$

故 $\lim_{n\to\infty}(s_{2n}-s_n)\neq 0$，矛盾，说明级数 $\sum_{n=1}^{\infty}\frac{1}{n}$ 必定发散.

*三、柯西审敛原理

对无穷级数的部分和数列应用柯西审敛原理，即可得到下述关于无穷级数的柯西审敛原理.

*定理(柯西审敛原理) 级数 $\sum_{n=1}^{\infty} u_n$ 收敛的充分必要条件为：

对于任意给定的正数 ε，总存在自然数 N，使得当 $n>N$ 时，对于任意的自然数 p，恒有

$$|u_{n+1}+u_{n+2}+\cdots+u_{n+p}|<\varepsilon.$$

证明 略.

例 8 利用柯西审敛原理判定级数 $\sum_{n=1}^{\infty}\frac{1}{n^2}$ 的收敛性.

解 因为对任意自然数 p，

$$\begin{aligned}&|u_{n+1}+u_{n+2}+\cdots+u_{n+p}|\\ =&\frac{1}{(n+1)^2}+\frac{1}{(n+2)^2}+\cdots+\frac{1}{(n+p)^2}\\ <&\frac{1}{n(n+1)}+\frac{1}{(n+1)(n+2)}+\cdots+\frac{1}{(n+p-1)(n+p)}\\ =&\left[\frac{1}{n}-\frac{1}{n+1}\right]+\left[\frac{1}{n+1}-\frac{1}{n+2}\right]+\cdots+\left[\frac{1}{n+p-1}-\frac{1}{n+p}\right]\\ =&\frac{1}{n}-\frac{1}{n+p}<\frac{1}{n},\end{aligned}$$

故对任意给定的正数 ε，若取自然数 $N\geqslant[1/\varepsilon]$，则当 $n>N$ 时，对任意自然数 p，恒有

$$|u_{n+1}+u_{n+2}+\cdots+u_{n+p}|<\varepsilon.$$

根据柯西审敛原理，所证级数收敛.

习题 12-1

1. 写出下列级数的一般项：

(1) $\frac{2}{1}-\frac{3}{4}+\frac{4}{9}-\frac{5}{16}+\frac{6}{25}-\frac{7}{36}+\cdots$； (2) $-\frac{3}{2}+\frac{4}{4}-\frac{5}{8}+\frac{6}{16}-\frac{7}{32}+\frac{8}{64}-\cdots$；

(3) $\frac{\sqrt{x}}{1}+\frac{x}{1\cdot 2}+\frac{x\sqrt{x}}{1\cdot 2\cdot 3}+\frac{x^2}{1\cdot 2\cdot 3\cdot 4}+\cdots$； (4) $\frac{a^2}{2}-\frac{a^3}{4}+\frac{a^4}{6}-\frac{a^5}{8}+\cdots$；

(5) $2+\frac{1}{3}+4+\frac{1}{5}+6+\frac{1}{7}+\cdots$； (6) $x+\frac{5}{2^2}x^2+\frac{10}{2^3}x^3+\frac{17}{2^4}x^4+\cdots$.

2. 根据级数收敛与发散的定义判定下列级数的收敛性：

(1) $\sum_{n=1}^{\infty}\left(\frac{1}{\sqrt{n+2}+\sqrt{n+1}}-\frac{1}{\sqrt{n+1}+\sqrt{n}}\right)$；

(2) $\sum_{n=1}^{\infty}\frac{1}{(4n-1)(4n+3)}$.

3. 判定下列级数的收敛性：

(1) $-\frac{3}{4}+\frac{3^2}{4^2}-\frac{3^3}{4^3}+\cdots+(-1)^n\frac{3^n}{4^n}+\cdots$； (2) $\frac{1}{5}+\frac{1}{10}+\frac{1}{15}+\frac{1}{20}+\cdots+\frac{1}{5n}+\cdots$；

(3) $\sum_{n=1}^{\infty}\frac{n^n}{(1+n)^n}$；　(4) $\sum_{n=1}^{\infty}n^2\left(1-\cos\frac{1}{n}\right)$；

(5) $\sum_{n=1}^{\infty}\left(\frac{\ln^n 5}{5^n}+\frac{1}{2^n}\right)$；　(6) $\sum_{n=1}^{\infty}\frac{n^{n+\frac{1}{n}}}{\left(n+\frac{1}{n}\right)^2}$.

4. 求收敛几何级数的和 s 与部分和 s_n 之差 $s-s_n$.

5. 求级数 $\sum_{n=1}^{\infty}\frac{1}{n(n+1)(n+2)}$ 的和.

6. 求常数项级数 $\sum_{n=1}^{\infty}\frac{n}{3^n}$ 的和.

7. 设级数 $\sum_{n=1}^{\infty}a_n$ 的前 n 项和为 $s_n=\frac{1}{n+1}+\cdots+\frac{1}{n+n}$，求级数的一般项 a_n 及和 s.

8. 利用柯西审敛原理判别下列级数的收敛性：

(1) $\sum_{n=1}^{\infty}\frac{(-1)^{n+1}}{n}$；　(2) $\sum_{n=1}^{\infty}\frac{\sin nx}{2^n}$；　(3) $\sum_{n=1}^{\infty}\frac{1}{n}\cos\frac{1}{n}$.

§12.2　正项级数的判别法

一般情况下，利用定义和柯西审敛原理来判断级数的收敛性是很困难的，能否找到更简单有效的判别方法呢？我们先从最简单的一类级数来找突破口，那就是正项级数.

定义　若 $u_n\geqslant 0\,(n=1,2,3,\cdots)$，则称级数 $\sum_{n=1}^{\infty}u_n$ 为**正项级数**.

易知正项级数 $\sum_{n=1}^{\infty}u_n$ 的部分和数列 $\{s_n\}$ 是单调增加数列，即 $s_1\leqslant s_2\leqslant\cdots\leqslant s_n\leqslant\cdots$，根据数列的单调有界准则知，$\{s_n\}$ 收敛的充分必要条件是 $\{s_n\}$ 有界，因此得到下述重要定理.

定理 1　正项级数 $\sum_{n=1}^{\infty}u_n$ 收敛的充分必要条件是:它的部分和数列 $\{s_n\}$ 有界.

上述定理的重要性并不在于用来直接判别正项级数的收敛性，而在于它是证明下面一系列判别法的基础.

定理 2　(比较判别法) 设 $\sum_{n=1}^{\infty}u_n$，$\sum_{n=1}^{\infty}v_n$ 均为正项级数，且 $u_n\leqslant v_n\,(n=1,2,\cdots)$，则

(1) 当 $\sum_{n=1}^{\infty}v_n$ 收敛时，$\sum_{n=1}^{\infty}u_n$ 收敛；(2) 当 $\sum_{n=1}^{\infty}u_n$ 发散时，$\sum_{n=1}^{\infty}v_n$ 发散.

证明　设 $\sum_{n=1}^{\infty}u_n$，$\sum_{n=1}^{\infty}v_n$ 的部分和分别为 A_n，B_n，则有

$$A_n=u_1+u_2+\cdots+u_n\leqslant v_1+v_2+\cdots+v_n=B_n.$$

(1) 若 $\sum_{n=1}^{\infty}v_n$ 收敛，则其部分和数列 $\{B_n\}$ 有界，从而 $\sum_{n=1}^{\infty}u_n$ 的部分和数列 $\{A_n\}$ 有界.

故由定理 1 知 $\sum_{n=1}^{\infty}u_n$ 收敛.

(2) 若 $\sum_{n=1}^{\infty}u_n$ 发散，则 $\sum_{n=1}^{\infty}v_n$ 发散，不然，若 $\sum_{n=1}^{\infty}v_n$ 收敛，则由 (1) 知 $\sum_{n=1}^{\infty}u_n$ 也收敛，与条件 $\sum_{n=1}^{\infty}u_n$ 发散相矛盾，故 $\sum_{n=1}^{\infty}v_n$ 发散.

注: 由级数的每一项同乘不为零的常数 k，以及去掉级数前面有限项不改变级数的收敛性知，定理 2 的条件可减弱为

$$u_n\leqslant Cv_n,\ C>0,\ 为常数;\ n=k,\ k+1,\ \cdots. \tag{2.1}$$

例 1 讨论 p 级数

$$\sum_{n=1}^{\infty}\frac{1}{n^p}=1+\frac{1}{2^p}+\frac{1}{3^p}+\frac{1}{4^p}+\cdots+\frac{1}{n^p}+\cdots$$

的收敛性，其中常数 $p>0$.

解 当 $p\leqslant1$ 时，$\frac{1}{n^p}\geqslant\frac{1}{n}$，而调和级数 $\sum_{n=1}^{\infty}\frac{1}{n}$ 发散，由比较判别法知，当 $p\leqslant1$ 时，级数 $\sum_{n=1}^{\infty}\frac{1}{n^p}$ 发散.

当 $p>1$ 时，由 $n-1\leqslant x<n$，有$\frac{1}{n^p}<\frac{1}{x^p}$，此时有

$$\begin{aligned}\frac{1}{n^p}&=\int_{n-1}^{n}\frac{1}{n^p}\mathrm{d}x\\&<\int_{n-1}^{n}\frac{1}{x^p}\mathrm{d}x\\&=\frac{1}{p-1}\left[\frac{1}{(n-1)^{p-1}}-\frac{1}{n^{p-1}}\right],\ n=2,\ 3,\ \cdots,\end{aligned}$$

对于级数 $\sum_{n=2}^{\infty}\left[\frac{1}{(n-1)^{p-1}}-\frac{1}{n^{p-1}}\right]$，其部分和

$$s_n=\left[1-\frac{1}{2^{p-1}}\right]+\left[\frac{1}{2^{p-1}}-\frac{1}{3^{p-1}}\right]+\cdots+\left[\frac{1}{n^{p-1}}-\frac{1}{(n+1)^{p-1}}\right]=1-\frac{1}{(n+1)^{p-1}}.$$

因为 $\lim\limits_{n\to\infty}s_n=\lim\limits_{n\to\infty}\left[1-\frac{1}{(n+1)^{p-1}}\right]=1$，所以级数 $\sum_{n=2}^{\infty}\left[\frac{1}{(n-1)^{p-1}}-\frac{1}{n^{p-1}}\right]$ 收敛，根据比较判别法的(1)可知，当 $p>1$ 时，级数 $\sum_{n=1}^{\infty}\frac{1}{n^p}$ 收敛.

综上所述，p 级数 $\sum_{n=1}^{\infty}\frac{1}{n^p}$ 当 $p>1$ 时收敛，当 $0<p\leqslant1$ 时发散.

注: 比较判别法是判断正项级数收敛性的一种重要方法. 对一给定的正项级数，如果要用比较判别法来判别其收敛性，则首先要通过观察找到另一个已知级数与其进行比较，并应用定理 2 进行判断，只有知道一些重要级数的收敛性，并加以灵活应用，才能熟练掌握

比较判别法. 至今为止，我们熟悉的重要的已知级数包括等比级数、调和级数以及 p 级数等.

例 2　证明级数 $\sum_{n=1}^{\infty}\frac{1+n}{1+n^2}$ 是发散的.

证　因为$\frac{1+n}{1+n^2}\geqslant\frac{1+n}{n+n^2}=\frac{1}{n}(n\geqslant 1)$，而级数 $\sum_{n=1}^{\infty}\frac{1}{n}$ 发散，所以，由比较判别法知，级数 $\sum_{n=1}^{\infty}\frac{1+n}{1+n^2}$ 发散.

例 3　判别级数 $\sum_{n=1}^{\infty}\frac{5n+2}{(n+1)^2(n+5)^2}$ 的敛散性.

解　因为

$$\frac{5n+2}{(n+1)^2(n+5)^2}<\frac{5n+5}{(n+1)^2(n+5)^2}<\frac{5}{(n+1)^3}<\frac{5}{n^3}(n\geqslant 1),$$

而 $\sum_{n=1}^{\infty}\frac{1}{n^3}$ $(p=3)$ 是收敛的，所以，根据比较判别法知，题设级数收敛.

例 4　设 $a_n\leqslant c_n\leqslant b_n(n=1,2,\cdots)$ 且 $\sum_{n=1}^{\infty}a_n$ 及 $\sum_{n=1}^{\infty}b_n$ 均收敛，证明级数 $\sum_{n=1}^{\infty}c_n$ 收敛.

证　由 $a_n\leqslant c_n\leqslant b_n$，得 $0\leqslant c_n-a_n\leqslant b_n-a_n(n=1,2,\cdots)$，由于 $\sum_{n=1}^{\infty}a_n$ 与 $\sum_{n=1}^{\infty}b_n$ 都收敛，故 $\sum_{n=1}^{\infty}(b_n-a_n)$ 是收敛的，从而由比较判别法知，正项级数 $\sum_{n=1}^{\infty}(c_n-a_n)$ 也收敛.

再由 $\sum_{n=1}^{\infty}a_n$ 与 $\sum_{n=1}^{\infty}(c_n-a_n)$ 的收敛性可推知，级数 $\sum_{n=1}^{\infty}c_n=\sum_{n=1}^{\infty}[a_n+(c_n-a_n)]$ 也收敛.

要应用比较判别法来判别给定级数的收敛性，就必须确定级数的一般项与某一已知级数的一般项之间的不等式，但有时直接建立这样的不等式相当困难，为应用方便，我们给出比较判别法的极限形式.

定理 3(比较判别法的极限形式)

设 $\sum_{n=1}^{\infty}u_n$ 和 $\sum_{n=1}^{\infty}v_n$ 都是正项级数，且 $\lim\limits_{n\to\infty}\frac{u_n}{v_n}=l$：

(1) 当 $0<l<+\infty$ 时，级数 $\sum_{n=1}^{\infty}u_n$ 和级数 $\sum_{n=1}^{\infty}v_n$ 具有相同的敛散性；

(2) 当 $l=0$ 时，若 $\sum_{n=1}^{\infty}v_n$ 收敛，则 $\sum_{n=1}^{\infty}u_n$ 收敛；

(3) 当 $l=+\infty$ 时，若 $\sum_{n=1}^{\infty}v_n$ 发散，则 $\sum_{n=1}^{\infty}u_n$ 发散.

证明　(1) 由 $\lim\limits_{n\to\infty}\frac{u_n}{v_n}=l>0$，对于 $\varepsilon=\frac{1}{2}l>0$，存在正整数 N，当 $n>N$ 时，有不等式

$$\left|\frac{u_n}{v_n}-l\right|<\frac{1}{2}l,\ \text{即}\ l-\frac{1}{2}l<\frac{u_n}{v_n}<l+\frac{1}{2}l,\ \text{即}\ \frac{1}{2}lv_n<u_n<\frac{3}{2}lv_n,$$

所以，由比较判别法知 $\sum_{n=1}^{\infty}u_n$ 与 $\sum_{n=1}^{\infty}v_n$ 有相同的敛散性.

(2) 当 $l=0$ 时，取 $\varepsilon=1$，则存在正整数 N，当 $n>N$ 时，有

$$\left|\frac{u_n}{v_n}\right|<1，即\frac{u_n}{v_n}<1，从而 u_n<v_n，$$

由比较判别法，若 $\sum_{n=1}^{\infty} v_n$ 收敛，则 $\sum_{n=1}^{\infty} u_n$ 收敛.

(3) 当 $l=+\infty$ 时，取 $M=1$，则存在正整数 N，当 $n>N$ 时，有 $\frac{u_n}{v_n}>1$，从而 $u_n>v_n$，由比较判别法，若 $\sum_{n=1}^{\infty} v_n$ 发散，则 $\sum_{n=1}^{\infty} u_n$ 发散.

注：在情形 (1) 中，当 $0<l<+\infty$ 时，可表述为：若 u_n 与 lv_n 是 $n\to\infty$ 时的等价无穷小，则级数 $\sum_{n=1}^{\infty} u_n$ 与 $\sum_{n=1}^{\infty} v_n$ 有相同的敛散性.

如果将所给级数与 p 级数做比较，即可得到下列常用结论：

推论 设 $\sum_{n=1}^{\infty} u_n$ 为正项级数，

(1) 如果 $\lim_{n\to\infty} nu_n=l>0$ 或 $\lim_{n\to\infty} nu_n=+\infty$，则级数 $\sum_{n=1}^{\infty} u_n$ 发散；

(2) 如果 $P>1$，而 $\lim_{n\to\infty} n^P u_n=l(0\leqslant l<+\infty)$，则级数 $\sum_{n=1}^{\infty} u_n$ 收敛.

例 5 判定下列级数的敛散性：

(1) $\sum_{n=1}^{\infty} \ln\left(1+\frac{1}{n}\right)$； (2) $\sum_{n=1}^{\infty} n\left(1-\cos\frac{1}{n}\right)$.

解 (1) 因 $\ln\left(1+\frac{1}{n}\right)\sim\frac{1}{n}(n\to\infty)$，

故
$$\lim_{n\to\infty} nu_n=\lim_{n\to\infty} n\ln\left(1+\frac{1}{n}\right)=\lim_{n\to\infty} n\,\frac{1}{n}=1,$$

根据上述推论知，所给级数发散.

(2) 因为 $1-\cos\frac{1}{n}\sim\frac{1}{2}\cdot\frac{1}{n^2}$，而

$$\lim_{n\to\infty} n\cdot u_n=\lim_{n\to\infty} n^2\left(1-\cos\frac{1}{n}\right)=\lim_{n\to\infty} n^2\,\frac{1}{2n^2}=\frac{1}{2},$$

故由上述推论知，所给级数发散.

例 6 判别级数 $\sum_{n=1}^{\infty}\left(\frac{1}{n}-\ln\frac{n+1}{n}\right)$ 的敛散性.

解 令 $u(x)=x-\ln(1+x)>0(x>0)$，$v(x)=x^2$，由于

$$\lim_{x\to0^+}\frac{x-\ln(1+x)}{x^2}=\lim_{x\to0^+}\frac{1-\frac{1}{1+x}}{2x}=\lim_{x\to0^+}\frac{1}{2(1+x)}=\frac{1}{2},$$

从而
$$\lim_{n\to\infty}\frac{\frac{1}{n}-\ln\left(1+\frac{1}{n}\right)}{\frac{1}{n^2}}=\lim_{n\to\infty}\frac{\frac{1}{n}-\ln\frac{n+1}{n}}{\frac{1}{n^2}}=\frac{1}{2},$$

由级数 $\sum\limits_{n=1}^{\infty}\frac{1}{n^2}$ 的收敛性推知本题所给级数也收敛.

使用比较判别法或其极限形式，需要找到一个已知级数做比较，这多少有些困难. 下面介绍的几个判别法，可以利用级数自身的特点来判别级数的收敛性.

定理 4(比值判别法，达朗贝尔判别法)　设 $\sum\limits_{n=1}^{\infty}u_n$ 为正项级数，且

$$\lim_{n\to\infty}\frac{u_{n+1}}{u_n}=\rho(\text{或}+\infty),$$

则 (1) 当 $\rho<1$ 时，级数收敛；

(2) 当 $\rho>1$(包括 $\rho=+\infty$) 时，级数发散；

(3) 当 $\rho=1$ 时，级数可能收敛也可能发散，本判别法失效.

证明　当 ρ 为有限数时，对任意的 $\varepsilon>0$，存在 $N>0$，当 $n>N$ 时，有

$$\left|\frac{u_{n+1}}{u_n}-\rho\right|<\varepsilon,$$

即
$$\rho-\varepsilon<\frac{u_{n+1}}{u_n}<\rho+\varepsilon,\ n>N.$$

(1) 当 $\rho<1$ 时，取 $0<\varepsilon<1-\rho$，使 $r=\varepsilon+\rho<1$，则有

$$u_{N+2}<ru_{N+1},\ u_{N+3}<ru_{N+2}<r^2u_{N+1},\ \cdots,$$
$$u_{N+m}<ru_{N+m-1}<r^2u_{N+m-2}<\cdots<r^{m-1}u_{N+1},\ \cdots,$$

而级数 $\sum\limits_{m=1}^{\infty}r^{m-1}u_{N+1}$ 收敛，由比较判别法知，$\sum\limits_{m=1}^{\infty}u_{N+m}=\sum\limits_{n=N+1}^{\infty}u_n$ 收敛，再由定理 2 及其附注知，级数 $\sum\limits_{n=1}^{\infty}u_n$ 收敛.

(2) 当 $\rho>1$ 时，取 $0<\varepsilon<\rho-1$，使 $r=\rho-\varepsilon>1$，则当 $n>N$ 时，有 $\frac{u_{n+1}}{u_n}>r$，即 $u_{n+1}>ru_n>u_n$，即当 $n>N$ 时，级数 $\sum\limits_{n=1}^{\infty}u_n$ 的一般项逐渐增大，从而 $\lim\limits_{n\to\infty}u_n\neq0$，根据级数收敛的必要条件知，级数 $\sum\limits_{n=1}^{\infty}u_n$ 发散.

类似地，可以证明当 $\lim\limits_{n\to\infty}\frac{u_{n+1}}{u_n}=\infty$ 时，级数 $\sum\limits_{n=1}^{\infty}u_n$ 发散.

(3) 当 $\rho=1$ 时，比值判别法失效，例如对 $\sum\limits_{n=1}^{\infty}\frac{1}{n}$ 和 $\sum\limits_{n=1}^{\infty}\frac{1}{n^2}$，分别有

$$\lim_{n\to\infty}\frac{\frac{1}{n+1}}{\frac{1}{n}}=\lim_{n\to\infty}\frac{n}{n+1}=1,\ \lim_{n\to\infty}\frac{\frac{1}{(n+1)^2}}{\frac{1}{n^2}}=\lim_{n\to\infty}\frac{n^2}{(n+1)^2}=1,$$

但级数 $\sum\limits_{n=1}^{\infty}\frac{1}{n}$ 发散，而级数 $\sum\limits_{n=1}^{\infty}\frac{1}{n^2}$ 收敛，因此，如果 $\rho=1$，就应利用其他判别法进行判断.

比值判别法适合 u_{n+1}，u_n 有公因式且 $\lim\limits_{n\to\infty}\frac{u_{n+1}}{u_n}$ 存在或等于 $+\infty$ 的情形.

例 7 判别下列级数的收敛性：

(1) $\sum\limits_{n=1}^{\infty}\frac{5^n}{n!}$；　　(2) $\sum\limits_{n=1}^{\infty}\frac{3^n}{n\cdot 2^n}$.

解 (1) $\frac{u_{n+1}}{u_n}=\frac{\frac{5^{n+1}}{(n+1)!}}{\frac{5^n}{n!}}=\frac{5}{n+1}\xrightarrow{n\to\infty}0$，故级数 $\sum\limits_{n=1}^{\infty}\frac{5^n}{n!}$ 收敛.

(2) $\frac{u_{n+1}}{u_n}=\frac{3^{n+1}}{(n+1)2^{n+1}}\cdot\frac{n\cdot 2^n}{3^n}=\frac{3}{2}\cdot\frac{n}{n+1}\xrightarrow{n\to\infty}\frac{3}{2}$，故级数 $\sum\limits_{n=1}^{\infty}\frac{3^n}{n\cdot 2^n}$ 发散.

例 8 判别级数 $\sum\limits_{n=1}^{\infty}\frac{4^n}{5^n-3^n}$ 的收敛性.

解 $\frac{u_{n+1}}{u_n}=\frac{4^{n+1}}{5^{n+1}-3^{n+1}}\cdot\frac{5^n-3^n}{4^n}=\frac{4}{5}\cdot\frac{1-\left(\frac{3}{5}\right)^n}{5-3\left(\frac{3}{5}\right)^n}\to\frac{4}{25}(n\to\infty)$，

所有原级数收敛.

定理 5(根值判别法或柯西判别法) 设 $\sum\limits_{n=1}^{\infty}u_n$ 为正项级数，且 $\lim\limits_{n\to\infty}\sqrt[n]{u_n}=\rho$ (或 $+\infty$)，则

(1) 当 $\rho<1$ 时，级数收敛；

(2) 当 $\rho>1$ (或 $\lim\limits_{n\to\infty}\sqrt[n]{u_n}=+\infty$)时，级数发散；

(3) 当 $\rho=1$ 时，级数可能收敛也可能发散，本判别法失效.

证明 当 ρ 为有限数时，对任意的 $\varepsilon>0$，存在 $N>0$，当 $n>N$ 时，有

$$\left|\sqrt[n]{u_n}-\rho\right|<\varepsilon，即\ \rho-\varepsilon<\sqrt[n]{u_n}<\rho+\varepsilon,\ n>N.$$

(1) 当 $\rho<1$ 时，取 $0<\varepsilon<1-\rho$，使 $r=\rho+\varepsilon<1$，则当 $n>N$ 时，有

$$\sqrt[n]{u_n}<r，即\ u_n<r^n,\ n>N.$$

因为级数 $\sum\limits_{n=1}^{\infty}r^n$ 收敛，所以由比较判别法知，级数 $\sum\limits_{n=1}^{\infty}u_n$ 收敛.

(2) 当 $\rho>1$ (或 $\rho=+\infty$) 时，取 $0<\varepsilon<\rho-1$，使 $r=\rho-\varepsilon>1$，则当 $n>N$ 时，有

$$\sqrt[n]{u_n}>r，即\ u_n>r^n,\ n>N,$$

即当 $n>N$ 时，级数 $\sum_{n=1}^{\infty}u_n$ 的一般项不趋于零，根据级数收敛的必要条件知，$\sum_{n=1}^{\infty}u_n$ 发散.

(3) 当 $\rho=1$ 时，级数可能收敛也可能发散，本判别法失效.

例如对于级数 $\sum_{n=1}^{\infty}\frac{1}{n}$ 和 $\sum_{n=1}^{\infty}\frac{1}{n^2}$，分别有

$$\lim_{n\to\infty}\sqrt[n]{\frac{1}{n}}=1,\ \lim_{n\to\infty}\sqrt[n]{\frac{1}{n^2}}=1,$$

但级数 $\sum_{n=1}^{\infty}\frac{1}{n}$ 发散，而级数 $\sum_{n=1}^{\infty}\frac{1}{n^2}$ 收敛.

根值判别法适合 u_n 中含有表达式的 n 次幂，且 $\lim_{n\to\infty}\sqrt[n]{u_n}$ 存在或等于 $+\infty$ 的情形.

例 9　判别级数 $\sum_{n=1}^{\infty}\left(\frac{n}{3n-1}\right)^{2n-1}$ 的收敛性.

解　因为 $\lim_{n\to\infty}\sqrt[n]{u_n}=\lim_{n\to\infty}\left(\frac{n}{3n-1}\right)^{2-\frac{1}{n}}=\left(\frac{1}{3}\right)^2=\frac{1}{9}<1$，由根值判别法知，题设级数收敛.

例 10　判别级数 $\sum_{n=1}^{\infty}\frac{2+(-1)^n}{5^n}$ 的收敛性.

解　因为 $\frac{1}{5^n}\leqslant\frac{2+(-1)^n}{5^n}\leqslant\frac{3}{5^n}$，且 $\lim_{n\to\infty}\sqrt[n]{\frac{1}{5^n}}=\frac{1}{5}$，$\lim_{n\to\infty}\sqrt[n]{\frac{3}{5^n}}=\frac{1}{5}$，所以 $\lim_{n\to\infty}\sqrt[n]{\frac{2+(-1)^n}{5^n}}=\frac{1}{5}<1$，由根值判别法知，原级数收敛.

最后，我们再介绍一个关于正项级数的积分判别法.

对于给定的正项级数 $\sum_{n=1}^{\infty}a_n$，若 $\{a_n\}$ 可看作由一个在 $[1,+\infty)$ 上单调减少的函数 $f(x)$ 所产生，即有 $a_n=f(n)$，则可用下述积分判别法来判定正项级数 $\sum_{n=1}^{\infty}a_n$ 的收敛性.

* **定理 6(积分判别法)**　对于给定的正项级数 $\sum_{n=1}^{\infty}a_n$，若存在 $[1,+\infty)$ 上单调减少的连续函数 $f(x)$，使得 $a_n=f(n)$，则

(1) 级数 $\sum_{n=1}^{\infty}a_n$ 收敛的充要条件是对应的广义积分 $\int_1^{+\infty}f(x)\mathrm{d}x$ 收敛；

(2) 级数 $\sum_{n=1}^{\infty}a_n$ 发散的充要条件是对应的广义积分 $\int_1^{+\infty}f(x)\mathrm{d}x$ 发散.

证明　由于结论 (2) 是结论 (1) 的逆否命题，所以只要证明结论 (1) 即可.

根据定理所给的条件，借助图 12-1，可以推出下面两个明显成立的不等式：

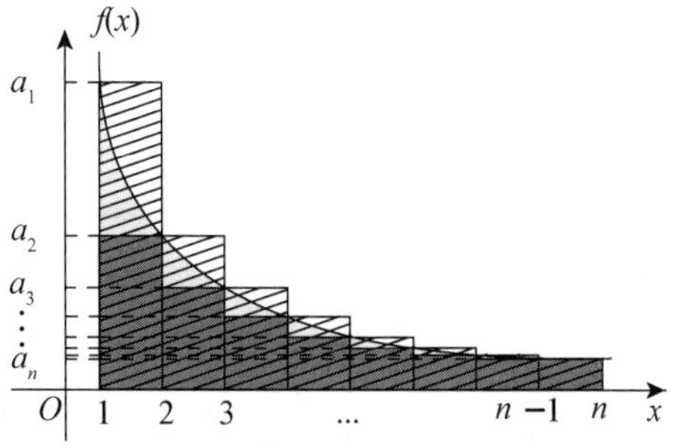

图 12-1

$$a_2+a_3+\cdots+a_n\leqslant\int_1^n f(x)\mathrm{d}x\leqslant a_1+a_2+\cdots+a_{n-1}. \tag{2.2}$$

充分性 设广义积分 $\int_1^{+\infty}f(x)\mathrm{d}x$ 收敛，由于

$$s_n=\sum_{k=1}^n a_k=a_1+\sum_{k=2}^n a_k\leqslant a_1+\int_1^n f(x)\mathrm{d}x\leqslant a_1+\int_1^{+\infty}f(x)\mathrm{d}x,$$

因此，部分和数列 $\{s_n\}$ 有界，根据定理 1 知，正项级数 $\sum\limits_{n=1}^{\infty}a_n$ 收敛.

必要性 只需证若广义积分 $\int_1^{+\infty}f(x)\mathrm{d}x$ 发散，则 $\sum\limits_{n=1}^{\infty}a_n$ 必发散. 事实上，因为现在有 $f(x)\geqslant 0$，故对任意的 $A>1$，积分 $\int_1^A f(x)\mathrm{d}x$ 是 A 的在 $[1,+\infty)$ 上的单调增加函数，故若极限 $\lim\limits_{A\to\infty}\int_1^A f(x)\mathrm{d}x$ 不存在，则必有 $\lim\limits_{A\to\infty}\int_1^A f(x)\mathrm{d}x=+\infty$，由于

$$\int_1^A f(x)\mathrm{d}x\leqslant\int_1^{[A]+1}f(x)\mathrm{d}x\leqslant\sum_{k=1}^{[A]}a_k=s_{[A]},$$

故知部分和数列 $\{s_n\}$ 无界，从而级数 $\sum\limits_{n=1}^{\infty}a_n$ 发散.

注意到在使用定理 6 时，若将积分下限和级数的开始项号改成某个正整数 N，函数 $f(x)$ 改为在 $[N,+\infty)$ 上单调减少连续，并且当 $n>N$ 时 $a_n=f(n)$ 成立，则定理的结论仍然正确.

例 11 试确定级数 $\sum\limits_{n=1}^{\infty}\dfrac{\ln n}{n}$ 的敛散性.

解 若设 $f(x)=\dfrac{\ln x}{x}$，则显然 $f(x)$ 在 $x>1$ 时非负且连续，因为 $f'(x)=\dfrac{1-\ln x}{x^2}$，所以在 $x>\mathrm{e}$ 时有 $f'(x)<0$，函数 $f(x)$ 单调减少，于是，可以对级数 $\sum\limits_{n=1}^{\infty}\dfrac{\ln n}{n}$ 应用积分判别法，注意到

$$\int_{\mathrm{e}}^{+\infty}\frac{\ln x}{x}\mathrm{d}x=\lim_{b\to+\infty}\int_{\mathrm{e}}^{b}\frac{\ln x}{x}\mathrm{d}x=\lim_{b\to+\infty}\left[\frac{\ln^2 x}{2}\right]\Bigg|_{\mathrm{e}}^{b}=\lim_{b\to+\infty}\frac{\ln^2 b-\ln^2\mathrm{e}}{2}=+\infty,$$

即广义积分发散，所以级数 $\sum\limits_{n=3}^{\infty}\dfrac{\ln n}{n}$ 发散，从而级数 $\sum\limits_{n=1}^{\infty}\dfrac{\ln n}{n}$ 发散.

习题 12-2

1. 用比较判别法或其极限形式判别下列级数的收敛性：

(1) $\sum\limits_{n=1}^{\infty}\dfrac{1}{\sqrt{n(n+1)}}$； (2) $\sum\limits_{n=1}^{\infty}\dfrac{1}{(4n-1)(4n+1)}$； (3) $\sum\limits_{n=1}^{\infty}\dfrac{1}{(n+1)(n+4)}$；

(4) $\sum_{n=1}^{\infty} \frac{1}{n\sqrt{n+1}}$；　(5) $\sum_{n=1}^{\infty} \sin\frac{\pi}{2^n}$；　(6) $\sum_{n=1}^{\infty} \frac{1}{na+b}(a>0, b>0)$；

(7) $\sum_{n=1}^{\infty} \frac{1}{\sqrt{n}}\sin\frac{2}{\sqrt{n}}$；　(8) $\sum_{n=1}^{\infty} \frac{1}{1+a^n}(a>0)$.

2. 用比值判别法判别下列级数的收敛性：

(1) $\sum_{n=1}^{\infty} \frac{n!}{10^n}$；　(2) $\frac{1}{2}+\frac{3}{2^2}+\frac{5}{2^3}+\frac{7}{2^4}+\cdots$；

(3) $\sum_{n=1}^{\infty} \frac{1}{2^{2n-1}(2n-1)}$；　(4) $\sum_{n=1}^{\infty} \frac{1}{n!}$；

(5) $\frac{2}{1\times 2}+\frac{2^2}{2\times 3}+\frac{2^3}{3\times 4}+\frac{2^4}{4\times 5}+\cdots$；

(6) $\sum_{n=1}^{\infty} \frac{a^2}{n^k}(a>0)$；　(7) $\sum_{n=1}^{\infty} \frac{n^2}{\left(2+\frac{1}{n}\right)^n}$；

(8) $\sum_{n=1}^{\infty} n\left(\frac{3}{5}\right)^n$.

3. 用根值判别法判别下列级数的收敛性：

(1) $\sum_{n=1}^{\infty} \left(\frac{n}{2n+1}\right)^n$；　(2) $\sum_{n=1}^{\infty} \frac{1}{[\ln(n+1)]^n}$；

(3) $\sum_{n=1}^{\infty} 2^{-n-(-1)^n}$；　(4) $\sum_{n=1}^{\infty} \frac{3^n}{\left(\frac{n+1}{n}\right)^{n^2}}$；

(5) $\sum_{n=1}^{\infty} \left(\frac{3n^2}{n^2+1}\right)^n$；　(6) $\sum_{n=1}^{\infty} \frac{3^n}{1+e^n}$.

4. 在下列各题中，由公式定义的级数 $\sum_{n=1}^{\infty} a_n$，哪些收敛，哪些发散？对你的回答给出理由.

(1) $a_1=2$，$a_{n+1}=\frac{1+\sin n}{n}a_n$；

(2) $a_1=\frac{1}{3}$，$a_{n+1}=\frac{3n-1}{2n+5}a_n$；

(3) $a_1=\frac{1}{3}$，$a_{n+1}=\sqrt{a_n}$.

*5. 用积分判别法讨论下列级数的收敛性：

(1) $\sum_{n=1}^{\infty} \frac{1}{n(\ln n)^p}$；　(2) $\sum_{n=1}^{\infty} \frac{\ln n}{n^p}(p\geqslant 1)$.

6. 若 $\sum a_n^2$ 及 $\sum_{n=1}^{\infty} b_n^2$ 收敛，证明下列级数也收敛：

(1) $\sum_{n=1}^{\infty} |a_nb_n|$；　(2) $\sum_{n=1}^{\infty} (a_n+b_n)^2$；

(3) $\sum\limits_{n=1}^{\infty}\frac{|a_n|}{n}$.

7. 判别级数 $\sum\limits_{n=1}^{\infty}\left(\frac{b}{a_n}\right)^n$ 的收敛性，其中 $a_n\to\alpha(n\to\infty)$，且 a_n，b，α 均为正数.

§12.3　一般常数项级数

上一节我们讨论了关于正项级数收敛性的判别法，本节我们要进一步讨论关于一般常数项级数收敛性的判别法，这里所谓“一般常数项级数”是指级数的各项可以是正数、负数或零. 下面先来讨论一种特殊的级数——交错级数，然后再讨论一般常数项级数.

一、交错级数

定义 1　若 $u_n>0(n=1, 2, 3, \cdots)$，称级数 $\sum\limits_{n=1}^{\infty}(-1)^{n-1}u_n$ 为**交错级数**. 例如，$\sum\limits_{n=1}^{\infty}(-1)^{n-1}\frac{1}{n}$ 是交错级数，但 $\sum\limits_{n=1}^{\infty}(-1)^{n-1}\frac{1-\cos n\pi}{n}$ 不是交错级数.

对于交错级数，我们有下面的判别法.

定理 1(莱布尼茨定理)

如果交错级数 $\sum\limits_{n=1}^{\infty}(-1)^{n-1}u_n$ 满足条件：

(1) $u_n\geqslant u_{n+1}(n=1, 2, 3, \cdots)$；　(2) $\lim\limits_{n\to\infty}u_n=0$，

则级数 $\sum\limits_{n=1}^{\infty}(-1)^{n-1}u_n$ 收敛，并且它的和 $s\leqslant u_1$，其余项 r_n 的绝对值 $|r_n|\leqslant u_{n+1}$.

证明　设题设级数的前 n 项部分和为 s_n，由

$$0\leqslant s_{2n}=(u_1-u_2)+(u_3-u_4)+\cdots+(u_{2n-1}-u_{2n})$$

及

$$s_{2n}=u_1-(u_2-u_3)-(u_4-u_5)-\cdots-(u_{2n-2}-u_{2n-1})-u_{2n}\leqslant u_1$$

看出，数列 $\{s_{2n}\}$ 单调增加且有界 $(s_{2n}\leqslant u_1)$，所以 $\{s_{2n}\}$ 的极限存在.

设 $\lim\limits_{n\to\infty}s_{2n}=s$，由条件 (2)，有

$$\lim_{n\to\infty}s_{2n+1}=\lim_{n\to\infty}(s_{2n}+u_{2n+1})=s,$$

所以 $\lim\limits_{n\to\infty}s_n=s$，从而题设级数收敛于 s，且 $s\leqslant u_1$.

因为 $r_n=\pm(u_{n+1}-u_{n+2}+u_{n+3}-\cdots)$ 也是收敛的交错级数，所以 $|r_n|\leqslant u_{n+1}$.

例 1　判断级数 $\sum\limits_{n=1}^{\infty}\frac{(-1)^{n-1}}{n^2}$ 的收敛性.

解　易见题设级数为交错级数，且一般项 $(-1)^{n-1}u_n=\frac{(-1)^{n-1}}{n^2}$ 满足：

(1) $\frac{1}{n^2}\geqslant\frac{1}{(n+1)^2}(n=1, 2, 3, \cdots)$；　(2) $\lim\limits_{n\to\infty}\frac{1}{n^2}=0$，

所以级数 $\sum\limits_{n=1}^{\infty}\frac{(-1)^{n-1}}{n^2}$ 收敛，其和 $s\leqslant 1$，用 S_n 近似 s 产生的误差 $|r_n|\leqslant\frac{1}{(n+1)^2}$.

注： 判别交错级数 $\sum\limits_{n=1}^{\infty}(-1)^{n-1}f(n)$（其中 $f(n)>0$）的收敛性时，如果数列 $\{f(n)\}$ 单调减少不容易判断，可通过验证当 x 充分大时 $f'(x)\leqslant 0$，来判断当 n 充分大时数列 $\{f(n)\}$ 的单调减少；如果直接求极限 $\lim\limits_{n\to\infty}f(n)$ 有困难，亦可通过求 $\lim\limits_{x\to+\infty}f(x)$（假定它存在）来求 $\lim\limits_{n\to\infty}f(n)$.

例 2　判断 $\sum\limits_{n=1}^{\infty}(-1)^{n-1}\frac{n}{e^n}$ 的收敛性.

解　由于 $u_n=\frac{n}{e^n}>0$，所以题设级数为交错级数，

令 $f(x)=\frac{x}{e^x}(x>1)$，有

$$f'(x)=\frac{e^x-xe^x}{e^{2x}}=\frac{1-x}{e^x}<0,\ x>1,$$

即 $n>1$ 时，数列 $\left\{\frac{n}{e^n}\right\}$ 单调递减，利用洛必达法则有

$$\lim_{n\to\infty}\frac{n}{e^n}=\lim_{x\to+\infty}\frac{x}{e^x}=\lim_{x\to+\infty}\frac{1}{e^x}=0,$$

则由莱布尼茨定理知该级数收敛.

二、绝对收敛与条件收敛

现在，我们来讨论一般常数项级数

$$\sum_{n=1}^{\infty}u_n=u_1+u_2+\cdots+u_n+\cdots, \tag{3.1}$$

其中 u_n 可以是正数、负数或零. 对应这个级数，可以构造一个正项级数

$$\sum_{n=1}^{\infty}|u_n|=|u_1|+|u_2|+\cdots+|u_n|+\cdots, \tag{3.2}$$

称级数（3.2）为级数（3.1）的**绝对值级数**.

上述两个级数的收敛性有一定的联系.

定理 2　如果级数 $\sum\limits_{n=1}^{\infty}|u_n|$ 收敛，则级数 $\sum\limits_{n=1}^{\infty}u_n$ 收敛.

证明　由于 $0\leqslant u_n+|u_n|\leqslant 2|u_n|$ 且级数 $\sum\limits_{n=1}^{\infty}|u_n|$ 收敛，故由比较判别法知正项级数 $\sum\limits_{n=1}^{\infty}(u_n+|u_n|)$ 收敛，又 $\sum\limits_{n=1}^{\infty}u_n=\sum\limits_{n=1}^{\infty}[(u_n+|u_n|)-|u_n|]$，所以级数 $\sum\limits_{n=1}^{\infty}u_n$ 收敛.

根据这个定理，我们可以将许多一般常数项级数的收敛性判别问题转化为正项级数的收敛性判别问题，即当一个一般常数项级数所对应的绝对值级数收敛时，这个一般常数项级数必收敛. 对于级数的这种收敛性，我们给出以下定义.

定义 2 设 $\sum\limits_{n=1}^{\infty} u_n$ 为一般常数项级数，则

(1) 当 $\sum\limits_{n=1}^{\infty} |u_n|$ 收敛时，称 $\sum\limits_{n=1}^{\infty} u_n$ 为**绝对收敛**；

(2) 当 $\sum\limits_{n=1}^{\infty} |u_n|$ 发散，但 $\sum\limits_{n=1}^{\infty} u_n$ 收敛时，称 $\sum\limits_{n=1}^{\infty} u_n$ 为**条件收敛**.

根据上述定义，对于一般常数项级数，我们应当判别它是绝对收敛、条件收敛，还是发散，而判断一般常数项级数的绝对收敛性时，我们可以借助正项级数的判别法来讨论.

例 3 判别级数 $\sum\limits_{n=1}^{\infty} \dfrac{(-1)^{n-1}}{n^p}\ (p>0)$ 的收敛性.

解 由 $\sum\limits_{n=1}^{\infty} \left|\dfrac{(-1)^{n-1}}{n^p}\right| = \sum\limits_{n=1}^{\infty} \dfrac{1}{n^p}$ 易见，当 $p>1$ 时，题设级数绝对收敛；当 $0<p\leqslant 1$ 时，由莱布尼茨定理知 $\sum\limits_{n=1}^{\infty} \dfrac{(-1)^{n-1}}{n^p}$ 收敛，但 $\sum\limits_{n=1}^{\infty} \dfrac{1}{n^p}$ 发散，故题设级数条件收敛.

例 4 判别级数 $\sum\limits_{n=1}^{\infty} \dfrac{\cos n}{n^3}$ 的收敛性.

解 因为 $\left|\dfrac{\cos n}{n^3}\right| \leqslant \dfrac{1}{n^3}$ 而 $\sum\limits_{n=1}^{\infty} \dfrac{1}{n^3}$ 收敛，所以 $\sum\limits_{n=1}^{\infty} \left|\dfrac{\cos n}{n^3}\right|$ 收敛，故由定理知，原级数绝对收敛.

例 5 判别级数 $\sum (-1)^n \dfrac{n^{n+1}}{(n+1)!}$ 的收敛性.

解 这是一个交错级数，令 $u_n=(-1)^n \dfrac{n^{n+1}}{(n+1)!}$，先考察级数 $\sum\limits_{n=1}^{\infty} |u_n|$ 是否收敛. 采用比值判别法：

$$
\begin{aligned}
\lim_{n\to\infty}\frac{|u_{n+1}|}{|u_n|} &= \lim_{n\to\infty}\frac{(n+1)^{n+2}}{[(n+1)+1]!}\,\frac{(n+1)!}{n^{n+1}} \\
&= \lim_{n\to\infty}\left(\frac{n+1}{n}\right)^n \cdot \frac{(n+1)^2}{n(n+2)} \\
&= \lim_{n\to\infty}\left(1+\frac{1}{n}\right)^n = \mathrm{e}>1,
\end{aligned}
$$

所以级数 $\sum\limits_{n=1}^{\infty} |u_n|$ 发散，故原级数非绝对收敛.

其次，由 $\lim\limits_{n\to\infty}\dfrac{|u_{n+1}|}{|u_n|}>1$ 可知，当 n 充分大时，有 $|u_{n+1}|>|u_n|$，故 $\lim\limits_{n\to+\infty} u_n\neq 0$，所以原级数发散.

*三、绝对收敛级数的性质

我们知道有限个数相加满足加法的交换律，那么无限多个数相加是否满足加法的交换

律？如果不然，那么在什么条件下它满足加法交换律？下面我们对绝对收敛的级数来讨论上述问题.

设有级数 $\sum_{n=1}^{\infty} u_n$，我们把改变该级数的项的位置后得到的新级数 $\sum_{n=1}^{\infty} u'_n$ 称为 $\sum_{n=1}^{\infty} u_n$ 的一个**重排级数**.

* **定理 3**　设级数 $\sum_{n=1}^{\infty} u_n$ 绝对收敛，则重排级数 $\sum_{n=1}^{\infty} u'_n$ 也绝对收敛，且

$$\sum_{n=1}^{\infty} u_n = \sum_{n=1}^{\infty} u'_n.$$

证明　(1) 先设 $\sum_{n=1}^{\infty} u_n$ 为正项级数，由条件知 $\sum_{n=1}^{\infty} u_n$ 收敛，设其和为 s. 此时显然有

$$\sum_{n=1}^{k} u'_n \leqslant \sum_{n=1}^{\infty} u_n = s.$$

又 $\sum_{n=1}^{\infty} u'_n$ 也是正项级数，由正项级数收敛的充分必要条件是其部分和有界知，$\sum_{n=1}^{\infty} u'_n$ 也是收敛的正项级数，并且有 $\sum_{n=1}^{\infty} u'_n \leqslant s = \sum_{n=1}^{\infty} u_n$.

又因为 $\sum_{n=1}^{\infty} u_n$ 也可看成级数 $\sum_{n=1}^{\infty} u'_n$ 的一个重排级数，同理有

$$\sum_{n=1}^{\infty} u_n \leqslant \sum_{n=1}^{\infty} u'_n,$$

所以

$$\sum_{n=1}^{\infty} u_n = \sum_{n=1}^{\infty} u'_n.$$

(2) 现在设 $\sum_{n=1}^{\infty} u_n$ 为一般的绝对收敛级数，记

$$p_n = \frac{u_n + |u_n|}{2},\ q_n = \frac{|u_n| - u_n}{2},\ n=1,\ 2,\ 3,\ \cdots.$$

显然有

$$0 \leqslant p_n \leqslant |u_n|,\ 0 \leqslant q_n \leqslant |u_n|,\ n=1,\ 2,\ 3,\ \cdots,$$

而

$$|u_n| = p_n + q_n,\ u_n = p_n - q_n,\ n=1,\ 2,\ 3,\ \cdots.$$

由比较判别法知，正项级数 $\sum_{n=1}^{\infty} p_n$，$\sum_{n=1}^{\infty} q_n$ 均收敛. 由 (1) 知重排后的级数 $\sum_{n=1}^{\infty} p'_n$，$\sum_{n=1}^{\infty} q'_n$ 也都收敛，并且有

$$\sum_{n=1}^{\infty} p'_n = \sum_{n=1}^{\infty} p_n,\ \sum_{n=1}^{\infty} q'_n = \sum_{n=1}^{\infty} q_n.$$

由此可知，级数 $\sum_{n=1}^{\infty} |u'_n| = \sum_{n=1}^{\infty} (p'_n + q'_n)$ 也收敛，即 $\sum_{n=1}^{\infty} u'_n$ 绝对收敛，并且有

$$\sum_{n=1}^{\infty} u'_n = \sum_{n=1}^{\infty}(p'_n - q'_n) = \sum_{n=1}^{\infty} p'_n - \sum_{n=1}^{\infty} q'_n = \sum_{n=1}^{\infty} p_n - \sum_{n=1}^{\infty} q_n$$
$$= \sum_{n=1}^{\infty}(p_n - q_n) = \sum_{n=1}^{\infty} u_n.$$

定理 3 的结论表明：可数无限多个数相加在满足绝对收敛的条件下满足加法的交换律.

绝对收敛的级数有很多性质是条件收敛的级数所没有的. 下面的定理表明：条件收敛的级数不满足加法的交换律.

***定理 4**　设 $\sum_{n=1}^{\infty} a_n$ 是条件收敛级数，则对任意给定的一个常数 $C \in \mathbf{R}$，都必定存在级数 $\sum_{n=1}^{\infty} a_n$ 的一个重排级数 $\sum_{n=1}^{\infty} a'_n$，使得 $\sum_{n=1}^{\infty} a'_n = C$.

***定理 5**　设 $\sum_{n=1}^{\infty} a_n$ 是条件收敛级数，则存在 $\sum_{n=1}^{\infty} a_n$ 的重排级数 $\sum_{n=1}^{\infty} a'_n$，使得

$$\sum_{n=1}^{\infty} a'_n = +\infty \text{（或} -\infty\text{）}$$

定理 4 与定理 5 的证明略.

***定理 6(柯西定理)**　设级数 $\sum_{n=1}^{\infty} u_n$ 和 $\sum_{n=1}^{\infty} v_n$ 绝对收敛，其和分别为 s 和 σ，则它们的柯西乘积

$$u_1v_1 + (u_1v_2 + u_2v_1) + \cdots + (u_1v_n + u_2v_{n-1} + \cdots + u_nv_1) + \cdots$$

也是绝对收敛的，且其和为 $s \cdot \sigma$（证明略）.

习题 12-3

1. 判别下列级数的收敛性. 若收敛，是条件收敛还是绝对收敛？

(1) $\sum_{n=1}^{\infty}(-1)^{n-1}\frac{1}{\sqrt[3]{n^2}}$；　(2) $\sum_{n=1}^{\infty}(-1)^{n-1}\frac{n+1}{5^n}$；　(3) $\sum_{n=1}^{\infty}\frac{\cos na}{(n+1)^2}$；

(4) $\sum_{n=1}^{\infty}\frac{(-1)^n}{na^n}$；　(5) $\frac{1}{2} - \frac{3}{10} + \frac{1}{2^2} - \frac{3}{10^2} + \frac{1}{2^3} - \frac{3}{10^3} + \cdots$；

(6) $\frac{1}{2} + \sum_{n=2}^{\infty}(-1)^{\frac{n(n-1)}{2}}\frac{(2n+1)^2}{2^{n+1}}$.

2. 判别级数 $\sum_{n=2}^{\infty}\frac{(-1)^n\sqrt{n}}{n-1}$ 的收敛性.

3. 级数 $\sum_{n=2}^{\infty}\sin\left(n\pi + \ln\frac{1}{n}\right)$ 是绝对收敛、条件收敛，还是发散？

4. 判别级数 $\sum_{n=1}^{\infty}\frac{(-1)^{n-1}}{[n+(-1)^n]^p}\ (p>0)$ 的收敛性.

5. 讨论 x 取何值时，下列级数绝对收敛、条件收敛.

(1) $\sum_{n=1}^{\infty} 2^n x^{2n}$；　　(2) $\sum_{n=1}^{\infty} \frac{(-1)^p}{(n+x)^p}$.

6. 若 $\sum_{n=1}^{\infty} a_n$，$\sum_{n=1}^{\infty} b_n$ 绝对收敛，证明下列级数也绝对收敛：

(1) $\sum_{n=1}^{\infty} (a_n + b_n)$；　　(2) $\sum_{n=1}^{\infty} (a_n - b_n)$；　　(3) $\sum_{n=1}^{\infty} ka_n$.

7. 设 $f(x)$ 在 $x=0$ 的某一邻域具有二阶连续导数，且 $\lim_{x\to\infty}\frac{f(x)}{x}=0$，证明级数 $\sum_{n=1}^{\infty} \sqrt{n} f\left(\frac{1}{n}\right)$ 绝对收敛.

§12.4　幂级数

一、函数项级数一般概念

设 $\{u_n(x)\}$ 是定义在区间 I 上的函数列，表达式

$$u_1(x)+u_2(x)+u_3(x)+\cdots+u_n(x)+\cdots \tag{4.1}$$

称为定义在区间 I 上的**函数项级数**，记为 $\sum_{n=1}^{\infty} u_n(x)$.

而　$$s_n(x) = u_1(x) + u_2(x) + u_3(x) + \cdots + u_n(x) \tag{4.2}$$
称为函数项级数 (4.1) 的前 n 项**部分和**，记作 $s_n(x)$.

对 $x_0 \in I$，如果常数项级数 $\sum_{n=1}^{\infty} u_n(x_0)$ 收敛，即 $\lim_{n\to\infty} s_n(x_0)$ 存在，则称函数项级数 $\sum_{n=1}^{\infty} u_n(x)$ 在点 x_0 处**收敛**，x_0 称为该函数项级数的**收敛点**，如果 $\lim_{n\to\infty} s_n(x_0)$ 不存在，则称函数项级数 $\sum_{n=1}^{\infty} u_n(x)$ 在点 x_0 处**发散**. 函数项级数 $\sum_{n=1}^{\infty} u_n(x)$ 的所有收敛点的集合称为它的**收敛域**，所有发散点的集合称为它的**发散域**.

设函数项级数 $\sum_{n=1}^{\infty} u_n(x)$ 的收敛域为 D，则对 D 内的每一点 x，$\lim_{n\to\infty} s_n(x)$ 存在，记 $\lim_{n\to\infty} s_n(x)=s(x)$，它是 x 的函数，称为函数项级数 $\sum_{n=1}^{\infty} u_n(x)$ 的**和函数**，称

$$r_n(x)=s(x)-s_n(x)=u_{n+1}(x)+u_{n+2}(x)+\cdots$$

为函数项级数 $\sum_{n=1}^{\infty} u_n(x)$ 的**余项**. 对于收敛域内的每一点 x，有 $\lim_{n\to\infty} r_n(x)=0$.

根据上述定义可知，函数项级数在某区域的收敛性问题，是指函数项级数在该区域内任意一点的收敛性问题，而函数项级数在某点 x 的收敛性问题，实质上是常数项级数的收敛性问题，这样，我们仍可利用常数项级数的收敛性判别法来判断函数项级数的收敛性.

例 1 求级数 $\sum_{n=1}^{\infty}\frac{(-1)^n}{n}\left(\frac{1}{x-1}\right)^n$ 的收敛域.

解 由比值判别法

$$\frac{|u_{n+1}(x)|}{|u_n(x)|}=\frac{n}{n+1}\cdot\frac{1}{|x-1|}\xrightarrow{n\to\infty}\frac{1}{|x-1|},$$

(1) 当$\frac{1}{|x-1|}<1$时，有$|x-1|>1$，即$x<0$或$x>2$时，原级数绝对收敛.

(2) 当$\frac{1}{|x-1|}>1$时，有$|x-1|<1$，即$0<x<2$时，原级数发散.

(3) 当$|x-1|=1$时，有$x=0$或$x=2$，易知$x=0$时，级数$\sum_{n=1}^{\infty}\frac{(-1)^n}{n}(-1)^n=\sum_{n=1}^{\infty}\frac{1}{n}$发散；$x=2$时，级数$\sum_{n=1}^{\infty}\frac{(-1)^n}{n}$收敛，故题设级数的收敛域为$(-\infty, 0)\cup[2, +\infty)$.

例 2 求级数 $\sum_{n=1}^{\infty}\frac{(n+x)^n}{n^{n+x}}$ 的收敛域.

解 因为$u_n=\frac{(n+x)^n}{n^{n+x}}=\frac{\left(1+\frac{x}{n}\right)^n}{n^x}$，当$x=0$时，$u_n=1(n=1, 2, 3\cdots)$，级数发散. 当$x\neq0$时，级数去掉前面的有限项（最多去掉前$|[x]|$项，它不影响级数的收敛性）后为正级数，而

$$\lim_{n\to\infty}\frac{u_n}{\frac{1}{n^x}}=\lim_{n\to\infty}\left(1+\frac{x}{n}\right)^n=\lim_{n\to\infty}\left[\left(1+\frac{x}{n}\right)^{\frac{n}{x}}\right]^x=\mathrm{e}^x,$$

且p级数$\sum_{n=1}^{\infty}\frac{1}{n^x}$，当$x>1$时收敛，当$x\leqslant1$时发散. 由比较判别法的极限形式知，题设级数当$x>1$时收敛，即收敛域为$(1, +\infty)$.

二、幂级数及其收敛性

函数项级数中最简单且最常见的一类级数就是各项都是幂函数的函数项级数，即所谓的**幂级数**，它的形式为

$$\sum_{n=0}^{\infty}a_nx^n=a_0+a_1x+a_2x^2+\cdots+a_nx^n+\cdots, \tag{4.3}$$

其中常数a_0，a_1，a_2，…，a_n，…称为**幂级数的系数**.

例如

$$\sum_{n=0}^{\infty}x^n=1+x+x^2+x^3+\cdots+x^n+\cdots,$$

$$\sum_{n=0}^{\infty}\frac{x^n}{n!}=1+x+\frac{x^2}{2!}+\frac{x^3}{3!}+\cdots+\frac{x^n}{n!}+\cdots,$$

都是幂级数.

注： 对于形如 $\sum_{n=0}^{\infty}a_n(x-x_0)^n$ 的幂级数，可通过做变量代换 $t=x-x_0$ 转化为 $\sum_{n=0}^{\infty}a_nt^n$ 的形式，所以，以后主要针对形如式（4.3）的级数展开讨论.

对于给定的幂级数，它的收敛域是怎样的呢？

显然，当 $x=0$ 时，幂级数 $\sum_{n=0}^{\infty}a_nx^n$ 收敛于 a_0，这说明幂级数的收敛域总是非空的，再来考察幂级数

$$\sum_{n=0}^{\infty}x^n=1+x+x^2+x^3+\cdots+x^n+\cdots \tag{4.4}$$

的收敛性. 这个级数是等比级数，当 $|x|<1$ 时，它收敛于和 $\frac{1}{1-x}$；当 $|x|\geqslant1$ 时，它发散. 因此，该级数的收敛域为一开区间 $(-1,1)$，发散域为 $(-\infty,-1]\cup[1,+\infty)$. 这个例子说明，幂级数（4.4）的收敛域是一个区间. 事实上，这个结论对于一般的幂级数也是成立的.

定理 1（阿贝尔定理） 如果级数 $\sum_{n=0}^{\infty}a_nx_0^n(x_0\neq0)$ 收敛，则对于满足不等式 $|x|<|x_0|$ 的一切 x，级数 $\sum_{n=0}^{\infty}a_nx^n$ 绝对收敛；反之，如果级数 $\sum_{n=0}^{\infty}a_nx_0^n$ 发散，则对于满足不等式 $|x|>|x_0|$ 的一切 x，级数 $\sum_{n=0}^{\infty}a_nx^n$ 发散.

证明 （1）设点 x_0 是收敛点，即级数 $\sum_{n=0}^{\infty}a_nx_0^n$ 收敛，根据级数收敛的必要条件，有 $\lim\limits_{n\to\infty}a_nx_0^n=0$，于是存在一个常数 M，使

$$|a_nx_0^n|\leqslant M,\ n=0,1,2,\cdots,$$

因为

$$|a_nx^n|=\left|a_nx_0^n\cdot\frac{x^n}{x_0^n}\right|=|a_nx_0^n|\cdot\left|\frac{x}{x_0}\right|^n\leqslant M\cdot\left|\frac{x}{x_0}\right|^n.$$

而当 $|x|<|x_0|$ 时，等比级数 $\sum_{n=0}^{\infty}M\cdot\left|\frac{x}{x_0}\right|^n$ 收敛，所以，根据比较判别法知，级数 $\sum_{n=0}^{\infty}|a_nx^n|$ 收敛，即级数 $\sum_{n=0}^{\infty}a_nx^n$ 绝对收敛.

（2）采用反证法证明第二部分. 设 $x=x_0$ 时发散，而另有一点 x_1 存在，它满足 $|x_1|>|x_0|$，并使得级数 $\sum_{n=0}^{\infty}a_nx_1^n$ 收敛，则根据（1）的结论，当 $x=x_0$ 时级数也应收敛，这与假设矛盾，从而得证.

定理 1 的结论表明，如果幂级数在 $x=x_0$（$x_0\neq0$）处收敛，则可断定对于开区间 $(-|x_0|,|x_0|)$ 内的任何 x，幂级数必收敛；若已知幂级数在点 $x=x_1$ 处发散，则可断定

对闭区间 $[-|x_1|, |x_1|]$ 外的任何 x，幂级数必发散. 这样，如果幂级数在数轴上既有收敛点(不仅是原点)也有发散点，则从数轴的原点出发沿正向走，最初只遇到收敛点，越过一个分界点后，就只遇到发散点，这个分界点可能是收敛点，也可能是发散点. 从原点出发沿负向走的情形也是如此，且两个分界点 P 与 P' 关于原点对称（见图 12 - 2).

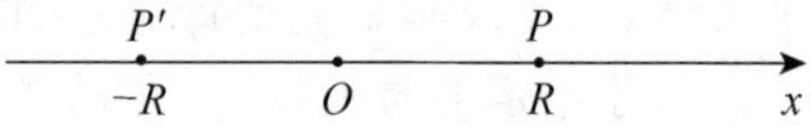

图 12 - 2

根据上述分析，可得到以下重要结论:

推论 如果幂级数 $\sum\limits_{n=0}^{\infty} a_n x^n$ 不是仅在 $x=0$ 一点收敛，也不是在整个数轴上都收敛，则必存在一个完全确定的正数 R，使得

(1) 当 $|x|<R$ 时，幂级数绝对收敛;

(2) 当 $|x|>R$ 时，幂级数发散;

(3) 当 $x=R$ 与 $x=-R$ 时，幂级数可能收敛也可能发散.

上述推论中的正数 R 称为幂级数的**收敛半径**. 开区间 $(-R, R)$ 称为幂级数的**收敛区间**. 若幂级数的收敛域为 D，则 $(-R, R)\subseteq D\subseteq[-R, R]$.

特别地，若幂级数只在 $x=0$ 处收敛，则规定收敛半径 $R=0$，收敛域只有一个点 $x=0$；若幂级数对一切 x 都收敛，则规定收敛半径 $R=+\infty$，这时收敛域为 $(-\infty, +\infty)$.

关于幂级数收敛半径的求法，我们有下面的定理.

定理 2 设幂级数 $\sum\limits_{n=0}^{\infty} a_n x^n$ 的所有系数 $a_n\neq 0$，如果 $\lim\limits_{n\to\infty}\left|\dfrac{a_{n+1}}{a_n}\right|=\rho$，则

(1) 当 $\rho\neq 0$ 时，此幂级数的收敛半径 $R=\dfrac{1}{\rho}$;

(2) 当 $\rho=0$ 时，此幂级数的收敛半径 $R=+\infty$;

(3) 当 $\rho=+\infty$ 时，此幂级数的收敛半径 $R=0$.

证明 对绝对值级数 $\sum\limits_{n=0}^{\infty}|a_n x^n|$ 应用比值判别法，有

$$\lim_{n\to\infty}\left|\frac{a_{n+1}x^{n+1}}{a_n x^n}\right|=\lim_{n\to\infty}\left|\frac{a_{n+1}}{a_n}\right||x|=\rho|x|.$$

(1) 若 $\lim\limits_{n\to\infty}\left|\dfrac{a_{n+1}}{a_n}\right|=\rho(\rho\neq 0)$ 存在，则当 $|x|<\dfrac{1}{\rho}$ 时，题设级数绝对收敛；当 $|x|>\dfrac{1}{\rho}$ 时，级数 $\sum\limits_{n=0}^{\infty}|a_n x^n|$ 发散，且当 n 充分大时有 $|a_{n+1}x^{n+1}|>|a_n x^n|$，故一般项 $|a_n x^n|$ 不趋于 0，从而题设级数发散. 所以收敛半径 $R=\dfrac{1}{\rho}$.

(2) 若 $\rho=0$，则对任何 $x\neq 0$，有 $\dfrac{|a_{n+1}x^{n+1}|}{|a_n x^n|}\to 0\,(n\to\infty)$，所以级数 $\sum\limits_{n=0}^{\infty}|a_n x^n|$ 收敛，从而题设级数绝对收敛，即收敛半径 $R=+\infty$.

(3) 若 $\rho=+\infty$，则对任何非零 x，有 $\rho|x|=+\infty$，所以幂级数 $\sum\limits_{n=0}^{\infty}|a_n x^n|$ 发散，于是 $R=0$.

注：根据幂级数的系数的形式，我们有时也可用根值判别法来求收敛半径，此时有 $\lim\limits_{n\to\infty}\sqrt[n]{|a_n|}=\rho$.

在定理 2 中，我们假设幂级数 $\sum\limits_{n=0}^{\infty}a_nx^n$ 的所有系数 $a_n\neq 0$，这样幂级数的各项是依幂次 n 连续的，如果幂级数有缺项，如缺少奇数次幂的项等，则应将幂级数视为函数项级数并利用比值判别法或根值判别法来判断幂级数的收敛性.

求幂级数 $\sum\limits_{n=0}^{\infty}a_nx^n$ 收敛域的基本步骤：

(1) 求出收敛半径 R；

(2) 判别常数项级数 $\sum\limits_{n=0}^{\infty}a_nR^n$，$\sum\limits_{n=0}^{\infty}a_n(-R)^n$ 的收敛性；

(3) 写出幂级数的收敛域.

例 3　求下列幂级数的收敛域：

(1) $\sum\limits_{n=1}^{\infty}(-1)^{n-1}\dfrac{x^n}{n^2}$；　　(2) $\sum\limits_{n=1}^{\infty}n!x^n$；　　(3) $\sum\limits_{n=1}^{\infty}\dfrac{2^nx^n}{n!}$.

解　(1) $\rho=\lim\limits_{n\to\infty}\left|\dfrac{a_{n+1}}{a_n}\right|=\lim\limits_{n\to\infty}\dfrac{n^2}{(n+1)^2}=1$，所以收敛半径 $R=1$.

当 $x=1$ 时，级数 $\sum\limits_{n=1}^{\infty}(-1)^{n-1}\dfrac{1}{n^2}$ 收敛；当 $x=-1$ 时，级数 $\sum\limits_{n=1}^{\infty}\dfrac{-1}{n^2}$ 收敛. 从而所求级数的收敛域为 $[-1,1]$.

(2) 因为 $\rho=\lim\limits_{n\to\infty}\left|\dfrac{a_{n+1}}{a_n}\right|=\lim\limits_{n\to\infty}\dfrac{(n+1)!}{n!}=\lim\limits_{n\to\infty}(n+1)=+\infty$，故收敛半径 $R=0$，所以题设级数只在 $x=0$ 处收敛.

(3) 因为 $\rho=\lim\limits_{n\to\infty}\left|\dfrac{a_{n+1}}{a_n}\right|=\lim\limits_{n\to\infty}\dfrac{2^{n+1}}{(n+1)!}\cdot\dfrac{n!}{2^n}=\lim\limits_{n\to\infty}\dfrac{2}{n+1}=0$，所以收敛半径 $R=+\infty$，所求级数的收敛域为 $(-\infty,+\infty)$.

例 4　求幂级数 $\sum\limits_{n=1}^{\infty}(-1)^n\dfrac{2^n}{\sqrt{n}}\left(x-\dfrac{1}{3}\right)^n$ 的收敛域.

解　令 $t=x-\dfrac{1}{3}$，题设级数化为 $\sum\limits_{n=1}^{\infty}(-1)^n\dfrac{2^n}{\sqrt{n}}t^n$，因为

$$\rho=\lim_{n\to\infty}\left|\frac{a_{n+1}}{a_n}\right|=\lim_{n\to\infty}\frac{2^{n+1}}{\sqrt{n+1}}\cdot\frac{\sqrt{n}}{2^n}=2,$$

所以收敛半径 $R=\dfrac{1}{2}$，收敛区间为 $|t|<\dfrac{1}{2}$，即 $-\dfrac{1}{6}<x<\dfrac{5}{6}$.

当 $x=-\dfrac{1}{6}$ 时，级数成为 $\sum\limits_{n=1}^{\infty}\dfrac{1}{\sqrt{n}}$，发散；当 $x=\dfrac{5}{6}$ 时，级数 $\sum\limits_{n=1}^{\infty}\dfrac{(-1)^n}{\sqrt{n}}$ 收敛，从而所求收敛域为 $\left(-\dfrac{1}{6},\dfrac{5}{6}\right]$.

例 5 求级数 $\sum\limits_{n=1}^{\infty}\dfrac{x^{2n}}{3^n}$ 的收敛域.

解 题设级数缺少奇数次幂项，此时可直接利用比值判别法：

$$\lim_{n\to\infty}\left|\frac{u_{n+1}(x)}{u_n(x)}\right|=\lim_{n\to\infty}\left|\frac{x^{2n+2}}{3^{n+1}}\right|\cdot\left|\frac{3^n}{x^{2n}}\right|=\frac{1}{3}x^2,$$

当$\dfrac{1}{3}x^2<1$即$|x|<\sqrt{3}$时，级数收敛；当$\dfrac{1}{3}x^2>1$即$|x|>\sqrt{3}$时，级数发散，所以收敛半径$R=\sqrt{3}$.

当 $x=\sqrt{3}$ 时，级数$\sum\limits_{n=1}^{\infty}1$发散；当 $x=-\sqrt{3}$ 时，级数$\sum\limits_{n=1}^{\infty}1$发散，故所求收敛域为$(-\sqrt{3},\sqrt{3})$.

三、幂级数的运算

设幂级数 $\sum\limits_{n=0}^{\infty}a_nx^n$ 和$\sum\limits_{n=0}^{\infty}b_nx^n$ 的收敛半径分别为R_1 和 R_2，记 $R=\min\{R_1, R_2\}$，则根据常数项级数的相应运算性质知，这两个幂级数可进行下列代数运算.

(1) 加减法：$\sum\limits_{n=0}^{\infty}a_nx^n\pm\sum\limits_{n=0}^{\infty}b_nx^n=\sum\limits_{n=0}^{\infty}c_nx^n$，其中 $c_n=a_n\pm b_n$，$x\in(-R, R)$.

*(2) 乘法：$\left(\sum\limits_{n=0}^{\infty}a_nx^n\right)\cdot\left(\sum\limits_{n=0}^{\infty}b_nx^n\right)=\sum\limits_{n=0}^{\infty}c_nx^n$，其中 $c_n=a_0b_n+a_1b_{n-1}+\cdots+a_nb_0$，$x\in(-R, R)$. 这里的乘法是这两个幂级数的柯西乘积.

*(3) 除法：$\dfrac{\sum\limits_{n=0}^{\infty}a_nx^n}{\sum\limits_{n=0}^{\infty}b_nx^n}=\sum\limits_{n=0}^{\infty}c_nx^n\,(b_n\neq 0)$，为了确定系数 $c_n\,(n=0, 1, 2, \cdots)$，可将级数$\sum\limits_{n=0}^{\infty}b_nx^n$ 与$\sum\limits_{n=0}^{\infty}c_nx^n$ 相乘，并令乘积中各项的系数分别等于级数 $\sum\limits_{n=0}^{\infty}a_nx^n$ 中同幂次的系数，即得 $a_0=b_0c_0$，$a_1=b_1c_0+b_0c_1$，$a_2=b_2c_0+b_1c_1+b_0c_2$，$\cdots$，由这些方程就可以顺次求出系数 c_n $(n=0, 1, 2, \cdots)$. 一般来说，相除后得到的幂级数 $\sum\limits_{n=0}^{\infty}c_nx^n$ 的收敛半径可能比原来两级数的收敛半径小得多.

例 6 求幂级数 $\sum\limits_{n=1}^{\infty}\left[\dfrac{(-1)^n-1}{n^2}+\dfrac{1}{7^n}\right]x^n$ 的收敛域.

解 从例 3 的 (1) 知，级数 $\sum\limits_{n=1}^{\infty}(-1)^{n-1}\dfrac{x^n}{n^2}$ 的收敛域为 $[-1, 1]$. 对级数 $\sum\limits_{n=1}^{\infty}\dfrac{1}{7^n}x^n$，有

$$\rho=\lim_{n\to\infty}\left|\frac{a_{n+1}}{a_n}\right|=\lim_{n\to\infty}\frac{1}{7^{n+1}}\cdot\frac{7^n}{1}=\frac{1}{7},$$

所以，其收敛半径为 7，易见当 $x=\pm 7$ 时，该级数发散，因此级数 $\sum\limits_{n=1}^{\infty}\dfrac{1}{7^n}x^n$ 的收敛域为

(−7，7).

由幂级数的代数运算性可得，题设级数的收敛域为 $[-1, 1]$.

我们知道，幂级数的和函数是在其收敛区域内定义的一个函数，关于这个函数的连续性、可导性及可积性，我们有下列定理：

定理 3 设幂级数 $\sum\limits_{n=0}^{\infty} a_n x^n$ 的收敛半径为 R，则

(1) 幂级数的和函数 $s(x)$ 在其收敛域 I 上连续；

(2) 幂级数的和函数 $s(x)$ 在其收敛域 I 上可积，并在 I 上有逐项积分公式

$$\int_0^x s(t)\mathrm{d}t = \int_0^x \Big(\sum_{n=0}^{\infty} a_n t^n\Big)\mathrm{d}t = \sum_{n=0}^{\infty}\int_0^x a_n t^n \mathrm{d}t = \sum_{n=0}^{\infty}\frac{a_n}{n+1}x^{n+1},$$

且逐项积分后得到的幂级数和原级数有相同的收敛半径；

(3) 幂级数的和函数 $s(x)$ 在其收敛区间 $(-R, R)$ 内可导，并在 $(-R, R)$ 内有逐项求导公式

$$s'(x) = \Big(\sum_{n=0}^{\infty} a_n x^n\Big)' = \sum_{n=0}^{\infty}(a_n x^n)' = \sum_{n=1}^{\infty} n a_n x^{n-1},$$

且逐项求导后得到的幂级数和原级数有相同的收敛半径.

注： 反复应用结论 (3) 可得，幂级数的和函数 $s(x)$ 在其收敛区间 $(-R, R)$ 内具有任意阶导数.

上述运算性质称为幂级数的分析运算性质. 它常用于求幂级数的和函数. 此外，几何级数的和函数

$$1+x+x^2+\cdots+x^n+\cdots=\frac{1}{1-x},\quad -1<x<1$$

是幂级数求和中的一个基本结果. 我们所讨论的许多级数求和的问题都可以利用幂级数的运算性质转化为几何级数的求和问题来解决.

例 7 求幂级数 $\sum\limits_{n=1}^{\infty} n\cdot x^n$ 的和函数.

解 易知题设级数的收敛域为 $(-1, 1)$，设其和函数为 $s(x)$，即

$$s(x)=\sum_{n=1}^{\infty} n\cdot x^n,\quad x\in(-1, 1),$$

$$s(x)=x\sum_{n=1}^{\infty}(x^n)' = x\Big(\sum_{n=1}^{\infty} x^n\Big)' = x\left(\frac{x}{1-x}\right)',\ |x|<1,$$

$$\therefore s(x)=\frac{x}{(1-x)^2},\ |x|<1.$$

$$\therefore \sum_{n=1}^{\infty} n\cdot x^n = \frac{x}{(1-x)^2},\ |x|<1.$$

例 8 求幂级数 $\sum_{n=1}^{\infty}\frac{x^n}{n+1}$ 的和函数，并求级数 $\sum_{n=1}^{\infty}\frac{(-1)^n}{n+1}$ 的和.

解 易求得该级数的收敛域为$[-1, 1)$，设其和函数为 $s(x)$.

即

$$s(x)=\sum_{n=1}^{\infty}\frac{x^n}{n+1},\ x\in[-1, 1),$$

$$xs(x)=\sum_{n=1}^{\infty}\frac{x^{n+1}}{n+1},$$

$$(xs(x))'=\sum_{n=1}^{\infty}x^n=\frac{x}{1-x},\ |x|<1.$$

两端积分，得

$$\int_0^x[ts(t)]'\mathrm{d}t=\int_0^x\frac{t}{1-t}\mathrm{d}t,$$

$$xs(x)=-x-\ln(1-x),$$

当 $x\neq 0$ 时，$s(x)=-\frac{1}{x}[x+\ln(1-x)]$；当 $x=0$ 时，$s(0)=0$.

综上所述，得所求和函数为

$$s(x)=\begin{cases}-\frac{1}{x}[x+\ln(1-x)], & x\in[-1, 0)\cup(0, 1)\\ 0, & x=0\end{cases}$$

于是 $\sum_{n=1}^{\infty}\frac{(-1)^n}{n+1}=s(-1)=-1+\ln 2$.

习题 12－4

1. 求下列幂级数的收敛域：

(1) $\sum_{n=1}^{\infty}(-1)\frac{x^n}{n}$；　(2) $\sum_{n=1}^{\infty}\frac{x^n}{n\cdot 3^n}$；　(3) $\sum_{n=1}^{\infty}\frac{x^n}{2\times 4\times\cdots\times(2n)}$；

(4) $\sum_{n=1}^{\infty}\frac{2^n}{n^2+1}x^n$；　(5) $\sum_{n=0}^{\infty}(-1)^n\frac{x^n}{5^n\sqrt{n+1}}$；　(6) $\sum_{n=1}^{\infty}\frac{\ln(n+1)}{n+1}x^{n+1}$；

(7) $\sum_{n=1}^{\infty}\frac{(x-2)^n}{n^2}$；　(8) $\sum_{n=1}^{\infty}\frac{(x-5)^n}{\sqrt{n}}$；　(9) $\sum_{n=1}^{\infty}(-1)^n\frac{x^{2n+1}}{2n+1}$.

2. 求下列幂级数的收敛半径：

(1) $\sum_{n=1}^{\infty}\frac{(n+1)^n}{n!}x^n$；　(2) $\sum_{n=1}^{\infty}\frac{(-1)^n}{\sqrt[n]{n!}}x^n$.

3. 级数 $\mathrm{e}^x=1+x+\frac{x^2}{2!}+\frac{x^3}{3!}+\frac{x^4}{4!}+\cdots$对所有 x 收敛到 e^x.

(1) 求$\frac{\mathrm{d}}{\mathrm{d}x}\mathrm{e}^x$ 的级数，能否得到 e^x 的级数？说明理由.

(2) 求$\int\mathrm{e}^x\mathrm{d}x$ 的级数，能否得到 e^x 的级数？说明理由.

4. 求下列幂级数的和函数：

(1) $\sum_{n=1}^{\infty} nx^{n-1}$；　　(2) $\sum_{n=0}^{\infty}(n+1)^2x^n$；　　(3) $\sum_{n=1}^{\infty}\frac{x^{2n-1}}{2n-1}$.

5. 求幂级数 $\sum_{n=0}^{\infty}\frac{x^{2n+1}}{n!}$ 的和函数，求常数项级数 $\sum_{n=0}^{\infty}\frac{2n+1}{n!}$ 的和.

6. 试求极限$\lim_{n\to\infty}\left(\frac{1}{a}+\frac{2}{a^2}+\cdots+\frac{n}{a^n}\right)$，其中 $a>1$.

7. 求级数 $\sum_{n=0}^{\infty}\frac{(-1)^n(n^2-n+1)}{2^n}$ 的和.

§12.5　函数展开成幂级数

前面几节我们讨论了幂级数的收敛域以及幂级数在收敛域上的和函数，现在我们要考虑相反的问题，即对给定的函数 $f(x)$，要确定它能否在某一区间上“表示成幂级数”，或者说，能否找到这样的幂级数，它在某一区间内收敛，且其和恰好等于给定的函数 $f(x)$. 如果能找到这样的幂级数，我们就称**函数 $f(x)$ 在该区间内能展开成幂级数**，而这个幂级数在该区间内就表达了函数 $f(x)$.

一、泰勒级数的概念

由泰勒公式知，如果函数 $f(x)$ 在点 x_0 的某个邻域内有 $n+1$ 阶导数，则对于该邻域内的任意一点 x，有

$$f(x)=f(x_0)+f'(x_0)(x-x_0)+\frac{f''(x_0)}{2!}(x-x_0)^2+\cdots+\frac{f^{(n)}(x_0)}{n!}(x-x_0)^n+R_n(x),$$

其中 $R_n(x)=\frac{f^{(n+1)}(\xi)}{(n+1)!}(x-x_0)^{n+1}$，这里 ξ 是介于 x_0 与 x 之间的某个值.

如果 $f(x)$ 存在任意阶导数，且级数 $\sum_{n=0}^{\infty}\frac{f^{(n)}(x_0)}{n!}(x-x_0)^n$ 在区间 $|x-x_0|<R$ 内收敛于 $f(x)$，则

$$f(x)=\lim_{n\to\infty}\left[f(x_0)+f'(x_0)(x-x_0)+\frac{f''(x_0)}{2!}(x-x_0)^2+\cdots+\frac{f^{(n)}(x_0)}{n!}(x-x_0)^n+R_n(x)\right].$$

于是，有下面的定理.

定理　设 $f(x)$ 在区间 $|x-x_0|<R$ 内存在任意阶导数，幂级数

$$\sum_{n=0}^{\infty}\frac{f^{(n)}(x_0)}{n!}(x-x_0)^n$$

的收敛区间为$|x-x_0|<R$，则在区间$|x-x_0|<R$内，

$$f(x)=\sum_{n=0}^{\infty}\frac{f^{(n)}(x_0)}{n!}(x-x_0)^n \tag{5.1}$$

成立的充分必要条件是：在该区间内，

$$\lim_{n\to\infty}R_n(x)=\lim_{n\to\infty}\frac{f^{(n+1)}(\xi)}{(n+1)!}(x-x_0)^{n+1}=0. \tag{5.2}$$

证明 由泰勒公式知

$$f(x)=\sum_{k=0}^{n}\frac{f^{(k)}(x_0)}{k!}(x-x_0)^k+R_n(x),$$

令$P_n(x)=\sum_{k=0}^{n}\frac{f^{(k)}(x_0)}{k!}(x-x_0)^k$，则$f(x)=P_n(x)+R_n(x)$.

于是

函数$f(x)$在$|x-x_0|<R$内能展开成泰勒级数$\Leftrightarrow\lim_{n\to\infty}P_n(x)=f(x)$

$\Leftrightarrow\lim_{n\to\infty}[f(x)-P_n(x)]=0\Leftrightarrow\lim_{n\to\infty}R_n(x)=0.$

式（5.1）右端的级数称为$f(x)$在点$x=x_0$处的泰勒级数.

而$P_n(x)=\sum_{k=0}^{n}\frac{f^{(k)}(x_0)}{k!}(x-x_0)^k$称为$f(x)$在点$x=x_0$处产生的$\boldsymbol{n}$阶泰勒多项式.

当$x=0$时，泰勒级数为

$$f(0)+f'(0)x+\frac{f''(0)}{2!}x^2+\cdots+\frac{f^{(n)}(0)}{n!}x^n+\cdots, \tag{5.3}$$

称其为$f(x)$的**麦克劳林级数**（或称为$\boldsymbol{x}$**的幂级数**）.

注：由§12.4的定理3中的结论（3）知，如果函数$f(x)$能在某个区间内展开成幂级数，则它必定在这个区间内的每一点处具有任意阶的导数，即**没有任意阶导数的函数是不可能展开成幂级数的**，函数的麦克劳林级数是x的幂级数，可以证明，如果$f(x)$能展开成x的幂级数，则这种展开式是唯一的，它一定等于$f(x)$的麦克劳林级数.

事实上，如果$f(x)$在点$x=x_0$的某邻域$(-R,R)$内能展开成x的幂级数，即在$(-R,R)$内恒有$f(x)=a_0+a_1x+a_2x^2+\cdots+a_nx^n+\cdots$，则根据幂级数在收敛区间内可逐项求导，有

$$f'(x)=a_1+2a_2x+3a_3x^2+\cdots+na_nx^{n-1}+\cdots,$$
$$f''(x)=2!\ a_2+3\times2a_3x+\cdots+n(n-1)a_nx^{n-2}+\cdots,$$

把$x=0$代入以上各式，得

$$a_n=\frac{f^{(n)}(0)}{n!},\ n=0,1,2,\cdots, \tag{5.4}$$

这就是所要证明的.

由函数 $f(x)$ 展开式的唯一性可知，如果 $f(x)$ 能展开成 x 的幂级数，则这个幂级数就是 $f(x)$ 的麦克劳林级数，但是反过来，如果 $f(x)$ 的麦克劳林级数在点 $x=x_0$ 的某邻域内收敛，它却不一定收敛于 $f(x)$. 例如，函数 $f(x)=\begin{cases} e^{-\frac{1}{x^2}}, & x\neq 0 \\ 0, & x=0 \end{cases}$ 在 $x=0$ 点任意阶可导，且 $f^{(n)}(0)=0$ ($n=0, 1, 2, \cdots$)，所以 $f(x)$ 的麦克劳林级数为 $\sum\limits_{n=0}^{\infty} 0\cdot x^n$，该级数在 $(-\infty, +\infty)$ 内的和函数 $s(x)\equiv 0$，显然，除 $x=0$ 外，$f(x)$ 的麦克劳林级数处处不收敛于 $f(x)$.

因此，当 $f(x)$ 在 $x=0$ 处具有各阶导数时，虽然 $f(x)$ 的麦克劳林级数能被做出来，但这个级数能否在某个区间内收敛，以及是否收敛于 $f(x)$ 却需要进一步考虑. 下面我们将具体讨论把函数 $f(x)$ 展开成 x 的幂级数的方法.

二、函数展开成幂级数的方法

1. 直接法

把函数 $f(x)$ 展开成泰勒级数，可按下列步骤进行：

(1) 计算 $f^{(n)}(x_0)$ $(n=0, 1, 2, \cdots)$；

(2) 写出对应的泰勒级数

$$\sum_{n=0}^{\infty}\frac{f^{(n)}(x_0)}{n!}(x-x_0)^n,$$

并求出该级数的收敛区间 $|x-x_0|<R$；

(3) 验证在 $|x-x_0|<R$ 内，$\lim\limits_{n\to\infty}R_n(x)=0$；

(4) 写出所求函数 $f(x)$ 的泰勒级数及其收敛区间

$$f(x)=\sum_{n=0}^{\infty}\frac{f^{(n)}(x_0)}{n!}(x-x_0)^n,\ |x-x_0|<R.$$

下面我们来讨论基本初等函数的麦克劳林级数.

例 1 将函数 $f(x)=e^x$ 展开成 x 的幂级数.

解 由 $f^{(n)}(x)=e^x$ 得 $f^{(n)}(0)=1$ ($n=0, 1, 2, \cdots$)，于是 $f(x)$ 的麦克劳林级数为

$$1+x+\frac{x^2}{2!}+\frac{x^3}{3!}+\cdots+\frac{x^n}{n!}+\cdots,$$

该级数的收敛半径为 $R=+\infty$. 对于任何有限的数 x，ξ (ξ 介于 0 与 x 之间)，有

$$|R_n(x)|=\left|\frac{e^{\xi}}{(n+1)!}x^{n+1}\right|<e^{|x|}\cdot\frac{|x|^{n+1}}{(n+1)!},$$

因 $e^{|x|}$ 有限，而 $\frac{|x|^{n+1}}{(n+1)!}$ 是收敛级数 $\sum\limits_{n=0}^{\infty}\frac{|x|^{n+1}}{(n+1)!}$ 的一般项，所以 $e^{|x|}\cdot\frac{|x|^{n+1}}{(n+1)!}\xrightarrow{n\to\infty}0$ 即有 $\lim\limits_{n\to\infty}R_n(x)=0$，于是

$$e^x=1+x+\frac{x^2}{2!}+\frac{x^3}{3!}+\cdots+\frac{x^n}{n!}+\cdots,\ x\in(-\infty,\ +\infty).$$

例 2 将函数 $f(x)=\sin x$ 展开成 x 的幂级数.

解 $f^{(n)}(x)=\sin\left(x+\frac{n\pi}{2}\right)(n=0,\ 1,\ 2,\ \cdots)$，从而 $f^{(n)}(0)$ 顺序循环地取 0，1，0，-1，$\cdots$ $(n=0,\ 1,\ 2,\ \cdots)$，于是 $f(x)$ 的麦克劳林级数为

$$x-\frac{x^3}{3!}+\frac{x^5}{5!}-\cdots+(-1)^n\frac{x^{2n+1}}{(2n+1)!}+\cdots,$$

该级数的收敛半径为 $R=+\infty$. 对于任何有限的数 x，ξ（ξ 介于 0 与 x 之间），有

$$|R_n(x)|=\left|\frac{\sin\left[\xi+\frac{(n+1)\pi}{2}\right]}{(n+1)!}x^{n+1}\right|<\frac{|x|^{n+1}}{(n+1)!},$$

从而有 $|R_n(x)|<\frac{|x|^{n+1}}{(n+1)!}\xrightarrow{n\to\infty}0.$

于是 $\sin x=x-\frac{x^3}{3!}+\frac{x^5}{5!}-\cdots+(-1)^n\frac{x^{2n+1}}{(2n+1)!}+\cdots,\ x\in(-\infty,\ +\infty).$

例 3 将函数 $f(x)=\cos x$ 展开成 x 的幂级数.

解 利用幂级数的运算性质，由 $\sin x$ 的展开式

$$\sin x=x-\frac{x^3}{3!}+\frac{x^5}{5!}-\cdots+(-1)^n\frac{x^{2n+1}}{(2n+1)!}+\cdots,\ x\in(-\infty,\ +\infty),$$

逐项求导得

$$\cos x=1-\frac{x^2}{2!}+\frac{x^4}{4!}-\cdots+(-1)^n\frac{x^{2n}}{2n!}+\cdots,\ x\in(-\infty,\ +\infty).$$

例 4 将函数 $f(x)=\ln(1+x)$ 展开成 x 的幂级数.

解 因为 $f'(x)=\frac{1}{1+x}$ 而

$$\frac{1}{1+x}=1-x+x^2-x^3+\cdots+(-1)^n x^n+\cdots,\ x\in(-1,\ 1),$$

在上式两端从 0 到 x 逐项积分，得

$$\ln(1+x)=x-\frac{x^2}{2!}+\frac{x^3}{3!}-\cdots+(-1)^n\frac{x^{n+1}}{(n+1)!}+\cdots,\ x\in(-1,\ 1].$$

上式对 $x=1$ 也成立，因为上式右端的幂级数当 $x=1$ 时收敛，而上式左端的函数 $\ln(1+x)$ 在 $x=1$ 处有定义且连续.

例 5 将函数 $f(x)=(1+x)^\alpha(\alpha\in R)$ 展开成 x 的幂级数.

解 $f'(x)=\alpha(1+x)^{\alpha-1}$,

$f''(x)=\alpha(\alpha-1)(1+x)^{\alpha-2}$,

$$f^{(n)}(x)=\alpha(\alpha-1)(\alpha-2)\cdots(\alpha-n+1)(1+x)^{\alpha-n},$$

所以 $f(0)=1$，$f'(0)=\alpha$，$f''(0)=\alpha(\alpha-1)$，…，$f^{(n)}(0)=\alpha(\alpha-1)\cdots(\alpha-n+1)$，….

于是 $f(x)$ 的麦克劳林级数为

$$1+\alpha x+\frac{\alpha(\alpha-1)}{2!}x^2+\cdots+\frac{\alpha(\alpha-1)\cdots(\alpha-n+1)}{n!}x^n+\cdots. \tag{5.5}$$

该级数相邻两项的系数之比的绝对值 $\left|\frac{a_{n+1}}{a_n}\right|=\left|\frac{\alpha-n}{n+1}\right|\to 1(n\to\infty)$，因此，该级数的收敛半径$R=1$，收敛域为 $(-1, 1)$.

设级数 (1) 的和函数为 $s(x)$，则可求得 $s(x)=(1+x)^{\alpha}(x\in(-1, 1))$，即

$$(1+x)^{\alpha}=1+\alpha x+\frac{\alpha(\alpha-1)}{2!}x^2+\cdots+\frac{\alpha(\alpha-1)\cdots(\alpha-n+1)}{n!}x^n+\cdots,\ x\in(-1, 1). \tag{5.6}$$

在区间的端点 $x=\pm1$ 处，展开式 (5.6) 是否成立要看 α 的取值而定.

可证明：当 $\alpha\leqslant-1$ 时，收敛域为 $(-1, 1)$；当 $-1<\alpha<0$ 时，收敛域为 $(-1, 1]$；当 $\alpha>0$ 时，收敛域为 $[-1, 1]$. 公式 (5.6) 称为二项展开式.

特别地，当 α 为正整数时，级数成为 x 的 α 次多项式，它就是初等代数中的二项式定理.

例如，对应 $\alpha=\frac{1}{2}$，$\alpha=-\frac{1}{2}$ 的二项展开式分别为

$$\sqrt{1+x}=1+\frac{1}{2}x-\frac{1}{2\times4}x^2+\frac{1\times3}{2\times4\times6}x^3+\cdots,\ x\in[-1, 1];$$

$$\frac{1}{\sqrt{1+x}}=1-\frac{1}{2}x+\frac{1\times3}{2\times4}x^2-\frac{1\times3\times5}{2\times4\times6}x^3+\cdots,\ x\in(-1, 1].$$

由此得到以下常用的麦克劳林展开式：

(1) $e^x=1+x+\frac{x^2}{2!}+\frac{x^3}{3!}+\cdots+\frac{x^n}{n!}+\cdots,\ x\in(-\infty, +\infty)$；

(2) $\sin x=x-\frac{x^3}{3!}+\frac{x^5}{5!}-\cdots+(-1)^n\frac{x^{2n+1}}{(2n+1)!}+\cdots,\ x\in(-\infty, +\infty)$；

(3) $\cos x=1-\frac{x^2}{2!}+\frac{x^4}{4!}-\cdots+(-1)^n\frac{x^{2n}}{(2n)!}+\cdots,\ x\in(-\infty, +\infty)$；

(4) $\ln(1+x)=x-\frac{x^2}{2!}+\frac{x^3}{3!}-\cdots+(-1)^n\frac{x^{n+1}}{(n+1)!}+\cdots,\ x\in(-1, 1]$；

(5) $\frac{1}{1+x}=1-x+x^2-x^3+\cdots+(-1)^nx^n+\cdots,\ x\in(-1, 1)$；

(6) $\frac{1}{1-x}=1+x+x^2+x^3+\cdots+x^n+\cdots,\ x\in(-1, 1)$；

(7) $(1+x)^{\alpha}=1+\alpha x+\cdots+\frac{\alpha(\alpha-1)\cdots(\alpha-n+1)}{n!}x^n+\cdots,\ x\in(-1, 1)$.

2. 间接法

一般情况下，只有少数简单的函数其幂级数展开式能利用直接法得到它的麦克劳林展开式，更多的函数是根据唯一性定理，利用已知的函数展开式，通过线性运算法则、变量代换、恒等变形、逐项求导或逐项积分等方法间接地求得幂级数的展开式. 我们称这种方法为函数展开成幂级数的**间接法**. 实质上函数的幂级数展开是求幂级数和函数的逆过程.

例 6 将函数 $f(x)=\dfrac{1}{1+x^2}$ 展开成 x 的幂级数.

解 因为 $\dfrac{1}{1+x}=\sum\limits_{n=0}^{\infty}(-1)^n x^n$，$|x|<1$，

所以 $$f(x)=\frac{1}{1+x^2}=\sum_{n=0}^{\infty}(-1)^n x^{2n},\ |x|<1.$$

例 7 将函数 $f(x)=\dfrac{1}{2}\ln\dfrac{1+x}{1-x}+\arctan x$ 展开成 x 的幂级数.

解 由于 $$f'(x)=\frac{1}{2}\left(\frac{1}{1+x}+\frac{1}{1-x}\right)+\frac{1}{1+x^2}$$
$$=\frac{1}{1-x^2}+\frac{1}{1+x^2}=\frac{2}{1-x^4}=2\sum_{n=0}^{\infty}x^{4n},\ |x|<1,$$

两端积分，得 $\int_0^x f'(t)\,\mathrm{d}t=\int_0^x 2\sum\limits_{n=0}^{\infty}t^{4n}\,\mathrm{d}t$，$f(0)=0$.

$$f(t)\Big|_0^x=2\sum_{n=0}^{\infty}\int_0^x t^{4n}\,\mathrm{d}t=2\sum_{n=0}^{\infty}\frac{x^{4n+1}}{4n+1},$$

即 $$f(x)=\frac{1}{2}\ln\frac{1+x}{1-x}+\arctan x=2\sum_{n=0}^{\infty}\frac{x^{4n+1}}{4n+1},\ x\in(-1,1).$$

例 8 将函数 $f(x)=5^{\frac{x+1}{3}}$ 展开成 x 的幂级数.

解 $$f(x)=5^{\frac{x+1}{3}}=5^{\frac{1}{3}}\cdot 5^{\frac{x}{3}}=5^{\frac{1}{3}}\mathrm{e}^{\frac{\ln 5}{3}x}$$
$$=\sqrt[3]{5}\sum_{n=0}^{\infty}\frac{\left(\frac{\ln 5}{3}x\right)^n}{n!}=\sqrt[3]{5}\sum_{n=0}^{\infty}\frac{\left(\frac{\ln 5}{3}\right)^n}{n!}\cdot x^n,\ x\in(-\infty,+\infty).$$

掌握了函数展开成麦克劳林级数的方法后，当要把函数展开成 $x-x_0$ 的幂级数时，只要把 $f(x)$ 转化成 $x-x_0$ 的表达式，把 $x-x_0$ 看成变量 t，展开成 t 的幂级数，即得 $x-x_0$ 的幂级数. 对于较复杂的函数，可做变量替换 $x-x_0=t$，于是

$$f(x)=f(x_0+t)=\sum_{n=0}^{\infty}a_n t^n=\sum_{n=0}^{\infty}a_n(x-x_0)^n.$$

例 9 将函数 $f(x)=\dfrac{1}{x^2+3x+2}$ 展开成 $(x-2)$ 的幂级数.

解 $$f(x)=\frac{1}{x^2+3x+2}=\frac{1}{(x+1)(x+2)}$$
$$=\frac{1}{(1+x)}-\frac{1}{(2+x)}=\frac{1}{3+(x-2)}-\frac{1}{4+(x-2)}$$

$$=\frac{1}{3}\cdot\frac{1}{1+\frac{x-2}{3}}-\frac{1}{4}\cdot\frac{1}{1+\frac{x-2}{4}}$$

$$=\frac{1}{3}\sum_{n=0}^{\infty}(-1)^n\cdot\left(\frac{x-2}{3}\right)^n-\frac{1}{4}\sum_{n=0}^{\infty}(-1)^n\cdot\left(\frac{x-2}{4}\right)^n,\ \begin{cases}\left|\frac{x-2}{3}\right|<1\\ \left|\frac{x-2}{4}\right|<1\end{cases}$$

$$=\sum_{n=0}^{\infty}(-1)^n\cdot\left(\frac{1}{3^{n+1}}-\frac{1}{4^{n+1}}\right)(x-2)^n,\ -1<x<5.$$

例 10　将 $f(x)=\frac{x}{x-1}$ 展开成 $x+3$ 的幂级数.

解　$$f(x)=\frac{x}{x-1}=\frac{x-1+1}{x-1}=1+\frac{1}{(x+3)-4}=1-\frac{1}{4}\cdot\frac{1}{1-\frac{x+3}{4}}$$

$$=1-\frac{1}{4}\sum_{n=0}^{\infty}\left(\frac{x+3}{4}\right)^n=1-\sum_{n=0}^{\infty}\frac{(x+3)^n}{4^{n+1}},$$

由 $\left|\frac{x+3}{4}\right|<1$ 知 $x\in(-7,1)$.

习题 12－5

1. 将下列函数展开成 x 的幂级数，并求其成立的区间：

(1) $f(x)=\ln(a+x)$；　(2) $f(x)=a^x$；　(3) $f(x)=\frac{1}{2}(e^x-e^{-x})$；

(4) $f(x)=\cos^2 x$；　(5) $f(x)=\frac{x}{\sqrt{1+x^2}}$；　(6) $f(x)=\frac{x}{x^2-2x-3}$.

2. 将函数 $\sqrt[3]{x}$ 展开成 $x+1$ 的幂级数.

3. 将函数 $f(x)=\frac{1}{1+x}$ 展开成 $x-3$ 的幂级数.

4. 将函数 $f(x)=\ln(3x-x^2)$ 在 $x=1$ 处展开成 $x-1$ 的幂级数.

5. 将函数 $f(x)=\frac{1}{(1+x)(1+x^2)(1+x^4)(1+x^8)}$ 展开成 x 的幂级数.

6. 将函数 $f(x)=\frac{1+x}{(1-x)^3}$ 展开成 x 的幂级数.

7. 将函数 $f(x)=x\ln(x+\sqrt{1+x^2})$ 展开成 x 的幂级数.

8. 将函数 $f(x)=\arctan\frac{1+x}{1-x}$ 展开成 x 的幂级数.

§12.6　幂级数的应用

一、函数值的近似计算

在函数的幂级数展开式中，用泰勒多项式代替泰勒级数，就可得到函数的近似公式，这对于计算复杂函数的函数值是非常方便的，可以把函数近似表示为 x 的多项式，而多项式的计算只需用到四则运算，非常简便.

例如，当 $|x|$ 很小时，由正弦函数的幂级数展开式，可得到下列近似计算公式：

$$\sin x\approx x,\ \sin x\approx x-\frac{x^3}{3!},\ \sin x\approx x-\frac{x^3}{3!}+\frac{x^5}{5!}.$$

级数的主要应用之一是进行数值计算，常用的三角函数表、对数表等都是利用级数计算出来的. 如果将未知数 A 表示成级数

$$A=a_1+a_2+\cdots+a_n+\cdots, \tag{6.1}$$

而取其部分和 $A_n=a_1+a_2+\cdots+a_n$ 作为 A 的近似值，此时所产生的误差来源于两个方面：一是级数的余项

$$r_n=A-A_n=a_{n+1}+a_{n+2}+\cdots, \tag{6.2}$$

称为**截断误差**；二是计算 A_n 时，由于四舍五入所产生的误差，称为**舍入误差**.

如果级数 (6.1) 是交错级数，并且满足莱布尼茨定理，则 $|r_n|\leqslant|a_{n+1}|$.

如果所考虑的级数 (6.1) 不是交错级数，一般可适当放大余项中的各项，设法找出一个比原级数稍大且容易估计余项的新级数（如等比级数等），从而可采取新级数余项 r_n' 的数值，作为原级数的截断误差 r_n 的估计值，且有 $r_n\leqslant r_n'$.

例 1 利用 $\sin x\approx x-\dfrac{x^3}{3!}$ 求 $\sin 9^\circ$ 的近似值，并估计误差.

解 利用所给近似公式得

$$\sin 9^\circ=\sin\frac{\pi}{20}\approx\frac{\pi}{20}-\frac{1}{3!}\left(\frac{\pi}{20}\right)^3,$$

因为 $\sin x$ 的展开式是收敛的交错级数，且各项的绝对值单调减少，所以

$$|r_2|\leqslant\frac{1}{5!}\left(\frac{\pi}{20}\right)^5<\frac{1}{120}(0.2)^5<10^{-5},$$

因此，若取 $\dfrac{\pi}{20}\approx 0.157\,080$，$\left(\dfrac{\pi}{20}\right)^3\approx 0.003\,876$，则得

$$\sin 9^\circ\approx 0.157\,080-0.000\,646\approx 0.156\,434,$$

其误差不超过 10^{-5}.

例 2 计算 $\sqrt[5]{240}$ 的近似值，要求误差不超过 0.000 1.

解 $\sqrt[5]{240}=\sqrt[5]{243-3}=3\left(1-\dfrac{1}{3^4}\right)^{\frac{1}{5}}$，利用二项展开式，并取 $\alpha=\dfrac{1}{5}$，$x=-\dfrac{1}{3^4}$，

即得 $$\sqrt[5]{240}=3\left(1-\frac{1}{5}\times\frac{1}{3^4}-\frac{1\times4}{5^2\times2!}\times\frac{1}{3^8}-\frac{1\times4\times9}{5^3\times3!}\times\frac{1}{3^{12}}-\cdots\right).$$

这个级数收敛得很快，取前两项的和作为 $\sqrt[5]{240}$ 的近似值，其截断误差为

$$|r_2|=3\left(\frac{1\times4}{5^2\times2!}\times\frac{1}{3^8}+\frac{1\times4\times9}{5^3\times3!}\times\frac{1}{3^{12}}+\frac{1\times4\times9\times14}{5^4\times4!}\times\frac{1}{3^{16}}+\cdots\right)$$

$$<3\times\frac{1\times4}{5^2\times2!}\times\frac{1}{3^8}\left[1+\frac{1}{81}+\left(\frac{1}{81}\right)^2+\cdots\right]$$
$$=\frac{6}{25}\times\frac{1}{3^8}\times\frac{1}{1-\frac{1}{81}}=\frac{1}{25\times27\times40}<\frac{1}{20\,000},$$

故取近似式为$\sqrt[5]{240}\approx3\left(1-\frac{1}{5}\times\frac{1}{3^4}\right)$.

为了使舍入误差与截断误差之和不超过10^{-4}，计算时应取五位小数，然后再四舍五入，因此最后得$\sqrt[5]{240}\approx2.992\,6$.

二、计算定积分

许多函数，如e^{-x^2}，$\frac{\sin x}{x}$，$\frac{1}{\ln x}$等，其原函数不能用初等函数表示，但若被积函数在积分区间上能展开成幂级数，则可通过幂级数展开式的逐项积分，用积分后的级数近似计算所给定积分.

例3　计算$\int_0^1\frac{\sin x}{x}dx$的近似值，精确到$10^{-4}$.

解　利用$\sin x$的麦克劳林展开式，得

$$\frac{\sin x}{x}=1-\frac{x^2}{3!}+\frac{x^4}{5!}-\frac{x^6}{7!}+\cdots,\ x\in(-\infty,+\infty),$$

所以，$\int_0^1\frac{\sin x}{x}dx=1-\frac{1}{3\times3!}+\frac{1}{5\times5!}-\frac{1}{7\times7!}+\cdots$为收敛的交错级数.

因其第四项$\frac{1}{7\times7!}<\frac{1}{30\,000}<10^{-4}$，故取前三项作为积分的近似值，得

$$\int_0^1\frac{\sin x}{x}dx\approx1-\frac{1}{3\times3!}+\frac{1}{5\times5!}=0.946\,1.$$

例4　计算定积分$\frac{2}{\sqrt{\pi}}\int_0^{\frac{1}{2}}e^{-x^2}dx$的近似值，要求误差不超过$0.000\,1$(取$\frac{1}{\sqrt{\pi}}=0.564\,19$)，求常数项级数的和.

解　利用指数函数的幂级数展开式得

$$e^{-x^2}=\sum_{n=0}^{\infty}\frac{(-1)^n}{n!}x^{2n},\ x\in(-\infty,+\infty).$$

于是，根据幂级数在收敛区间内逐项可积，得

$$\frac{2}{\sqrt{\pi}}\int_0^{\frac{1}{2}}e^{-x^2}dx=\frac{2}{\sqrt{\pi}}\int_0^{\frac{1}{2}}\left[\sum_{n=0}^{\infty}\frac{(-1)^n}{n!}x^{2n}\right]dx=\frac{2}{\sqrt{\pi}}\sum_{n=0}^{\infty}\frac{(-1)^n}{n!}\int_0^{\frac{1}{2}}x^{2n}dx$$
$$=\frac{1}{\sqrt{\pi}}\left(1-\frac{1}{2^2\times3}+\frac{1}{2^4\times5\times2!}-\frac{1}{2^6\times7\times3!}+\cdots\right).$$

取前四项的和作为近似值，则其误差为

$$|r_4| \leqslant \frac{1}{\sqrt{\pi}} \times \frac{1}{2^8 \times 9 \times 4!} < \frac{1}{90\,000},$$

而所求近似值为

$$\frac{2}{\sqrt{\pi}} \int_0^{\frac{1}{2}} \mathrm{e}^{-x^2} \mathrm{d}x \approx \frac{1}{\sqrt{\pi}} \left(1 - \frac{1}{2^2 \times 3} + \frac{1}{2^4 \times 5 \times 2!} - \frac{1}{2^6 \times 7 \times 3!} + \cdots\right) \approx 0.520\,5.$$

三、求常数项级数的和

在本章的前三节中，我们已经熟悉了常数项级数求和的几种常用方法，包括利用定义和已知公式直接求和、对所给数拆项重新组合后再求和、利用推导得到的递推公式求和等方法. 这里，我们再介绍一种借助幂级数的和函数来求常数项级数的和的方法，即所谓的**阿贝尔方法**，其基本步骤如下：

(1) 对所给数项级数 $\sum\limits_{n=0}^{\infty} a_n$ 构造幂级数 $\sum\limits_{n=0}^{\infty} a_n x^n$；

(2) 利用幂级数的运算性质，求出 $\sum\limits_{n=0}^{\infty} a_n x^n$ 的和函数 $s(x)$；

(3) 所求数项级数 $\sum\limits_{n=0}^{\infty} a_n = \lim\limits_{x \to 1^-} s(x)$.

例 5 求级数 $\sum\limits_{n=1}^{\infty} \frac{n(n+1)}{2^n}$ 的和.

解 构造幂级数 $s(x) = \sum\limits_{n=1}^{\infty} n(n+1)x^{n-1}$，可知 $x \in (-1, 1)$，

于是 $$\int_0^x s(t)\mathrm{d}t = \int_0^x \sum_{n=1}^{\infty} n(n+1)t^{n-1}\mathrm{d}t = \sum_{n=1}^{\infty} (n+1)x^n,$$

又 $$\int_0^x \left[\int_0^u s(t)\mathrm{d}t\right]\mathrm{d}u = \int_0^x \sum_{n=1}^{\infty} (n+1)u^n \mathrm{d}u = \sum_{n=1}^{\infty} x^{n+1} = \frac{x^2}{1-x}, \ |x| < 1.$$

所以 $$s(x) = \left(\frac{x^2}{1-x}\right)'' = \frac{2}{(1-x)^3}, \ |x| < 1.$$

又 $$s\left(\frac{1}{2}\right) = \sum_{n=1}^{\infty} \frac{n(n+1)}{2^{n-1}} = \frac{2}{\left(1-\frac{1}{2}\right)^3},$$

即 $$2\sum_{n=1}^{\infty} \frac{n(n+1)}{2^n} = \frac{2}{\left(1-\frac{1}{2}\right)^3},$$

从而 $$\sum_{n=1}^{\infty} \frac{n(n+1)}{2^n} = 8.$$

例 6 求级数 $\sum\limits_{n=1}^{\infty} \frac{3^n \cdot n^2}{n!}$ 的和.

解 构造幂级数 $s(x) = \sum\limits_{n=1}^{\infty} \frac{n^2}{n!}x^n$，可知 $x \in (-\infty, +\infty)$.

因为 $$s(x)=\sum_{n=1}^{\infty}\frac{n^2}{n!}x^n=\sum_{n=1}^{\infty}\frac{n}{(n-1)!}x^n=\sum_{n=1}^{\infty}\frac{n-1}{(n-1)!}x^n+\sum_{n=1}^{\infty}\frac{1}{(n-1)!}x^n$$
$$=x^2\sum_{n=2}^{\infty}\frac{x^{n-2}}{(n-2)!}+x\sum_{n=1}^{\infty}\frac{x^{n-1}}{n!}=x^2e^x+xe^x=e^x(x+1)x,$$

所以 $$\sum_{n=1}^{\infty}\frac{3^n\cdot n^2}{n!}=s(3)=e^3(3^2+3)=12e^3.$$

四、欧拉公式

当 x 为实数时，我们有

$$e^x=1+x+\frac{x^2}{2!}+\frac{x^3}{3!}+\cdots+\frac{x^n}{n!}+\cdots.$$

现把它推广到纯虚数情形，定义 e^{ix} 的意义如下（其中 x 为实数）：

$$e^{ix}=1+ix+\frac{(ix)^2}{2!}+\frac{(ix)^3}{3!}+\frac{(ix)^4}{4!}+\cdots+\frac{(ix)^n}{n!}+\cdots$$
$$=\left(1-\frac{x^2}{2!}+\frac{x^4}{4!}-\cdots\right)+i\left(x-\frac{x^3}{3!}+\frac{x^5}{5!}-\cdots\right),$$

即有

$$e^{ix}=\cos x+i\sin x, \tag{6.3}$$

用 $-x$ 替换 x，得

$$e^{-ix}=\cos x-i\sin x, \tag{6.4}$$

从而

$$\cos x=\frac{e^{ix}+e^{-ix}}{2},\ \sin x=\frac{e^{ix}-e^{-ix}}{2i}. \tag{6.5}$$

式（6.3）～（6.5）统称为**欧拉公式**. 在式（6.3）中，令 $x=\pi$，即得到著名的**欧拉公式**

$$e^{i\pi}+1=0$$

这个公式被认为是数学领域中最优美的结果之一，因为它在一个简单的方程中，把算术基本常数(0 和 1)、几何基本常数 π、分析常数 e 和复数 i 联系在了一起.

习题 12－6

1. 求下列级数的和：

(1) $\sum_{n=1}^{\infty}\frac{2n-1}{2^n}$；　　(2) $\sum_{n=1}^{\infty}\frac{n^2}{n!\cdot 2^n}$.

§12.7 傅里叶级数

一、三角级数、三角函数系的正交性

一般，形如

$$\frac{a_0}{2}+\sum_{n=1}^{\infty}(a_n\cos nx+b_n\sin nx) \tag{7.1}$$

的级数称为**三角级数**，其中 a_0，a_n，$b_n(n=1, 2, 3, \cdots)$ 均为常数.

为了深入研究三角级数的性态，我们首先介绍三角函数系的正交性概念. 所谓**三角函数系**

$$1, \cos x, \sin x, \cos 2x, \sin 2x, \cdots, \cos nx, \sin nx, \cdots \tag{7.2}$$

在区间 $[-\pi, \pi]$ 上**正交**，是指三角函数系 (7.2) 中任何两个不同函数的乘积在该区间上的积分等于零，即

(1) $\int_{-\pi}^{\pi}\cos nx\,\mathrm{d}x=0(n=1, 2, 3, \cdots)$;

(2) $\int_{-\pi}^{\pi}\sin nx\,\mathrm{d}x=0(n=1, 2, 3, \cdots)$;

(3) $\int_{-\pi}^{\pi}\sin mx\sin nx\,\mathrm{d}x=0(n\neq m, n, m=1, 2, 3, \cdots)$;

(4) $\int_{-\pi}^{\pi}\cos mx\cos nx\,\mathrm{d}x=0(n\neq m, n, m=1, 2, 3, \cdots)$;

(5) $\int_{-\pi}^{\pi}\sin mx\cos nx\,\mathrm{d}x=0(n, m=1, 2, 3, \cdots)$.

以上等式都可以通过直接计算定积分来验证，这里我们只验证等式 (4).

利用三角学中的积化和差公式，即有

$$\begin{aligned}\int_{-\pi}^{\pi}\cos mx\cos nx\,\mathrm{d}x&=\frac{1}{2}\int_{-\pi}^{\pi}[\cos(m+n)x+\cos(m-n)x]\mathrm{d}x\\&=\frac{1}{2}\left[\frac{\sin(m+n)x}{m+n}+\frac{\sin(m-n)x}{m-n}\right]_{-\pi}^{\pi}\\&=0, n\neq m; n, m=1, 2, 3, \cdots.\end{aligned}$$

在三角函数系 (7.2) 中，两个相同函数的乘积在区间 $[-\pi, \pi]$ 上的积分不等于零，即 $\int_{-\pi}^{\pi}\sin^2 nx\,\mathrm{d}x=\pi(n=1, 2, 3, \cdots)$，$\int_{-\pi}^{\pi}\cos^2 nx\,\mathrm{d}x=\pi(n=1, 2, 3, \cdots)$.

二、函数展开成傅里叶级数

要将函数 $f(x)$ 展开成三角级数

$$\frac{a_0}{2}+\sum_{n=1}^{\infty}(a_n\cos nx+b_n\sin nx),$$

首先要确定三角级数的系数 a_0，a_n，$b_n(n=1, 2, 3, \cdots)$，然后要讨论用这样的系数构造出的三角级数的收敛性. 如果级数收敛，还要考虑它的和函数与函数 $f(x)$ 是否相同；如果在某个范围内两者相同，则在这个范围内函数 $f(x)$ 可以展开成这个三角级数.

设 $f(x)$ 是周期为 2π 的周期函数，且能展开成三角级数，即

$$f(x)=\frac{a_0}{2}+\sum_{n=1}^{\infty}(a_n\cos nx+b_n\sin nx), \tag{7.3}$$

现在我们来求系数 a_0，a_1，b_1，a_2，b_2，$\cdots$.

先求 a_0，为此在式 (7.3) 的两端从 $-\pi$ 到 π 逐项积分：

$$\int_{-\pi}^{\pi}f(x)\mathrm{d}x=\int_{-\pi}^{\pi}\frac{a_0}{2}\mathrm{d}x+\sum_{k=1}^{\infty}\left(a_k\int_{-\pi}^{\pi}\cos kx\,\mathrm{d}x+b_k\int_{-\pi}^{\pi}\sin kx\,\mathrm{d}x\right).$$

根据三角函数系 (7.2) 的正交性，等式右端除第 1 项外，其余各项均为零，所以

$$\int_{-\pi}^{\pi}f(x)\mathrm{d}x=\frac{a_0}{2}\cdot 2\pi,$$

于是

$$a_0=\frac{1}{\pi}\int_{-\pi}^{\pi}f(x)\mathrm{d}x.$$

其次求 a_n，为此用 $\cos nx$ 乘以式 (7.3) 的两端，再从 $-\pi$ 到 π 逐项积分，可得

$$\begin{aligned}&\int_{-\pi}^{\pi}f(x)\cos nx\,\mathrm{d}x\\&=\int_{-\pi}^{\pi}\frac{a_0}{2}\cos nx\,\mathrm{d}x+\sum_{k=1}^{\infty}\left(a_k\int_{-\pi}^{\pi}\cos kx\cos nx\,\mathrm{d}x+b_k\int_{-\pi}^{\pi}\sin kx\cos nx\,\mathrm{d}x\right).\end{aligned}$$

根据三角函数系 (7.2) 的正交性，等式右端除第 $k=n$ 的一项外，其余各项均为零，所以有

$$\int_{-\pi}^{\pi}f(x)\cos nx\,\mathrm{d}x=a_n\int_{-\pi}^{\pi}\cos^2 nx\,\mathrm{d}x=a_n\pi,$$

于是

$$a_n=\frac{1}{\pi}\int_{-\pi}^{\pi}f(x)\cos nx\,\mathrm{d}x.$$

类似地，用 $\sin nx$ 乘以式 (7.3) 的两端，再从 $-\pi$ 到 π 逐项积分，可得

$$b_n=\frac{1}{\pi}\int_{-\pi}^{\pi}f(x)\sin nx\,\mathrm{d}x,\ n=1, 2, 3, \cdots.$$

由于当 $n=0$ 时，a_n 的表达式正好给出 a_0，因此所求系数为

$$\begin{cases} a_n = \dfrac{1}{\pi}\displaystyle\int_{-\pi}^{\pi} f(x)\cos nx\,\mathrm{d}x,\ n=0,1,2,\cdots \\ b_n = \dfrac{1}{\pi}\displaystyle\int_{-\pi}^{\pi} f(x)\sin nx\,\mathrm{d}x,\ n=1,2,3,\cdots \end{cases}. \tag{7.4}$$

如果公式 (7.4) 中的积分都存在，则称由式 (7.4) 确定的系数 a_0，a_n，b_n $(n=1, 2, 3, \cdots)$ 为函数 $f(x)$ 的傅里叶系数，将这些系数代入式(7.3) 的右端，所得的三角级数

$$\frac{a_0}{2}+\sum_{n=1}^{\infty}(a_n\cos nx+b_n\sin nx) \tag{7.5}$$

称为函数 $f(x)$ 的**傅里叶级数**

根据上述分析可见，一个定义在 $(-\infty, +\infty)$ 上周期为 2π 的函数 $f(x)$，如果它在一个周期上可积，则一定可以作出 $f(x)$ 的傅里叶级数. 接下来我们要解决的一个基本问题是：函数 $f(x)$ 在怎样的条件下，它的傅里叶级数收敛于 $f(x)$? 即函数 $f(x)$ 满足什么条件就可以展开成傅里叶级数? 这个问题自 18 世纪中叶提出以来，当时欧洲的许多数学家都曾致力于它的解决，直到 1829 年，狄利克雷才首次给出了这个问题的严格的数学证明，随后，还有其他一些数学家给出了条件有些不同的证明. 对这一问题的研究极大地促进了数学分析的发展，这里我们不加证明地叙述狄利克雷关于傅里叶级数收敛问题的一个充分条件.

定理(收敛定理，狄利克雷充分条件) 设 $f(x)$ 是周期为 2π 的周期函数. 如果 $f(x)$ 满足在一个周期内连续或只有有限个第一类间断点，并且至多只有有限个极值点，则 $f(x)$ 的傅里叶级数收敛，并且

(1) 当 x 是 $f(x)$ 的连续点时，级数收敛于 $f(x)$；

(2) 当 x 是 $f(x)$ 的间断点时，级数收敛于$\dfrac{f(x-0)+f(x+0)}{2}$.

狄利克雷收敛定理告诉我们：只要函数 $f(x)$ 在区间 $[-\pi, \pi]$ 上至多只有有限个第一类间断点，并且不作无限次振动，则函数 $f(x)$ 的傅里叶级数在函数的连续点处收敛于该点的函数值，在函数的间断点处收敛于该点处函数的左极限与右极限的算术平均值. 由此可见，函数展开成傅里叶级数的条件要比函数展开成幂级数的条件低得多.

例 1 将以 2π 为周期的函数 $f(x)=\begin{cases} bx, & -\pi\leqslant x<0 \\ ax, & 0\leqslant x<\pi \end{cases}$ 展开成傅里叶级数(a，b 为常数，且 $a>b>0$).

解 $a_0=\dfrac{1}{\pi}\displaystyle\int_{-\pi}^{\pi} f(x)\mathrm{d}x=\dfrac{1}{\pi}\left[\int_{-\pi}^{0} bx\,\mathrm{d}x+\int_{0}^{\pi} ax\,\mathrm{d}x\right]=\dfrac{\pi(a-b)}{2}$,

$a_n=\dfrac{1}{\pi}\displaystyle\int_{-\pi}^{\pi} f(x)\cos nx\,\mathrm{d}x=\dfrac{1}{\pi}\int_{-\pi}^{0} bx\cos nx\,\mathrm{d}x+\dfrac{1}{\pi}\int_{0}^{\pi} ax\cos nx\,\mathrm{d}x.$

在上式右端第一个积分中令 $x=-t$，则

$$\int_{-\pi}^{0} bx\cos nx\,\mathrm{d}x=\int_{0}^{\pi}-bt\cos nt\,\mathrm{d}t=\int_{0}^{\pi}-bx\cos nx\,\mathrm{d}x.$$

$$\therefore a_n = \frac{1}{\pi}\int_0^{\pi}(a-b)x\cos nx\,\mathrm{d}x = \frac{a-b}{n\pi}\left(x\sin nx\Big|_0^{\pi}-\int_0^{\pi}\sin nx\,\mathrm{d}x\right)$$

$$= \frac{a-b}{n^2\pi}(\cos n\pi - 1) = \frac{b-a}{n^2\pi}[1-(-1)^n],\ n=1,\ 2,\ \cdots;$$

同理,

$$b_n = \frac{1}{\pi}\int_{-\pi}^{0} bx\sin nx\,\mathrm{d}x + \frac{1}{\pi}\int_0^{\pi} ax\sin nx\,\mathrm{d}x$$

$$= \frac{1}{\pi}\int_0^{\pi}(a+b)x\sin nx\,\mathrm{d}x$$

$$= \frac{a+b}{n\pi}\left(-x\cos nx\Big|_0^{\pi}+\int_0^{\pi}\cos nx\,\mathrm{d}x\right)$$

$$= \frac{a+b}{n\pi}\left[(-1)^{n+1}\cdot\pi + \frac{1}{n}\sin nx\Big|_0^{\pi}\right]$$

$$= \frac{a+b}{n}(-1)^{n+1},\ n=1,\ 2,\ \cdots.$$

$f(x)$ 满足收敛定理的条件. 而在 $x=(2k+1)\pi(k\in\mathrm{Z})$ 处不连续，故当 $x=(2k+1)\pi$ 时，级数收敛于$\frac{a\pi+(-b\pi)}{2}=\frac{(a-b)\pi}{2}$. 所以 $f(x)$ 展开成傅里叶级数为

$$f(x)=\frac{\pi}{4}(a-b)+\sum_{n=1}^{\infty}\left\{\frac{[1-(-1)^n](b-a)}{n^2\pi}\cos nx+\frac{(-1)^{n+1}(a+b)}{n}\sin nx\right\},$$

$$x\neq(2k+1)\pi,\ k\in\mathrm{Z}.$$

注: 根据狄利克雷收敛定理，求函数 $f(x)$ 的傅里叶级数展开式的和函数，并不需要求出函数 $f(x)$ 的傅里叶级数.

例 2 设 $f(x)$ 是周期为 2π 的周期函数，它在 $(-\pi,\ \pi]$ 上的表达式为

$$f(x)=\begin{cases}0, & -\pi<x\leqslant 0\\ 1+3x^2, & 0<x\leqslant\pi\end{cases},$$

试写出 $f(x)$的傅里叶级数展开式在区间$(-\pi,\ \pi]$上的和函数 $s(x)$的表达式.

解 此题只求 $f(x)$的傅里叶级数的和函数，因此不需要求出 $f(x)$的傅里叶级数，因为函数 $f(x)$满足狄利克雷收敛定理的条件，在$(-\pi,\ \pi]$上的第一类间断点为 $x=0,\ \pi$，在其余点处均连续，故由收敛定理知，在间断点 $x=0$ 处，和函数

$$s(x)=\frac{f(0-0)+f(0+0)}{2}=\frac{0+1}{2}=\frac{1}{2},$$

在间断点 $x=\pi$ 处，和函数

$$s(x)=\frac{f(\pi-0)+f(-\pi+0)}{2}=\frac{1+3\pi^2+0}{2}=\frac{1+3\pi^2}{2}.$$

因此，所求和函数

$$s(x)=\begin{cases}0, & -\pi<x<0\\ 1+3x^2, & 0<x<\pi\\ \dfrac{1}{2}, & x=0\\ \dfrac{1+3\pi^2}{2}, & x=\pi\end{cases}.$$

对于非周期函数 $f(x)$，如果它只在区间 $[-\pi, \pi]$ 上有定义，并且在该区间上满足狄利克雷收敛定理的条件，那么函数 $f(x)$ 也可以展开成它的傅里叶级数.

事实上，我们只要在区间 $[-\pi, \pi)$ 或 $(-\pi, \pi]$ 外补充 $f(x)$ 的定义，就能使它拓广成一个周期为 2π 的周期函数 $F(x)$，这种拓广函数定义域的方法称为**周期延拓**. 将做周期延拓后的函数 $F(x)$ 展开成傅里叶级数，然后再限制 x 在区间 $(-\pi, \pi)$ 内，此时显然有 $F(x)=f(x)$，这样便得到了 $f(x)$ 的傅里叶级数展开式，这个级数在区间端点 $x=\pm\pi$ 处收敛于

$$\frac{f(\pi-0)+f(-\pi+0)}{2}.$$

例 3 将函数 $f(x)=\begin{cases}-x, & -\pi\leqslant x<0\\ x, & 0\leqslant x\leqslant\pi\end{cases}$ 展开成傅里叶级数.

解 所给函数在 $[-\pi, \pi]$ 上满足狄利克雷充分条件，拓广的周期函数在每点 x 处都连续，因此拓广的周期函数的傅里叶级数在 $[-\pi, \pi]$ 收敛于 $f(x)$.

$$a_0=\frac{1}{\pi}\int_{-\pi}^{\pi}f(x)\mathrm{d}x=\frac{1}{\pi}\int_{-\pi}^{0}(-x)\mathrm{d}x+\frac{1}{\pi}\int_{0}^{\pi}x\mathrm{d}x=\pi,$$

$$a_n=\frac{1}{\pi}\int_{-\pi}^{\pi}f(x)\cos nx\mathrm{d}x=\frac{1}{\pi}\int_{-\pi}^{0}(-x)\cos nx\mathrm{d}x+\frac{1}{\pi}\int_{0}^{\pi}x\cos nx\mathrm{d}x$$

$$=\frac{2}{n^2\pi}(\cos n\pi-1)=\frac{2}{n^2\pi}[(-1)^n-1]=\begin{cases}-\dfrac{4}{n^2\pi}, & n=1, 3, 5, \cdots\\ 0, & n=2, 4, 6, \cdots\end{cases},$$

$$b_n=\frac{1}{\pi}\int_{-\pi}^{\pi}f(x)\sin nx\mathrm{d}x=\frac{1}{\pi}\int_{-\pi}^{0}(-x)\sin nx\mathrm{d}x+\frac{1}{\pi}\int_{0}^{\pi}x\sin nx\mathrm{d}x=0,$$

所给函数 $f(x)$ 的傅里叶级数为

$$f(x)=\frac{\pi}{2}-\frac{4}{\pi}\sum_{n=1}^{\infty}\frac{1}{(2n-1)^2}\cos(2n-1)x, -\pi\leqslant x\leqslant\pi.$$

利用函数的傅里叶级数展开式，我们可以求出某些特殊的常数项级数的和，如在例 3 的展开式中，令 $x=0$，则由 $f(0)=0$，有 $\frac{\pi^2}{8}=1+\frac{1}{3^2}+\frac{1}{5^2}+\cdots$.

设

$$\sigma=1+\frac{1}{2^2}+\frac{1}{3^2}+\frac{1}{4^2}+\cdots, \sigma_1=1+\frac{1}{3^2}+\frac{1}{5^2}+\frac{1}{7^2}+\cdots,$$

$$\sigma_2=\frac{1}{2^2}+\frac{1}{4^2}+\frac{1}{6^2}+\cdots,\ \sigma_3=1-\frac{1}{2^2}+\frac{1}{3^2}-\frac{1}{4^2}+\cdots,$$

因为 $\sigma_2=\frac{\sigma}{4}=\frac{\sigma_1+\sigma_2}{4}$，所以

$$\sigma_2=\frac{\sigma_1}{3}=\frac{\pi^2}{24},\ \sigma=\sigma_1+\sigma_2=\frac{\pi^2}{8}+\frac{\pi^2}{24}=\frac{\pi^2}{6},\ \sigma_3=2\sigma_1-\sigma=\frac{\pi^2}{4}-\frac{\pi^2}{6}=\frac{\pi^2}{12}.$$

三、正弦级数与余弦级数

一般，一个函数的傅里叶级数既含有正弦项，又含有余弦项，但是，也有一些函数的傅里叶级数只含有正弦项（例 1）或者只含有常数项和余弦项（例 3），导致这种现象的原因与所给函数的奇偶性有关．事实上，根据在对称区间上奇偶函数的积分性质，易得到下列结论：

设 $f(x)$ 是周期为 2π 的周期函数，则

(1) 当 $f(x)$ 为奇函数时，其傅里叶系数为

$$a_n=0,\ n=0,\ 1,\ 2,\ \cdots;\ b_n=\frac{2}{\pi}\int_0^{\pi}f(x)\sin nx\,\mathrm{d}x,\ n=1,\ 2,\ \cdots.$$

即奇函数的傅里叶级数是只含有正弦项的**正弦级数**

$$\sum_{n=1}^{\infty}b_n\sin nx.$$

(2) 当 $f(x)$ 为偶函数时，其傅里叶系数为

$$a_n=\frac{2}{\pi}\int_0^{\pi}f(x)\cos nx\,\mathrm{d}x,\ n=0,\ 1,\ 2,\ \cdots;\ b_n=0,\ n=1,\ 2,\ \cdots.$$

即偶函数的傅里叶级数是只含有余弦项的**余弦级数**

$$\frac{a_0}{2}+\sum_{n=1}^{\infty}a_n\cos nx.$$

例 4　试将函数 $f(x)=x$ $(-\pi\leqslant x\leqslant\pi)$ 展开成傅里叶级数．

解　题设函数满足狄利克雷收敛定理的条件，但做周期延拓后的函数 $F(x)$ 在区间的端点 $x=-\pi$ 和 $x=\pi$ 处不连续(见图 12-3)，故 $F(x)$ 的傅里叶级数在区间 $(-\pi,\ \pi)$ 内收敛于和 $f(x)$，在端点处收敛于 $\frac{f(-\pi+0)+f(\pi-0)}{2}=\frac{(-\pi)+\pi}{2}=0$，因 $f(x)$ 是奇函数，故其傅里叶系数

$$a_n=0,\ n=0,\ 1,\ 2,\ \cdots;$$

$$\begin{aligned}b_n&=\frac{2}{\pi}\int_0^{\pi}f(x)\sin nx\,\mathrm{d}x\\&=\frac{2}{\pi}\int_0^{\pi}x\sin nx\,\mathrm{d}x\\&=\frac{2}{\pi}\left[-\frac{x\cos nx}{n}+\frac{\sin nx}{n^2}\right]_0^{\pi}\end{aligned}$$

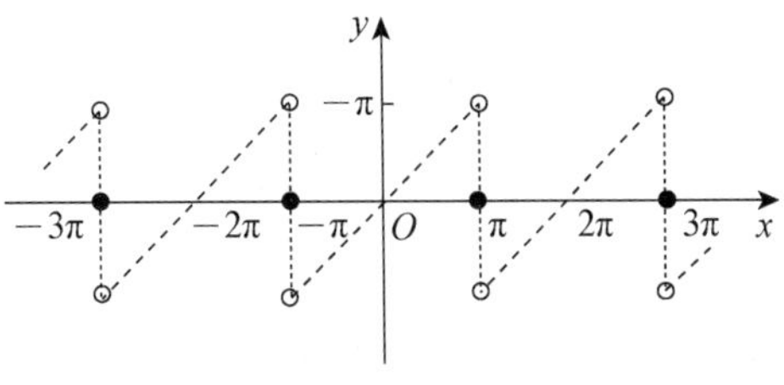

图 12-3

$$=-\frac{2}{n}\cos n\pi=\frac{2}{n}(-1)^{n-1},\ n=1,2,3,\cdots.$$

于是 $$f(x)=2\sum_{n=1}^{\infty}\frac{(-1)^{n-1}}{n}\sin nx,\ -\pi<x<\pi.$$

在实际应用中，有时还需要把定义在区间 $[0,\pi]$ 的函数 $f(x)$ 展开成正弦级数或余弦级数，这个问题可按如下方法解决.

设函数 $f(x)$ 定义在区间 $[0,\pi]$ 上且满足狄利克雷收敛定理的条件，我们先把函数 $f(x)$ 的定义延拓到区间 $(-\pi,0]$ 上，得到定义在 $(-\pi,\pi]$ 上的函数 $F(x)$，根据实际的需要，常采用以下两种延拓方式：

(1) 奇延拓.

$$令\ F(x)=\begin{cases}f(x), & 0<x\leqslant\pi\\ 0, & x=0\\ -f(-x), & -\pi<x<0\end{cases},$$

则 $F(x)$ 是定义在 $(-\pi,\pi]$ 上的奇函数，将 $F(x)$ 在 $(-\pi,\pi]$ 上展开成傅里叶级数，所得级数必是正弦级数，再限制 x 在 $(0,\pi]$ 上，就得到 $f(x)$ 的正弦级数展开式.

(2) 偶延拓.

$$令\ F(x)=\begin{cases}f(x), & 0\leqslant x\leqslant\pi\\ f(-x), & -\pi<x<0\end{cases},$$

则 $F(x)$ 是定义在 $(-\pi,\pi]$ 上的偶函数，将 $F(x)$ 在 $(-\pi,\pi]$ 上展开成傅里叶级数，所得级数必是余弦级数，再限制 x 在 $(0,\pi]$ 上，就得到 $f(x)$ 的余弦级数展开式.

例 5 将函数 $f(x)=2x^2(0\leqslant x\leqslant\pi)$分别展开成正弦级数和余弦级数.

解 (1)展开成正弦级数. 令 $\varphi(x)=\begin{cases}2x^2, & x\in[0,\pi]\\ -2x^2, & x\in(-\pi,0)\end{cases}$ 是 $f(x)$的奇延拓，又 $F(x)$ 是 $\varphi(x)$的周期延拓函数，则 $F(x)$满足收敛定理的条件，而在 $x=(2k+1)\pi(k\in \mathrm{Z})$处间断，又在$[0,\pi]$上满足 $F(x)\equiv f(x)$. 故它的傅里叶级数在$(0,\pi)$上收敛于 $f(x)$.

$$a_n=0,\ n=0,1,2,\cdots;$$

$$\begin{aligned}b_n&=\frac{2}{\pi}\int_0^{\pi}2x^2\sin nx\,\mathrm{d}x\\&=\frac{4}{\pi}\left[-\frac{x^2\cos nx}{n}+\frac{2x\sin nx}{n^2}+\frac{2\cos nx}{n^3}\right]_0^{\pi}\\&=\frac{4}{\pi}\left[\frac{-\pi^2(-1)^n}{n}+\frac{(-1)^n\cdot 2}{n^3}-\frac{2}{n^3}\right],\ n=1,2,\cdots.\end{aligned}$$

$$\therefore f(x)=\frac{4}{\pi}\sum_{n=1}^{\infty}\left[\left(\frac{2}{n^3}-\frac{\pi^2}{n}\right)(-1)^n-\frac{2}{n^3}\right]\sin nx,\ 0\leqslant x<\pi.$$

(2)展开成余弦级数. 令 $\varphi(x)=2x^2(x\in(-\pi,\pi])$是 $f(x)$的偶延拓，又 $F(x)$是 $\varphi(x)$的周期延拓函数，则 $F(x)$满足收敛定理的条件，且处处连续，又在$[0,\pi]$上满足 $F(x)\equiv f(x)$. 故它的傅里叶级数在$(0,\pi)$上收敛于 $f(x)$.

$b_n=0$，$n=1, 2, \cdots$.

$$a_0=\frac{2}{\pi}\int_0^{\pi}f(x)\mathrm{d}x=\frac{2}{\pi}\int_0^{\pi}2x^2\mathrm{d}x=\frac{4}{3}\pi^2.$$

$$\begin{aligned}a_n&=\frac{2}{\pi}\int_0^{\pi}2x^2\cos nx\,\mathrm{d}x\\&=(-1)^n\frac{8}{n^2},\ n=1, 2, \cdots.\end{aligned}$$

故
$$f(x)=\frac{2}{3}\pi^2+8\sum_{n=1}^{\infty}\frac{(-1)^n}{n^2}\cos nx,\ 0\leqslant x\leqslant \pi.$$

习题 12－7

1. 把函数 $f(x)=\begin{cases}0, & -\pi<x<0\\1, & 0\leqslant x\leqslant\pi\end{cases}$ 展开成傅里叶级数.

2. 设下列函数 $f(x)$ 的周期为 2π，试将其展开成傅里叶级数：

(1) $f(x)=\pi^2-x^2$，$x\in(-\pi, \pi)$；　　(2) $f(x)=\mathrm{e}^{2x}$，$x\in[-\pi, \pi)$；

(3) $f(x)=\sin^4 x$，$x\in[-\pi, \pi]$.

3. 在区间 $\left(-\frac{\pi}{2}, \frac{\pi}{2}\right)$ 内将函数 $f(x)=x\cos x$ 展开成傅里叶级数.

4. 在区间 $(-\pi, \pi)$ 内将函数 $f(x)=\begin{cases}x, & -\pi<x<0\\1, & x=0\\2x, & 0<x<\pi\end{cases}$ 展开成傅里叶级数.

5. 将函数 $f(x)=\mathrm{sgn}x(-\pi<x<\pi)$ 展开成傅里叶级数，并利用展开式求 $\sum\limits_{n=0}^{\infty}\frac{(-1)^n}{2n+1}$ 的和.

6. 将函数 $f(x)=\frac{\pi-x}{2}(0\leqslant x\leqslant\pi)$ 展开成正弦级数.

7. 将函数 $f(x)=2x^2(0\leqslant x\leqslant\pi)$ 分别展开成正弦级数和余弦级数.

8. 设 $f(x)$ 是周期为 2π 的周期函数，证明：

(1) 如果 $f(x-\pi)=-f(x)$，则 $f(x)$ 的傅里叶系数

$$a_0=0,\ a_{2k}=0,\ b_{2k}=0\quad(k=0, 1, 2, \cdots);$$

(2) 如果 $f(x-\pi)=f(x)$，则 $f(x)$ 的傅里叶系数

$$a_{2k+1}=0,\ b_{2k+1}=0\quad(k=0, 1, 2, \cdots).$$

§12.8　一般周期函数的傅里叶级数

上节中所讨论的函数都是以 2π 为周期的周期函数. 但在很多实际问题中，我们常常会遇到周期不是 2π 的周期函数，本节我们要讨论这样一类周期函数的傅里叶级数的展开问题. 实际上，根据上节的讨论结果，只需经过适当的变量替换，就可以得到下面的定理.

定理 设周期为 $2l$ 的周期函数 $f(x)$ 在区间 $[-l, l]$ 上满足狄利克雷收敛定理的条件，则它的傅里叶级数展开式为

$$f(x)=\frac{a_0}{2}+\sum_{n=1}^{\infty}\left(a_n\cos\frac{n\pi x}{l}+b_n\sin\frac{n\pi x}{l}\right), \tag{8.1}$$

其中

$$\begin{cases} a_n=\dfrac{1}{l}\displaystyle\int_{-l}^{l}f(x)\cos\frac{n\pi x}{l}\mathrm{d}x,\ n=0,1,2,\cdots \\ b_n=\dfrac{1}{l}\displaystyle\int_{-l}^{l}f(x)\sin\frac{n\pi x}{l}\mathrm{d}x,\ n=1,2,3,\cdots \end{cases}. \tag{8.2}$$

如果函数 $f(x)$ 为奇函数，则

$$f(x)=\sum_{n=1}^{\infty}b_n\sin\frac{n\pi x}{l}, \tag{8.3}$$

其中

$$b_n=\frac{2}{l}\int_{0}^{l}f(x)\sin\frac{n\pi x}{l}\mathrm{d}x,\ n=1,2,3,\cdots. \tag{8.4}$$

如果函数 $f(x)$ 为偶函数，则

$$f(x)=\frac{a_0}{2}+\sum_{n=1}^{\infty}a_n\cos\frac{n\pi x}{l}, \tag{8.5}$$

其中

$$a_n=\frac{2}{l}\int_{0}^{l}f(x)\cos\frac{n\pi x}{l}\mathrm{d}x,\ n=0,1,2,\cdots. \tag{8.6}$$

注： 当 x 为函数 $f(x)$ 的间断点时，公式 (8.1)、(8.3) 和 (8.5) 的左端应用 $\dfrac{f(x-0)+f(x+0)}{2}$ 代之.

证明 做变量替换 $z=\dfrac{\pi x}{l}$，则区间 $-l\leqslant x\leqslant l$ 变成 $-\pi\leqslant z\leqslant\pi$. 设函数 $f(x)=f\left(\dfrac{lz}{\pi}\right)=F(z)$，从而 $F(z)$ 是周期为 2π 的周期函数，并且在区间 $-\pi\leqslant z\leqslant\pi$ 上满足狄利克雷收敛定理的条件. 将 $F(z)$ 展开成傅里叶级数

$$F(z)=\frac{a_0}{2}+\sum_{n=1}^{\infty}(a_n\cos nz+b_n\sin nz),$$

其中 $a_n=\dfrac{1}{\pi}\displaystyle\int_{-\pi}^{\pi}F(z)\cos nz\,\mathrm{d}z$，$b_n=\dfrac{1}{\pi}\displaystyle\int_{-\pi}^{\pi}F(z)\sin nz\,\mathrm{d}z$.

注意到变换关系 $z=\dfrac{\pi x}{l}$ 及 $F(z)=f(x)$，则有

$$f(x)=\frac{a_0}{2}+\sum_{n=1}^{\infty}\left(a_n\cos\frac{n\pi x}{l}+b_n\sin\frac{n\pi x}{l}\right),$$

而且 $\begin{cases} a_n = \dfrac{1}{l}\displaystyle\int_{-l}^{l} f(x)\cos\dfrac{n\pi x}{l}\mathrm{d}x,\ n=0,1,2,\cdots \\ b_n = \dfrac{1}{l}\displaystyle\int_{-l}^{l} f(x)\sin\dfrac{n\pi x}{l}\mathrm{d}x,\ n=1,2,3,\cdots \end{cases}$.

类似地，可以证明定理的其余部分.

例 1　设 $f(x)$ 是周期为 6 的周期函数，它在 $[-3, 3)$ 上的表达式为

$$f(x)=\begin{cases} 2x+1, & -3\leqslant x<0 \\ 1, & 0\leqslant x<3 \end{cases},$$

试将 $f(x)$ 展开成傅里叶级数.

解　函数 $f(x)$ 的半周期 $l=3$，

$$a_0 = \frac{1}{3}\int_{-3}^{3} f(x)\mathrm{d}x = \frac{1}{3}\int_{-3}^{0}(2x+1)\mathrm{d}x + \frac{1}{3}\int_{0}^{3}\mathrm{d}x = -1$$

$$a_n = \frac{1}{3}\int_{-3}^{3} f(x)\cdot\cos\frac{n\pi}{3}x\mathrm{d}x = \frac{1}{3}\int_{-3}^{0}(2x+1)\cos\frac{n\pi x}{3}\mathrm{d}x + \frac{1}{3}\int_{0}^{3}\cos\frac{n\pi x}{3}\mathrm{d}x$$

$$= \frac{6}{n^2\pi^2}[1-(-1)^n],\ n=1, 2, \cdots,$$

$$b_n = \frac{1}{3}\int_{-3}^{3} f(x)\cdot\sin\frac{n\pi}{3}x\mathrm{d}x = \frac{1}{3}\int_{-3}^{0}(2x+1)\sin\frac{n\pi x}{3}\mathrm{d}x + \frac{1}{3}\int_{0}^{3}\sin\frac{n\pi x}{3}\mathrm{d}x$$

$$= \frac{6}{n\pi}(-1)^{n+1},\ n=1, 2, \cdots.$$

因 $f(x)$ 满足收敛定理的条件，其间断点为 $x=3(2k+1)$，$k\in \mathbf{Z}$，

故有 $$f(x) = -\frac{1}{2} + \sum_{n=1}^{\infty}\left\{\frac{6}{n^2\pi^2}[1+(-1)^n]\cos\frac{n\pi x}{3} + (-1)^{n+1}\frac{6}{n\pi}\sin\frac{n\pi x}{3}\right\},$$

$$-\infty < x < +\infty,\ x\neq 3(2k+1),\ k\in \mathbf{Z}.$$

例 2　将函数 $f(x)=x^2(0\leqslant x\leqslant 2)$ 展开成正弦级数.

解　将 $f(x)$ 做奇延拓得 $\varphi(x)$，再将 $\varphi(x)$ 做周期延拓，得以 4 为周期的周期函数 $\Phi(x)$，则 $\Phi(x)$ 满足收敛定理的条件，除间断点 $x=2(2k+1)(k\in \mathbf{Z})$ 外处处连续，且在 $[0, 2)$ 上，$\Phi(x)\equiv f(x)$.

$$a_n = 0,\ n=0, 1, 2, \cdots.$$

$$b_n = \frac{2}{2}\int_{0}^{2} x^2\sin\frac{n\pi x}{2}\mathrm{d}x = \left[-\frac{2}{n\pi}x^2\cos\frac{n\pi x}{2}\right]\Bigg|_0^2 + \frac{4}{n\pi}\int_{0}^{2} x\cos\frac{n\pi x}{2}\mathrm{d}x$$

$$= (-1)^{n+1}\frac{8}{n\pi} + \frac{16}{(n\pi)^3}[(-1)^n-1],\ n=1, 2, \cdots.$$

故 $$f(x) = \frac{8}{\pi}\sum_{n=1}^{\infty}\left\{\frac{(-1)^{n+1}}{n} + \frac{2}{n^3\pi^2}[(-1)^n-1]\right\}\sin\frac{n\pi x}{2},\ x\in[0, 2).$$

习题 12－8

1. (1) 设 $f(x)$ 是周期为 2 的周期函数，它在区间 $(-1, 1]$ 上定义为

$$f(x)=\begin{cases}2, & -1<x\leqslant 0\\ x^3, & 0<x\leqslant 1\end{cases},$$

则 $f(x)$ 的傅里叶级数在 $x=1$ 处收敛于________；

(2) 设函数 $f(x)=x^2(0\leqslant x<1)$ 而 $S(x)=\sum\limits_{n=0}^{\infty}b_n\sin(n\pi x)(-\infty<x<+\infty)$，其中 $b_n=2\int_0^1 f(x)\sin(n\pi x)\mathrm{d}x$ $(n=1,2,3,\cdots)$，则 $S\left(-\dfrac{1}{2}\right)=$________.

2. 在区间 $(-l,l)$ 上，函数 $f(x)$ 的傅里叶系数是 a_0，a_n，b_n，函数 $g(x)$ 的傅里叶系数是 α_0，α_n，β_n(其中 $n=1,2,3,\cdots$). 若 $f(-x)=-g(x)$，则必有(　　).

(A) $a_0=\alpha_0$，$a_n=\alpha_n$，$b_n=\beta_n$；　　(B) $a_0=-\alpha_0$，$a_n=-\alpha_n$，$b_n=\beta_n$；

(C) $a_0=-\alpha_0$，$a_n=-\alpha_n$，$b_n=-\beta_n$；　　(D) $a_0=\alpha_0$，$a_n=\alpha_n$，$b_n=-\beta_n$.

3. 设周期函数在一个周期内的表达式为：

$$f(x)=\begin{cases}2x+1, & -3\leqslant x<0\\ 1, & 0\leqslant x<3\end{cases},$$

试将其展开为傅里叶级数.

4. 将函数 $f(x)=\begin{cases}x, & 0\leqslant x<\dfrac{l}{2}\\ l-x, & \dfrac{l}{2}\leqslant x<l\end{cases}$ 展开成正弦级数和余弦级数.

5. 将函数 $f(x)=x-1(0\leqslant x\leqslant 2)$ 展开成周期为 4 的余弦函数.

6. 证明：

(1) $\int_{-l}^{l}\cos\dfrac{n\pi x}{l}\mathrm{d}x=0$，对所有正整数 n 成立.

(2) $\int_{-l}^{l}\sin\dfrac{n\pi x}{l}\mathrm{d}x=0$，对所有正整数 n 成立.

总习题十二

1. 求级数 $\sum\limits_{n=1}^{\infty}\dfrac{1}{\sqrt{n(n+1)}(\sqrt{n}+\sqrt{n+1})}$ 的和.

2. 求级数 $\dfrac{1}{3}+\dfrac{3}{3^2}+\dfrac{5}{3^3}+\cdots+\dfrac{2n-1}{3^n}+\cdots$ 之和.

3. 已知 $\lim\limits_{n\to\infty}nu_n=0$，级数 $\sum\limits_{n=1}^{\infty}(n+1)(u_{n+1}-u_n)$ 收敛，证明级数 $\sum\limits_{n=1}^{\infty}u_n$ 也收敛.

4. 判断下列级数的收敛性：

(1) $\sum\limits_{n=1}^{\infty}(\sqrt[n]{a}-1)$ $(a\geqslant 1)$；　　(2) $\sum\limits_{n=1}^{\infty}\dfrac{2^n\cdot n!}{n^n}$；　　(3) $\sum\limits_{n=1}^{\infty}n\tan\dfrac{\pi}{2^{n+1}}$；

(4) $\sum_{n=1}^{\infty}\frac{(n!)^2}{2n^2}$；　(5) $\sum_{n=1}^{\infty}\frac{[(n+1)!]^n}{2!4!\cdots(2n)!}$；　(6) $\sum_{n=1}^{\infty}\frac{n^2}{\left(n+\frac{1}{n}\right)^n}$.

5. 证明：$\lim\limits_{n\to\infty}\frac{n^n}{(n!)^2}=0$.

6. 求极限 $\lim\limits_{n\to\infty}\frac{(a+1)(2a+1)\cdots(na+1)}{(b+1)(2b+1)\cdots(nb+1)}$，$b>a>0$.

7. 讨论级数 $\sum_{n=1}^{\infty}\frac{\sqrt{n+2}-\sqrt{n-2}}{n^a}$ 的收敛性.

8. 设数列 $S_1=1$，S_2，S_3，…，由公式 $2S_{n+1}=S_n+\sqrt{S_n^2+u_n}$ 决定，其中 u_n 是正项级数 $u_1+u_2+\cdots+u_n+\cdots$ 的一般项，且 $u_n>0$，证明：级数 $\sum_{n=1}^{\infty}u_n$ 收敛的充分必要条件是数列 $\{S_n\}$ 也收敛.

9. 判别下列级数的收敛性. 若收敛，是条件收敛还是绝对收敛？

(1) $\sum_{n=1}^{\infty}\frac{(-1)^{n-1}}{\ln(1+n)}$；　(2) $\sum_{n=1}^{\infty}(-1)^{n+1}\frac{2^{n^2}}{n!}$；　(3) $\sum_{n=1}^{\infty}(-1)^{n+1}\frac{(n+1)^n}{2n^{n+1}}$.

10. 设 $|a_n|\leqslant 1(n=1, 2, 3, \cdots)$，$|a_n-a_{n-1}|\leqslant\frac{1}{4}|a_{n-1}^2-a_{n-2}^2|(n=3, 4, 5, \cdots)$，证明：

(1) 级数 $\sum_{n=2}^{\infty}(a_n-a_{n-1})$ 绝对收敛；　(2) 数列 $\{a_n\}$ 收敛.

11. 求下列幂级数的收敛区间：

(1) $\sum_{n=1}^{\infty}n!\left(\frac{x}{n}\right)^n$；　(2) $\sum_{n=1}^{\infty}\frac{n}{2^n}x^{2n}$；　(3) $\sum_{n=1}^{\infty}(-1)^n\frac{(x-2)^{2n+1}}{2n+1}$.

12. 求下列幂级数的和函数：

(1) $\sum_{n=1}^{\infty}\frac{x^{4n+1}}{4n+1}$；　(2) $\sum_{n=0}^{\infty}\frac{n^2+1}{2^n n!}x^n$.

13. 将函数 $x\arctan x-\ln\sqrt{1+x^2}$ 展开成麦克劳林级数.

14. 将函数 $\frac{1}{(2-x)^2}$ 展开成 x 的幂级数.

15. 将函数 $f(x)=\frac{1}{x^2+3x+2}$ 展开成 $x+4$ 的幂级数.

16. 将函数 $f(x)=\ln(1+x+x^2+x^3)$ 展开成 x 的幂级数.

17. 用幂级数求下列极限：

(1) $\lim\limits_{x\to 0}\frac{\sin x-\tan x}{x^3}$；　(2) $\lim\limits_{x\to 0}\left(\frac{1}{\sin x}-\frac{1}{x}\right)$.

18. 求级数 $\sum_{n=1}^{\infty}(n+1)(x-1)^n$ 的收敛域及和函数.

19. 利用幂级数求数项级数 $\sum_{n=0}^{\infty}\frac{1}{2^n}\cdot\frac{2n+1}{n!}$ 的和.

20. 设 $y=\operatorname{arccot}x$，求 $y^{(n)}(0)$.

21. 已知 $\sum_{n=1}^{\infty}\frac{1}{n^2}=\frac{\pi^2}{6}$，求积分 $\int_0^1\frac{\ln x}{1+x}\mathrm{d}x$.

22. 设函数 $f(x)=\begin{cases}x, & 0\leqslant x<\frac{l}{2}\\ l-x, & \frac{l}{2}\leqslant x\leqslant l\end{cases}$，试将其展开成正弦级数和余弦级数.

23. 将函数 $f(x)=\begin{cases}x, & -\frac{\pi}{2}\leqslant x<\frac{\pi}{2}\\ \pi-x, & \frac{\pi}{2}\leqslant x\leqslant\frac{3\pi}{2}\end{cases}$ 展开成以 2 为周期的傅里叶级数.

24. 设 $f(x)$ 是周期为 2π 的函数，且 $f(x)=\begin{cases}0, & -\pi\leqslant x<0\\ \mathrm{e}^x, & 0\leqslant x<\pi\end{cases}$，试将 $f(x)$ 展开成傅里叶级数.

25. 将函数 $f(x)=\begin{cases}x, & -\frac{\pi}{2}\leqslant x<\frac{\pi}{2}\\ \pi-x, & \frac{\pi}{2}\leqslant x\leqslant\frac{3\pi}{2}\end{cases}$ 展开成傅里叶级数.

习题答案

习题 7－1

1. (1) 一阶；　(2) 二阶；　(3) 三阶；　(4)一阶.

2. (1) 是；　(2) 是；　(3) 是；　(4)是.

3. $y=\pm\sin\left(x-2k\pi+\frac{\pi}{2}\right)$，$k\in\mathbf{Z}$.　**4.** $yy'+2x=0$.　**5.** $\cos x-x\sin x+C$.

习题 7－2

1. (1) $y=e^{Cx}$. (2) $(y^2-1)(x^2-1)=C$. (3) $y=Ce^{\sqrt{1-x^2}}$. (4) $e^{-y}=1-Cx$.

(5) $y=C\sin x-1$. (6) $10^x+10^{-y}=C$. (7) $\ln y^2-y^2=2x-2\arctan x+C$.

(8) 当 $\sin\frac{y}{2}\neq0$ 时，通解为 $\ln\left|\tan\frac{y}{4}\right|=C-2\sin\frac{x}{2}$.

当 $\sin\frac{y}{2}=0$ 时，特解 $y=2k\pi$ ($k=0$，±1，±2，…).

2. (1) $y+\sqrt{y^2-x^2}=Cx^2$；　(2) $y=xe^{Cx+1}$；　(3) $\sin\frac{y}{x}=\ln|x|+C$；

(4) $y=-x\ln|C-\ln x|$；　(5) $xy=Ce^{-\arctan\left(\frac{y}{x}\right)}$.

3. (1) $\frac{y^2}{2}+\frac{y^3}{3}=\frac{x^2}{2}+\frac{x^3}{3}$；　(2) $y^2=2x^2(\ln x+2)$.

4. (1) $y=2+Ce^{-x^2}$；　(2) $y=x^3+Cx$；　(3) $y=(x-2)^3+C(x-2)$；

(4) $y=\frac{1}{x^2+1}\left(\frac{4}{3}x^3+C\right)$；(5) $x=Cy^3+\frac{y^2}{2}$；　(6) $x=\frac{Ce^{-y}}{y}+\frac{e^y}{2y}$；

(7) $x=Ce^{\sin y}-2(\sin y+1)$；(8) $x=y^2+Cy^2e^{\frac{1}{y}}$，$y=0$；(9) $y=f(x)-1+Ce^{-f(x)}$.

5. (1)$y=\frac{2}{3}(4-e^{-3x})$；　(2)$y=x\sec x$.　**6.** $y=2(e^x-x-1)$.

7. $y(x)=e^x(x+1)$.

习题 7－3

1. (1) $y=x\arctan x-\frac{1}{2}\ln(1+x^2)+C_1x+C_2$；　(2)$y=-\ln|\cos(x+C_1)|+C_2$；

(3) $y=C_1e^x-\frac{x^2}{2}-x+C_2$；　(4) $y^3=C_1x+C_2$；

(5) $y=\arcsin(C_2e^x)+C_1$，$y=C$ 是原方程的奇解.

2. $y=\dfrac{4}{(x-2)^2}$.　　**3.** $y=\dfrac{x^3}{6}+\dfrac{x}{2}+1$.　　**4.** $y=Cx^{\frac{1}{2k-1}}$.

习题 7-4

1. (1) 线性无关；(2) 线性无关；(3) 线性无关；(4) 线性无关.

2. $y=(C_1+C_2x)e^x$.　　**3.** $y=C_1e^x+C_2x^2+3$.

习题 7-5

1. (1) $y=C_1e^{-x}+C_2e^{2x}$；　(2) $y=C_1+C_2e^{4x}$；

(3) $y=C_1\cos x+C_2\sin x$；　(4) $e^{-3x}(C_1\cos 2x+C_2\sin 2x)$；

(5) $x=(C_1+C_2t)e^{2.5t}$；　(6) $y=e^{2x}(C_1\cos x+C_2\sin x)$；

(7) $y=C_1e^{2x}+C_2e^{-2x}+C_3\cos 3x+C_4\sin 3x$；　(8) $y=C_1e^{-x}+C_2e^{2x}+C_3e^{3x}$；

(9) $y=C_1+(C_2+C_3x)\cos x+(C_4+C_5x)\sin x$.

2. (1) $y=4e^x+2e^{2x}$；　(2) $y=2\cos 5x+\sin 5x$.　　**3.** $\ln y=C_1e^x+C_2e^{-x}$.

习题 7-6

1. (1) $y=b_0x+b_1$；　(2) $y=b_0x^2+b_1x$；

(3) $y=b_0e^x$；　(4) $y=(b_0x^2+b_1x+b_2)e^x$；

(5) $y*=e^x(b_0\cos x+b_1\sin x)$；　(6) $y^*=ae^x+x(b_0\cos x+b_1\sin x)$.

2. (1) $y=e^{-\frac{x}{2}}\left(C_1\cos\dfrac{\sqrt{7}}{2}x+C_2\sin\dfrac{\sqrt{7}}{2}x\right)+\dfrac{1}{2}x^2-\dfrac{1}{2}x-\dfrac{7}{4}$；

(2) $y=C_1\cos ax+C_2\sin ax+\dfrac{e^x}{1+a^2}$；

(3) $y=C_1+C_2e^{-x}+e^x\left(x^2-3x+\dfrac{7}{2}\right)$；

(4) $y=C_1\cos x+C_2\sin x-\dfrac{1}{3}\sin 2x$；

(5) $y=C_1\cos x+C_2\sin x-\dfrac{3}{2}x\sin x$.

3. (1) $y=-5e^x+\dfrac{7}{2}e^{2x}+\dfrac{5}{2}$；　(2) $y=e^x-e^{-x}+e^x(x^2-x)$.

4. $\alpha=-3$，$\beta=2$，$\gamma=-1$，$y=C_1e^x+C_2e^{2x}+xe^x$.

总习题七

1. (1) $1+y^2=C(x^2-1)$；　(2) $(e^x+1)(1-e^y)=C$；

(3) $\ln[C(y+2x)]+\dfrac{x}{y+2x}=0$；　(4) $x+2ye^{\frac{x}{y}}=C$.

2. (1) $(1+e^x)\sec y=2\sqrt{2}$；　(2) $x^2+y^2=x+y$.

3. (1) $y=C\cos x-2\cos^2 x$； (2) $y=ax+\dfrac{C}{\ln x}$.

4. (1) $y\sin x+5e^{\cos x}=1$； (2) $y=\dfrac{e^x}{x}(e^x-1)$.

5. $y=x(\ln\ln x-e^{-1})$.

6. (1) $y=\text{arccot}(C_1+C_2x)$； (2) $y=C_1e^{C_2x}$.

7. (1) $y=e^{-x}-e^{4x}$； (2) $y=e^{2x}\sin 3x$.

8. (1) $y=C_1+C_2e^{-\frac{5}{2}x}+\dfrac{1}{3}x^3-\dfrac{3}{5}x^2+\dfrac{7}{25}x$；

(2) $y=C_1e^{-x}+C_2e^{-2x}+\left(\dfrac{3}{2}x^2-3x\right)e^{-x}$；

(3) $y=C_1e^x+C_2e^{2x}+e^{-x}\left(\dfrac{1}{5}\cos x+\dfrac{1}{5}\sin x\right)+e^{2x}x\left(\dfrac{12}{5}x+\dfrac{1}{5}\right)$.

9. $\varphi(x)=\dfrac{1}{2}(\cos x+\sin x+e^x)$. **10.** $y=\left[\left(\dfrac{1}{e}-\dfrac{1}{6}\right)+\dfrac{1}{2}x\right]e^x+\dfrac{x^3}{6}e^x-\dfrac{x^2}{2}e^x$.

11. $y=2e^{2x}-e^x$. **12.** $\pi e^{\frac{\pi}{3\sqrt{3}}}$. **13.** (B).

习题 8－1

1. (1) 关于 x 轴：$(a,-b,-c)$；关于 y 轴：$(-a,b,-c)$；关于 z 轴：$(-a,-b,c)$.
(2) 关于 xOy 面：$(a,b,-c)$；关于 xOz 面：$(a,-b,c)$；关于 yOz 面：$(-a,b,c)$.
(3) 关于坐标原点：$(-a,-b,-c)$.

2. $\left(\dfrac{1}{3},-\dfrac{2}{3},-\dfrac{2}{3}\right)$.

3. $\left(\dfrac{1}{2},\dfrac{1}{2},\dfrac{\sqrt{2}}{2}\right)$.

4. 略.

5. A：Ⅳ；B：Ⅴ；C：Ⅷ；D：Ⅲ.

6. A 在 xOy 面上，B 在 yOz 面上，C 在 x 轴上，D 在 y 轴上.

7. xOy 面：$(x_0,y_0,0)$；yOz 面：$(0,y_0,z_0)$；xOz 面：$(x_0,0,z_0)$；
x 轴：$(x_0,0,0)$；y 轴：$(0,y_0,0)$；z 轴：$(0,0,z_0)$.

8. 略.

9. $\left(\dfrac{\sqrt{2}}{2}a,0,0\right)$，$\left(-\dfrac{\sqrt{2}}{2}a,0,0\right)$，$\left(0,\dfrac{\sqrt{2}}{2}a,0\right)$，$\left(0,-\dfrac{\sqrt{2}}{2}a,0\right)$，
$\left(\dfrac{\sqrt{2}}{2}a,0,a\right)$，$\left(-\dfrac{\sqrt{2}}{2}a,0,a\right)$，$\left(0,\dfrac{\sqrt{2}}{2}a,a\right)$，$\left(0,-\dfrac{\sqrt{2}}{2}a,a\right)$.

10. 到 x 轴、y 轴、z 轴的距离分别为 $\sqrt{34}$，$\sqrt{41}$，5.

11. $(0,1,-2)$.

12. 略.

习题 8-2

1. (1) 3, $5\boldsymbol{i}+\boldsymbol{j}+7\boldsymbol{k}$; (2) -18, $10\boldsymbol{i}+2\boldsymbol{j}+14\boldsymbol{k}$; (3) $\cos(\boldsymbol{a}\hat{,}\boldsymbol{b})=\dfrac{3}{2\sqrt{21}}$.

2. $-\dfrac{3}{2}$.

3. 4.

4. $\pm\dfrac{1}{\sqrt{17}}(3\boldsymbol{i}-2\boldsymbol{j}-2\boldsymbol{k})$.

5. 5 880J.

6. $|\boldsymbol{F}_1|x_1\sin\theta_1=|\boldsymbol{F}_2|x_2\sin\theta_2$.

7. 2.

8. $\lambda=2\mu$.

9. 略.

10. (1) $-8\boldsymbol{j}-24\boldsymbol{k}$; (2) $-\boldsymbol{j}-\boldsymbol{k}$; (3) 2.

11. $\dfrac{1}{2}\sqrt{19}$.

12. $S=|(\vec{a}+2\vec{b})\times(\vec{a}-3\vec{b})|=|-5\vec{a}\times\vec{b}|=5|\vec{a}|\cdot|\vec{b}|\cdot\sin(\vec{a}\hat{,}\vec{b})=30$.

13～15. 略.

习题 8-3

1. $3x-7y+5z-4=0$.

2. $2x+9y-6z-121=0$.

3. $x-3y-2z=0$.

4. (1) yOz 面; (2) 平行于 xOz 面的平面; (3) 平行于 z 轴的平面; (4) 通过 z 轴的平面; (5) 平行于 x 轴的平面; (6) 通过 y 轴的平面; (7) 通过原点的平面.

5. $\dfrac{1}{3}$, $\dfrac{2}{3}$, $\dfrac{2}{3}$.

6. $x+y-3z-4=0$.

7. $(1, -1, 3)$.

8. (1) $y+5=0$; (2) $x+3y=0$; (3) $9y-z-2=0$.

9. 1.

10. 原点与点 $(6, -3, 2)$ 连线的方向向量为 $\vec{s}=(6, -3, 2)$，题设平面的法向量为 $\vec{n}=(4, -1, 2)$，故所求平面的法向量可取为

$$\vec{n}_1=\vec{s}\times\vec{n}=\begin{vmatrix}\vec{i} & \vec{j} & \vec{k}\\ 6 & -3 & 2\\ 4 & -1 & 2\end{vmatrix}=-4\vec{i}-4\vec{j}+6\vec{k}.$$

故所求平面为 $2(x-0)+2(y-0)-3(z-0)=0$.

即 $2x+2y-3z=0$.

习题 8-4

1. $\frac{x-4}{2}=\frac{y+1}{1}=\frac{z-3}{5}$.

2. $\frac{x-3}{-4}=\frac{y+2}{2}=\frac{z-1}{1}$.

3. $\frac{x-1}{-2}=\frac{y-1}{1}=\frac{z-1}{3}$，$\begin{cases}x=1-2t\\y=1+t\\z=1+3t\end{cases}$，$t$ 为任意常数.

4. $x-3y-z+4=0$.

5. $\cos\varphi=0$.

6. 略.

7. $\frac{x}{-2}=\frac{y-2}{3}=\frac{z-4}{1}$.

8. $8x-9y-22z-59=0$.

9. $\varphi=0$.

10. (1) 平行；　(2) 垂直；　(3) 直线在平面上.

11. $x-y+z=0$.

12. $x-3y+z+2=0$.

13. $\left(-\frac{5}{3},\frac{2}{3},\frac{2}{3}\right)$.

14. $\frac{3\sqrt{2}}{2}$.

15. 略.

16. 设 $C(0,0,m)$，AB 的直线方程为：$\frac{x-1}{1}=\frac{y}{-2}=\frac{z}{-1}$，方向向量 $\vec{s}=(1,-2,-1)$，

C 到 AB 的距离为 $P=\frac{|\overrightarrow{CA}\times\vec{s}|}{|\vec{s}|}=\frac{\sqrt{4m^2+(m-1)^2+4}}{\sqrt{6}}=\frac{\sqrt{5m^2-2m+5}}{\sqrt{6}}$.

令 $\frac{\mathrm{d}P}{\mathrm{d}m}=\frac{1}{2\sqrt{6}}\cdot\frac{10m-2}{\sqrt{5m^2-2m+5}}=0$，解得 $m=\frac{1}{5}$.

则点 $C\left(0,0,\frac{1}{5}\right)$ 使 $\triangle ABC$ 面积最小.

17. $\begin{cases}17x+31y-37z-117=0\\4x-y+z-1=0\end{cases}$.

18. $\frac{x+29}{8}=\frac{y+34}{7}=\frac{z+12}{1}$.

19. $x+2y+2z-10=0$，或 $4y+3z-16=0$.

20. $\begin{cases}4x-y+z-4=0\\2x+4y+5z+10=0\end{cases}$.

习题 8－5

1. $x^2+y^2+z^2-4x-2y+4z=0$，球心为 $(2, 1, -2)$，$R=3$.

2. $x^2+y^2+z^2-2x-6y+4z=0$.

3. 以点 $(1, -2, -1)$ 为球心，半径为$\sqrt{6}$的球面.

4. $\left(x+\dfrac{2}{3}\right)^2+(y+1)^2+\left(z+\dfrac{4}{3}\right)^2=\dfrac{116}{9}$，它表示一球面，球心为$\left(-\dfrac{2}{3}, -1, -\dfrac{4}{3}\right)$，半径为$\dfrac{2}{3}\sqrt{29}$.

5. $y^2+z^2=5x$.

6. $x^2+y^2+z^2=9$.

7. 绕 x 轴：$4x^2-9(y^2+z^2)=36$；绕 y 轴：$4(x^2+z^2)-9y^2=36$.

8～9. 略.

10. (1) xOy 平面上的椭圆$\dfrac{x^2}{4}+\dfrac{y^2}{9}=1$ 绕 x 轴旋转一周；

(2) xOy 平面上的双曲线 $x^2-\dfrac{y^2}{4}=1$ 绕 y 轴旋转一周；

(3) xOy 平面上的双曲线 $x^2-y^2=1$ 绕 x 轴旋转一周；

(4) yOz 平面上的直线 $z=y+a$ 绕 z 轴旋转一周.

注：本题各小题均有多个答案，以上给出的均是其中一个答案.

11～12. 略.

习题 8－6

1～2. 略.

3. 母线平行于 x 轴的柱面方程为 $3y^2-z^2=16$，母线平行于 y 轴的柱面方程为 $3x^2+2z^2=16$.

4. $\begin{cases}2x^2-2x+y^2=8\\ z=0\end{cases}$.

5. (1)$\begin{cases}x=\dfrac{3}{\sqrt{2}}\cos t\\ y=\dfrac{3}{\sqrt{2}}\cos t\\ z=3\sin t\end{cases}$，$0\leqslant t\leqslant 2\pi$；　(2)$\begin{cases}x=1+\sqrt{3}\cos\theta\\ y=\sqrt{3}\sin\theta\\ z=0\end{cases}$，$0\leqslant\theta\leqslant 2\pi$.

6. $\begin{cases}x^2+y^2=a^2\\ z=0\end{cases}$；　$\begin{cases}y=a\sin\dfrac{z}{b}\\ x=0\end{cases}$；　$\begin{cases}x=a\cos\dfrac{z}{b}\\ y=0\end{cases}$.

7. $x^2+y^2\leqslant ax$；$x^2+z^2\leqslant a^2$，$x\geqslant 0$，$z\geqslant 0$.

8. $x^2+y^2\leqslant 4$，$x^2\leqslant z\leqslant 4$，$y^2\leqslant z\leqslant 4$.

9. $z=0$，$x^2+y^2=x+y$；$x=0$，$2y^2+2yz+z^2-4y-3z+2=0$；

$y=0$，$2x^2+2xz+z^2-4x-3z+2=0$.

总习题八

1. (1) (A).　　(2) (B).　　(3) (C).

(4) 分析：由 $|\vec{a}-\vec{b}|=|\vec{a}+\vec{b}|$ 知以 $\vec{a}$，$\vec{b}$ 为邻边作平行四边形的两对角线长度相等，故为矩形，从而 $\vec{a}\perp\vec{b}$，可得 $\vec{a}\times\vec{b}=0$，故选 (D).

2. 点 (2，1，0) 到平面 $3x+4y+5z=0$ 的距离为

$$d=\frac{|3\times2+4\times1|}{\sqrt{3^2+4^2+5^2}}=\frac{10}{\sqrt{50}}=\frac{2}{\sqrt{2}}=\sqrt{2}.$$

3. (0，2，0).

4. $\sqrt{30}$.

5. $\overrightarrow{AD}=\boldsymbol{c}+\frac{1}{2}\boldsymbol{a}$，$\overrightarrow{BE}=\boldsymbol{a}+\frac{1}{2}\boldsymbol{b}$，$\overrightarrow{CF}=\boldsymbol{b}+\frac{1}{2}\boldsymbol{c}$.

6. 略.

7. 1.

8. $\arccos\frac{2}{\sqrt{7}}$.

9. $\frac{\pi}{3}$.

10. $z=-4$，$\theta_{\min}=\frac{\pi}{4}$.

11. 30.

12. (14，10，2).

13. $\boldsymbol{c}=5\boldsymbol{a}+\boldsymbol{b}$.

14. $4(z-1)=(x-1)^2+(y+1)^2$.

15. (1) $\begin{cases}x=0\\z=2y^2\end{cases}$，$z$ 轴；　　(2) $\begin{cases}x=0\\\frac{y^2}{9}+\frac{z^2}{36}=1\end{cases}$，$y$ 轴；

(3) $\begin{cases}x=0\\z=\sqrt{3}y\end{cases}$，$z$ 轴；　　(4) $\begin{cases}z=0\\x^2-\frac{y^2}{4}=1\end{cases}$，$x$ 轴.

16. $x+\sqrt{26}y+3z-3=0$ 或 $x-\sqrt{26}y+3z-3=0$.

17. $x+2y+1=0$.

18. $\frac{x+1}{16}=\frac{y}{19}=\frac{z-4}{28}$.

19. $\left(0,0,\frac{1}{5}\right)$.

20. 直线 l 的方向余弦为 $\cos\alpha=\frac{6}{5\sqrt{5}}$，$\cos\beta=\frac{-5}{5\sqrt{5}}$，$\cos\gamma=\frac{8}{5\sqrt{5}}$ 或

$\cos\alpha=-\dfrac{6}{5\sqrt{5}}$, $\cos\beta=\dfrac{5}{5\sqrt{5}}$, $\cos\gamma=-\dfrac{8}{5\sqrt{5}}$.

21. $z=0$, $x^2+y^2=x+y$; $x=0$, $2y^2+2yz+z^2-4y-3z+2=0$;

$y=0$, $2x^2+2xz+z^2-4x-3z+2=0$.

22. $z=0$, $(x-1)^2+y^2\leqslant 1$; $x=0$, $\left(\dfrac{z^2}{2}-1\right)^2+y^2\leqslant 1$, $z\geqslant 0$; $y=0$, $x\leqslant z\leqslant\sqrt{2x}$.

23. (1) 将直线 L 的方程化为一般方程得 $\begin{cases}x-y-1=0\\z+y-1=0\end{cases}$. 过直线 L 且与平面 Π 垂直的平面方程为 $(x-y-1)+\lambda(z+y-1)=0$.

即 $x+(\lambda-1)y+\lambda z-(1+\lambda)=0$.

该平面的法向量与 L 的方向向量垂直，故

$$1-(\lambda-1)+2\lambda=0\Rightarrow\lambda=-2.$$

所求平面中的平面方程为 $x-3y-2z+1=0$,

从而 L_0 的方程为 $\begin{cases}x-y+2z-1=0\\x-3y-2z+1=0\end{cases}$.

(2) 将直线 L_0 的方程化为 $\begin{cases}x=2y\\z=-(y-1)/2\end{cases}$, 故 L_0 绕 y 轴旋转一周而成的曲面方程为 $x^2+z^2=4y^2+\dfrac{1}{4}(y-1)^2$.

即 $4x^2-17y^2+4z^2+2y-1=0$.

24. $\dfrac{x}{-2}=\dfrac{y+1}{3}=\dfrac{z}{-1}$.

25. 略.

习题 9-1

1. (1) 开集，无界集；(2) 既非开集，又非闭集，是有界集；(3) 开集，区域，无界集；(4) 闭集，有界集.

2. (1) $\{(x,y)\mid y^2-2x+1>0\}$;

(2) $\{(x,y)\mid x+y>0,\ x-y>0\}$;

(3) $\{(x,y)\mid x\geqslant 0,\ y\geqslant 0,\ x^2\geqslant y\}$;

(4) $\{(x,y)\mid y-x>0,\ x\geqslant 0,\ x^2+y^2<1\}$;

(5) $\{(x,y,z)\mid -\sqrt{x+y^2}\leqslant z\leqslant\sqrt{x+y^2},\ x^2+y^2\neq 0\}$.

3. (1) 1; (2) ln2; (3) $-\dfrac{1}{4}$; (4) -2; (5) 2; (6) 0.

4. 略.

5. 曲线 $y^2-2x=0$ 上各点均为函数的间断点.

6. 略.

习题 9-2

1. (1) $\frac{\partial z}{\partial x}=2xy-y^2$, $\frac{\partial z}{\partial y}=x^2-2xy$;

(2) $\frac{\partial s}{\partial u}=\frac{1}{v}-\frac{v}{u^2}$, $\frac{\partial s}{\partial v}=\frac{1}{u}-\frac{u}{v^2}$;

(3) $\frac{\partial z}{\partial x}=\frac{1}{2x\sqrt{\ln(xy)}}$, $\frac{\partial z}{\partial y}=\frac{1}{2y\sqrt{\ln(xy)}}$;

(4) $\frac{\partial z}{\partial x}=y[\cos(xy)-\sin(2xy)]$, $\frac{\partial z}{\partial y}=x[\cos(xy)-\sin(2xy)]$;

(5) $\frac{\partial z}{\partial x}=\frac{2}{y}\csc\frac{2x}{y}$, $\frac{\partial z}{\partial y}=-\frac{2x}{y^2}\csc\frac{2x}{y}$;

(6) $\frac{\partial z}{\partial x}=y^2(1+xy)^{y-1}$, $\frac{\partial z}{\partial y}=(1+xy)^y\left[\ln(1+xy)+\frac{xy}{1+xy}\right]$;

(7) $\frac{\partial u}{\partial x}=\frac{y}{z}x^{\frac{y}{z}-1}$, $\frac{\partial u}{\partial y}=\frac{1}{z}x^{\frac{y}{z}}\ln x$, $\frac{\partial u}{\partial z}=-\frac{y}{z^2}x^{\frac{y}{z}}\ln x$.

2. 略.

3. $f_x(x,1)=1$.

4. (1) $\frac{\partial^2 z}{\partial x^2}=12x^2-8y^2$, $\frac{\partial^2 z}{\partial y^2}=12y^2-8x^2$, $\frac{\partial^2 z}{\partial x\partial y}=-16xy$;

(2) $\frac{\partial^2 z}{\partial x^2}=\frac{-2xy}{(x^2+y^2)^2}$, $\frac{\partial^2 z}{\partial y^2}=\frac{2xy}{(x^2+y^2)^2}$, $\frac{\partial^2 z}{\partial x\partial y}=\frac{x^2-y^2}{(x^2+y^2)^2}$;

(3) $\frac{\partial^2 z}{\partial x^2}=y^x\ln^2 y$, $\frac{\partial^2 z}{\partial y^2}=x(x-1)y^{x-2}$, $\frac{\partial^2 z}{\partial x\partial y}=y^{x-1}(1+x\ln y)$;

(4) $\frac{\partial^2 z}{\partial x^2}=e^{x-2y}$, $\frac{\partial^2 z}{\partial y^2}=4e^{x-2y}$, $\frac{\partial^2 z}{\partial y^2}=-2e^{x-2y}$.

5. $\frac{\pi}{4}$

6. 略.

习题 9-3

1. (1) $\left(y+\frac{1}{y}\right)dx+x\left(1-\frac{1}{y^2}\right)dy$;　(2) $-\frac{1}{x}e^{\frac{y}{x}}\left(\frac{y}{x}dx-dy\right)$;

(3) $-\frac{x}{(x^2+y^2)^{\frac{3}{2}}}(ydx-xdy)$;　(4) $yzx^{yz-1}dx+zx^{yz}\cdot\ln x dy+yx^{yz}\cdot\ln x dz$.

2. $\frac{1}{3}dx+\frac{2}{3}dy$.　**3.** $\Delta z=-0.119$, $dz=-0.125$.　**4.** 0.25e.　**5.** 2.95.

6. 2.039.

习题 9-4

1. $\frac{\partial z}{\partial x}=4x$, $\frac{\partial z}{\partial y}=4y$.

2. $\frac{\partial z}{\partial x}=\frac{2x}{y^2}\ln(3x-2y)+\frac{3x^2}{(3x-2y)y^2}$, $\frac{\partial z}{\partial y}=-\frac{2x^2}{y^3}\ln(3x-2y)-\frac{2x^2}{(3x-2y)y^2}$.

3. $\frac{dz}{dt}=e^{\sin t-2t^3}(\cos t-6t^2)$.

4. $\frac{dz}{dt}=\frac{3(1-4t^2)}{\sqrt{1-(3t-4t^3)^2}}$.

5. $\frac{dz}{dx}=\frac{e^x(1+x)}{1+x^2e^{2x}}$.

6. $\frac{du}{dx}=e^{ax}\sin x$.

7. (1) $\frac{\partial u}{\partial x}=2xf_1'+ye^{xy}f_2'$, $\frac{\partial u}{\partial y}=-2yf_1'+xe^{xy}f_2'$;

(2) $\frac{\partial u}{\partial x}=\frac{1}{y}f_1'$, $\frac{\partial u}{\partial y}=-\frac{x}{y^2}f_1'+\frac{1}{z}f_2'$, $\frac{\partial u}{\partial z}=-\frac{y}{z^2}f_2'$;

(3) $\frac{\partial u}{\partial x}=f_1'+yf'_2+yzf_3'$, $\frac{\partial u}{\partial y}=xf_2'+xzf_3'$, $\frac{\partial u}{\partial z}=xyf_3'$,

8. 略.

9. $\frac{\partial^2 z}{\partial x^2}=2f'+4x^2f''$, $\frac{\partial^2 z}{\partial x\partial y}=4xyf''$, $\frac{\partial^2 z}{\partial y^2}=2f'+4y^2f''$.

10. (1) $\frac{\partial^2 z}{\partial x^2}=y^2f_{11}''$, $\frac{\partial^2 z}{\partial x\partial y}=f_1'+xyf_{11}''+yf_{12}''$, $\frac{\partial^2 z}{\partial y^2}=x^2f_{11}''+2xf_{12}''+f_{22}''$;

(2) $\frac{\partial^2 z}{\partial x^2}=f_{11}''+\frac{2}{y}f_{12}''+\frac{1}{y^2}f_{22}''$, $\frac{\partial^2 z}{\partial x\partial y}=-\frac{x}{y^2}f_{12}''-\frac{1}{y^2}f_2''-\frac{x}{y^3}f_{22}''$,

$\frac{\partial^2 z}{\partial y^2}=\frac{2x}{y^3}f_2'+\frac{x^2}{y^4}f_{22}''$;

(3) $\frac{\partial^2 z}{\partial x^2}=2yf_2'+y^4f_{11}''+4xy^3f_{12}''+4x^2y^2f_{22}''$,

$\frac{\partial^2 z}{\partial x\partial y}=2yf_1'+2xf_2'+2xy^3f_{11}''+5x^2y^2f_{12}''+2x^3yf_{22}''$,

$\frac{\partial^2 z}{\partial y^2}=2xf_1'+4x^2y^2f_{11}''+4x^3yf_{12}''+x^4f_{22}''$.

习题 9-5

1. $\frac{dy}{dx}=\frac{y^2-e^x}{\cos y-2xy}$.

2. $\frac{dy}{dx}=\frac{x+y}{x-y}$.

3. $\frac{\partial z}{\partial x}=\frac{yz-\sqrt{xyz}}{\sqrt{xyz}-xy}$, $\frac{\partial z}{\partial y}=\frac{xz-2\sqrt{xyz}}{\sqrt{xyz}-xy}$.

4. $\frac{\partial z}{\partial x}=\frac{z}{x+z}$, $\frac{\partial z}{\partial y}=\frac{z^2}{y(x+z)}$.

5. 略. 6. 略. 7. 略.

8. $\frac{\partial^2 z}{\partial x^2}=\frac{2y^2ze^z-2xy^3z-y^2z^2e^z}{(e^z-xy)^3}$.

9. $\frac{\partial^2 z}{\partial x\partial y}=\frac{z(z^4-2xyz^2-x^2y^2)}{(z^2-xy)^3}$.

10. (1) $\frac{dy}{dx}=-\frac{x(6z+1)}{2y(3z+1)}$, $\frac{dz}{dx}=\frac{x}{3z+1}$;

(2) $\frac{dx}{dz}=\frac{y-z}{x-y}$, $\frac{dy}{dz}=\frac{z-x}{x-y}$;

(3) $\frac{\partial u}{\partial x}=\frac{-uf_1'(2yvg_2'-1)-f_2'g_1'}{(xf_1'-1)(2yg_2'-1)-f_2'g_1'}$, $\frac{\partial v}{\partial x}=\frac{g_1'(xf_1'+uf_1'-1)}{(xf_1'-1)(2yg_2'-1)-f_2'g_1'}$.

习题 9 - 6

1. 切线方程：$\frac{x-\left(\frac{\pi}{2}-1\right)}{1}=\frac{y-1}{1}=\frac{z-2\sqrt{2}}{\sqrt{2}}$，法平面方程：$x+y+\sqrt{2}z-\frac{\pi}{2}-4=0$.

2. 切线方程：$\frac{x-\frac{1}{2}}{\frac{1}{4}}=\frac{y-2}{-1}=\frac{z-1}{2}$，法平面方程：$2x-8y+16z-1=0$.

3. 切线方程：$\frac{x-x_0}{1}=\frac{y-y_0}{\frac{m}{y_0}}=\frac{z-z_0}{-\frac{1}{2z_0}}$,

法平面方程：$(x-x_0)+\frac{m}{y_0}(y-y_0)-\frac{1}{2z_0}(z-z_0)=0$.

4. 切线方程：$\frac{x-1}{1}=\frac{y-1}{\frac{9}{16}}=\frac{z-1}{-\frac{1}{16}}$,

法平面方程：$(x-1)+\frac{9}{16}(y-1)-\frac{1}{16}(z-1)=0$ 即 $16x+9y-z-24=0$.

5. 所求的点为：$(-1, 1, -1)$或$\left(-\frac{1}{3}, \frac{1}{9}, -\frac{1}{27}\right)$.

6. 切平面方程：$x+2y-4=0$，法线方程：$\begin{cases}\frac{x-2}{1}=\frac{y-1}{2}\\ z=0\end{cases}$.

7. 切平面方程：$ax_0x+by_0y+cz_0z-1=0$，法线方程：$\frac{x-x_0}{ax_0}=\frac{y-y_0}{by_0}=\frac{z-z_0}{cz_0}$.

8. 切平面方程：$x-y+2z=\pm\sqrt{\frac{11}{2}}$.

9. $\cos\gamma=\frac{3}{\sqrt{22}}$.

10. 略.

习题 9－7

1. $\left.\dfrac{\partial z}{\partial l}\right|_{(1,\ 2)}=1+2\sqrt{3}$.

2. $\left.\dfrac{\partial z}{\partial l}\right|_{(1,\ 2)}=\dfrac{\sqrt{2}}{3}$.

3. $\left.\dfrac{\partial z}{\partial l}\right|_{\left(\frac{a}{\sqrt{2}},\ \frac{b}{\sqrt{2}}\right)}=\dfrac{1}{ab}\sqrt{2(a^2+b^2)}$.

4. $\left.\dfrac{\partial u}{\partial l}\right|_{(1,\ 1,\ 2)}=5$.

5. $\left.\dfrac{\partial u}{\partial l}\right|_{(5,\ 1,\ 2)}=\dfrac{98}{13}$.

6. $\left.\dfrac{\partial u}{\partial t}\right|_{(1,\ 1,\ 1)}=\dfrac{6}{7}\sqrt{14}$.

7. $\left.\dfrac{\partial u}{\partial l}\right|_{(x_0,\ y_0,\ z_0)}=x_0+y_0+z_0$.

8. $\mathbf{grad}f(0,\ 0,\ 0)=3\vec{i}-2\vec{j}-6\vec{k}$，$\mathbf{grad}f(1,\ 1,\ 1)=6\vec{i}+3\vec{j}$.

习题 9－8

1. (1)极小值：$f(3,\ 3)=-10$.
   (2)极大值：$f(3,\ -2)=30$.
   (3)极大值：$f(2,\ -2)=8$.
   (4)极大值：$f(3,\ 2)=36$.
   (5)极小值：$f\left(\dfrac{1}{2},\ -1\right)=-\dfrac{\mathrm{e}}{2}$.

2. 极大值：$z\left(\dfrac{1}{2},\ \dfrac{1}{2}\right)=\dfrac{1}{4}$.

3. 在斜边为 l 的一切直角三角形中，当两直角边长都为$\dfrac{l}{\sqrt{2}}$时，即等腰直角三角形的周长最大.

4. 当水池的长和宽都为$\sqrt[3]{2k}$，高为$\dfrac{1}{2}\sqrt[3]{2k}$时，表面积最小.

5. 当长方体的长、宽、高都为$\dfrac{2a}{\sqrt{3}}$时，其体积最大.

6. $\left(\dfrac{8}{5},\ \dfrac{16}{5}\right)$.

7. 当矩形的边长为$\dfrac{2p}{3}$和$\dfrac{p}{3}$时，所得的圆柱体体积最大.

8. 最大值为$\sqrt{9+5\sqrt{3}}$，最小值为$\sqrt{9-5\sqrt{3}}$.

总习题九

1. (1) 充分，必要；(2) 必要，充分；(3) 充分；(4) 充分.

2. (C).

3. $\{(x, y) \mid 0<x^2+y^2<1, y^2\leqslant 4x\}$, $\dfrac{\sqrt{2}}{\ln\dfrac{3}{4}}$.

4. 略.

5.

$$f_x(x, y)=\begin{cases}\dfrac{2xy^3}{(x^2+y^2)^2}, & x^2+y^2\neq 0\\ 0, & x^2+y^2=0\end{cases},$$

$$f_y(x, y)=\begin{cases}\dfrac{x^2(x^2-y^2)}{(x^2+y^2)^2}, & x^2+y^2\neq 0\\ 0, & x^2+y^2=0\end{cases}.$$

6. (1) $\dfrac{\partial z}{\partial x}=\dfrac{1}{x+y^2}$, $\dfrac{\partial z}{\partial y}=\dfrac{2y}{x+y^2}$, $\dfrac{\partial^2 z}{\partial x^2}=-\dfrac{1}{(x+y^2)^2}$,

$\dfrac{\partial^2 z}{\partial x\partial y}=-\dfrac{2y}{(x+y^2)^2}$, $\dfrac{\partial^2 z}{\partial y^2}=\dfrac{2(x-y^2)}{(x+y^2)^2}$;

(2) $\dfrac{\partial z}{\partial x}=yx^{y-1}$, $\dfrac{z}{y}=x^y\ln x$, $\dfrac{\partial^2 z}{\partial x^2}=y(y-1)x^{y-2}$

$\dfrac{\partial^2 z}{\partial x\partial y}=x^{y-1}(1+y\ln x)$, $\dfrac{\partial^2 z}{\partial y^2}=x^y(\ln x)^2$.

7. $\Delta z=0.02$, $\mathrm{d}z=0.03$.

8. 略.

9. $\dfrac{\mathrm{d}u}{\mathrm{d}t}=yx^{y-1}\varphi'(t)+x^y\ln x\psi'(t)$.

10. $\dfrac{\partial z}{\partial \xi}=-\dfrac{\partial z}{\partial v}+\dfrac{\partial z}{\partial w}$, $\dfrac{\partial z}{\partial \eta}=\dfrac{\partial z}{\partial u}-\dfrac{\partial z}{\partial w}$, $\dfrac{\partial z}{\partial \zeta}=-\dfrac{\partial z}{\partial u}+\dfrac{\partial z}{\partial v}$.

11. $\dfrac{\partial^2 z}{\partial x\partial y}=x\mathrm{e}^{2y}f''_{uu}+\mathrm{e}^y f''_{uy}+x\mathrm{e}^y f''_{xu}+f''_{xy}+\mathrm{e}^y f'_u$.

12. $\dfrac{\partial z}{\partial x}=\mathrm{e}^{-u}(v\cos v-u\sin v)$, $\dfrac{\partial z}{\partial y}=\mathrm{e}^{-u}(u\cos v+v\sin v)$.

13. 切线方程是 $x=a$ 与 $by-az=0$ 的交；法平面方程：$ay+bz=0$.

14. $(-3, -1, 3)$, $\dfrac{x+3}{1}=\dfrac{y+1}{3}=\dfrac{z-3}{1}$.

15. $\dfrac{\partial f}{\partial l}=\cos\theta+\sin\theta$. (1) $\theta=\dfrac{\pi}{4}$；(2) $\theta=\dfrac{5\pi}{4}$；(3) $\theta=\dfrac{3\pi}{4}$及$\dfrac{7\pi}{4}$.

16. $\dfrac{\partial u}{\partial n}=\dfrac{2}{\sqrt{\dfrac{x_0^2}{a^4}+\dfrac{y_0^2}{b^4}+\dfrac{z_0^2}{c^4}}}$.

17. $\left(\dfrac{4}{5}, \dfrac{3}{5}, \dfrac{35}{12}\right)$.

18. 切点$\left(\dfrac{a}{\sqrt{3}}, \dfrac{b}{\sqrt{3}}, \dfrac{c}{\sqrt{3}}\right)$, $V_{\min}=\dfrac{\sqrt{3}}{2}abc$.

习题 10-1

1. 由二重积分的几何意义知，I_1 表示底为 D_1，顶为曲面 $z=(x^2+y^2)^3$ 的曲顶柱体 Ω_1 的体积；I_2 表示底为 D_2，顶为曲面 $z=(x^2+y^2)^3$ 的曲顶柱体 Ω_2 的体积. 由于位于 D_1 上方的曲面 $z=(x^2+y^2)^3$ 关于 yOz 面和 zOx 面均对称，故 yOz 面和 zOx 面将 Ω_1 分成四个等积的部分，其中位于第一卦限的部分即为 Ω_2，由此有 $I_1=4I_2$.

2. (1) $\iint\limits_D (x+y)^3 d\sigma \leqslant \iint\limits_D (x+y)^2 d\sigma$.

(2) $\iint\limits_D (x+y)^2 d\sigma \leqslant \iint\limits_D (x+y)^3 d\sigma$.

(3) $\iint\limits_D [\ln(x+y)]^2 d\sigma \leqslant \iint\limits_D \ln(x+y) d\sigma$.

(4) $\iint\limits_D [\ln(x+y)]^2 d\sigma \geqslant \iint\limits_D \ln(x+y) d\sigma$.

3. (1) $0 \leqslant \iint\limits_D (x^2+y^2) d\sigma \leqslant 2$.

(2) $0 \leqslant \iint\limits_D (x^2+y^2) d\sigma \leqslant 2$.

(3) $0 \leqslant \iint\limits_D xy(x+y) d\sigma \leqslant 2$.

(4) $0 \leqslant \iint\limits_D \sin^2 x \sin^2 y d\sigma \leqslant \pi^2$.

(5) $36\pi \leqslant \iint\limits_D (x^2+4y^2+9) d\sigma \leqslant 100\pi$.

习题 10-2

1. (1) $\frac{8}{3}$；(2) e^{-1}；(3) $\frac{20}{3}$；(4) $-\frac{3\pi}{2}$；(5) $\frac{6}{55}$；(6) $e-e^{-1}$；(7) $\frac{13}{6}$；(8) $\frac{e^{-1}-1}{6}$.

2. (1) $\int_0^1 dx \int_x^1 f(x, y) dy$；　(2) $\int_0^4 dx \int_{\frac{x}{2}}^{\sqrt{x}} f(x, y) dy$；

(3) $\int_{-1}^1 dx \int_0^{\sqrt{1-x^2}} f(x, y) dy$；　(4) $\int_0^1 dy \int_{2-y}^{1+\sqrt{1-y^2}} f(x, y) dx$；

(5) $\int_0^1 dy \int_{e^y}^{e} f(x, y) dx$；

(6) $\int_{-1}^0 dy \int_{-2\arcsin y}^{\pi} f(x, y) dx + \int_0^1 dy \int_{\arcsin y}^{\pi-\arcsin y} f(x, y) dx$.

3. (1) $I=\int_0^4 dx \int_x^{\sqrt{4x}} f(x, y) dy$ 或 $I=\int_0^4 dy \int_{\frac{y^2}{4}}^{y} f(x, y) dx$；

(2) $I=\int_{-r}^{r} dx \int_0^{\sqrt{r^2-x^2}} f(x, y) dy$ 或 $I=\int_0^r dy \int_{-\sqrt{r^2-x^2}}^{\sqrt{r^2-x^2}} f(x, y) dx$；

(3) $I=\int_1^2 dx\int_{\frac{1}{x}}^{x} f(x, y)dy$ 或 $I=\int_{\frac{1}{2}}^{1} dy\int_{\frac{1}{y}}^{2} f(x, y)dx+\int_1^2 dy\int_y^2 f(x, y)dx$;

(4) $I=\int_{-2}^{-1} dx\int_{-\sqrt{4-x^2}}^{\sqrt{4-x^2}} f(x, y)dy+\int_{-1}^{1} dx\int_{\sqrt{1-x^2}}^{\sqrt{4-x^2}} f(x, y)dy$

$+\int_{-1}^{1} dx\int_{-\sqrt{4-x^2}}^{-\sqrt{1-x^2}} f(x, y)dy+\int_1^2 dx\int_{-\sqrt{4-x^2}}^{\sqrt{4-x^2}} f(x, y)dy$

或 $I=\int_{-2}^{-1} dy\int_{-\sqrt{4-y^2}}^{\sqrt{4-y^2}} f(x, y)dx+\int_{-1}^{1} dx\int_{\sqrt{4-y^2}}^{\sqrt{1-y^2}} f(x, y)dy$

$+\int_{-1}^{1} dx\int_{\sqrt{1-y^2}}^{\sqrt{4-y^2}} f(x, y)dx+\int_1^2 dy\int_{-\sqrt{4-y^2}}^{\sqrt{4-y^2}} f(x, y)dx$

4. $\frac{7}{2}$. **5.** $\frac{17}{6}$. **6.** 6π. **7.** $\frac{4}{3}$.

8. (1) $\iint\limits_D f(x, y)dxdy=\int_0^{2\pi} d\theta\int_0^a f(\rho\cos\theta, \rho\sin\theta)\rho d\rho$;

(2) $\iint\limits_D f(x, y)dxdy=\int_{-\frac{\pi}{2}}^{\frac{\pi}{2}} d\theta\int_0^{2\cos\theta} f(\rho\cos\theta, \rho\sin\theta)\rho d\rho$;

(3) $\iint\limits_D f(x, y)dxdy=\int_0^{2\pi} d\theta\int_a^b f(\rho\cos\theta, \rho\sin\theta)\rho d\rho$;

(4) $\iint\limits_D f(x, y)dxdy=\int_0^{\frac{\pi}{2}} d\theta\int_0^{\frac{1}{\sin\theta+\cos\theta}} f(\rho\cos\theta, \rho\sin\theta)\rho d\rho$.

9. (1) 原式 $=\int_0^{\frac{\pi}{2}} d\theta\int_0^{2a\cos\theta} \rho^2\cdot\rho d\rho=\frac{3}{4}\pi a^4$;

(2) 原式 $=\int_0^{\frac{\pi}{2}} d\theta\int_0^{a\cos\theta} \rho\cdot\rho d\rho=\frac{a^3}{6}[\sqrt{2}+\ln(\sqrt{2}+1)]$;

(3) 原式 $=\int_0^{\frac{\pi}{4}} d\theta\int_0^{\tan\theta\sec\theta} \frac{1}{\rho}\cdot\rho d\rho=\sqrt{2}-1$;

(4) 原式 $=\int_0^{\frac{\pi}{2}} d\theta\int_0^a \rho^2\cdot\rho d\rho=\frac{1}{8}\pi a^4$.

10. (1) $\pi(e^4-1)$; (2) $\frac{\pi}{4}(2\ln 2-1)$; (3) $\frac{3}{64}\pi^2$.

11. (1) $\frac{9}{4}$; (2) $\frac{\pi}{8}(\pi-2)$; (3) $14a^4$; (4) $\frac{2}{3}\pi(b^3-a^3)$.

习题 10-3

1. $\frac{3}{2}$.

2. 略.

3. $\frac{1}{364}$.

4. $\frac{1}{2}\left(\ln 2-\frac{5}{8}\right)$.

5. $\frac{1}{48}$.

6. 0.

7. $\frac{1}{4}\pi R^2 h^2$.

8. (1) $\frac{7}{12}\pi$;　　(2) $\frac{16}{3}\pi$.

9. (1) $\frac{4}{5}\pi$;　　(2) $\frac{7}{6}\pi a^4$.

10. (1) $\frac{1}{8}$;　　(2) $\frac{1}{10}\pi$;　　(3) 8π;　　(4) $\frac{4\pi}{15}(A^5-a^5)$.

11. (1) $\frac{32}{3}\pi$;　　(2) $\frac{\pi}{6}$.

12. $\frac{8\sqrt{2}-7}{6}\pi$.

习题 10－4

1. $2a^2(\pi-2)$.

2. $\sqrt{2}\pi$.

3. $16R^2$.

4. (1) $\left(\frac{3}{5}x_0, \frac{3}{8}y_0\right)$;　　(2) $\left(0, \frac{4b}{3\pi}\right)$.

5. $\left(\frac{35}{48}, \frac{35}{54}\right)$.

6. (1) $I_y=\frac{1}{4}\pi a^3 b$;　　(2) $I_x=\frac{ab^3}{3}$, $I_y=\frac{a^3 b}{3}$.

总习题十

1. (1) $\frac{1}{2}(1-e^4)$;　　(2) $\frac{\pi}{4}R^4\left(\frac{1}{a^2}+\frac{1}{b^2}\right)$.

2. (1) (C);　　(2) (A);　　(3) (B).

3. (1) $\frac{3}{2}+\cos 1+\sin 1-\cos 2-2\sin 2$;　　(2) $\pi^2-\frac{40}{9}$;

(3) $\frac{1}{3}R^3\left(\pi-\frac{4}{3}\right)$;　　(4) $\frac{\pi}{4}R^4+9\pi R^2$.

4. (1) $\int_{-2}^{0}dx\int_{2x+4}^{4-x^2}f(x, y)dy$;　　(2) $\int_{0}^{2}dx\int_{\frac{x}{2}}^{3-x}f(x, y)dy$;

(3) $\int_{0}^{1}dy\int_{0}^{y^2}f(x, y)dx+\int_{1}^{2}dy\int_{0}^{\sqrt{2y-y^2}}f(x, y)dx$.

5. 略.

6. $\int_{0}^{\frac{\pi}{4}}d\theta\int_{0}^{\sec\theta\tan\theta}f(\rho\cos\theta, \rho\sin\theta)\rho d\rho+\int_{\frac{\pi}{4}}^{\frac{3\pi}{4}}d\theta\int_{0}^{\cos\theta}f(\rho\cos\theta, \rho\sin\theta)\rho d\rho$

$+\int_{\frac{3\pi}{4}}^{\pi}\mathrm{d}\theta\int_{0}^{\sec\theta\tan\theta}f(\rho\cos\theta,\rho\sin\theta)\rho\mathrm{d}\rho.$

7. $f(x,y)=\sqrt{1-x^2-y^2}+\frac{8}{9\pi}-\frac{2}{3}.$

8. $\int_{-1}^{1}\mathrm{d}x\int_{x^2}^{1}\mathrm{d}y\int_{0}^{x^2+y^2}f(x,y,z)\mathrm{d}z.$

9. (1) $\frac{59}{480}\pi R^5$； (2) 0； (3) $\frac{250}{3}\pi$

10. (1) $F(t)$ 在 $(0,+\infty)$ 内单调增加； (2) 略.

11. $\frac{1}{2}\sqrt{a^2b^2+b^2c^2+c^2a^2}.$

12. $\sqrt{\frac{2}{3}}R$ (R 为圆的半径).

13. $I=\frac{368}{105}\mu.$

14. $\left(0,0,\frac{3}{8}b\right).$

15. $F_x=F_y=0$，$F_z=2\pi(R-\sqrt{R^2+H^2}+H)k$，引力方向同 z 轴正向.

习题 11－1

1. (1) $\sqrt{2}$； (2) $\sqrt{2}a^2$； (3) $2\pi a^{2n+1}$； (4) $e^a\left(2+\frac{\pi a}{4}\right)-2$；

(5) $\frac{1}{12}(5\sqrt{5}+6\sqrt{2}-1)$； (6) $\frac{\sqrt{3}}{2}(1-e^{-2})$； (7) 9；

(8) $\frac{256}{15}a^3$； (9) $4\sqrt{2}$.

2. $\frac{\pi^2}{16}+\frac{1}{2}\ln 2.$

习题 11－2

1. (1) $-\frac{56}{15}$； (2) $-\frac{\pi}{2}a^3$； (3) 0； (4) -2π； (5) $\frac{1}{3}k^3\pi^3-a^2\pi$；

(6) 13； (7) $\frac{1}{2}$； (8) $-\frac{14}{15}$.

2. (1) $\frac{34}{3}$； (2) 11； (3) 14.

3. $-|\boldsymbol{F}|R.$

4. $\frac{a^2+b^2}{2}.$

习题 11－3

1. (1) $\frac{1}{30}$；　(2) 8.

2. (1) $\frac{3}{8}\pi a^2$；(2) 12π；　(3) πa^2.

3. $-\pi$.

4. 略.

5. (1) 12；　(2) 0；　(3) $\frac{\pi^2}{4}$；　(4) $-\frac{7}{6}+\frac{1}{4}\sin 2$.

6. (1) $u(x, y)=\frac{x^2}{2}+2xy+\frac{y^2}{2}$；　(2) $u(x, y)=x^2y$；

(3) $u(x, y)=-\cos 2x\sin 3y$；　(4) $u(x, y)=x^3y+4x^2y^2+12(ye^y-e^y)$；

(5) $u(x, y)=y^2\sin x+x^2\cos y$.

7. (1) 是，通解为：$x^3+3x^2y^2+\frac{4}{3}y^3=C$；(2) 是，通解为：$a^2x-x^2y-xy^2-\frac{1}{3}y^3=C$；

(3) 是，通解为：$xe^y-y^2=C$；　(4) 是，通解为：$x\sin y+y\cos x=C$；

(5) 是，通解为：$\frac{x^3}{3}-xy=C$；　(6) 不是；

(7) 是，通解为：$\rho+\rho e^{2\theta}=C$；　(8) 不是.

习题 11－4

1. (1) $\frac{13}{3}\pi$；　(2) $\frac{149}{30}\pi$；　(3) $\frac{111}{10}\pi$.

2. (1) $\frac{1+\sqrt{2}}{2}\pi$；　(2) 9π.

3. (1) $4\sqrt{61}$；　(2) $-\frac{27}{4}$；　(3) $a\pi(a^2-h^2)$；　(4) $\frac{64}{15}\sqrt{2}a^4$.

4. $\frac{2\pi}{15}(6\sqrt{3}+1)$.

习题 11－5

1. (1) $\frac{2}{105}\pi R^7$；　(2) $\frac{3}{2}\pi$；　(3) $\frac{1}{2}$；　(4) $\frac{1}{8}$.

2. (1) $\iint\limits_{\Sigma}\left(\frac{3}{5}P+\frac{2}{5}Q+\frac{2\sqrt{3}}{5}R\right)dS$；

(2) $\iint\limits_{\Sigma}\frac{2xP+2yQ+R}{\sqrt{1+4x^2+4y^2}}dS$.

习题 11－6

1. (1) $3a^4$； (2) $\frac{12}{5}\pi a^5$； (3) $\frac{4}{15}\pi a^5$； (4) 81π； (5) $\frac{3}{2}$.

2. (1) 0； (2) $a^3\left(2-\frac{a^2}{6}\right)$； (3) 108π.

3. (1) $\mathrm{div}\boldsymbol{A}=2x+2y+2z$；

(2) $\mathrm{div}\boldsymbol{A}=ye^{xy}-x\sin(xy)-2xz\sin(xz^2)$；

(3) $\mathrm{div}\boldsymbol{A}=2x$.

习题 11－7

1. $\iint\limits_{\Sigma}\begin{vmatrix}\mathrm{d}y\mathrm{d}z & \mathrm{d}z\mathrm{d}x & \mathrm{d}x\mathrm{d}y\\ \frac{\partial}{\partial x} & \frac{\partial}{\partial y} & \frac{\partial}{\partial z}\\ y^2 & x & z^2\end{vmatrix}=\pi$；$\oint_{\Gamma}P\,\mathrm{d}x+Q\mathrm{d}y+R\mathrm{d}z=\pi$，两者相等，斯托克斯公式得到验证.

2. (1) $-\sqrt{3}\pi a^2$； (2) $-2\pi a(a+b)$； (3) -12π； (4) 9π.

3. (1) $\mathbf{rot}\boldsymbol{A}=2\boldsymbol{i}+4\boldsymbol{j}+6\boldsymbol{k}$；

(2) $\mathbf{rot}\boldsymbol{A}=\boldsymbol{i}+\boldsymbol{j}$；

(3) $\mathbf{rot}\boldsymbol{A}=[x\sin(\cos z)-xy^2\cos(xz)]\boldsymbol{i}-y\sin(\cos z)4\boldsymbol{j}+[y^2z\cos(xz)-x^2\cos y]\boldsymbol{k}$.

4. $\mathrm{div}\boldsymbol{A}|_{(1,1,2)}=4$；$\mathbf{rot}\boldsymbol{A}|_{(1,1,2)}=-2\boldsymbol{k}$.

5. (1) 2π； (2) 12π.

总习题十一

1. (1) $\int_{\Gamma}(P\cos\alpha+Q\cos\beta+R\cos\gamma)\mathrm{d}s$，切向量；

(2) $\iint\limits_{\Sigma}(P\cos\alpha+Q\cos\beta+R\cos\gamma)\mathrm{d}s$，法向量.

2. (C).

3. (1) $2a^2$； (2) $\frac{(2+t_0^2)^{\frac{3}{2}}-2\sqrt{2}}{3}$； (3) $-2\pi a^2$； (4) $\frac{1}{35}$； (5) πa^2； (6) $\frac{\sqrt{2}}{16}\pi$.

4. (1) $2\pi\arctan\frac{H}{R}$； (2) $-\frac{\pi}{4}h^4$； (3) $2\pi R^3$； (4) $\frac{2}{15}$.

5. $\frac{1}{2}\ln(x^2+y^2)$.

6. 略.

7. (1) 略； (2) $\frac{c}{d}-\frac{a}{b}$.

8. 3.

9. $\frac{3}{2}$.

习题 12-1

1. (1) $(-1)^{n-1}\frac{n+1}{n^2}$; (2) $(-1)^n\frac{n+2}{2n}$; (3) $\frac{x^{\frac{n}{2}}}{n!}$;

(4) $(-1)^{n-1}\frac{a^{n+1}}{2n}$; (5) $2n+\frac{1}{2n+1}$; (6) $\frac{n^2+1}{2^n}x^n$.

2. (1) 收敛；(2) 收敛.

3. (1) 收敛；(2) 发散；(3) 发散；(4) 发散；(5) 收敛；(6) 发散.

4. $\frac{aq^n}{1-q}$. 5. $\frac{1}{4}$. 6. $\frac{3}{4}$. 7. $a_n=\frac{1}{2n-1}-\frac{1}{2n}$, $s=\ln 2$.

8. (1) 收敛；(2) 收敛；(3) 发散.

习题 12-2

1. (1) 发散；(2) 收敛；(3) 收敛；(4) 收敛；(5) 收敛；

(6) 发散；(7) 发散；(8) $a>1$ 时收敛，$a\leqslant 1$ 时发散.

2. (1) 发散；(2) 收敛；(3) 收敛；(4) 收敛；(5) 发散；(6) $0<a<1$ 时收敛，$a>1$ 发散，$a=1$ 且 $k>1$ 时收敛，$a=1$ 且 $k\leqslant 1$ 时发散；(7) 收敛；(8) 收敛.

3. (1) 收敛；(2) 收敛；(3) 收敛；(4) 发散；(5) 发散；(6) 发散.

4. (1) 收敛；(2) 发散；(3) 发散.

5. (1) 当 $p>1$ 时收敛，当 $p\leqslant 1$ 时发散；(2) 当 $p>1$ 时收敛，当 $p=1$ 时级数发散.

6. 略.

7. 当 $b<a$ 时，收敛；当 $b>a$ 时，发散；当 $b=a$ 时，不能肯定.

习题 12-3

1. (1) 条件收敛；(2) 绝对收敛；(3) 绝对收敛；(4) $a>1$ 时绝对收敛，$0<a<1$ 时发散，$a=1$ 时条件收敛；(5) 绝对收敛；(6) 绝对收敛.

2. 条件收敛. 3. 条件收敛. 4. $p>1$ 时绝对收敛，$p\leqslant 1$ 时条件收敛.

5. (1) $|x|<\frac{1}{\sqrt{2}}$时级数绝对收敛，$|x|\geqslant\frac{1}{\sqrt{2}}$时级数发散；

(2) 当 $x\neq -k(k=1, 2, \cdots)$，$p>1$ 时，级数绝对收敛；当 $0<p\leqslant 1$ 时，级数条件收敛；当 $p\leqslant 0$ 时，级数发散.

6. 证明略.

7. 证明略.

习题 12-4

1. (1) $(-1, 1]$；(2) $[-3, 3)$；(3) $(-\infty, +\infty)$；(4) $\left[-\frac{1}{2}, \frac{1}{2}\right]$；(5) $(-5, 5]$；

(6) $[-1, 1)$; (7) $[1, 3]$; (8) $[4, 6)$; (9) $[-1, 1]$.

2. (1) $\frac{1}{e}$; (2) 1.

3. (1) $1+x+\frac{x^2}{2!}+\frac{x^3}{3!}+\frac{x^4}{4!}+\cdots$; (2) $C+x+\frac{x^2}{2!}+\frac{x^3}{3!}+\frac{x^4}{4!}+\cdots$.

4. (1) $\frac{1}{(1-x)^2}(-1<x<1)$; (2) $\frac{1+x}{(1-x)^3}(|x|<1)$;

(3) $\frac{1}{2}\ln\frac{1+x}{1-x}(-1<x<1)$.

5. xe^{x^2}, 3e. **6.** $\frac{a}{(1-a)^2}$. **7.** $\frac{22}{27}$.

习题 12-5

1. (1) $\ln a+\sum_{n=0}^{\infty}(-1)^n\frac{1}{n+1}\left(\frac{x}{a}\right)^{n+1}$, $(-a, a]$;

(2) $\sum_{n=0}^{\infty}\frac{(x\ln a)^n}{n!}$, $(-\infty, +\infty)$;

(3) $\sum_{n=0}^{\infty}\frac{x^{2n-1}}{(2n-1)!}$, $(-\infty, \infty)$;

(4) $\frac{1}{2}+\sum_{n=0}^{\infty}(-1)^n\frac{(2x)^{2n}}{2(2n)!}$, $(-\infty, +\infty)$;

(5) $x+\sum_{n=1}^{\infty}(-1)^n\frac{2(2n)!}{(n!)^2}\left(\frac{x}{2}\right)^{2n+1}$, $(-1, 1)$;

(6) $-\frac{1}{4}\sum_{n=0}^{\infty}\left[\frac{1}{3^n}+(-1)^{n-1}\right]x^n$, $-1<x<1$.

2. $\sqrt[3]{x}=-1+\frac{x+1}{3}+\sum_{n=2}^{\infty}\frac{2\cdot5\cdot8\cdot\cdots\cdot(3n-4)}{3^n n!}(x+1)^n$, $-2\leqslant x\leqslant 0$.

3. $\sum_{n=0}^{\infty}\frac{(-1)^n}{4^{n+1}}(x-3)^n$, $-1<x<7$.

4. $\ln 2+\sum_{n=1}^{\infty}\left[(-1)^{n-1}-\frac{1}{2^n}\right]\frac{(x-1)^n}{n}$, $0<x\leqslant 2$.

5. $1-x+x^{16}-x^{17}+x^{32}-x^{33}+\cdots$, $|x|<1$. **6.** $\sum_{n=1}^{\infty}n^2x^{n-1}$, $x\in(-1, 1)$.

7. $x^2+\sum_{n=1}^{\infty}(-1)^n\frac{(2n-1)!!x^{2n+2}}{(2n)!!(2n+1)}$, $|x|\leqslant 1$.

8. $\frac{\pi}{4}+\sum_{n=0}^{\infty}\frac{(-1)^n}{2n+1}x^{2n+1}$, $-1\leqslant x<1$.

习题 12-6

1. (1) 3; (2) $\frac{3}{4}\sqrt{e}$.

习题 12-7

1. $\frac{1}{2}+\frac{2}{\pi}\sum_{k=1}^{\infty}\frac{\sin(2k-1)x}{2k-1}=\begin{cases}f(x), & (-\pi, 0)\cup(0, \pi)\\ \frac{1}{2}, & x=0, \pm\pi\end{cases}$.

2. (1) $\pi^2-x^2=\frac{2\pi^2}{3}+4\sum_{n=0}^{\infty}\frac{(-1)^{n+1}}{n^2}\cos nx$, $-\pi<x<\pi$;

(2) $f(x)=\frac{e^{2\pi}-e^{-2\pi}}{\pi}\left[\frac{1}{4}+\sum_{n=1}^{\infty}\frac{(-1)^n}{n^2+4}(2\cos nx-n\sin nx)\right]$,

$x\neq(2n+1)\pi$, $n=0, \pm1, \pm2, \cdots$;

(3) $\sin^4 x=\frac{3}{8}-\frac{1}{2}\cos 2x+\frac{1}{8}\cos 4x$, $x\in[-\pi, \pi]$.

3. $f(x)=\frac{16}{\pi}\sum_{n=1}^{\infty}\frac{(-1)^{n+1}}{(4n^2-1)^2}\sin 2nx$, $x\in\left(-\frac{\pi}{2}, \frac{\pi}{2}\right)$.

4. $f(x)=\frac{\pi}{4}+\sum_{n=1}^{\infty}\left[\frac{(-1)^n-1}{n^2\pi}\cos nx+\frac{(-1)^{n+1}}{n}3\sin nx\right]$, $x\in(-\pi, \pi)$, $x\neq0$; 当 $x=0$ 时, 该级数收敛于 0.

5. $\mathrm{sgn}x=\frac{4}{\pi}\sum_{k=0}^{\infty}\frac{\sin(2k+1)x}{2k+1}$, $\sum_{n=0}^{\infty}\frac{(-1)^n}{2n+1}=\frac{\pi}{4}$.

6. $\frac{\pi-x}{2}=\sum_{n=1}^{\infty}\frac{1}{n}\sin nx$, $x\in(0, \pi]$.

7. $2x^2=\frac{4}{\pi}\sum_{n=1}^{\infty}\left[-\frac{2}{n^3}+(-1)^n\left(\frac{2}{n^3}-\frac{\pi^2}{n}\right)\right]\sin nx$, $x\in(0, \pi)$;

$2x^2=\frac{2}{3}\pi^2+8\sum_{n=1}^{\infty}\frac{(-1)^n}{n^2}\cos nx$, $x\in[0, \pi]$.

8. 证明略.

习题 12-8

1. (1) $\frac{3}{2}$; (2) $-\frac{1}{4}$.　**2.** B.

3. $f(x)=-\frac{1}{2}+\sum_{n=1}^{\infty}\left\{\frac{6}{n^2\pi^2}[1-(-1)^n]\cos\frac{n\pi x}{3}+\frac{6}{n\pi}(-1)^{n+1}\sin\frac{n\pi x}{3}\right\}$,

$x\neq3(2k+1)$, $k=0, \pm1, \pm2, \cdots$.

4. $f(x)=\frac{4l}{\pi^2}\sum_{k=1}^{\infty}\frac{1}{(2k-1)^2}\sin\frac{(2k-1)\pi x}{l}$, $x\in[0, l]$,

$f(x)=\frac{l}{4}-\frac{2l}{\pi^2}\sum_{k=1}^{\infty}\frac{1}{(2k-1)^2}\cos^2\frac{(2k-1)\pi x}{l}$, $x\in[0, l]$.

5. $f(x)=-\frac{8}{\pi^2}\sum_{k=1}^{\infty}\frac{1}{2k-1}\cos\frac{(2k-1)\pi x}{2}$, $x\in[0, 2]$.

6. 证明略.

总习题十二

1. 1.　　**2.** 1.　　**3.** 证明略.

4. (1) 发散；(2) 收敛；(3) 收敛；(4) 发散；(5) 收敛；(6) 收敛. **5.** 略.

6. 0.　**7.** $a>\frac{1}{2}$时收敛，$a\leqslant\frac{1}{2}$时发散.　**8.** 证明略.

9. (1) 条件收敛；(2) 发散；(3) 条件收敛.　**10.** 略.

11. (1) $(-e, e)$；　(2) $(-\sqrt{2}, \sqrt{2})$；　(3) $[1, 3]$.

12. (1) $\frac{1}{2}\arctan x-x+\frac{1}{4}\ln\frac{1+x}{1-x}$，$|x|<1$；　(2) $\left(\frac{x^2}{4}+\frac{x}{2}+1\right)e^{\frac{x}{2}}$，$-\infty<x<+\infty$.

13. $\sum\limits_{n=0}^{\infty}(-1)^n\frac{x^{2n+2}}{(2n+1)(2n+2)}$，$-1\leqslant x\leqslant 1$.　**14.** $\sum\limits_{n=1}^{\infty}\frac{nx^{n-1}}{n+1}$，$|x|<2$.

15. $\sum\limits_{n=0}^{\infty}\left(\frac{1}{2^{n+1}}-\frac{1}{3^{n+1}}\right)(x+4)^n$，$x\in(-6, -2)$.

16. $\sum\limits_{n=1}^{\infty}\frac{(-1)^n x^n}{n}+\sum\limits_{n=1}^{\infty}\frac{(-1)^n x^{2n}}{n}$，$-1<x\leqslant 1$.

17. (1) $-\frac{1}{2}$；(2) 0.　**18.** 收敛域为 $0<x<2$；$s(x)=-\frac{(x-1)(x-3)}{(2-x)^2}$.

19. $2e^{\frac{1}{2}}$.　**20.** $y^{(2k)}(0)=0$，$y^{(2k+1)}(0)=(-1)^{k+1}(2k)!$，$k\in\mathbf{N}$.

21. $-\frac{\pi^2}{12}$.

22. $f(x)=\frac{4l}{\pi^2}\sum\limits_{n=1}^{\infty}\frac{1}{\pi^2}\sin\frac{n\pi}{2}\sin\frac{n\pi x}{l}$，$x\in[0, l]$.

$f(x)=\frac{1}{4}+\frac{2l}{\pi^2}\sum\limits_{n=1}^{\infty}\frac{1}{n^2}\left[2\cos\frac{n\pi}{2}-1-(-1)^n\right]\cos\frac{n\pi x}{l}$，$x\in[0, l]$.

23. $\frac{5}{2}-\frac{4}{\pi^2}\sum\limits_{k=1}^{\infty}\frac{\cos(2k-1)\pi x}{(2k-1)^2}$，$-1\leqslant x\leqslant 1$.

24. $f(x)=\frac{e^{\pi}-1}{2\pi}+\frac{1}{\pi}\sum\limits_{n=1}^{\infty}\left\{\frac{(-1)^n e^{\pi}-1}{n^2+1}\cos nx+\frac{n[1-(-1)^n e^{\pi}]}{n^2+1}\sin nx\right\}$，

$-\infty<x<+\infty$，$x\neq k\pi$，$k=0, \pm1, \pm2, \cdots$.

25. $f(x)=\frac{4}{\pi}\sum\limits_{n=1}^{\infty}\frac{1}{(2n-1)^2}\cos\left[(2n-1)\left(x-\frac{\pi}{2}\right)\right]$，$x\in\left[-\frac{\pi}{2}, \frac{3\pi}{2}\right]$.

图书在版编目（CIP）数据

高等数学．下册/杨秀前主编．—北京：中国人民大学出版社，2020.1
21世纪高等院校创新教材
ISBN 978-7-300-27795-0

Ⅰ.①高… Ⅱ.①杨… Ⅲ.①高等数学—高等学校—教材 Ⅳ.①O13

中国版本图书馆CIP数据核字（2019）第298690号

21世纪高等院校创新教材
高等数学（下册）
主　编　杨秀前
副主编　刘淑芹　莫绍弟　刘发正
Gaodeng Shuxue

出版发行	中国人民大学出版社			
社　　址	北京中关村大街31号		**邮政编码**	100080
电　　话	010－62511242（总编室）			010－62511770（质管部）
	010－82501766（邮购部）			010－62514148（门市部）
	010－62515195（发行公司）			010－62515275（盗版举报）
网　　址	http://www.crup.com.cn			
经　　销	新华书店			
印　　刷	北京七色印务有限公司			
规　　格	185 mm×260 mm　16开本		**版　　次**	2020年1月第1版
印　　张	18		**印　　次**	2023年8月第3次印刷
字　　数	417 000		**定　　价**	42.00元